全国注册测绘师资格考试专用辅导丛书

测绘综合能力

——考点剖析与试题解析

2025 版

何宗宜　王树根　欧阳烨　郑永剑　洪霞　编著

全国注册测绘师资格考试命题研究专家组　审定

WUHAN UNIVERSITY PRESS
武汉大学出版社

图书在版编目(CIP)数据

测绘综合能力：考点剖析与试题解析：2025版／何宗宜等编著.
武汉：武汉大学出版社，2025.5. -- 全国注册测绘师资格考试专用辅导丛书. -- ISBN 978-7-307-25005-5

Ⅰ. P2

中国国家版本馆CIP数据核字第20257TV116号

责任编辑:鲍　玲　　　责任校对:鄢春梅　　　版式设计:韩闻锦

出版发行:**武汉大学出版社**　(430072　武昌　珞珈山)
(电子邮箱:cbs22@ whu.edu.cn 网址:www.wdp.com.cn)
印刷:武汉中远印务有限公司
开本:787×1092　1/16　印张:26.75　字数:645千字　插页:1
版次:2025年5月第1版　2025年5月第1次印刷
ISBN 978-7-307-25005-5　定价:90.00元

前　　言

从2011年注册测绘师资格考试开始举办以来，已进行了十四次考试。本书是专门为提高测绘地理信息从业人员的资格考试应试水平而编写的。

本书编著者有丰富的资格考试命题和考试辅导经验，并对综合能力的考试知识点做了透彻、全面的分析。考生遇到类似的考题时，运用知识点结合题目的具体要求和条件，就能作出准确的选择。

本书第一部分"考点剖析"的每一章都配备了一定数量的模拟试题，微信扫码后即可在线答题，这些试题数量是按照考试真题知识点分布比例配备的，方便考生学习完该工程领域的知识点后进行巩固练习。第二部分"试题解析"对近年的考试真题进行了准确解答，其中有些试题解析写得比较详细，这主要是帮助考生更加全面地掌握测绘地理信息专业知识。

本教材紧扣高频考点，应试的针对性强，所列知识点都是可能要考试的内容，可以帮助广大考生节约大量的复习时间。读者可关注编者团队运营的微信公众号"走进测绘师殿堂之家"，以获取更多的考试相关资源。

书中引用的许多参考资料在参考文献中未一一列出，在此对文献作者一并致谢。

由于作者水平所限，书中疏漏之处在所难免，敬请读者批评指正。

编著者

2025年2月

目　　录

第一部分　考点剖析

第二部分　试题解析

第一部分　考点剖析

第一章 大地测量

第一节 概 述

一、大地测量的任务和特征

大地测量是为研究地球的形状及表面特性进行的实际测量工作，目的是获取和研究地球几何空间的和地球重力场的静态和动态信息。其主要任务是建立国家或大范围的精密控制测量网，内容包括：三角测量、导线测量、水准测量、天文测量、重力测量、惯性测量、卫星大地测量以及各种大地测量数据处理等。

1. 主要用途

(1)为规模地形图测制及各种工程测量提供高精度的平面控制和高程控制。

(2)为空间科学技术和军事用途等提供精确的点位坐标、距离、方位及地球重力场等资料。

(3)为研究地球形状和大小、地壳形变及地震预报等科学问题提供资料。

2. 现代大地测量的主要特征

(1)研究范围大，距离长(全球：如地球两极、海洋)。

(2)高精度；观测精度越来越高，相对精度可以达到 $10^{-9} \sim 10^{-8}$，绝对精度可以达到毫米级。

(3)实时、快速，从静态到动态，从地球内部结构到动力过程。

(4)“四维”，可以提供合理复测周期内有时间序列、高于 10^{-7} 相对精度的大地测量数据，但测量与数据处理周期短，数据处理越来越复杂。

(5)地心，现代大地测量的主体，都是以维系卫星运动的地球质心为坐标原点的三维测量数据。

(6)学科融合，从单一学科发展到多学科融合。

二、大地测量坐标系统与参考框架

大地测量系统规定了大地测量的起算基准、尺度标准及其实现方式。大地测量系统包括坐标系统、高程系统、深度基准和重力参考系统。与大地测量系统相对应，大地参考框架有坐标(参考)框架、高程(参考)框架和重力测量(参考)框架三种。所谓坐标框架，是指在大地坐标系或空间直角坐标系中精密测定了点位坐标的地面点的集合。

1. 大地测量常数

大地测量常数是指与地球一起旋转且和地球表面最佳吻合的旋转椭球(即地球椭球)的几何参数和物理参数。分为基本常数和导出常数，按属性分为几何常数和物理常数，其中大地测量基本常数有四个，分别是：地球赤道半径 a、地心引力常数 GM、地球自转角速度 w、地球动力学形状因子 J_2；五个子午椭圆几何常数包括：长半轴、短半轴、扁率、第一偏心率、第二偏心率，是确定旋转椭球的形状和大小的基本元素，用两个几何元素即可确定椭球的形状和大小，但至少有一个是长度元素；三个物理常数包括：地心引力常数、自转角速度、地球动力形状因子。

2. 大地测量坐标系统

根据其原点位置不同，分为参心坐标系统和地心坐标系统。以参考椭球为基准的坐标系，叫做参心坐标系统；以总地球椭球为基准的坐标系，叫做地心坐标系统。无论是参心坐标系还是地心坐标系均可分为空间直角坐标系和大地坐标系。

建立地球参心坐标系统，需要进行以下几个方面的工作：①选择或求定椭球的几何参数(长半轴和扁率)；②确定椭球中心的位置(椭球定位)；③确定椭球短轴的指向(椭球定向)；④建立大地原点。

建立地心坐标系统的方法可分为直接法和间接法两类。所谓直接法，就是通过一定的观测资料(如天文、重力资料、卫星观测资料等)，直接求得点的地心坐标的方法，如天文重力法和卫星大地测量动力法等。所谓间接法，就是通过一定的资料(其中包括地心坐标系统和参心坐标系统的资料)，求得地心坐标系统和参心坐标系统之间的转换参数，而后按其转换参数和参心坐标，间接求得点的地心坐标的方法，如应用全球天文大地水准面差距法以及利用卫星网与地面网重合点的两套坐标建立地心坐标转换参数等方法。建立地心坐标系应满足以下 4 个条件：①点位于整个地球(包括海洋和大气)的质心；②尺度是广义相对论意义下某一局部地球框架内的尺度；③定向为国际时间局测定的某一历元的协议地极和零子午线，称为地球定向参数(EOP)；④定向随时间的演变满足地壳无整体运动的约束条件。

3. 大地测量坐标框架

1)参心坐标框架

传统的大地测量坐标框架是由天文大地网实现和维持的，一般定义在参心坐标系统中，是一种区域性、二维静态的地球坐标框架，是参心坐标系统的具体实现。常见的参心坐标系统有 1954 北京坐标系、1980 西安坐标系、新 1954 北京坐标系，等等。

2)地心坐标框架

地心坐标框架：坐标原点位于地球质心，由空间大地测量技术手段实现与维持，是全球性的、三维动态的坐标框架。例如，我国的 2000 国家大地坐标系(CGCS2000)、WGS-

84坐标系、国际地面参考框架(ITRF)，等等。其中，国际地面参考框架(ITRF)是国际地面参考系统(ITRS)的具体实现。它以甚长基线干涉测量(VLBI)、卫星激光测距(SLR)、激光测月(LLR)、GPS和卫星多普勒定轨定位(DORIS)等空间大地测量技术构成全球观测网点，经数据处理，得到ITRF点(地面观测点)站坐标和速度场等。2000国家大地控制网是定义在ITRS 2000地心坐标系统中的区域性地心坐标框架。区域性地心坐标框架一般由三级构成：第一级为连续运行站构成的动态地心坐标框架，它是区域性地心坐标框架的主控制；第二级是与连续运行站定期联测的大地控制点构成的准动态地心坐标框架；第三级是加密大地控制点(ITRF)，已成为国际公认的应用最广泛、精度最高的地心坐标框架。

三、高程系统与高程框架

1. 高程基准

高程基准定义了陆地上高程测量的起算点，一般可通过验潮的方式确定海水面的平均位置，以此作为高程基准。

我国使用了两个高程基准：

(1)1956黄海高程系：水准原点高程为72.289m；

(2)1985国家高程基准：水准原点高程为72.260 4m。

1985国家高程基准是我国现在采用的高程基准，位于我国山东省青岛市境内，其水准原点网由水准原点、参考点、附点共6个点组成。

2. 高程系统

高程系统是指相对于不同性质的起算面(如大地水准面、似大地水准面、椭球面等)所定义的高程体系。采用不同的基准面表示地面点的高低所产生的几种不同的高程表示法，或者对水准测量数据采取不同的处理方法所产生的几种高程表示法，有正高、正常高和大地高程等系统。高程基准面基本上有两种：一是大地水准面，它是正高的基准面；二是椭球面，它是大地高的基准面。此外，为了克服正高不能精确计算的困难，还采用正常高，以似大地水准面为基准面，它非常接近大地水准面。

我国高程系统采用正常高系统，正常高的起算面是似大地水准面，它是地面点沿铅垂线到似大地水准面的距离。而大地高是从地面点沿法线到参考椭球面的距离，正高是地面点沿铅垂线到大地水准面的距离。三者之间的关系为：大地高($H_{大地}$)= 正高($H_{正}$)+大地水准面差距(N)；大地高($H_{大地}$)= 正常高($H_{正常}$)+高程异常(ζ)。

下面介绍正常高的计算公式，

$$H_{常}^{R}=\int_{oab}\mathrm{d}h+\frac{1}{\gamma_m^B}\int(\gamma_0-\gamma_0^B)\,\mathrm{d}h+\frac{1}{\gamma_{moab}^B}\int(g-\gamma)\,\mathrm{d}h$$

式中，右端第一项是水准测量测得的高差，第二项是正常位水准面不平行改正数，第一项和第二项之和称为概略高程。第三项是正常位水准面与重力等位面不一致引起的改正项，称为重力异常改正项。

3. 高程框架

高程框架是高程系统的实现。我国的高程框架由国家二期一等水准网以及复测结果来实现。国家高程框架分为四个等级，分别定义为一、二、三、四等水准控制网。另外一种高程框架形式是通过似大地水准面精化来实现的。

四、深度基准

深度基准面的选择与海区潮汐情况相关，常采用当地的潮汐调和常数来计算。深度基准可采用理论深度基准、平均低潮面、最低低潮面或大潮平均低潮面等。1956 年前我国采用了最低低潮面、大潮平均低潮面和实测最低潮面等为深度基准；1957 年后采用理论深度基准面作为深度基准。

潮汐调和常数将实测潮位资料分解出许多分潮，所求出的每个分潮的平均振幅和迟角值。

海图及各种航道图中水深的起算面，亦称“海图深度基准面”和“水深零点”。它是取 8 个主要分潮的调和常数，计算求得的理论上的潮高值，它在当地平均海平面以下。

五、重力系统和重力测量框架

重力系统是指采用的椭球常数及其相应的正常重力场。重力测量框架则是由分布在各地的若干绝对重力点和相对重力点构成的重力控制网，以及用作相对重力尺度标准的若干条长短基线。1999—2002 年，我国完成了 2000 国家重力基本网建设，简称“2000 网”。它由 259 个点组成，其中基准点 21 个、基本点 126 个和基本点引点 112 个；长基线网一个，重力仪格值标定场 8 处，联测了 1985 国家重力基本网及中国地壳运动观测网络重力网点 66 个。该网使用了 FG5 绝对重力仪施测，并增加了绝对重力点的数量，覆盖面大，是我国新的重力测量基准。重力系统采用 GRS80 椭球常数及其相应正常重力场。20 世纪 80 年代初，我国建立了“国家 1985 重力基本网”，简称为“85 网”。它由 6 个基准点、46 个基本点和 5 个基本点引点组成，而重力参考系统则采用 IAG75 椭球常数及其相应的正常重力场。

六、时间系统和时间系统框架

1. 大地测量中常用的时间系统

(1)世界时(UT)：以地球自转周期为基准，在 1960 年以前一直作为国际时间基准。

(2)原子时(AT)：以位于海平面(大地水准面，等位面)的铯(133Cs)原子内部两个超精细结构能级跃迁辐射的电磁波周期为基准，从 1958 年 1 月 1 日世界的零时启用。

(3)力学时(DT)：在天文学中，天体的星历是根据天体动力学理论的运动方程而编算的，其中所采用的独立变量是时间参数 t，这个数学变量 t 便被定义为力学时。

(4)协调时(UTC)：它并不是一种独立的时间，而是时间服务工作钟把原子时的秒长和世界时的时刻结合起来的一种时间。

(5)GPS 时(GPST)：由 GPS 星载原子钟和地面监控站原子钟组成的一种原子时基准，与国际原子时保持有 19s 的常数差，并在 GPS 标准历元 1980 年 1 月 6 日零时与 UTC 保持一致。

2. 时间系统框架

时间系统框架是对时间系统的实现。描述一个时间系统框架通常需要涉及如下几个方面的内容：

(1)采用的时间频率基准。时间系统决定了时间系统框架采用的时间频率基准。不同的时间频率基准，其建立和维护的方法不同。历书时是通过观测月球来维护；力学时是通过观测行星来维护；原子时是由分布不同地点的一组原子频标来建立，通过时间频率测量和比对的方法来维护。

(2)守时系统。守时系统用于建立和维持时间频率基准，确定时刻。为保证守时的连续性，不论是哪种类型的时间系统，都需要稳定的频标。

(3)授时系统。授时系统主要是向用户授时和时间服务。授时和时间服务可通过电话、网络、无线电、电视、专用(长波和短波)电台、卫星等设施和系统进行，它们具有不同的传递精度，可满足不同用户的需要。

(4)覆盖范围。覆盖范围是指区域或全球。20 世纪 90 年代自美国 GPS 广泛使用以来，通过与 GPS 信号的比对来校验本地时间频率标准或测量仪器的情况越来越普遍，原有的计量传递系统的作用相对减少。

七、常用坐标系及其转换

坐标系固连在参照系上，且与参照系同步运动。要完全定义一个坐标系必须明确指出：坐标原点的位置、坐标轴的指向、基本平面。常用的坐标系有大地坐标系、空间直角坐标系、高斯平面直角坐标系等，按坐标系原点的位置不同可以分为参心坐标系、地心坐标系、站心坐标系等几种形式。

1. 常用坐标系

(1)大地坐标系：地球椭圆的中心与地球质心重合，椭球短轴与地球自转轴重合，大地纬度 B 为过地面点的椭球法线与椭球赤道面的夹角，大地经度 L 为过地面点的椭球子午面与格林尼治大地子午面之间的夹角，大地高 H 为地面点沿椭球法线至椭球面的距离。

(2)空间直角坐标系：坐标原点位于参考椭球的中心，Z 轴指向参考椭球的北极，X 轴指向起始子午面与赤道的交点，Y 轴位于赤道面上切按右手系于 X 轴呈 90°夹角，某点中的坐标可用该点在此坐标系的各个坐标轴上的投影来表示。

(3)高斯平面直角坐标系：在投影面上，中央子午线和赤道的投影都是直线，并且以中央子午线和赤道的交点 O 作为坐标原点，以中央子午线的投影为纵坐标轴，以赤道的投影为横坐标轴构成。

(4)站心坐标系，以测站为原点的坐标系为站心坐标系。根据坐标表示方法，可以将站心坐标系分为直角坐标系和站心极坐标系，其中点的站心极坐标系下用极距、方位角、高度角表示。

2. 坐标系转换

坐标系转换，通常包括坐标系变换和基准变换。

1)坐标系变换

坐标系变换就是在同一地球椭球下，空间点的不同坐标表示形式间进行转换。包括大地坐标系与空间直角坐标系的相互转换、空间直角坐标系与站心坐标系的转换以及大地坐标系与高斯平面坐标系的转换(即高斯投影正反算)。

2)基准变换

基准变换就是指空间点在不同地球椭球之间的坐标变换。

不同坐标系的三维转换模型很多，常用的有布尔莎模型(b 模型)和莫洛坚斯基模型(m 模型)(三参数法)。理论上，布尔莎模型与莫洛坚斯基模型的转换结果是等价的。但在应用中有所差别，布尔莎模型在全球或较大范围的基准转换时较为常用，在局部网的转换中采用莫洛坚斯基模型比较有利。采用二维转换模式需要选取两个以上的重合点，采用三维转换模式至少需要三个重合点，重合点的分布要覆盖整个转换区域且尽量均匀分布。二维转换模式通常分为：平面四参数转换模型，二维七参数转换模型；三维转换模式通常有布尔莎七参数转换模型，三维七参数转换模型。

所谓的四参数即是两个平移参数(原点不重合产生)、一个旋转参数(坐标轴不平行产生)、一个尺度参数(两个坐标系间的尺度不一致产生)；七参数即三个平移参数(原点不重合产生)、三个旋转参数(坐标轴不平行产生)、一个尺度参数(两个坐标系间的尺度不一致产生)。

其中，二维七参数转换模型是一种改正法，它的理论基础是大地坐标微分公式，采用广义大地坐标微分公式直接求出大地坐标改正数。其基本思想就是基准转换和坐标转换融合到一个模型中，从而建立起不同基准下大地坐标间更为直接的关系。与布尔莎模型不同的是，在转换时除了要考虑类似于空间直角坐标系的平移、旋转和缩放外，还必须估计椭球参数的变化，只有这样才能让定位、定向、形状和大小不完全相同的两个椭球重合，由于二维七参数坐标转换模型考虑了不同坐标系椭球参数的变化，适用于不同大地坐标系之间的转换。

八、大地测量的基础概念

1. 三差改正

1)三差改正定义

将水平方向观测值归算到椭球面上，包括垂线偏差改正、标高差改正和截面差改正，习惯上称此三项改正为三差改正。

(1)垂线偏差改正：把以垂线为依据的地面观测的水平方向值归算到以法线为依据的

方向值而应加的改正数称为垂线偏差改正。

(2)标高差改正：当进行水平方向观测时，如果照准点高出椭球面某一高度，则照准面就不能通过照准点的法线同椭球面的交点，由此引起的方向偏差的改正称为标高差改正。

(3)截面差改正：将法截弧方向化为大地线方向应加的改正叫截面差改正。

2)三差改正性质

(1)垂线偏差改正的数值主要与测站点的垂线偏差和观测方向的天顶距(或垂直角)有关。

(2)标高差改正主要与照准点的高程有关。

(3)截面差改正主要与测站点至照准点间的距离有关。

2. 大地测量主题解算

椭球面上点的大地经度 L，大地纬度 B，两点间的大地线长度 S 以及正反大地方位角 A_{12}、A_{21}，通称为大地元素。

(1)大地主题正解：已知一点的大地经度、大地纬度以及该点至待求点的大地线长度和大地方位角，计算待求点的大地经度、大地纬度和待求点至已知点的大地方位角的解算。

(2)大地主题反解：已知两点的大地经度和大地纬度，计算这两点间的大地线长度和正反大地方位角的解算。

(3)高斯正算：由椭球面上的大地坐标求定高斯平面上相对应的平面坐标。

(4)高斯反算：由高斯平面上平面坐标求定相对应的椭球面上的大地坐标。

(5)方向改化：椭球面上两点的大地线方向，归算至高斯投影平面上相应两点间的直线方向，称为方向改化。

(6)距离改化：椭球面上已知的大地线边长(或观测的大地线边长)归算至平面上相应的弦线长度。

第二节　传统大地控制网

一、传统大地控制网的建设

传统大地测量技术建立的平面大地控制网就是通过测角、测边推算大地控制网点的坐标。其方法有：三角测量法、导线测量法、三边测量法和边角同测法。此处只介绍三角测量法和导线测量法。

其中，三角测量法的优点是：检核条件多，图形结构强度高；采取网状布设，控制面积较大，精度较高；主要工作是测角，受地形限制小，扩展迅速。缺点是：在交通或隐蔽地区布网困难，网中推算的边长精度不均匀，距起始边愈远精度愈低。但在网中适当位置加测起算边和起算方位角，就可以控制误差的传播，弥补这个缺点。三角测量法是我国建立天文大地网的主要方法。

导线测量法的优点是：单线推进快，布设灵活，容易克服地形障碍和穿过隐蔽地区；边长直接测定，精度均匀。其主要缺点是：几何条件少，图形结构强度低，控制面积小。我国在西藏地区天文大地网布设中主要采用导线测量法。

二、三角网布设原则

1. 分级布网、逐级控制

先以精度高而稀疏的一等三角锁尽可能沿经纬线方向纵横交叉地迅速布满全国，形成统一的骨干大地控制网，然后在一等锁环内逐级(或同时)布设二、三、四等控制网。国家三角网分为一、二、三、四等，GPS 网分为 A、B、C、D、E 五级。

2. 具有足够的精度

控制网的精度应根据需要和可能来确定。作为国家大地控制网骨干的一等控制网，应力求精度更高些才有利于为科学研究提供可靠的资料。

为了保证国家控制网的精度，必须对起算数据和观测元素的精度、网中图形角度的大小等，提出适当的要求和规定。

3. 具有足够的密度

控制点的密度，主要根据测图方法及测图比例尺的大小而定。

例如，用航测方法成图时，密度要求的经验数值见表 1-1，表中的数据主要是根据经验得出的。

表 1-1　**各种比例尺航测成图时对平面控制点的密度要求**

测图比例尺	每幅图要求点数	每个三角点控制面积	三角网平均边长	等级
1：5 万	3	约 150	13	二等
1：2.5 万	2~3	约 50	8	三等
1：1 万	1	约 20	2~6	四等

4. 要有统一的规格

由于我国三角锁网的规模巨大，必须有大量的测量单位和作业人员分区同时进行作业，为此，必须由国家制定统一的大地测量方式和作业规范，作为建立全国统一技术规格的控制网的依据。主要的技术规范有《国家三角测量规范》《全球导航卫星系统(GNSS)测量规范》等，国家测量规范规定了具体的布网方案、作业方案、使用仪器、各种精度指标等内容。

三、全国天文大地网整体平差

全国天文大地网整体平差的技术原则如下：

(1)地球椭球参数。地球椭球参数采用1975年国际大地测量与地球物理联合会(IUGG)第16届大会期间IAG决议推荐的数值，即IAG-75椭球参数。具体参数详见表1-2。

表1-2 **IAG-75椭球参数**

名称	长半轴/m	短半轴/m	扁率
IAG-75	6 378 140	6 356 755.288 2	1∶298.257

(2)坐标系统。根据天文大地网整体平差结果建立椭球相同的两套大地坐标系：1980年国家大地坐标系和地心坐标系。

(3)椭球定位与坐标轴指向。1980年国家大地坐标系的椭球短轴应平行于由地球质心指向1968.0地极原点(JYD)的方向，首子午面应平行于格林尼治平均天文台的子午面。椭球定位参数以我国范围内高程异常值平方和最小为条件求定。

四、经纬仪和测距仪及其检验

1. 光学经纬仪

光学经纬仪按标称一测回水平方向标准偏差(即一测回水平方向中误差)分为DJ07、DJ1、DJ2、DJ6、DJ30。其等级分类及相对应仪器主要用途详见表1-3。

表1-3 **光学经纬标准型号分类** 单位为(″)

仪器等级	DJ07级	DJ1级	DJ2级	DJ6级	DJ30级
测角中误差	$m_\beta \leq 0.7$	$m_\beta \leq 1.0$	$m_\beta \leq 2.0$	$m_\beta \leq 6.0$	$m_\beta \leq 30$
主要用途	一等三角、天文测量	一、二等三角测量	三、四等三角测量	地形控制	普通测量

经纬仪观测要求竖轴铅垂，横轴与竖轴正交，视准轴与横轴正交，当这些轴关系不正交时所产生的误差称为三轴误差，即视准轴误差、水平轴倾斜误差、垂直轴倾斜误差。

视准轴误差和水平轴倾斜误差可以采用取盘左盘右的中数来消除，而垂直轴倾斜误差不能期望通过盘左和盘右观测取中数来消除其误差影响。所以，观测前要精密整平仪器，适当地增加重新整平仪器的次数，当观测目标的垂直角较大时，可对其观测值加入垂直轴倾斜改正。

2. 光电测距仪分类

光电测距仪可分为脉冲式和相位式两种。光电测距仪的主要误差包括加常数、乘常数。其中，标称精度的具体含义是，比如 1mm 级测距仪的定义是指该仪器测距长度为 1km 时，由电磁波测距仪器的标称精度公式计算的测距中误差为 1mm。

五、水平角观测

水平角观测的主要误差影响有观测过程中引起的人为误差、外界条件对观测精度的影响、仪器误差对测角精度的影响三个方面。影响观测精度的因素除上述外界条件之外，还有仪器误差，如视准轴误差、水平轴不水平的误差、垂直轴倾斜误差、测微器行差、照准部及水平度盘偏心差、度盘和测微器分划误差等。照准部转动时的弹性带动误差，脚螺旋的空隙带动差，水平微动螺旋的隙动差。

1. 仪器误差

(1)视准轴误差：由于视准轴不垂直于横轴或者仪器望远镜单方向受热引起的。消除和减弱的措施：采用盘左、盘右观测取平均值的方法；防止仪器单方向受热或日光直接照射仪器。

(2)水平轴倾斜误差：由于横轴不垂直于竖轴引起的。消除和减弱的措施：采用盘左、盘右观测取平均值的方法。

(3)垂直轴倾斜误差：由于水准管轴不垂直于竖轴引起的。消除和减弱的措施：测量前应严格检校仪器，观测时仔细整平，当目标垂直角较大时，计算改正。

(4)测微器行差：由于光学测微器的显微镜位置不正确，使度盘的半个分格理论值与测微器所量得的半分格影像的实际值有一个差值。消除和减弱的措施：调整显微镜至正确位置，再计算改正。

(5)照准部偏心差：由于照准部旋转中心与水平度盘刻划圈中心不一致引起的。消除和减弱的措施：可通过盘左盘右观测取平均值，对径分划线重合读数，消除其影响。

(6)水平度盘偏心差：由于水平度盘旋转中心与水平度盘刻划圈中心不一致引起的。消除和减弱的措施：可通过盘左盘右观测取平均值，对径分划线重合读数，消除其影响。

(7)水平度盘分划误差：由于刻度机各部分结构和配合不正确引起的。消除和减弱的措施：各测回均匀分配度盘位置。

(8)测微器分划误差：由于刻度机各部分结构和配合不正确引起的。消除和减弱的措施：各测回均匀分配测微盘位置。

(9)照准部转动时的弹性带动误差：当照准部转动时，竖轴与其轴套间的摩擦力，使仪器底座产生弹性扭转。消除和减弱的措施：半测回中照准部旋转方向保持不变。

(10)脚螺旋的空隙带动误差：脚螺旋杆与孔壁之间存在空隙。消除和减弱的措施：开始照准目标之前，先将照准部向预定旋转方向转动 1~2 周；半测回中不得回转照准部；将仪器整置水平后，固定脚螺旋。

(11)水平微动螺旋的隙动差：水平微动螺旋弹簧的弹力减弱，旋退水平微动螺旋照准目标时，螺杆端出现微小空隙。消除和减弱的措施：照准目标时，一律“旋进”水平微动螺旋；使用水平微动螺旋的中部。

2. 观测误差

(1)目标偏心误差：由标杆倾斜引起的。消除和减弱的措施：标杆应竖直，并尽可能瞄准底部。

(2)照准误差：由人眼通过望远镜瞄准目标引起的。消除和减弱的措施：选择适宜的观测标志及有利的观测时间。

(3)读数误差：由人眼的鉴别能力及读数设备引起的。消除和减弱的措施：根据观测精度要求选择相应等级的经纬仪。

3. 外界条件影响带来的误差

(1)目标成像质量：由于气候、松软的土质、温度的变化造成目标影像跳动或目标成像不够清晰。消除和减弱的措施：使视线有足够的高度，选择有利的观测时间。

(2)水平折光误差：由于不同的地面对热量的吸收或辐射的能力不同，引起大气密度在水平方向上分布不均匀，视线通过时产生折射，使水平方向值受误差影响。消除和减弱的措施：选择点时尽量避开容易形成水平折光的地形、地物；选择有利的观测时间；视线超越或偏离障碍物一定的距离。

4. 精密水平测角的一般方法

(1)观测应在目标成像清晰、稳定，有利于观测的时间进行，以提高照准精度和减小旁折光的影响。

(2)观测前应认真调好焦距，消除视差。在一测回的观测过程中不得重新调焦，以免引起视准轴的变动。

(3)各测回的起始方向应均匀地分配在水平度盘和测微分划尺的不同位置上，以消除或减弱度盘分划线和测微分划尺的分划误差的影响。

(4)在上、下半测回之间倒转望远镜，以消除和减弱视准轴误差、水平轴倾斜误差等影响，同时可以由盘左、盘右读数之差求得两倍视准误差 $2C$，借以检核观测质量。

(5)上、下半测回照准目标的次序应相反，并使观测每一目标的操作时间大致相同，其目的在于消除或减弱与时间成比例均匀变化的误差影响，如觇标内架或三脚架的扭转等。

(6)为了克服或减弱在操作仪器的过程中带动水平度盘位移的误差，要求每半测回开始观测前，照准部按规定的转动方向先预转 1~2 周。

(7)使用照准部微动螺旋和测微螺旋时，其最后旋转方向应均为旋进。

(8)为了减弱垂直轴倾斜误差的影响，观测过程中应保持照准部水准器气泡居中。

5. 水平测角方法

水平角观测一般采用方向观测法、分组方向观测法和全组合测角法。其中方向观测法一般广泛用于三、四等三角观测，或在地面点、低觇标点和方向较少的二等三角观测；当观测方向多于 6 个时采用分组方向观测法；在一等三角观测，或在高标上的二等三角观测采用全组合测角法。各等级三角测量使用的仪器、观测方法和测回数按相关规定执行。

1)方向观测法测站限差

主要有：①2 次读数的秒差(光学经纬仪)；②半测回归零差；③ $L-R=2C$ 的各方向互差；④各测回同一方向的方向值之差。

2)三角测量外业验算内容和程序

(1)检查外业资料，包括观测手簿、观测记簿、归心投影用纸等。

(2)编制已知数据表和绘制三角锁网图。

(3)进行三角形近似球面边长计算和球面角超计算。

(4)进行归心改正计算，并将观测方向值归化至标石中心。

(5)分组的测站平差。

(6)计算三角形闭合差和测角中误差。

(7)计算近似坐标和曲率改正。

(8)进行极条件闭合差计算，基线条件闭合差计算，方位角条件闭合差计算等。

六、三角高程测量

三角高程测量是指通过观测两点间的水平距离和天顶距(或高度角)求定两点间高差的方法。该观测方法简单，受地形条件限制小，是测定大地控制点高程的基本方法。

1. 垂直角观测方法

垂直角观测方法有两种：一是中丝法，二是三丝法。

(1)中丝法，就是以望远镜十字丝的水平中丝为准，照准目标测定垂直角。

(2)三丝法，就是以望远镜三根水平丝为准，依次照准同一目标来测定垂直角。

2. 高差计算

1)单向高差计算实用公式

$$h_{A,B}=S_0\tan\alpha_{A,B}+CS_0^2+i_A-a_B$$

式中，S_0为 A、B 两点间的水平距离；C 为垂直折光差与地球弯曲差综合影响的系数，又称球气差系数；$\alpha_{A,B}$ 为 A 点观测 B 点的垂直角；i_A 为 A 点的仪器高；a_B 为 B 点的觇标高。

2)用倾斜距离 d 计算高差的单向公式

$$h_{A,B}=d\sin\alpha_{A,B}+\frac{1+K}{2R}d^2\cos^2\alpha_{A,B}+\left(1-\frac{H_B}{R}\right)+i_A-a_B$$

式中，H_B 为照准点的大地高；$\alpha_{A,B}$为 A 点观测 B 点的垂直角；i_A 为 A 点的仪器高；a_B 为 B 点的觇标高。

大气折光：k 值在一天之内的变化情况是，中午附近 k 值最小，并且比较稳定；日出日落时 k 值较大，而且变化较快，折光系数一般为 0.09~0.16。

根据有关规定，各等级三角点上每一方向按中丝法观测时应测 4 测回，三丝法观测时应测 2 测回。

减弱大气垂直折光影响的措施：选择有利的观测时间、对向观测、提高观测视线的高度、利用短边传算高程等。

3. 三角高程测量的精度

三角高程测量的精度为：

$$m_h = \pm 0.025S$$

式中，m_h单位为 m，S 单位为 km。从上式中可以看出高差中数中误差与边长呈正比例关系。

七、导线测量

导线测量指的是测量导线长度、转角和高程，以及推算坐标等的作业。在地面上选定一系列点连成折线，在点上设置测站，然后采用测边、测角的方式来测定这些点的水平位置的方法。导线测量是建立国家大地控制网的一种方法，也是工程测量中建立控制点的常用方法。设站点连成的折线称为导线，设站点称为导线点。

1. 导线的布设

导线测量分一、二、三、四等，其布设原则与三角测量类似。导线测量中导线的布设形式有附合导线、闭合导线、支导线等几种。

(1)附合导线：附合导线是由一已知控制点出发，附合于另一已知控制点的导线。

(2)闭合导线：闭合导线是由一已知控制点出发，最后仍回到这一点的导线。

(3)支导线：支导线是由一已知控制点出发，既不闭合也不附合于另一已知控制点的导线。

导线的形式选择主要取决于已知点的分布情况、导线的用途和测区地形、地物条件。

2. 导线的边方位角中误差

(1)一端有已知方位角的自由导线最弱边方位角中误差计算公式：

$$m_{T_{中}} = \pm\sqrt{m_{T_0}^2 + nm_\beta^2}$$

式中，m_{T_0}为方位角 T_0 的中误差；m_β 为折角观测中误差；n 为导线中折角的个数(或边数)。若不考虑已知方位角的影响，由此式可以看出 m_T 与$\sqrt{n}$成正比，n 越大，m_T 越大。

(2)两端有已知方位角的自由导线最弱边方位角中误差计算公式：

$$m_{T_{中}} = \pm\sqrt{\frac{m_{T_0}^2}{2} + \frac{n+1}{4}m_\beta^2}$$

3. 导线测量外业

导线测量外业包括选点、造标、埋石、边长测量、水平角观测、高程测量和野外验算等。

1)选点、造标和埋石

导线点选点应注意：①导线点选在土质坚硬、稳定的地方；②导线点选在地势较高，视野开阔的地方；③导线各边的长度应按规范规定尽量接近平均边长，且不同导线各边长不应相差过大；导线点的数量要足够；④相邻导线间要通视；⑤所选的导线间必须满足超越障碍物 1. 3m；⑥路线平面控制点的位置应沿路线布设，距路中心的位置大于 50m 且小于 300m；⑦在桥梁和隧道处，应考虑桥隧布设控制网的要求，在大型构造物的两侧应分别布设一对平面控制点。

2)边长测量

对于一、二等导线边的距离测量可采用标称精度不低于$(5+1\times10^{-6}\cdot D)$mm，测程不短于 15km 的远程光电测距仪。距离测量的技术要求见表 1-4。

表 1-4　**一、二等导线边距离测量的技术要求**

项　　目	一、二等
每边观测总测回数	16
最少观测时间段	往返测或两个不同时间段测
每时间段观测的最多测回数	10
同时间段经气象改正后的测回互差限值/mm	20
一测回读数次数	4
一测回的读数互差限值/mm	20
不同时间段经气象和归心修正后的测回互差限值/mm	$5+3S$(S 单位为 km)

对于三、四等导线边的距离测量可采用测程 3～15km 的远程光电测距仪。距离测量的技术要求见表 1-5。

表 1-5　**三、四等导线边的距离测量的技术要求**

等　级	使用测距仪精度等级	每边测回数		备注
		往测	返测	
三等	Ⅰ	2	2	或用不同时间代替往返测
	Ⅱ、Ⅲ	4	4	
四等	Ⅰ、Ⅱ	2	2	
	Ⅲ	4	4	

3)水平角观测

在导线交叉点上，当观测方向数多于两个时，对于一、二等导线采用全组合测角法观测；对于三、四等导线采用方向观测法观测。具体的水平角观测方向权数和测回数见表 1-6。

表 1-6　**水平角观测方向权数和测回数**

仪器类型	方向权数 $P=M\cdot N$		测回数	
	一等	二等	三 等	四等
DJ1 型	60	40(42)	12	8
DJ2 型	—	—	16	12

导线网水平角观测误差超限处理：①一测回内 2C 互差或同一方向值各测回较差超限时，应重测超限方向，并联测零方向。②下半测回归零差或零方向的 2C 互差超限时，应重测该测回。③若一测回中重测方向数超过总方向数的 1/3 时，应重测该测回；当重测的测回数超过总测回数的 1/3 时，应重测该站。

4）垂直角观测

各等级导线点对每一方向按中丝法测 6 测回或按三丝法测 3 测回。

5）导线测量外业概算

为检核野外角度观测、边长测量的质量，并为平差计算做准备。

4. 导线测量内业

导线测量内业处理主要包括：归心改正计算、水平距离计算、测角测距精度评定、测距边归化投影计算、平差计算、精度评定。

其中，测量的斜距须经气象改正和仪器的加、乘常数改正后，才能进行水平距离计算。两点间的高差测量，宜采用水准测量。当采用电磁波测距三角高程测量时，其高差应进行大气折光改正和地球曲率改正。

第三节　GNSS 连续运行基准站网

一、基准站网组成

基准站网包括：基准站、数据中心、数据通信网络。

1. 基准站

基准站的作用是实时进行卫星定位数据跟踪、采集、记录，设备完好性监测等。由 GNSS 接收机、GNSS 天线、气象设备、不间断电源、通信设备、雷电防护设备、计算机和机柜等组成。

2. 数据中心

数据中心的作用是对各基准站进行远程监控，并对定位数据进行分析、处理、计算、存储，系统建模、差分数据生成、传输、记录，数据管理、维护和分发等。

数据中心主要由数据管理系统、数据处理分析系统、产品服务系统等业务系统及机房、计算机网络等物理支撑组成。

源数据包括基准站原始观测数据、广播星历、气象观测数据等，成果数据包括基准站坐标、速度，大气参数、坐标框架转换参数、精密星历等。

数据处理应进行源数据、站信息、卫星星历、地球动力学参数等数据准备，完成格式转换、粗差探测、周跳修复等预处理，进行基线解算和网平差等工作。数据分析包括基准站坐标时间序列分析、速度场分析、数据质量分析等。

3. 数据通信网络

数据通信网络采用公用或专用通信网络。

二、基准站分类与布设原则

基准站依据管理形式、任务要求和应用范围分为国家基准站网、区域基准站网、专业应用站网。

1. 国家基准站网

国家基准站网的布设应顾及社会发展、经济建设和自然条件因素。目前，我国范围内建设已经建设了 360 个连续运行基准站(新建 150 个、改造 60 个、直接利用已有站 150 个)。站间距 100~200km。

2. 区域基准站网

区域基准站网是指在省、市地区建立的连续运行基准站网，主要构成高精度、连续运行的区域坐标基准框架。按实时定位精度选择基准站间的距离，当采用网络 RTK 技术满足厘米级实时定位，区域基准站布设间距不超过 70km。

3. 专业应用站网

专业应用站网由专业部门或者机构根据专业需求建立的基准网站，用于开展专业信息服务。布设间距主要根据专业需求，当满足实时定位分米级要求，则基准站布设间距在 100~150km 之间。

三、基准站选址及建设

1. 基准站选址

基准站选址要求如下：

(1)选址小组应由熟悉 GPS、水准测量的工程师和地质工程师共同组成。

(2)应该选择地质结构稳定、安全僻静、交通便利，并利于测量标志长期保存和观测的地方。周围需要有稳定、安全可靠的电源，用于接入公用和专业通信网络。

(3)站点应距离易产生多路径效应的地物不小于200m，应有10°以上地平高度角的卫星通视条件，与电磁干扰区的距离不小于200m，同时要避开易产生振动的地带。

(4)应进行24h以上实地环境测试，对于国家基准站和区域基准站，数据可利用率应大于85%，多路径效应要小于0.5m。

(5)站址选定后，应设立一个标注有站名、站号、标石类型的点位标记，拍摄点位的远景、近景照片各一张，并填绘基准站点之记。

2. 基础设施建设

基础设施建设包括以下几个方面：①观测墩(基岩观测墩/土层观测墩/屋顶观测墩)；②观测室(防水、排水、防风、防雷)；③电力线、通信线等管线敷设。

四、基准站维护

(1)应保障全年每天连续24h正常运行，必要时宜安装报警系统。

(2)应定期进行设备检测，必要时进行设备更新。

(3)应定期与国际IGS站进行联测解算，维持坐标框架更新。

(4)根据需要对埋设的水准标志按照国家水准联测纲要进行定期测定。

(5)根据需要对埋设的重力标石与国家重力基本网进行定期联测。

第四节 卫星大地控制网

一、GNSS控制网等级

1. 控制网等级及用途

GNSS的全称是全球导航卫星系统(Global Navigation Satellite System)，它泛指所有的卫星导航系统，包括全球的、区域的和增强的，如美国的GPS、俄罗斯的GLONASS、欧洲的Galileo、中国的北斗卫星导航系统(BDS)，以及相关的增强系统，如美国的WAAS(广域增强系统)、欧洲的EGNOS(欧洲静地导航重叠系统)和日本的MSAS(多功能运输卫星增强系统)等，还涵盖在建和以后要建设的其他卫星导航系统。

按照国家标准《全球导航卫星系统(GNSS)测量规范》(GB/T 18314—2024)，GPS测量按其精度分为A、B、C、D、E五级。

(1)A级GPS网由卫星定位连续运行基准站构成，用于建立国家一等大地控制网，进行全球性的地球动力学研究、地壳形变测量和卫星精密定轨测量。

(2)B级GPS测量主要用于建立国家二等大地控制网，建立地方或城市坐标基准框架、区域性的地球动力学研究、地壳形变测量和各种精密工程测量等。

(3)C级GPS测量用于建立三等大地控制网以及区域、城市及工程测量基本控制网等。

(4)D 级 GPS 测量用于建立四等大地控制网。

(5)E 级 GPS 测量用于测图、施工等控制测量。

2. GNSS 各等级边长和精度

A 级 GPS 网精度要求坐标年变化率中误差水平分量最大为 2mm/a，垂直分量最大为 3mm/a；相对精度为 1×10^{-8}，地心坐标各分量年平均中误差最大为 0.5mm。B 级以下等级边长和精度见表 1-7。

表 1-7　**B、C、D、E 级 GPS 网精度指标**

级别	相邻点基线分量中误差/mm		相邻点间平均距离/km
	水平分量	垂直分量	
B	5	10	50
C	10	20	20
D	20	40	5
E	20	40	3

二、GNSS 网技术设计

图上设计主要依据任务中规定的 GNSS 网布设的目的、等级、边长、观测精度等要求，综合考虑测区已有的资料、测区地形、地质和交通状况以及作业效率等情况，按照优化设计原则在设计图上标出新设计的 GNSS 点的点位、点名、点号和级别，还应标出相关的各类测量站点、水准路线及主要的交通路线、水系和居民地等。制订出 GNSS 联测方案，以及与已有的 GNSS 连续运行基准站、国家三角网点、水准点联测方案。

三、GNSS 网选址与埋石

1. GNSS 选点基本要求

(1)选点人员应由熟悉 GNSS、水准观测的测绘工程师和地质师组成。选点前应充分了解测区的地理、地质、水文、气象、验潮、交通、通信、水电等信息。

(2)实地勘察选定点位。点位确定后用手持 GPS 接收机测定大地坐标，同时考察卫星通视环境与电磁干扰环境，确定可用标石类型、记录有关内容，实地竖立标志牌、拍摄照片。

(3)点位应选择在稳定坚实的基岩、岩石、土层、建筑物顶部等能长期保存及满足观测、扩展、使用条件的地点，并做好选点标记。

(4)选点时应避开环境变化大、地质环境不稳定的地区。选站时应尽可能使测站附近的局部环境(地形、地貌、植被等)与周围的大环境保持一致，以减少气象元素的代表性误差；应远离发射功率强大的无线发射源、微波信道、高压线(电压高于 20×10^4V)等，距离不小于 200m。

(5)选点时应避开多路径影响，点位周围应保证高度角 15°以上无遮挡，困难地区高度角大于 15°的遮挡物在水平投影范围的总和不应超过 30°，50m 以内的各种固定与变化反射体应标注在点环视图上(卫星高度角的限制主要是为了减弱对流层对定位精度的影响，由于随着卫星高度的降低，对流层影响愈显著，测量误差随之增大。因此，卫星高度角一般都规定大于 15°)。

(6)选点时必须绘制水准联测示意图。

(7)选点完成后提交选点图、点之记信息、实地选点情况说明、对埋石工作的建议等。

2. GNSS 埋石

按照国家标准《全球导航卫星系统(GNSS)测量规范》(GB/T 18314—2024)，GNSS 标石类型共有 10 种，分别是基岩天线墩、岩石天线墩、基岩标石、岩层普通标石(大型混凝土上标石)、土层天线墩、普通基本标石、冻土基本标石、固定沙丘基本标石、普通标石、建筑物上标石。

四、GPS 观测实施

GPS 土层点埋石结束后，一般地区应经过一个雨季，冻土深度大于 0. 8m 的地区还应经过一个冻期和解期，岩层上埋设的标石应经过一个月，方可进行观测。

1. 基本技术要求

①最少观测卫星数 4 颗；②采样间隔 30s；③观测模式：静态观测；④观测卫星截止高度角为 10°；⑤坐标和时间系统：WGS-84，UTC；⑥观测时段及时长：B 级点连续观测 3 个时段，每个时段长度大于等于 23h；C 级点观测大于等于 2 个时段，每个时段长度大于等于 4h；D 级点观测大于等于 1. 6 个时段，每个时段长度大于等于 1h；E 级点观测大于等于 1. 6 个时段，每个时段长度大于等于 40min。

2. 观测设备

各等级大地控制网观测均应采用双频大地型 GPS 接收机。

3. 观测方案

GPS 观测可以采用以下两种方案：

(1)基于 GPS 连续运行站的观测模式。

(2)同步环边连接 GPS 静态相对定位观测模式：同步观测仪器台数大于等于 5 台，异步环边数小于等于 6 条，环长应小于等于 1 500km。

4. GPS 作业要求

(1)架设天线时要严格整平、对中，天线定向线应指向正北，定向误差不得大于±5°，根据天线电缆的长度在合适的地方平稳安放仪器，将天线与接收机用电缆连接并固紧。

(2)认真检查仪器、天线及电源的连接情况，确认无误后方可开机观测。

(3)开机后应输入测站编号(或代码)、天线高等测站信息。

(4)在每时段的观测前后各量测一次天线高，读数精确至 1mm。

(5)观测手簿必须在观测现场填写，严禁事后补记和涂改编造数据。

(6)观测员应定时检查接收机的各种信息，并在手簿中记录需填写的信息，有特殊情况时，应在备注栏中注明。

(7)观测员要认真、细心地操作仪器，严防人或牲畜触碰仪器、天线和遮挡卫星信号。

(8)雷雨季节观测时，仪器、天线要注意防雷击，雷雨过境时应关闭接收机并卸下天线。

五、数据质量检查

数据质量检查宜采用专门的软件进行。检查内容包括：①观测卫星总数；②数据可利用率(≥80%)；③L1、L2 频率的多路径效应影响 MP1、MP2 应小于 0.5m；④GPS接收机钟的日频稳定性不低于 10^{-8}等。

其中，数据可利用率是指有效历元数据占总观测历元的比率。

六、外业数据质量检核

1. 数据剔除率

同一时段内观测值的数据剔除率，不应超过 10%。

2. 复测基线的长度差

C、D 级网基线处理和 B 级网外业预处理后，若某基线向量被多次重复，则任意两个基线长度之差 d_s 满足下式：

$$d_s \leqslant 2\sqrt{2}\sigma$$

式中，σ 为相应级别规定的基线中误差，计算时边长按实际平均边长计算。

单点观测模式不同点间不进行重复基线、同步环和异步环的数据检验，但同一点间不同时段的基线数据(与连续运行站网)长度较差，两两比较也应满足上式。

3. 同步观测环闭合差

三边同步环中只有两个同步边成果可以视为独立的成果，第三边成果应为其余两边的代数和。由于模型误差和处理软件的内在缺陷，第三边的处理结果与前两边的代数和常不为零，其差值应小于下列数值：

$$W_x \leqslant \frac{\sqrt{3}}{5}\sigma，W_y \leqslant \frac{\sqrt{3}}{5}\sigma，W_z \leqslant \frac{\sqrt{3}}{5}\sigma$$

式中，σ 为相应级别规定的基线中误差，计算时边长按实际平均边长计算。

对于四站或更多同步观测而言，应用上述方法检查一切可能的三边环闭合差。

4. 独立环闭合差及附合路线坐标闭合差

C、D 级网及 B 级网外业基线预处理的结果，其独立闭合环或附合路线坐标闭合差应满足下列公式：

$$W_x \leqslant 3\sqrt{n}\sigma，W_y \leqslant 3\sqrt{n}\sigma，W_z \leqslant 3\sqrt{n}\sigma，W_s \leqslant 3\sqrt{3n}\sigma$$

式中，n 为闭合边数；σ 为基线测量中误差；$W_s = \sqrt{(W_x^2 + W_y^2 + W_z^2)}$。

七、GPS 网基线精处理结果质量检核

GPS 网基线精处理结果质量检核包括以下内容：

(1) 精处理后基线分量及边长的重复性。

(2) 各时间段的较差。

(3) 独立环闭合差或附合路线的坐标闭合差。

八、GNSS 网平差

使用 GPS 数据处理软件进行 GPS 网平差，首先提取基线向量，其次进行三维无约束平差，再次进行约束平差和联合平差，最后进行质量分析与控制。GNSS 网平差流程如图 1-1 所示。

1. 基线向量提取

基线向量提取时需要遵循的原则有：

(1) 必须选取相互独立的基线。

(2) 所选取的基线应构成闭合的几何图形。

(3) 选取质量好的基线向量。

(4) 选取能构成边数较少的异步环的基线向量。

(5) 选取边长较短的基线向量。

2. 三维无约束平差

三维无约束平差的主要目的是：

(1) 根据无约束平差结果，判别在所构成的 GPS 网中是否含有粗差基线；必须使得最后用于构网的所有基线向量均满足质量要求。

(2) 调整各基线向量观测值的权，使得它们相互匹配。

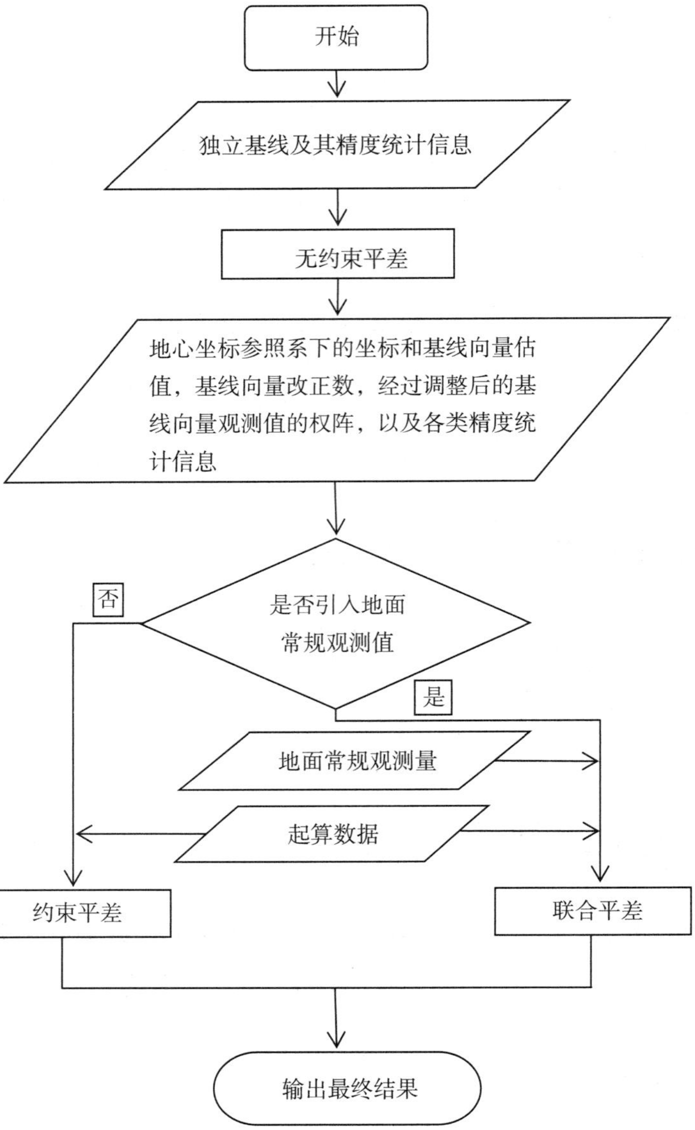

图 1-1 GNSS 网平差流程图

3. 约束平差和联合平差

约束平差和联合平差可在三维或二维空间中进行，约束平差的具体步骤是：
(1)指定进行平差的基准和坐标系统。
(2)指定起算数据。
(3)检验约束条件的质量。
(4)进行平差解算。

4. 质量分析与控制

进行 GPS 网质量的评定。在评定时可以采用下面的指标：

(1)基线向量改正数。根据基线向量改正数的大小，可以判断出基线向量中是否含有粗差。

(2)相邻点的中误差和相对中误差。若在质量评定时发现问题，则需要根据具体情况进行处理。如果发现构成 GPS 网的基线中含有粗差，则需要采用删除含有粗差的基线，重新对含有粗差的基线进行解算或重测含有粗差的基线等方法加以解决；如果发现个别起算数据有质量问题，则应放弃有质量问题的起算数据。

九、GPS 测量误差来源及其解决措施

1. 误差来源

GPS 测量误差来源主要分为三类：与卫星有关的误差，与传播途径有关的误差，与接收设备有关的误差以及其他影响。GPS 测量误差的分类及对距离的影响见表 1-8。

表 1-8　**GPS 测量误差的分类及对距离的影响**

误 差 来 源		对距离测量的影响/m
卫星部分	星历误差、卫星钟的钟误差、地球自转影响、相对论效应	1.5~15
信号传播	电离层延迟、对流层延迟、多路径效应	1.5~15
信号接收	接收机钟差、接收机位置误差、天线相位中心变化	1.5~15
其他影响	地球潮汐、负荷潮	1.0

2. 误差解决措施

(1)减弱星历误差的方法。包括：①建立自己的卫星跟踪网独立定轨；②轨道松弛法(半短弧法、短弧法)；③同步观测值求差。

(2)减弱卫星钟的钟误差的方法。对于卫星钟差可通过连续监测精确测定其运行状态参数，来减弱卫星钟差对 GPS 定位的影响；在相对定位中，经修正后的卫星钟残差和接收机钟差可通过观测值求差的方法来消除。

(3)减弱电离层折射误差的方法。包括：①利用双频观测；②利用电离层改正模型加以修正；③利用同步观测值求差。

(4)减弱对流层折射误差的方法。包括：①采用对流层模型加以改正(气象参数在测站直接测定)；②引入描述对流层影响的附加待估参数，在数据处理中一并求得；③利用同步观测量求差；④利用水汽辐射计直接测定信号传播的影响。

(5)削弱多路径误差的方法。包括：①选择合适的站址(测站应远离大面积平静的水面、测站不宜选择在山坡、山谷和盆地中、测站应离开高层建筑物)；②对接收机天线的要求(在天线中设置抑径板、接收天线对极化特性不同的反射信号应该有较强的抑制作用)；③长时间观测。

(6)接收机钟差的减弱方法。包括：①把每个观测时刻的接收机钟差当做一个独立的

未知数，在数据处理中与观测站的参数一并求解；②认为各观测时刻的接收机钟差间是相关的，将接收机钟差表示为时间多项式，并在观测量的平差计算中求解多项式系数；③通过在卫星间求一次差来消除接收机钟差。

总之，在 GPS 定位中，根据其误差产生原因可以采取相应的措施，削弱 GPS 误差对定位成果的影响，归纳的方法主要包括：①引入相应的未知参数，在数据处理中连同其他未知参数一并解算；②建立系统误差模型，对观测量加以修正；③在观测站和卫星间进行同步观测量求差，以减弱或消除系统误差的影响；④简单地忽略某些难以解决的系统误差（如多路径误差）的影响。

第五节　高程控制网

一、水准网的布设

我国水准点的高程采用正常高系统，按照 1985 国家高程基准起算。青岛国家原点高程为 72. 260m。水准网的布设原则是由高级到低级，从整体到局部，逐级控制，逐级加密。

1. 从高到低、逐级控制

国家高程控制网主要包括国家一、二、三、四等水准网。其中，一等水准路线是国家高程控制网的骨干，同时也为相关地球科学研究提供高程数据；二等水准路线是国家高程控制网的全面基础；三、四等水准网直接为地形测图和其他工程建设提供的高程控制点。

2. 分布应有一定的密度

（1）基岩水准点间距为 500km 左右。
（2）基本水准点间距为 40km 左右；经济发达地区为 20~30km；荒漠地区为 60km 左右。
（3）普通水准点间距为 4~8km；经济发达地区为 2~4km；荒漠地区为 10km 左右。

3. 应达到足够的精度

各等级每千米水准测量的偶然中误差 m_Δ 和每千米水准测量的全中误差 m_w 不应超过表 1-9 规定的数值。

表 1-9　**各等级每千米水准测量的偶然中误差和全中误差**　（单位：mm）

测量等级	一等	二等	三等	四等
m_Δ	0. 45	1. 0	3. 0	5. 0
m_w	1. 0	2. 0	6. 0	10. 0

二、水准路线的选择和标石埋设

水准测量中的选线和埋石，是水准测量外业工作的第一道工序。水准路线的选择和标石的埋设关系到国家高程控制网的长期利用，以及观测工作的实施和成果的质量。

1. 图上设计

在收集有关资料和充分了解测区情况的前提下，根据建设目标在地形图上进行各等级水准路线的设计和拟订计划。为了使观测少受外界干扰，水准路线应避免通过大城市、大火车站等繁闹地区，还要尽量避免跨过湖泊、沼泽、山谷、较宽的河流及其他障碍物等。

2. 实地选线和选点

图上设计完成后，按图上设计的路线进行实地选点，以确定水准点的位置。水准点位置的选择应能保证埋设的标石稳定、安全和长久保存，并便于 GPS 和水准观测使用。

3. 标石埋设

水准标石分为基岩水准标石、基本水准标石和普通水准标石三种。基岩水准标石是与岩层直接联系的永久性标石，基岩水准标石宜埋设在一等水准路线节点处，每隔 400km 左右一座；在大城市、国家重大工程和地质灾害多发区应予增设；基岩较深地区可适当放宽；每省(直辖市、自治区)不少于 4 座。

4. 一、二等水准标石选定

水准点标石的类型除基岩水准标石须按地质条件作专门设计外，其他水准点的标石类型应根据冻土深度及土质状况按下列原则决定：

(1)有岩层露头或在地面下不深于 1.5m 的地点，优先选择埋设岩层水准标石。

(2)沙漠地区或冻土深度小于 0.8m 的地区，埋设混凝土柱水准标石。

(3)冻土深度大于 0.8m 或永久冻土的地区，埋设钢管水准标石。

(4)有坚固建筑物(房屋、纪念碑、塔、桥基等)和坚固石崖处，可埋设墙脚水准标石。

(5)水网地区或经济发达地区的普通水准点，埋设道路水准标石。

三、水准仪和水准标尺检验

1. 各等级水准测量使用的仪器

各等级水准测量使用的仪器见表 1-10。

表 1-10 各等级水准测量使用的仪器

序号	仪器名称	最低型号				备注
		一等	二等	三等	四等	
1	自动安平水准仪	DSZ05、DS05	DSZ1、DS1	DSZ3、DS3	DSZ3、DS3	用于水准测量
2	水准标尺	线条式因瓦标尺、条码式因瓦标尺	线条式因瓦标尺、条码式因瓦标尺	双面区格式木质标尺	双面区格式木质标尺	用于水准测量
3	经纬仪	DJ1	DJ1	DJ2	DJ2	用于跨河水准
4	光电测距仪	Ⅱ级	Ⅱ级	—	Ⅱ级	用于跨河水准或高程导线
5	GPS 接收机	大地型双频接收机	大地型双频接收机	—	—	用于跨河水准

2. 水准仪检验和水准标尺检查

(1)水准仪检验：光学测微器隙动差和分划值的测定、视准轴和水准轴相互关系检查、倾斜螺旋隙动差和分划值测定、调焦误差、自动补偿误差等。

(2)水准标尺检查：水准尺分划面弯曲差的测定、标尺名义米长和分划偶然误差、零点不等差和基辅分划误差。

用于水准测量的仪器和标尺应送法定计量单位进行检定和校准，并在检定和校准的有效期内使用。在作业期间，自动安平光学水准仪应每天检校一次 i 角，气泡式水准仪每天上午和下午各检校一次 i 角。作业开始后的 7 个工作日内，若 i 角较为稳定，以后每隔 15 天检校一次。在整个作业期间数字水准仪应每天开测前进行 i 角测定。若开测为未结束测段，则在新测段开始前进行测定。

四、水准测量的作业方法

1. 水准测量的观测程序和步骤

水准测量的观测程序和步骤，按照国家水准测量规范进行，有关的基本要求如下：

(1)观测前 30min，应将仪器置于露天阴影下，使仪器与外界气温趋于一致；设站时，应用测伞遮蔽阳光；迁站时，应罩以仪器罩。使用数字水准仪前，还应进行预热，单次测量预热不少于20次。

(2)使用气泡式水准仪，观测前应测出倾斜螺旋的置平零点，并做标记，随着气温的变化，应随时调整零点的位置。对于自动安平水准仪的圆水准器，应严格置平。

(3)在连续各测站上安置水准仪的三脚架时，应使其中两脚与水准路线的方向平行，而第三脚轮换置于路线方向的左侧与右侧。

(4)除路线转弯处，每一测站上仪器与前后视标尺的三个位置，应接近一条直线。

(5)不应为了增加标尺读数，而把尺桩(台)安置在壕坑中。

(6)转动仪器的倾斜螺旋和测微鼓时，其最后旋转方向，均应为旋进。

(7)每一测段的往测与返测，其测站数均为偶数。由往测转向返测时，两支标尺应互换位置，并重新整置仪器。

(8)在高差很大的地区，应选用长度稳定的、标尺名义米长度偏差和分划偶然误差较小的水准标尺作业。

(9)对于数字水准仪，应避免望远镜直接对准太阳；尽量避免视线被遮挡，遮挡不要超过标尺在望远镜中截长的20%；仪器只能在厂方规定的温度范围内工作；确信震动源造成的震动消失后，才能启动测量键。

2. 水准测量的观测顺序

二等水准往测时每站应采取的观测顺序为：
对于奇数站：后—前—前—后；
对于偶数站：前—后—后—前。
二等水准返测时每站应采取的观测顺序为：
对于奇数站：前—后—后—前；
对于偶数站：后—前—前—后。

3. 水准测量的主要限差

水准测量的主要限差见表1-11。

表1-11 **水准测量视距和视线高度的要求**

等级	仪器类型	视线长度/m	前后视距差/m	任一测站上前后视距差累积/m	视线高度(下丝读数)/m
一等	DSZ05、DS05	≤30	≤0.5	≤1.5	≥0.5
二等	DS1、DS05	≤50	≤1.0	≤3.0	≥0.3
三等	DS3	≤75	≤2.0	≤5.0	三丝能读数
	DS1、DS05	≤100			
四等	DS3	≤100	≤3.0	≤10.0	三丝能读数
	DS1、DS05	≤150			

4. 水准观测方式和不应进行观测的情况

1）水准观测方式

包括：①一、二等水准测量采用单线路往返观测。同一区段的往返测，应使用同一类型的仪器和转点尺承沿同一道路进行；②在每一区段内，先连续进行所有测段的往测（或返测），再连续进行返测（或往测）；③同一测段往测与返测应分别在上午与下午进行。

2）不应进行观测的情况

包括：①日出后与日落前 30min 内；②太阳中天前后各 2h 内；③标尺分划线的影像跳动剧烈时；④气温突变时；⑤风力过大而使标尺与仪器不能稳定时。

设置测站时，一、二等水准观测，应根据路线土质选用尺桩（不轻于 1.5kg，不短于 0.2m）或尺台（不轻于 5kg）作转点尺承。所用尺桩数不少于 4 个。

五、水准测量误差来源及其消除措施

水准测量的误差来源主要有仪器误差、外界因素引起的误差、观测误差等三个主要方面的误差。

1. 仪器误差

（1）仪器误差主要有视准轴与水准器轴不平行的误差（i 角误差）、水准标尺每米真长误差和两根水准标尺零点差。

（2）消除措施：观测时注意前、后视距距离相等；水准尺必须经过检验合格才能使用。标尺的零点差可以在一水准测段中使测站为偶数的方法予以消除。

2. 外界因素引起的误差

外界因素引起的误差主要有温度变化对 i 角的影响、大气垂直折光影响、仪器脚架和尺台（桩）升降的影响等。

1）温度变化对 i 角的影响

仪器在温度逐渐升高或降低的过程中，由于各部件的膨胀系数不同，势必使仪器结构发生微小变化，或者仪器单面受热或受凉，亦会使仪器结构发生微小变化。仪器结构变化的效应之一就是 i 角发生微小变化。在观测过程中，仪器 i 角的变化部分会给观测结果带来误差。

消除或减弱该影响的措施如下：

（1）作业前把仪器放在阴影下半小时，使仪器与外界气温趋于一致；设站时，用测伞遮蔽阳光；迁站时，罩以仪器罩；天气突变时停止测量。

（2）奇数站和偶数站采用相反的观测程序。

（3）各测站的往、返测分别安排在上午和下午进行。

2）大气垂直折光影响

近地面处，大气在垂直方向上的密度变化相对较大，造成视线在垂直方向上发生偏折（往上偏或往下偏），称为大气垂直折光。若前后视环境相当，视线高度一致，视距相等，则前后视折射影响大体相当，对观测高差影响不大。当水准路线经过一段较长的斜坡时，因前后视线离开地面高度不一，且总是前高后低，或总是前低后高，垂直折光影响就会积累起来，导致不可忽视的误差。

消除或减弱该影响的措施如下：

(1)前后视距尽量相等；

(2)视线离开地面应有足够的高度；

(3)在坡度较大的地段应适当缩短视线；

(4)在有利的时间段内观测。日出后半小时，日落的半小时，以及中午前后一段时间内不要进行水准测量。

3)仪器脚架和尺台(尺桩)升降的影响

脚架插入土中，一开始由于土地被瞬时压缩而有一定的反弹力，会使脚架稍有上升，而后又由于应力被吸收或释放，在仪器重力的作用下，则出现缓慢下沉。尺台由于本身重量、标尺的重量以及扶尺时的压力，一般表现为缓慢下沉。尺桩在中等密度的土质中一般表现为上升，在软土中可能表现为先升后降。上述变化总的来说是速率先快后慢。另外，尺台尺桩在仪器转站过程中还会有升降。

消除或减弱该影响的措施如下：

(1)应选择良好土质的路线作水准观测路线。

(2)精密水准测量尽量用尺桩。

(3)立尺轻拿轻放，仪器迁站时，原前视标尺应取下。应在立尺20~30s后再进行观测。

(4)相邻测站观测顺序相反。

(5)安置脚架时，切忌强力扭转，观测员应绕单脚走动并应在离脚架0.5m范围以外。

(6)往返测应沿同一路线进行，并使用同一仪器和尺承。

3. 观测误差

观测误差主要包括作业员整平误差、照准误差和读数误差。使用数字水准仪进行水准测量，其观测误差主要是作业员对准标尺的调焦误差。

六、水准测量外业计算

1. 外业高差和概略高程表的编算

在进行国家一、二等水准测量外业高差和概略高程表编算时，所用的高差应加添水准标尺长度改正、水准标尺温度改正、正常水准面不平行改正、重力异常改正、固体潮改正、环闭合差改正。在进行国家三、四等水准测量外业高差和概略高程表编算时，所用的高差只加入水准标尺长度改正、正常水准面不平行改正、路(环)线闭合差改正。外业高差和概略高程表编算应由两人各自独立编算一份，并校核无误。

2. 每千米水准测量的偶然中误差计算

每千米水准测量的偶然中误差 M_Δ 按下式计算：

$$M_\Delta = \pm\sqrt{[\Delta\Delta/R]/(4\cdot n)}$$

式中，Δ 为测段往返高差不符值，单位为 mm；R 为测段长度，单位为 km；n 为测段数。

3. 每千米水准测量的全中误差计算

每千米水准测量的全中误差 M_w 按下式计算：

$$M_w = \pm\sqrt{[WW/F]/N}$$

式中，W 为经过各项改正后的水准环闭合差，单位为 mm；F 为水准环线周长，单位为 km；n 为水准环数。

七、水准网平差的方法

水准网平差最常用的方法是间接平差和条件平差，它们是利用最小二乘法的原理，即观测值权与观测值改正数平方乘积的总和为最小，即$[Pvv]$=最小的条件下，求出观测值的改正数和平差值，并对观测值、平差值及其函数进行精度评定。

高差观测值的权可以用下式表示：

$$P = \frac{C}{l}$$

式中，l 为以千米为单位的高差观测值的路线长度；C 是根据水准网中各路线长度具体情况而定的常数，C 的选择应使得计算出的 P 值便于平差时使用。

对于山地水准测量，通常是统计水准路线的测站数 n。这时，水准测量的高差观测值的权可以按下式表示：

$$P = \frac{C}{n}$$

式中，C 是可以根据水准网中各路线测站数的多少适当选择，使计算的 P 值便于平差。

八、条件平差基础知识

1. 条件平差原理

在测量工作中，为了能及时发现错误和提高测量成果的精度，常作多余观测，这就产生了平差问题。如果一个几何模型中有 r 个多余观测，就产生 r 个条件方程，以条件方程为函数模型的平差方法，就是条件平差。设 n 为总观测数，t 为必要观测数，u 为所设参数个数，r 为多余观测数，s 为约束条件方程个数，则多余观测数为 $r=n-t$。

2. 条件方程

1）测角网条件方程

三角网平差的目的是要确定三角点在平面坐标系中的坐标最或然值。测角网的基本条件方程有三种类型。

(1)图形条件(内角和条件)：图形条件是指每个闭合的平面多边形中，诸内角平差值之和应等于其应有值。

(2)圆周条件(水平条件)：对于中点多边形来说，仅有图形条件还不能保证它的几何图形能够完全闭合，因此还要列出圆周条件。

(3)极条件(边长条件)：在满足图形条件和圆周条件的情况下，还不能使几何图形完全闭合。为了使平差值满足相应几何图形的要求，平差时应考虑由不同路线推算得到的同一条边长的长度应相等。以某点为极，列出各图形边长比的积为 1，故称为极条件方程，或称为边长条件方程。极条件方程为非线性形式，按函数模型线性化的方法，可按泰勒公式展开取至一次项，得线性形式的极条件方程。

测角网是由三角形、大地四边形和中点多边形等三种基本图形互相邻接或互相重叠而成的。综上所述可知：三角形中有一个多余观测值，应列一个图形条件；大地四边形中有四个多余观测值，应列三个图形条件和一个极条件；中点 n' 边形有 $n'+2$ 个多余观测值，应列 n' 个图形条件、一个圆周条件和一个极条件。

2)测边网条件方程

对于三角网进行平差计算时，须先知道网中的总观测数 n，判定必要观测数 t，三角网必要观测数 $t=2\times(p-2)+1$，多余观测数 $r=n-t$。

三角网中已知点有 2 个或 2 个以上时，总观测值个数为 n，必要观测数为 $t=2p$，则多余观测数 $r=n-t$。有些情况下，三角网中已知点可能少于 2 个，只有 1 个已知点、1 个已知边和 1 个已知方位角，或者没有已知点和已知方位角只有 1 个已知边时，三角网中总观测值个数为 n，必要观测数为 t 水准网中条件方程。

水准网进行平差计算，总观测网点个数为 p，已知点数为 q，必要观测数为 $t=p-q$，多余观测数 $r=p-t$。

第六节　重力控制网

一、重力测量设计

1. 重力控制等级

重力控制网采用逐级控制方法，首先在全国范围内建立各等级重力控制网，然后在此基础上根据各种不同的目的和用途再进行加密重力测量。国家重力控制测量分为三级：国家重力基本网、国家一等重力网、国家二等重力点。此外还有国家级重力仪标定基线。

重力基本网是重力控制网中最高级控制，它由重力基准点和基本点以及引点组成。重力基准点经多台、多次的高精度绝对重力仪测定。基本点以及引点由多台高精度的相对重力仪测定，并与国家重力基准点联测。

2. 重力控制测量设计原则

重力基本网的设计原则：应有一定的点位密度，有效地覆盖国土范围，以满足控制一等重力点相对联测的精度要求和国民经济及国防建设的需要。基本重力控制点应在全国构成多边形网，其点间距应在500km左右。一、二等可布设成闭合、附合等形式，点间距约300km；长基线两端均须为基准点，短基线至少一端须与国家点联测。

3. 加密重力测量设计原则

加密重力测量主要是测定地球重力场的精细结构，为大地测量、地球物理学、地质学、地震学、海洋学和空间技术等领域所需的重力异常、垂线偏差、高程异常和空间扰动引力场等提供地球重力场数据。加密重力测量的主要任务及服务对象包括：

(1)在全国建立5′×5′的国家基本格网的数字化平均重力异常模型；

(2)为精化大地水准面，采用天文、重力、GPS水准测量确定全国范围的高程异常值；

(3)为内插大地点求出天文大地垂线偏差；

(4)为国家一、二等水准测量正常高系统改正。加密重力测线附合或闭合时间一般不应超过60h。

加密重力测量的设计应根据上述任务及服务对象，以测区已有各级重力控制点为起算点，按附合路线或闭合路线进行加密重力测线设计。加密重力测线附合或闭合时间一般不应超过60h。当测区重力基本点和一等重力控制点密度不够时，可布设二等点。

二、重力控制网选点

1. 重力基准点的选点位置要求

重力基准点应位于稳固的非风化基岩上，远离工厂、矿场、建筑工地、铁路以及繁忙的公路等各种震源；避开高压线和变电设备等强磁电场，附近地区不会产生较大的质量迁移；不宜在大河、大湖和水库附近，地面沉降漏斗、冰川及地下水位变化强烈的地区建点。

2. 基本点、一等点、引点的选点位置要求

基本点、一等点、引点的点位应：

(1)基本点、一等点的点位一般选在机场附近(在机场安全隔离区以外)；

(2)地基坚实稳定、安全僻静和便于长期保存；

(3)远离飞机跑道及繁忙的交通要道，避开人工震源、高压线路及强磁设备；

(4)便于重力联测及点位坐标、高程的测定。

基准点应建立永久性牢固的观测室，其面积不应小于3m×5m。

三、重力测量仪器及检验

1. FG5型绝对重力仪检查和调整

我国使用的绝对重力仪是FG5型，标称精度优于$\pm 2\times 10^{-8}m/s^2$。

FG5型绝对重力仪在工作之前主要进行以下检查和调整：

(1)检查和调整激光稳频器、激光干涉仪和时间测量系统；

(2)调整测量光路的垂直性；

(3)调整超长弹簧的参数；

(4)输入检验程序和观测计算程序；

(5)输入测点有关数据(测点编号、经纬度、高程、重力垂直梯度等)；

(6)运行检验程序，检查计算机运行状态。

2. 相对重力仪

我国使用“拉科斯特型”(简称LCR，分为G型和D型)相对重力仪，标称精度优于$\pm 20\times 10^{-8}m/s^2$，用于测定基本重力点和一等重力点。测定二等重力点及加密重力点的相对重力仪，可以采用石英弹簧重力仪(如ZSM、WORDEN)或金属弹簧重力仪(如LCR)。

3. 相对重力仪比例因子的标定

对于新出厂和经过修理的重力仪必须进行比例因子的标定，用于作业的重力仪每两年应进行一次比例因子的标定。比例因子的标定在国家长基线上进行，所选的重力差应覆盖工作地区重力仪读数范围，避免比例因子外推。

4. 相对重力仪的性能测试

1)静态试验

静态试验在温度变化小且无震动干扰的室内进行，仪器安置稳定后每30min读一次数，连续观测48h，整个测试过程中仪器处于开摆状态。观测数据经固体潮改正后，结合读数的观测时间绘制出仪器静态零点漂移曲线，检查零漂线性度。

2)动态试验

动态试验应在段差不小于$50\times 10^{-5}m/s^2$、点数不少于10个的场地进行往返对称观测，测回数不少于3回，每测回往返闭合时间不少于8h。观测数据经固体潮及零漂改正后，计算各台仪器的段差观测值，计算各台仪器的动态观测精度m_{dy}。对于同一台仪器，如果每一测段的段差观测值的互差不大于m_{dy}的2.5倍，可认为该仪器的零漂是线性的。

3)多台仪器一致性试验

多台仪器一致性试验可与动态试验一并进行。仪器一致性中误差应小于2倍联测中误差。

四、重力测量

重力测量包括：绝对重力测量，相对重力测量，重力垂直梯度和水平梯度的测定，基本重力点联测，一、二等重力点联测，加密重力点联测，平面坐标和高程测定。

1. 绝对重力测量

绝对重力测量就是用仪器直接测出地面点的绝对重力值(重力加速度)。地球表面上的重力值为978~983Gal，它是相对重力测量的起始和控制基础。

观测前首先要设置有关参数，包括运行命令、测点参数、仪器参数等。绝对重力仪自动运行，开始观测采集数据。

由每次下落采集的距离和时间对组成观测方程，解算出落体下落初始位置高度处的观测重力值 g，绘制下落结果直方图，进行固体潮改正、气压改正、极移改正和光速有限改正，并将重力值 g，进行观测高度改正，分别归算至离墩面 1.3m 和墩面，以获得 1.3m 处和墩面的观测重力值。

在测量过程中，观测员应根据测点观测环境适时地察看仪器的运行情况，发现问题(如气泡偏移、频率参数偏离、激光垂直度偏离等)应及时调整、改正，并认真和详细填写"FG5 绝对重力测量观测记录表"。

每个点的总均值标准差应优于 $\pm 5\times10^{-8}m/s^2$。

2. 相对重力测量

相对重力测量是用于比较两地重力的差值，由重力基准点推求其他重力的方法，称为相对重力测量。

(1)国家重力控制点进行相对重力联测时使用的仪器数和成果数要求见表 1-12。

表 1-12　**基本点、一等点和二等点联测时使用的仪器和成果数**

等　级	基本点	一等点	二等点
仪器数	4	3	1
成果数	4	3	2

(2)短基线联测时仪器不少于 6 台，每台仪器合格成果数不少于 4 个，总成果数不少于 24 个。基本点的联测应组成闭合环，闭合环的测段数不宜超过 5 段。

(3)一等点联测路线可组成闭合环或附合在两基本点间，其测段数一般不超过 5 段，特殊情况下可以辐射状布设 1 个一等点。

(4)基本点引点或一等点可按辐射状联测，联测精度和技术要求与相应等级重力点的规定相同。

(5)联测时应采用对称观测，即 A→B→C…C→B→A，观测过程中仪器停放超过 2h，则在停放点应重复观测，以消除静态零漂。

(6)每条测线一般在 24h 内闭合，特殊情况可放宽到 48h。

(7)每条测线计算 1 个联测结果。

3. 重力垂直梯度和水平梯度的测定

每个绝对重力点在测定重力值时，也应同时测定重力垂直梯度，如果该点过去未进行过水平梯度测量，则还需测定水平梯度。在测量前应对所用的重力仪进行电子(或光学)灵敏度和纵横气泡检验，每月或大跨度转移测区时应进行电子(或光学)灵敏度、纵横水准气泡、正确读数线和电子读数线性度(或光学位移线性度)四项检验。

1)重力垂直梯度观测要求

(1)重力垂直梯度在墩面和离墩面1.3m高度处的两点之间进行测定。

(2)采用精度为$\pm20\times10^{-8}\mathrm{m/s^2}$的相对重力仪，测定重力垂直梯度，仪器台数不得少于2台。

(3)每台仪器测定段差的合格成果不得少于5个，段差平均值中误差不超过$3\times10^{-8}\mathrm{m/s^2}$。

2)重力垂直梯度测定纲要

应按照离墩面1.3m高度处安置观测仪器平板，量出平板面至墩面的高度，读数至毫米(mm)；按低点(墩面)→高点(平板)→低点或高点→低点→高点的顺序进行观测，为一个独立测线，进行段差计算，求得一个独立结果；获得规定数量的独立结果，经各项改正后，计算段差的平均值及其中误差。

4. 基本重力点联测

国家基本重力点(含引点)联测应采用对称观测，即$a—b—c\cdots c—b—a$，观测过程中仪器停放超过2h，则在停放点重复观测，以消除静态零漂。每条测线一般在24h内闭合，特殊情况下可以放宽到48h。每条测线计算一个联测结果。

5. 一、二等重力点联测

一等重力点联测路线应组成闭合环或附合在两基本点间，其测段数一般不超过5段，特殊情况下可以按辐射状布测一个一等点。联测时应采用对称观测，即$a—b—c\cdots c—b—a$，观测过程中仪器停放超过2h，则在停放点应重复观测，以消除静态零漂。每条测线一般在24h内闭合，特殊情况可以放宽到48h。每条测线计算一个联测结果。

二等重力点联测起算点为重力基本点、一等重力点或其引点。联测组成的闭合路线或附合路线中的二等重力点数不得超过4个，在支测路线中允许支测2个二等重力点。一般情况下，二等联测应尽量采用三程循环法，即$a—b—a$，$b—a—b$作为两条测线计算。每条测线一般在36h内闭合，困难地区可以放宽到48h。

一、二等重力点联测使用LCR重力仪，每点观测程序与国家基本重力点(含引点)联测相同。一等重力点(含引点)段差联测中误差不得劣于$\pm25\times10^{-8}\mathrm{m/s^2}$，二等重力点段差联测中误差不得劣于$\pm250\times10^{-8}\mathrm{m/s^2}$。

6. 加密重力点联测

加密重力测量的起算点为各等级重力控制点，重力测线应形成闭合或附合路线，其闭合时间一般不应超过60h，困难地区可以放宽到84h。

7. 平面坐标和高程测定

每个重力点都必须测定平面坐标和高程。重力点坐标采用国家大地坐标系，高程采用国家高程基准。各等级的重力点的平面坐标、高程测定中误差不应超过 1.0m。

加密重力点的点位相对于国家大地控制点的平面点位中误差不得超过 100m，相对精度不低于国家四等水准点的高程点的中误差，不应超过 1.0m，困难地区可以放宽到 2.0m。

五、重力观测的数据计算及上交资料

1. 绝对重力测量数据计算

绝对重力测量数据计算包括以下内容：
(1)墩面或离墩面 1.3m 高度处重力值计算。
(2)每组观测重力值的平均值计算及精度估算。
(3)总平均值计算及精度估算。
(4)重力梯度计算。

2. 相对重力测量数据计算

相对重力测量数据计算包括以下内容：
(1)初步观测值的计算。
(2)零漂改正后的观测值计算。

3. 重力测量上交资料

绝对重力测量、相对重力测量和加密重力测量应上交的资料应符合规范和技术设计的要求，资料应包括纸质资料与电子文档。

第七节　似大地水准面精化

一、似大地水准面定义

大地水准面也称为重力等位面，它既是一个几何面，又是一个物理面，亦是正高的起算面，地面点沿重力线到大地水准面的距离称为正高。

根据位差理论，某待定点的正高应等于沿水准路线所测的位差除以该点的重力平均值 g_m，由于 g_m 不能准确求出，所以正高在解算过程中有一定的难度。因此，普遍采用待定点的正常重力值 r_m 替换沿重力线到大地水准面的重力平均值 g_m，水准路线上的重力仍采用实测重力值。这样由于重力值的改变，其效果相当于高程起算面也发生了变化，即不再是大地水准面，而称为似大地水准面。似大地水准面在海洋上同大地水准面一致，但在陆地上有差别，它是正常高的起算面，地面点沿重力线到似大地水准面的距离称为正常高。以似大地水准面定义的高程系统称为正常高系统。我国目前采用的法定高程系统就是正常高系统。

大地高的定义是从地面点沿法线到我们采用的参考椭球面的距离。

参考椭球面与大地水准面之差的距离称为大地水准面差距，记为 n；参考椭球面与似大地水准面之差的距离称为高程异常，记为 ζ：

$$H = h_{\text{正高}} + n = h_{\text{正常高}} + \zeta$$

精确求定大地水准面差距 n，则是对大地水准面的精化，精确求定高程异常 ζ，则是对似大地水准面的精化。

采用 GPS 定位技术，直接求出点位大地高与坐标，只要在一个区域内确定高程异常 ζ，则可以求出正常高 $h_{\text{正常高}}$，改变了以前为得到点位的正常高必须进行传统水准测量的方法(见图 1-2)。

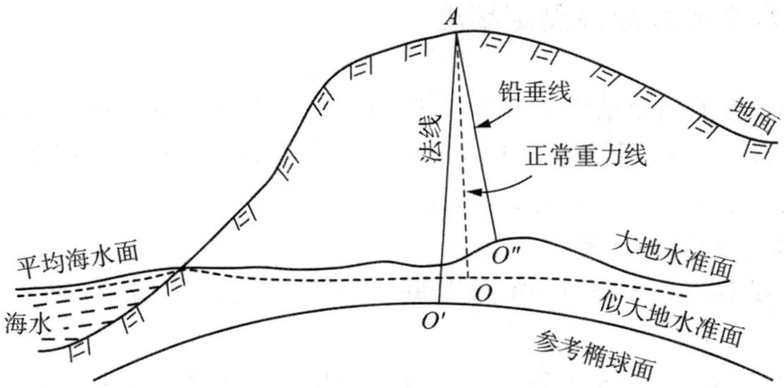

图 1-2　似大地水准面与大地水准面之间的关系

二、似大地水准面精化方法

确定大地水准面的方法可归纳为：几何法(如天文水准、卫星测高及 GPS 水准等)、重力学法及几何与重力联合法(或称组合法)。

目前，陆地局部大地水准面的精化普遍采用组合法，即以 GPS 水准确定的高精度但分辨率较低的几何大地水准面作为控制，将重力学方法确定的高分辨率但精度较低的重力大地水准面与之拟合，以达到精化局部大地水准面的目的。

三、似大地水准面精化设计原则

(1)与建设现代化的国家测绘基准相结合。

(2)全面规划和建设地方基础测绘控制网。

(3)充分利用已有数据。

(4)与全国似大地水准面精化目标一致。

四、GPS 水准点边长的确定

区域似大地水准面精化后要达到 GPS 技术代替低等级水准测量目的，满足大比例尺测图，精度指标应为：城市±5.0cm，平原、丘陵±8.0cm，山区±15.0cm。分辨率应为2.5′×2.5′。

在布设 GPS 水准点时，如果不考虑重力测量误差，可按下式计算布设 GPS 水准格网边长：

$$d = 7.19 m_{\zeta} c^{-1} \lambda^{-1/2}$$

式中，d 为 GPS 水准格网边长，单位为 km；m_{ζ} 为高程异常，单位为 m；λ 为平均重力异常栅格分辨率，单位为 dm；c 为地形类别与格网平均重力异常代表误差系数，平原为0.54，丘陵为0.81，山地为1.08，高山地为1.5。

五、GPS 水准点大地高测定精度

区域似大地水准面精化精度主要取决于 GPS 测定大地高的精度。如果城市似大地水准面精化达到±5.0cm，则布设的 GPS 水准点测定的大地高精度应在±3.0cm。区域似大地水准面精化误差源主要来自以下四个方面：

(1)GPS 测定大地高的误差。

(2)水准测量误差：GPS C 级网点联测三等水准，每千米测量的偶然中误差为±3.0mm。

(3)重力测量误差：对 15 个省、直辖市区域加密重力资料分析，重力值的精度大部分优于 0.5mGal。

(4)地形数据 DEM 的误差：DEM 格网间距在 500m 时，对大地水准面的影响最大为 0.006m。

在未考虑水准观测起算误差的情况下，如设 GPS 测定的大地高误差为 m_G，水准测定的高程误差为 m_s，则 GPS 水准点计算的高程异常中误差为：

$$m_{\zeta Gs} = (m_G^{\ 2} + m_s^{\ 2})^{1/2}$$

六、外业观测与数据处理

GPS 网数据处理时，参考框架与参考历元应同 2000 国家 GPS 大地控制网保持一致，卫星轨道采用 IGS 精密星历。数据处理时充分利用国内外的 GPS 连续运行站的数据以提高整网的精度。

GPS 网平差采用逐级控制。以国内及周边地区 GPS 连续运行站为框架点，作三维约束平差，求出 GPS B 级网点坐标；再以国内及周边地区 GPS 连续运行站，GPS B 级网点为框架点，求出 GPS C 级网点坐标。

水准观测数据处理，高程基准应采用“1985 国家高程基准”，正常重力采用IAG75椭球相应的公式。

七、似大地水准面精化计算

1. 似大地水准面计算步骤

采用物理大地测量理论与方法，应用移去-恢复技术确定区域性精密似大地水准面。

第一次移去-恢复，计算出基础格网地面平均空间重力异常。面是由点组成的，如果有足够的高程异常点，则可以组成似大地水准面，但是测量的重力点总是有限的，为了用格网状的数值来表示似大地水准面上的变化状况，则对地面上离散点重力值进行归算，利用 DEM 通过空间改正、层间改正、局部地形改正和均衡改正，获得高平滑度的地形均衡重力异常，通过推估内插，形成平均地形均衡重力异常的基础格网数据。再利用高分辨率的 DEM 将每个格网的地形均衡异常，按地面重力归算的逆过程分别减去层间改正、局部地形改正和均衡改正，恢复基础格网地面平均空间异常。

第二次移去-恢复，计算出重力似大地面和高程异常。在计算重力似大地水准面的过程中，必须要借助地球参考重力场模型，由位系数计算出与地面格网相同分辨率的重力模型的平均空间异常，将地面空间异常减去模型重力异常得到格网残差空间异常，在残差空间异常中加上局部地形改正得到残差法耶异常。

采用莫洛坚斯基公式对残差法耶异常进行积分计算，求出每个格网中点的残差重力高程异常。然后利用位模型系数通过 FFT 技术计算位模型的高程异常，并将加上残差高程异常，得到重力似大地水准面。

2. 似大地水准面计算流程

似大地水准面计算流程见图 1-3。

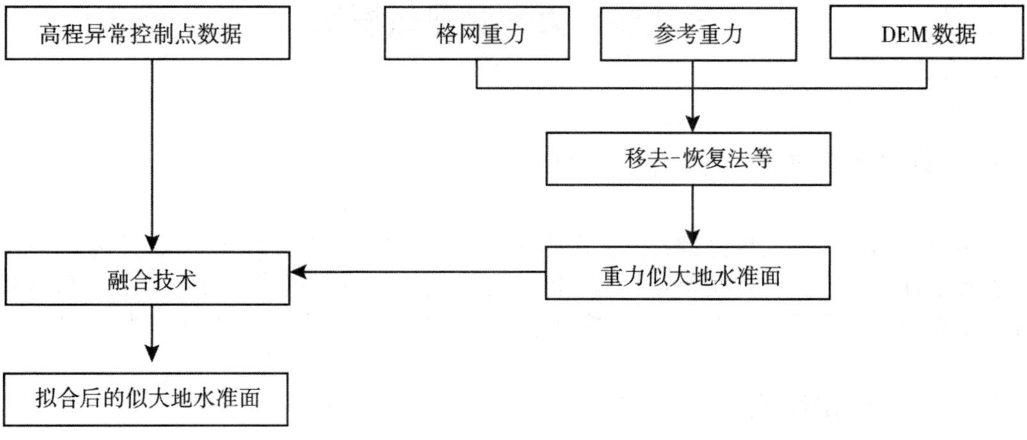

图 1-3　似大地水准面计算流程图

3. 重力似大地水准面与 GPS 水准计算的似大地水准面拟合

1) GPS 水准计算实测似大地水准面

以 GPS 水准为实测似大地水准面(高程异常)，高程异常计算公式如下：

$$\zeta_{GPS} = H - h$$

式中，H 为 GPS 水准点大地高，单位为 m；h 为正常高，单位为 m。

2) 任一点重力似大地水准面的计算

在完成规则格网重力似大地水准面的计算后，为完成对重力似大地水准面的拟合计算，需要计算 GPS 水准点的重力似大地水准面，对任一 GPS 水准点重力似大地水准面的计算，可采用插值法完成。

3) 区域重力似大地水准面的拟合计算

(1) 由重力似大地水准面格网内插 GPS 水准点上的重力似大地水准面高程异常 ζ_{gra}，并求解与 GPS 水准点上的实测似大地水准面高程异常 ζ_{GPS} 的差值，组成不符值序列；

(2) 由不符值序列和相应 GPS 水准点的球面坐标组成多项式拟合“观测方程”，其中未知参数为多项式系数；

(3) 按最小二乘原理求解拟合多项式系数；

(4) 由拟合多项式系数和格网中心点坐标，对重力似大地水准面进行拟合纠正，即可求得适配于该区域的 GPS 水准网的最终似大地水准面。

八、似大地水准面检验

似大地水准面检验可采用外部独立观测、对比检验的方法。即选取具有代表意义且未参与项目成果计算的点位，以不低于项目外业测量的精度要求进行 GPS 和水准测量，从而获得检验点的空间位置和高程异常 ζ_{gra}，通过与精化后似大地水准面模型内插出的检验点高程异常值 $\zeta_{模型}$ 进行比较，检验该大地水准面模型的质量和实际应用效果。

第八节　大地测量数据库

一、数据库组成

大地测量数据库由大地测量数据、管理系统和支撑环境三部分组成。大地测量数据是大地测量数据库的核心，按类型分为大地控制网数据、高程控制网数据、重力控制网数据和深度基准数据等；管理系统和支撑环境是数据存储、管理、运行维护的软硬件及网络条件。

二、大地测量数据内容

1. 参考基准数据

参考基准数据包括大地基准、高程基准、重力基准和深度基准等数据。

(1)大地基准：由大地坐标系统和大地坐标框架组成。国家采用地心坐标系统作为全国统一的大地坐标系统。国家采用 2000 国家大地坐标系统。过渡期内，可采用 1954 年北京坐标系和 1980 西安坐标系。

(2)高程基准：国家高程系统采用正常高系统。国家采用 1985 国家高程基准。

(3)重力基准和参数：统一采用由 2000 国家重力基本网实现的国家重力基准。

(4)深度基准：深度基准在沿岸海域采用理论最低潮位，在内陆水域采用设计水位深度基准与国家高程基准之间通过验潮站的水准联测建立联系。

2. 空间定位数据

全球导航卫星系统(GNSS)、卫星激光测距(SLR)、甚长基线干涉测量(VLBI)等空间定位数据，按照数据不同阶段分为观测数据、成果数据及文档数据。

观测数据主要包括仪器检验资料、外业观测数据。

外业观测数据主要包括在大地控制网施测过程中获得的水平角、起始方位角、起始边长、GNSS 原始观测数据和 RINEX 格式数据等各种外业观测数据。

3. 高程数据

高程(测量)数据主要包括水准测量观测数据、成果数据和文档资料，也包含验潮与潮汐分析数据和高程深度基准转换数据。

4. 重力测量数据

重力测量数据包括重力测量的观测数据(重力控制测量数据和加密重力测量数据)、成果数据和文档资料。重力控制测量数据包括基准点、基本点、一等点及相应等级引点和二等重力测量数据。

5. 深度基准

深度基准是沿岸海域的理论最低潮位数据、深度基准与高程基准之间通过验潮站的水准联测数据，也就是海图及各种水深资料的深度起算面。

6. 元数据

元数据是大地测量数据内容、质量、状况和其他特征的描述性数据。

三、数据库设计

数据库设计包括四个步骤：①数据分析与建模；②概念模型设计，设置各类实体的属性和主键，根据实体之间的相互关系连接实体，设计概念结构模型实体-关系(E-R)图，属性、实体、联系的表示方法；③逻辑模型设计，按照关系规范化理论要求将概念模型转化为关系模型，形成逻辑结构；④物理模型设计。

四、数据检查入库和数据管理系统

1. 数据检查内容

数据检查内容包括：①数据正确性检查；②数据完整性检查；③逻辑关系正确性检查。

2. 数据管理系统

数据管理系统包括：①数据输入；②数据输出；③查询统计；④数据维护；⑤安全管理。

数据管理系统具有用户管理、权限管理、日记管理、事务管理、数据库备份与恢复功能，能进行数据库备份和系统软件的备份。备份可采用全备份或增量备份方式，需定期检查数据库备份的可用性。

五、临时基站 RTK 测量和网络 RTK 测量

1. GPS-RTK 测量

GPS-RTK 测量包括：基准站选择和设置、流动站设置、中继站设立等。

2. 网络 RTK 测量

实时网络 RTK 服务是利用基准站的载波相位观测数据，与流动站的观测数据进行实时差分处理，通过差分消去了绝大部分的误差，因而可以达到厘米级定位精度。

网络 RTK 根据其解算模式可以分为以下几种：

1）单基站 RTK 技术

CORS 站网由若干个 CORS 站组成，GPS 差分信号可从各个 CORS 站发出，也可从数据中心发出。在这种网络 RTK 模式下，每个基准站服务于一定作用半径的 GPS 用户，对于一般的 RTK 应用，服务半径可以达到 30km。GPS 差分数据播发的数据链，可以用无线电台，也可用公用无线通信网，如移动 GSM/GPRS 或联通 CDMAIX。

2）虚拟基站技术（VRS）

虚拟基站技术（VRS）是现有网络 RTK 技术的代表。采用 VRS 技术，基准站网子系统必须包含 3 个以上的连续运行基准站，数据中心通过组合所有基准站的数据，确定整个 CORS 覆盖区域的电离层误差、对流层误差、轨道误差模型等。流动站作业时，首先通过 GPRS 或 CDMA 无线通信网络向数据中心发出服务请求，并将流动站的概略位置回传给数据中心，数据中心利用与流动位置最接近的 3 个基准站的观测数据及误差模型，生成一个对应于流动站概略位置的虚拟基准站（VRS），然后将这个虚拟基准站的

改正数信息发送给流动站，流动站再结合自身的观测数据实时解算出其所在位置的精确坐标。

3）主副站技术(MAC)

主副站技术首先选取一个基准站作为主站，并将主站所有的改正数及坐标信息传送给流动站，而网络中其他基准站只是将其相对于主站的改正数变化及坐标差信息传送给流动站，从而减少了传送的数据量。

VRS 技术和 MAC 技术服务半径可以达到 40km。

第九节 椭球面上观测成果归化到高斯平面上计算

一、概述

由于高斯投影是正形投影，椭球面上大地线间的夹角与它们在高斯平面上的投影曲线之间的夹角相等。为了在平面上利用平面三角学公式进行计算，须把大地线的投影曲线用其弦线来代替。控制网归算到高斯平面上的内容有：

(1)起算点大地坐标的归算——将起算点大地坐标(L, B)归算为高斯平面直角坐标(x, y)。

(2)起算方向角的归算。

(3)距离改化计算——椭球面上已知的大地线边长(或观测的大地线边长)归算至平面上相应的弦线长度。

(4)方向改正计算——椭球面上各大地线的方向值归算为平面上相应的弦线方向值。

二、方向改化

1. 概念

如图 1-4 所示，将椭球面上的大地线 AB 方向改化为平面上的弦线 ab 方向，其相差一个角值 δ_{ab}，称为方向改化值。

2. 方向改化的过程

将大地线 AB 方向改化为弦线 ab 方向(见图 1-4)，过 A，B 点，在球面上各作一大圆弧与轴子午线正交，其交点分别为 D，E，它们在投影面上的投影分别为 ad、be。由于是把地球近似看成球，故 ad 和 be 都是垂直于 x 轴的直线。在 a，b 点上的方向改化分别为 δ_{ab} 和 δ_{ba}。当大地线长度不大于 10km，y 坐标不大于 100km 时，二者之差不大于 0.05″，因而可近似认为 $\delta_{ab}=\delta_{ba}$。

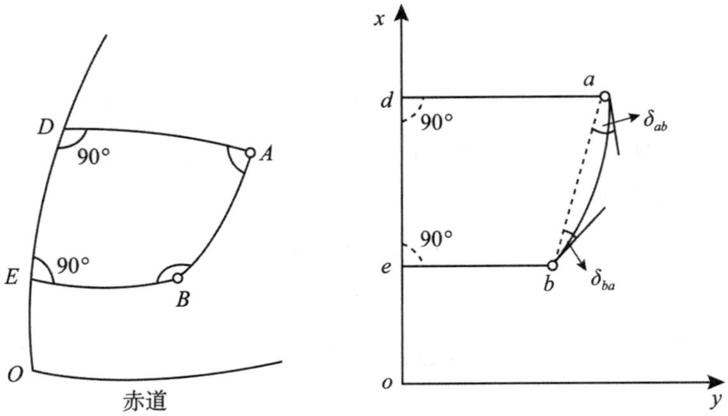

图 1-4　方向改化示意图

三、距离改化

1. 概念

如图 1-5 所示，设椭球体上有两点 P_1，P_2及其大地线 S，在高斯投影面上的投影分别为 P_1'、P_2'及 s，s 是一条曲线，而连接 $P_1'P_2'$ 两点的直线为 D，如前所述由 S 化至 D 所加的改正，即为距离改正 ΔS。

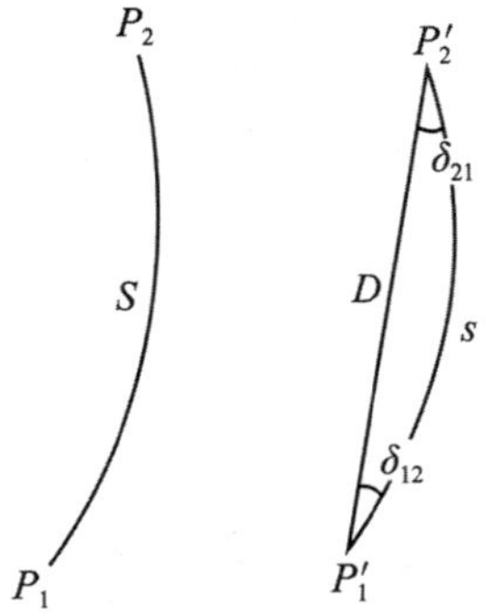

图 1-5　距离改化示意图

2. 长度比和长度变形

(1)长度比 m：

长度比 m 指椭球面上某点的一微分元素 $\mathrm{d}S$ 与其投影面上的相应微分元素 $\mathrm{d}s$ 之比，

$$m=\frac{\mathrm{d}S}{\mathrm{d}s}$$

称为该点的长度比。

(2)长度变形：

由于长度比恒大于1，故称$(m-1)$为长度变形。

(3)长度比 m 的计算公式：

$$m = 1 + \frac{y_m^2}{2R_m^2}$$

或长度变形

$$\Delta S = (m - 1) = \frac{y_m^2}{2R_m^2}$$

式中，R_m 表示按大地线始末两端点的平均纬度计算的椭球的平均曲率半径。

$$y_m = \frac{1}{2}(y_a + y_b)$$

为投影线两端点的平均自然横坐标值。

(4)长度比和长度变形的特点：

①当 $y_m=0$(或 $l=0$)时，$m=1$，即中央子午线投影后长度不变。

②当 $y_m \neq 0$(或 $l \neq 0$)时，即离开中央子午线时，长度变形$(m-1)$恒为正，离开中央子午线的边长经投影后变长。

③长度变形$(m-1)$与 y_m^2（或 l^2）成比例地增大，对于在椭球面上等长的子午线来说，离开中央子午线越远的那条，其长度变形越大。

第一章考点试题及答案

第二章 海洋测绘

第一节 概　　述

一、海洋测绘的定义与任务、分类

1. *海洋测绘的定义*

海洋测绘是海洋测量和海洋制图的总称。其任务是对海洋及其邻近陆地和江河湖泊进行测量和调查，获取海洋基础地理信息，编制各种海图和航海资料。

海洋测量的主要对象是海洋。同陆地测量相比，海洋测量在基本理论、技术方法和测量仪器设备等方面与陆地测绘具有密切的联系，同时也具有许多自己的特点。

(1)测量工作的实时性。海洋测量的工作环境一般在起伏不平的海上，大多为动态测量，无法重复观测，精密测量施测难度较大，无法达到陆地测量的精度水平。

(2)海底地形地貌的不可视性。测量人员不能通过肉眼观测到海底，海底探测一般采用超声波等仪器进行探测，无法达到陆地测量的完整性目标。

(3)测量基准的变化性。海洋测量采用的深度基准面具有区域性，无法像陆地测量那样在全国范围内实现统一。

(4)测量内容的综合性。海洋测量工作需要同时完成多种观测项目，需要多种仪器设备配合施测，与陆地测量相比，具有综合性的特点。

2. *海洋测绘的任务*

海洋测绘通过对海面水体和海底进行全方位、多要素的综合测量，获取包括大气(气温、风、雨、云、雾等)、水文(海水温度、盐度、密度、潮汐、波浪、海流、声速等)以及海底地形、地貌、底质、重力、磁力等各种信息和数据，并绘制成不同目的和用途的专题图件，为航海、国防建设、海洋开发和海洋研究服务。

根据海洋测绘的目的，可把海洋测绘任务划分为科学性任务和实用性任务两大类。

1)科学性任务

科学性任务包括：①为研究地球形状提供更多的数据资料；②为研究海底地质的构造运动提供必要的资料；③为海洋环境研究工作提供测绘保障。

2)实用性任务

实用性任务包括：①海洋自然资源的勘探和离岸工程；②航运、救援与航道；③近岸工程；④渔业捕捞；⑤其他海底工程。

3. 海洋测绘分类

海洋测绘包括海洋测量、各种海图的编绘及海洋信息的综合管理和利用。

(1)海洋测量：海洋大地控制网、海洋重力测量、海洋磁力测量、海洋定位、水深测量及水下地形测量、海洋水文要素及其观测、海底地貌及底质探测、海洋工程测量等。

(2)海图绘制：各种海图、海图集、海洋资料的编制和出版。

(3)海洋信息管理：海洋地理信息的管理、分析、处理、应用以及数字海洋。

海洋测绘是由海道测量开始的，现在已逐步发展到海洋大地测量、海底地形测量和诸多海洋专题测量。海道测量是为保证船舶航行安全而对海洋水体和水下地形进行的测量和调查工作。测量获得的水区各种资料，可用于编制航海图等。根据测量内容，海道测量包括控制测量、岸线地形测量、水深测量、扫海测量、海洋底质探测、海洋水文观测、助航标志的测定以及海区资料调查等。根据测区距海岸的远近、水下地形的复杂状况和制图的要求，海道测量通常又可分为港湾测量、沿岸测量、近海测量和远海测量四类。

二、海洋测绘基准

海洋测绘基准是指测量数据所依靠的基本框架，包括起始数据、起算面的时空位置及相关参量，包括大地(测量)基准、高程基准、深度基准和重力基准等。

海洋测绘根据测绘目的不同，平面控制也可采用不同的基准。海道测量的平面基准通常采用2000国家大地坐标系(CGCS2000)，投影通常采用高斯-克吕格投影和墨卡托投影两种投影方式。

我国的垂直基准分为陆地高程基准和深度基准两部分。陆地高程基准采用1985国家高程基准。对于远离大陆的岛礁，其高程基准可采用当地平均海面。深度基准采用理论最低潮面。

灯塔、灯桩的灯光中心高度从平均大潮高潮面起算。

海岸线以平均大潮高潮面时所形成的实际痕迹进行测绘。

重力基准采用2000国家重力基准。

三、海洋定位方法

海洋定位是海洋测绘和海洋工程的基础。海洋定位主要有天文定位、光学定位、无线电定位、卫星定位和水声定位等手段。

(1)天文和光学定位：光学定位是借助光学仪器，如经纬仪、六分仪、全站仪等实施海上定位，主要有前方交会法、后方交会法、侧方交会法和极坐标法等。

(2)无线电定位：无线电定位多采用圆-圆定位或双曲线定位方式。

(3)卫星定位：属于空基无线电定位方式，为目前海上定位的主要手段。卫星定位系统主要包括美国的GPS、俄罗斯的格洛纳斯(GLONASS)、我国的北斗定位系统以及欧洲的伽利略(Galileo)定位系统。

(4)水声定位：利用水下声标作为海底控制点，通过精确联测其坐标，可直接为船舶、潜艇及各种海洋工程提供导航定位服务，对水下工程具有重要的应用价值。

验潮的目的是确定各验潮站的多年平均海水面、深度基准和各分潮的调和常数，为了获得测深时刻测得深度的水位改正数。

四、测深方法与手段

海洋测深的方法和手段主要有测深杆、测深锤(水砣)、回声测深仪、多波束测深系统、机载激光测深等。

(1)测深杆：主要用于水深浅于5m的水域测深。它由木制或竹质材料支撑，直径为3~5cm，长为3~5m，底部设有直径为5~8cm的铁制圆盘。

(2)测深锤(水砣)：主要适用于8~10m水深且流速不大的水域测深。它由铅砣和砣绳组成，其重量视流速而定，砣绳一般为10~20m，以10cm为间隔。

(3)回声测深仪：分为单波束、多波束、单频或双频测深仪等。

(4)机载激光测深系统：分为机载部分和地面部分。

五、海图基础知识

1. 海图内容

海图是以海洋及其毗邻的陆地为描绘对象的地图。用于航海的海图应详细标绘航海所需要的资料，如岸形、岛屿、礁石、浅滩、水深、底质、水流及助航设施等。

2. 海图要素

海图要素分为数学要素、地理要素和辅助要素三大类。

(1)数学要素是建立海图空间模型的数学基础，包括海图投影及与之有关的坐标网、基准面、比例尺等。

(2)地理要素是借助专门制定的海图符号系统和注记来表达的海图内容。海图地理要素分为海域要素和陆地要素两类。

(3)辅助要素是辅助读图和用图的说明或工具性要素。例如，海图的接图表、图例、图名、出版单位、出版时间等。

3. 海图的种类

按内容可分为普通海图、专题海图和航海图三大类；按照存储形式可分为纸质海图和电子海图。航海图按航海中的不同用途可分为海区总图、航行图和港湾图。

4. 海图分幅

海图分幅的基本原则是保持制图区域的相对完整、航线及重要航行要素的相对完整，在保证航行安全和方便使用的前提下，尽可能减少图幅的数量。海图分幅主要采取自由分幅方式。海图一般设计为全张图，图幅尺寸通常为 980mm×680mm 左右，特殊情况下图幅尺寸可略扩大，但最大不得超过 1 020mm×700mm。对开图一般图幅尺寸为 680mm×460mm，图幅的标题配置在图廓外时，纵图廓应比标准长度小 25mm。

海底地形图分幅各种比例尺均采用经纬线分幅。基本比例尺以 1∶100 图为基础分幅。

电子海图有两种分幅方式：纸质海图分幅方式和规则单元分幅方式。

(1)按纸质海图分幅时，不采用主附图、拼装图、诸分图的方式，也不采用“破图廓”的表示方法。

(2)按规则单元分幅时，单元分作两类：基本单元和导出单元。

基本单元，电子海图的最小分区，大小为经差 15′×纬差 15′的地理区域。基本单元划分的方法是，从南纬 90°至北纬 90°纬差 15′为一行，从 0°子午线起，由西至东经差 15′为一列，全球共分 720×1 440 个单元。

导出单元，导出单元在基本单元的基础上按航行用途划分的单元。其纵横方向尺寸必须是基本单元的整倍数。

单元尺寸按电子海图类别分为：

①总图(标识符 A)	经差 8°×纬差 8°
②近、远海航行图(标识符 B)	经差 4°×纬差 4°
③沿岸航行图(标识符 C)	经差 1°×纬差 1°
④海峡水道图(标识符 D)	经差 30′ ×纬差 30′
⑤港湾图(标识符 E)	经差 15′ ×纬差 15′

5. 海图的数学基础

海图的数学基础包括坐标系、投影和比例尺。我国海图一般采用 2000 国家大地坐标系(CGCS2000)，国际海图一般采用 1984 世界大地坐标系(WGS-84)。航海图一般采用墨卡托投影，这种投影具有等角航线为直线的特性，是海图制作的主要投影。同比例尺的成套航行图以制图区域中纬为基准纬线，其余图以本图中纬为基准纬线，基准纬线取至整分或整度。1∶2 万及更大比例尺的海图，必要时亦可采用高斯-克吕格投影。制图区域 60%以上的地区纬度大于 75°时，采用日晷投影。

第二节　海洋测量

一、技术设计

1. 技术设计的内容

技术设计的内容包括：①确定测量目的和测区范围；②划分图幅及确定测量比例尺；③确定测量技术方法和主要仪器设备；④明确测量工作的重要技术保证措施；⑤编写技术设计书和绘制有关附图。

2. 技术设计的步骤

技术设计一般分为资料收集和分析、初步设计、实地勘察、技术设计书编制等四个阶段。技术设计书的内容为：①任务的来源、性质、技术要求；②测区的自然地理特点；③技术设计所依据技术标准、规范、规程以及原有测量成果的采用情况；④各施测控制点的等级、标石类型及数量；⑤水深测量图幅、测深里程、航行障碍物的数量；⑥海岸地形测量的图幅、面积及岸线长度；⑦作业所需的各种仪器、器材、船只类型和数量；⑧根据测区地理气象及技术装备条件，计算各种测量作业的工作量和天数；⑨根据测区特点和作业技术水平，提出作业方法和注意事项，以及具体技术要求。

二、海洋控制测量

海洋测量中的控制测量分为平面控制测量和高程控制测量。海洋测量的平面及高程控制基础是在国家大地网(点)和水准网(点)的基础上发展起来的。

1. 平面控制测量

平面控制测量方法主要有三角测量、导线测量和 GPS 测量。

海洋测量控制点按平面控制精度分为海控一级点(以 H_1 表示)和海控二级点(以 H_2 表示)以及测图点(以 H_C 表示)。海控点的分布应以满足水深测量和海岸地形测量为原则。

海洋测量平面控制基本要求和投影分带规定见表 2-1。

表 2-1　**海洋测量平面控制基本要求和投影分带规定**

测图比例尺(S)	最低控制基础	直接用于测量	投影
S>1：5 000	国家四等点	H_1 海控一级点	高斯(1.5°)
1：5 000≥S>1：1 万	H_1 海控一级点	H_2 海控二级点	高斯(3°)
S≤1：1 万	H_2	H_C 测图点	高斯(6°)
S≤1：5 万	—	—	墨卡托

海控一、二级点布设的方法主要是采用 GPS 测量、导线测量和三角测量，测图点可采用 GPS 快速测量法，以及导线、支导线和交会法测定。其图形布设要依据地形条件和仪器装备情况而定。

海控点和测图点的基本精度指标见表 2-2。

表 2-2　**海控点和测图点的基本精度指标**

限 差 项 目	H_1	H_2	H_C
测角中误差/(″)	±5	±10	±10
相对相邻起算点的点位中误差/m	±0.2	±0.5	—

续表

限差项目		H_1	H_2	H_C
测距相对中误差		1/50 000	1/25 000	1/25 000
交会点最大互差/m	1∶1万比例尺测图	—	—	1
	小于1∶1万比例尺测图	—	—	2

用于平面控制的主要控制点应采用常规大地测量的方法测定，其相对准确度为1/100 000。采用卫星定位方法测定控制点时，在置信度为95%时，定位误差不超过10cm。而不能用于发展平面控制的次级控制点，采用常规大地测量方法测定时其相对准确度不得大于1/10 000，采用卫星定位方法测定时不得大于50cm。

2. 高程控制测量

高程控制测量的方法主要有几何水准测量、测距高程导线测量、三角高程测量、GPS高程测量等。在有一定密度的水准高程点控制下，三角高程测量和GPS高程测量是测定控制点高程的基本方法。电磁波测距三角高程测量可代替四等水准测量和等外水准，但三角高程网各边的垂直角应进行对向观测。

用于三角高程起算的海控点、测图点、验潮水尺零点、工作水准点及主要水准点，均应用水准联测的方法确定其高程。用水准联测高程时，必须起测于国家等级水准点，根据所需的高程精度和测线长度决定施测等级。进行等级水准测量时，应按相应的国家水准测量规范执行。验潮站水准点与验潮站水尺间的联测，按等外水准测量要求施测。

利用GPS手段进行高程测量时，应对测区的高程异常进行分析。一般在地貌比较平坦的区域，已知水准点距离不超过15km，点数不少于4个；在困难地区，水准点分布合理的情况下不少于3个，解算出的未知点高程在满足规范要求时可作为相应等级的水准高程(外推点除外)使用。

三、深度基准面的确定与传递

1. 深度基准面的确定

海洋测深的本质是确定海底表面至某一基准面的差距。目前世界上常用的基准面为深度基准面、平均海面和海洋大地水准面。前一种是指按潮汐性质确定的一种特定深度基准面，即狭义上的深度基准面，这也是海洋测深实际用到的基准面。

确定深度基准面的基本原则：

(1)充分考虑船舶航行安全；

(2)保证航道或水域水深资源的利用效率；

(3)相邻区域的深度基准面尽量一致。

深度基准面高度：从当地平均海面起算。一经确定且已正规使用则不得变动。

20世纪50年代初期，我国采用略最低低潮面作为深度基准面。1956年后，我国采用理论最低潮面作为海图深度基准面，内河、湖泊采用最低水位、平均低水位或设计水位作为深度基准。

基于深度基准面的海底深度计算公式：

$D(x, y)=h(x, y, t)-T(x, y, t)+$改正数，$(x, y) \in S$（即海底深度=瞬时测深-瞬时海面高）

式中，(x, y)表示平面位置坐标；S 表示测区位置；t 表示时间参数；$h(x, y, t)$表示瞬时测深值，是测深仪直接观测量；$T(x, y, t)$表示瞬时潮位高度值，是验潮站或随船仪器观测量。

2. 深度基准面的计算与传递

在海洋测量中，验潮站的水位应归算到深度基准面（即理论最低潮面）上。长期验潮站深度基准面可沿用已有的深度基准，由陆地高程控制点进行水准联测，也可以利用连续1年以上水位观测资料通过调和分析取13个主要分潮，再采用弗拉基米尔法计算。

短期验潮站和临时验潮站深度基准面的确定可采用几何水准测量法、潮差比法、最小二乘曲线拟合法、四个主分潮与 L 比值法，由邻近长期验潮站或具有深度基准面数值的短期验潮站传算，当测区有两个或两个以上长期验潮站时取距离加权平均结果。

测深基准示意图如图2-1所示。

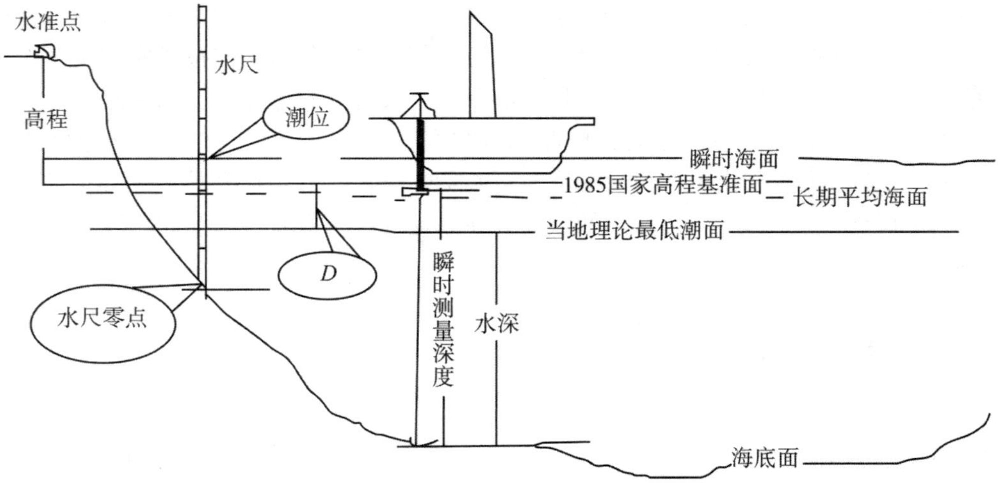

图2-1　测深基准示意图

四、海洋测量定位

海洋定位通常是指利用两条以上的位置线，通过图上交会或解析计算的方法求得海上某点位置的理论与方法。海上位置线一般可分为方位位置线、角度位置线、距离位置线和距离差位置线四种。通常可以利用两条以上相同或不同的位置线定出点位。

海洋定位的方法有以下四种：光学定位、无线电定位、卫星定位、水声定位。

(1)光学定位：主要有前方交会法、后方交会法、侧方交会法和极坐标法等。

(2)无线电定位：常采用测距、测距差或两种方法混合使用，按定位方式可以分为圆-圆(两距离法)定位和双曲线法(距离差法)定位。

(3)卫星定位：海上定位的主要手段。GPS卫星定位的基本观测量又可分为码相位观测量和载波相位观测量。差分卫星定位是通过建立基准站，观测计算并发送卫星定位改正数，用户站接收并对其测量结果进行改正，以获得更为精确的定位结果。根据差分GPS基准站发送的信息方式的不同可分为位置差分、伪距差分、相位平滑伪距差分、相位差分。

(4)水声定位：通过声波的传播路径推求目标的坐标(位置)，就是水下目标的声学定位。用于水下目标定位的声学系统即水声定位系统，通常由船台设备和若干水下设备组成。船台设备包括一套具有发射、接收和测距功能的控制、显示设备，以及安装在船底或船后“拖鱼”内的换能器及水听器阵。水下设备主要是声学应答器基阵。

五、海洋水文观测

海洋水文观测是指在某点或某一断面上观测各种水文要素，并对观测资料进行分析和整理的工作。观测内容主要是海水温度、盐度、密度、含沙量、化学成分、潮汐、潮流、波浪、声速等要素，其目的是为编辑出版航海图、海洋水文气象预报、海洋工程设计以及海岸变迁和泥沙淤积等海洋科学研究提供资料。

各要素的主要测量方法：①温度：采用表层温度计或颠倒温度计测定；②盐度：通过的阿贝折射仪、多棱镜差式折射仪、现场折射仪等进行测定；③透明度：透明度仪、光度计测定；④潮汐：通过潮位站进行验潮分析得出资料分析；⑤潮流：通过流速流向仪、声学多普勒流速剖面仪(ADCP)等测定；⑥测得水温、盐度和压力数据，利用公式去求海水中声音传播速度。

1. *海洋潮汐观测*

1)海洋潮汐现象

(1)潮汐周期：两个相邻高潮或两个相邻低潮之间的时间间隔，简称周期。有的地方潮汐周期为半天，其平均值是12h 25min；有的地方潮汐周期为1d，其平均值为24h 50min，这里的“天”指太阴日。

(2)潮汐不等：由于月球、太阳、地球之间的相对位置不同，同一地点每日的潮差是不等的，这种现象称为潮汐不等。潮差随月球相位而变化，每月有两次大潮，两次小潮，大潮一般在朔望后两三天出现，小潮一般在上弦下弦后两三天出现。大潮时，海面涨得最高，落得最低，此时的潮差称为大潮差；小潮时，海面涨得不很高，落得也不太低，此时的潮差称为小潮差。

(3)高(低)潮间隙：月球经过某地子午圈的时刻，称为对应地点的月中天或太阴中天，其中离天顶较近的一次称为月上中天，离天顶较远的一次称为月下中天。从月中天至高(低)潮时的时间间隔称为高(低)潮间隙，取其平均值为平均高(低)潮间隙。

潮汐类型包括：

(1)半日潮港($0<F\leqslant 0.5$)：半日潮港在一个太阴日内，发生两次高潮和低潮，且相

邻的高(低)潮的潮高大致相等，涨落潮持续时间亦很接近。

(2)混合潮港($0.5<F\leqslant4$)：混合潮港分为不规则半日潮混合潮港($0.5<F\leqslant2$)和不规则日潮混合潮港($2<F\leqslant4$)。不规则半日潮是潮汐在一个太阴日内有两次高潮和两次低潮，两次高(低)潮的潮高不等，涨落潮时间不等，且不等是变化的。不规则日潮是潮汐在一个朔望月中有几天会出现一日一次高潮和一次低潮，而大多数天为一天两次高潮和两次低潮。

(3)日潮港($F>4$)：日潮港是潮汐在一个朔望月内大多数天只有一次高潮和一次低潮，且在半个月内连续出现7d以上，其余少数几天为半日潮。

2)水位观测

在海洋测绘中，根据作用不同，验潮站分为长期验潮站、短期验潮站、临时验潮站和海上定点验潮站。长期验潮站是测区水位控制的基础，主要用于计算平均海面，一般应有2年以上连续观测的水位资料；短期验潮站用于补充长期验潮站的不足，与长期验潮站共同推算确定测区的深度基准面，一般应有30d以上连续观测的水位资料；临时验潮站在水深测量时设置，至少应与长期站和短期站在大潮期间同步观测水位3d，主要用于深度测量时进行水位改正；海上定点验潮站，至少应在大潮期间与相关长期站或短期站同步观测1次或3次24h或连续观测15d水位资料，用于推算平均海面、深度基准面以及预报瞬时水位，进行深度测量时的水位改正。

水位观测可采用水尺、井式自记验潮仪，声学或压力式传感器等专用设备实施。另外，利用卫星遥感、差分GPS也可以进行水位观测，为远海潮汐观测提供了新的手段。

3)潮汐调和分析

根据物理学原理，任何一种周期性的运动都可以由许多简谐振动组成。潮汐变化也是一种非常近似的周期性运动，因而也可以分解为许多固定频率的分潮波，进而求解分潮的调和常数(振幅、迟角)，这种分析潮汐的方法称为潮汐调和分析。

潮汐调和分析的主要目的是计算分潮调和常数。调和常数在计算平均海平面的时候可以用来消除潮汐的影响，研究海平面变化。另外它还可以用于计算理论最低潮面、天文最高和最低潮面以及描述潮汐特征的潮汐非调和常数，开展潮汐预报等。

2. 声速观测

与光波、电磁波等辐射形式相比，声波是目前所知的最佳水下传播形式。声速测量的目的一是对测深数据进行声速改正，二是确定声线在水中的传播方向和路径。

1)声波在海水中的传播速度

海洋中声波的传播速度和海水介质的盐度、温度、压力有关。特别是当海水温度跃层存在时，由于折射作用，声线方向的变化尤为显著。同时温度跃层也造成声波反射，穿透跃层的能量大大减少。温度跃层的存在，导致侧扫声呐和多波束探测成果失真，严重影响测量成果的质量。因此在侧扫声呐和多波束测量前，必须对测区海水温度跃层进行调查。

2)声波在海水中的传播特性

包括：①声波穿过不同的水层产生折射和反射现象，且服从折反射定律。②改变声音在海水中传播的最重要的一个现象是折射，它是由于海水温度、盐度、压力不均匀造成空间变化引起的。

3)海水声速测量

海水声速可表示为关于水温、盐度和压力的函数。根据测得的水温、盐度和压力数据，用特定的计算公式确定海水声速的方法称为间接声速测量。

凡通过测量声速在某一固定距离上传播的时间或相位，从而直接计算海水声速的方法均为直接声速测量。具体的声速测量仪所依据的原理有脉冲时间法、干涉法、相位法和脉冲循环法等。船用声速测量仪分吊放式和消耗式两种。

3. 海流观测

1)潮流现象

通常把由外海经内海向港湾流动的潮流称为涨潮流；由港湾流向外海的潮流称为落潮流。潮流在涨潮流与落潮流的转变时，流速较小，若流速为零称为转流。

以流向的变化可将潮流分为往复式和回转式两种。

2)潮流观测

验流点一般选择在锚地、港口和航道入口及转弯处、水道或因地形条件影响流向流速改变的地段，观测内容包括流速和流向。为更好地分离潮流，应在风浪较小的情况下进行海流观测，验流期间应对潮汐和气象情况进行同步观测。潮流观测实施前，应详细了解测区潮流性质，确定潮流观测的时间长度，半日潮港验流一般应持续 13h 以上，日潮港验流一般应持续 25h 以上。

(1)半日潮港海区，验流(潮流)时间应选择在阴历初一、初二、初三或十六、十七、十八。日潮港海区选择在月赤纬最大的前后回归潮期间进行，也可以从潮汐表中选取最大潮日期进行。往复流验流必须测出最大涨、落潮流的流速、流向及时间，说明转流时间与高低潮时间的关系(如高潮后 1h 15min 开始转为落潮流)。验流定位的计时精确到秒，流速精确到 0.1 节，流向精确到 0.5°。

(2)当采用准调和分析方法时，海流连续观测次数应不少于 3 次，分别选择大、中、小潮日期进行。在一般的潮流分析中，可采用一次或两次海流观测资料，一次海流观测应在大潮日期进行，两次海流观测应分别在大潮、小潮日期进行。每次海流观测应持续 25h 以上。当分析如风海流或波流等其他类型的海流时，应在不同季节和不同气象状况下进行观测；当分析河口区的径流时，应选择在枯水期和洪水期分别进行观测。

六、水深测量

水深测量的主要技术方法有单波束与多波束回声测深及机载激光测深等。水深测量的主要工作流程包括水深数据采集、水深数据处理、水深成果质量检查、水深图输出等。

1. 单波束测深

单波束测深波束的指向性波束宽度和发射脉冲的宽度分别影响被测目标的方位和深度分辨率。单波束测深仪数字化记录和声图上的水深值，是由换能器底面至海底的深度值。换能器浸没在海水中，由于测深仪设计转速、声速与实际的转速、声速不同，以及换能器的安装等原因，需要对其进行吃水改正、基线改正、转速改正及声速改正等。对各项改正一般采用综合处理，求取总改正对测量深度的影响，通常采用的改正方法包括校对法和水文资料法。

(1)校对法适用于小于20m的水深。利用校准工具如带有刻度电缆的水听器、带有刻度缆绳的比对板等，置于换能器下面一定深度处，读取校对工具的入水深度，与测深仪的读数相比较，差值为测深仪总改正数 Δz。

(2)水文资料法适用于大于20m的水深，利用实测数据(包括各水层的温度、盐度、深度)分别利用相应的公式求取各改正数，最后求取测深仪总改正数。

2. 多波束测深

多波束测深是一个复杂的综合性系统，主要由多波束声学系统(MBES)、多波束采集系统(MCS)、数据处理系统和外围辅助传感器等组成。其中，换能器为多波束的声学系统，负责波束的发射和接收；多波束采集系统完成波束的形成和将接收到声波信号转换为数字信号，并反算其距离或记录声波往返换能器面和海底的时间；外围设备主要包括定位传感器(如GPS)、姿态传感器、声速剖面仪(CTD)和电罗经，实现测量船瞬时位置、姿态、航向以及声速传播特性；数据处理系统以工作站为代表，综合声波测量、定位、船姿、声速剖面和潮位等信息，计算波束脚印的坐标和深度，并绘制海底地形图。

1)多波束参数校正

多波束测深系统结构复杂，各种传感器和换能器的安装一般无法达到理论设计的要求，因此需要进行参数校正，通常有导航延迟、横摇、纵摇和艏偏校正。由于导航延迟和纵摇偏差会造成测点的前后位移，而航向角偏差在平坦海底只造成波束沿偏角的旋转，因此在平坦海底进行导航延迟、横摇校正不受其他偏差的影响，可首先进行。多波束参数校正顺序通常是导航延迟、横摇、纵摇和艏偏校正。

2)多波束测量野外工作的实施

多波束测深系统海上勘测实施的过程包括测前试验、测前准备、数据采集和数据处理四个部分。

3)多波束测深数据编辑

多波束测深数据是在高度动态的海洋中采集的。由于仪器自噪声、复杂的海况因素或者多波束声呐参数设置不合理，勘测数据中不可避免地含有大量误差和噪声，造成虚假地形，从而使绘制的海底地形图与实际海底地形存在差异。为提高海底地形图的精度，有效利用多波束测深数据，必须对测深数据进行编辑，剔除假信息，恢复、保留真实信息，为后处理成图做好必要的准备。多波束勘测数据编辑的方法多种多样，但总的编辑思路是一致的，编辑的对象一般是水深值。其编辑计算方法有两种：一种是投影法，另一种是曲面拟合法。

(1)投影法：

多波束系统采集的水深数据是三维的，对测线数据进行编辑时，首先必须把水深数据投影到平面中去，然后才能进行编辑工作。投影方法主要有三种：沿测线前进方向投影、正交测线方向投影、垂直正投影。测线前进方向投影，就是把水深点投影到与测线正交的平面上。正交测线方向投影是以时间为横轴，水深为纵轴，在编辑界面上水深数据是以一个个波束的形式显示的。垂直正投影是把测深数据按经、纬度坐标位置投影到水平面上。

在海底地形变化极其复杂的海区，需要在垂直正投影方式下进行进一步的编辑。

(2)曲面拟合法：

海底地形一般是连续变化的，而多波束测量是全覆盖的高精度测量，测量的资料能反映海底地形的全貌。用一定的曲面拟合海底面，超出曲面一定范围的数据点称为跃点，应该剔除掉。曲面拟合常用的计算方法有贝塞尔(Bezier)方法、B 样条方法、最小二乘法拟合等。

3. 机载激光测深

机载激光海洋测深技术是利用绿光或蓝绿光易穿透海水，而红外光不易穿透海水的特点，用光激射器，光接收机，微机控制、采集、显示、存储及辅助设备组成机载激光测深系统。在飞机平台上安装激光发射器，向海面发射两种不同波长的激光，一种是波长为 1 064nm的脉冲红外光，另一种是波长为 532nm 的绿光。红外光被海面完全反射和散射，而绿光则能够透射至海水中，经水体散射、海底反射和光接收器分别接收这些反射光，组成探测回波信号波形，探测并数字化处理回波信号，就可以得到机高和水深数据信息。

海水对不同波长的激光吸收也相差很大，其中波长为 520～535nm 的蓝绿光波段被称为“海洋光学窗口”，海水对此波段的光吸收相对最弱。机载激光系统测深能达 50m。

4. 测线布设

测线是测量仪器及其载体的探测路线，分为计划测线和实际测线。水深测量测线一般布设为直线，又称测深线。测深线分为主测深线和检查线两大类。主测深线是实施测量的主要测量路线，检查线主要是对主测深线的测量成果质量进行检测而布设的测线。

测线布设的主要因素是测线间隔和测线方向。测深线的间隔根据测区的水深、底质、地貌起伏状况，以及测图比例尺、测深仪器覆盖范围而定，以既满足需要又经济为原则。对单波束测深仪而言，主测深线间隔一般采用为图上 10mm，在海上养殖区域主测深线间隔可适当放宽。多波束测深系统的主测线布设应以海底全覆盖且有足够的重叠带为原则，其检查线应当至少与所有扫描带交叉一次，以检查定位、测深和水深改正的精度，两条平行的测线外侧波束应保持至少 20%的重叠。海底地形测量测线一般布设为直线。

测深线可以分主测深线、补充测深线和检查测深线。①主测深线：测深线的主体，它担负着探明整个测区海底地形的任务；②补充测深线：起着弥补主测深线不足的作用；③检查测深线：检查以上测深线的水深测量质量，以保证水深测量的精度。

测深线方向是测深线布设所要考虑的另一个重要因素，测深线方向选取的优劣会直接影响测量仪器的探测质量。选择测深线布设方向的基本原则：有利于完善地显示海底地貌，有利于发现航行障碍物，有利于工作。对于多波束测深，还要考虑测量载体的机动性、安全性、最小测量时间等问题。

5. 水深改正与精度要求

1)吃水改正

吃水改正包括静态吃水改正和动态吃水改正。根据换能器相对船体的位置，换能器静态吃水可按几何关系求解。动态吃水就是要确定作业船在静态吃水的基础上因航行造成的船体吃水的变化，这种变化有时也称为航行下沉量，它受船只负载、船型、航速、航向、海况以及水深等诸多因素的综合影响。动态吃水测定方法如下：

(1)选择一个海底平坦、底质较坚硬的海区，水深为船静态吃水的7倍左右(如要测量更浅水深，对这种测区也要进行测定)，该海区要能保证船只以各种速度航行；

(2)岸上选择适当位置架设一台水准仪，在船上换能器的位置处竖立水准尺，要保证水准仪能观测到水准尺，并具有1m左右的动态范围；

(3)在测量海区设立一个测点，在该点处抛设一浮标，其缆绳要尽量缩短，当船只靠近浮标时停下，从岸上用水准仪观测水准尺并记取读数，然后船以测量时的各种船速通过浮标一侧(与原来停靠点尽可能一致)，水准仪照准船上标尺读数，两次读数应去掉潮汐的影响，再取两者之差值，即为船体在换能器所处位置的下沉值。

一种船速应按上述方法观测3次以上，然后取平均值，即为动态吃水值。

2)姿态改正

测量船在勘测过程中，由于受到风浪和潮汐等因素的影响，会造成船体的纵摇、横摇和航向的变化。为了消除船体行进中因摇晃和方位变化导致的位置误差，需要进行姿态测量和改正。姿态测量通常分两部分：采用惯性测量系统(IMU)测量船体的纵摇角和横摇角；采用电罗经或GPS测定船艏向的方位角。姿态改正实际上就是坐标系统变换，通过测量的姿态角，进行坐标轴的旋转，即可对测船姿态进行改正。

3)声速改正

对于单波束测深来说，声速误差仅影响测点的深度，在未实测声速剖面的情况下，通常在现场利用已知水深比对来对实际声速值进行改正。对于多波束测深，通常用现场实测声速剖面采用声线跟踪对波束进行精确归位，但由于以点代面的实测声速剖面对不同区域可能存在误差，因此有时还需进行声速后处理改正。多波束声速改正后处理方法可分为两大类：第一类是以改变声速剖面为思路的处理方法，它涉及对多波束折射路径的重新计算，在已知各波束的发射角和旅行时之后，运用新的更准确的声速剖面，进行各波束的入射角、旅行时向测点的空间位置的转换，其方法与实时采集声速改正的时空转换方法一致；第二类方法为几何改正法，在无法确知声速结构时采用，通过对波束在测深横剖面上的叠加统计，用几何旋转的方法改正地形畸变，或者借助于等效声速剖面的原理以及重叠区地形一致的原理，重新对波束归位。

4)水位改正

为了正确地表示海底地形，需要将瞬时海面测得的深度，计算至平均海面、深度基准面起算的深度，这一归算过程称为潮位改正或水位改正。

水位改正中，水位改正值的空间内插是由潮差比、潮时差与基准面偏差的空间内插而实现的。水位改正可根据验潮站的布设及控制范围，分为单站改正、双站改正、多站改正。

三个验潮站以上的水位改正可以看作上述几种改正之间的叠加——分别求出各项改正然后再叠加在一起，求出多个站的水位改正。

5)测深精度

深度极限测量误差见表2-3。

表 2-3　　深度极限测量误差　　（单位：m）

测深范围 Z	极限误差
$0<Z\leqslant 20$	±0.3
$20<Z\leqslant 30$	±0.4
$30<Z\leqslant 50$	±0.5
$50<Z\leqslant 100$	±1.0
$Z>100$	$\pm Z\times 2\%$

七、海道和海底地形测量

海道测量除了获得水深、水文等基本信息外，还需要对影响船舶航行和锚泊的其他要素进行观测，包括障碍物探测、助航标志测量、底质探测、滩涂及海岸地形测量等。

1. 障碍物探测

航行障碍物探测是海道测量工作的重要内容之一。为了保证船只的航行安全以及海洋工程的需要，对危及船只航行安全的障碍物如礁石、沉船、浅地等均应准确测定其分布、性质、大小、位置等。航行障碍物探测的主要方法有侧扫声呐探测、多波束探测、单波束加密探测、扫海具扫测、磁力仪探测等。各类障碍物位置至少应有一组多余观测，且其位移不得大于 5m，取中数作为最终位置。对能够探测到的航行障碍物要详细探明其性质、特征；对新探测的海底地物，还应采用其他方法进一步探测确认。

1）侧扫声呐探测

声呐图像的质量与拖鱼的高度、速度、背景噪声以及海底目标性质等有关。一般情况下，海底目标声波反射和散射的回波信号越强，拖鱼受背景噪声影响越小，拖鱼受测船运动影响越小，声呐图像就越清晰，质量越好。声呐探测距离一般为拖鱼距海底高度的 8%～20%，拖鱼的速度与被探测目标的大小有关。

2）单波束加密测量

单波束加密测量主要用于测区位置明确或水深测量时新发现障碍物、浅点、礁石等特殊目标物复测。测量时以目标物为中心，垂直、交叉形向两侧布设测线，测线间距为 5～10m。应测出目标物最浅点水深及目标物范围等。对危及航行安全的目标物，必要时需潜水探摸，确认目标性质、高度、水深等。加密测线间隔一般为主测深线间隔的 1/2 或1/4。

3）扫海具扫测

扫海具扫测按扫具性质分为软式扫海具扫测和硬式扫海具扫测两种。前者适用于有概位的沉船、沉没的浮筒、沉石等小面积水底障碍物的搜寻；后者适用于新建码头前沿和港池（平坦）水域的通航前扫测。软式扫海具扫测是由扫绳及拖索组成，扫绳所挂铅质坠锤，在两端的较重，中间的可适量减轻，以能坠绳沉底即可。

4）磁力仪探测

磁力仪是测定海底地磁场强度的一种仪器，也可以作为扫海工具。常用的是海用质子旋进式磁力仪，通过测定地磁场强度得到反映海底表面物质的磁力异常，可以分析有无沉船等水下铁质障碍物。适用于水下铁磁性障碍物产生的磁异常探测。

2. 助航标志测量

助航标志是指浮标、定向信标、灯塔、灯桩、导标、无线电定位系统以及其他标绘在海图上的有关航行安全的设备或标志，其作用是确定航道方向，反映航道宽度，标示航道上的水下航行障碍物，引导舰船安全航行。

1）陆上助航标志测量

（1）位置测定：灯塔、灯桩、立标等助航标志应按照测图点精度要求测定其准确位置。对测深及航海有使用价值的天然目标如海上独立岩峰、礁石、山顶独立岩石等显著物标的位置测定精度可放宽一倍，两组观测值坐标互差不应超过 2m。导标、测速标等成对的标志，其中一点必须设站观测，前后导标的真方位角须由直接观测的角度算出。

（2）高度测定：灯塔、灯桩的灯光中心高度从平均大潮高潮面起算，同时还应测量灯塔底部高程。

2）水上浮标测量

由于水上浮标随海流和潮汐变化，浮标的实际位置以锚为中心在一定范围内移动，所以应测定其平流时的位置和最大涨落潮时的旋回半径。浮标的位置测定可采用岸上交会法和测船靠近浮标直接测定这两种方法。

3. 底质探测

底质探测是指对海底表面与浅层沉积物性质进行探测，是为了获得船舶航行、锚泊所需的海底表层底质分布的资料。

1）底质探测方法

底质探测一般采用机械式采泥器、超声波探测等方式。

2）底质探测的密度

底质探测的密度根据海区的重要程度和底质情况而定。水深在 100m 以内的海区均需探测海底表层底质。底质点的密度一般为图上 $25cm^2$ 有一底质点；航道、锚地、码头附近，以及重要的礁石周围和底质变化复杂的海区，一般为图上 $4\sim9cm^2$ 设一底质点；在底质变化不大的海区可以 $50\sim100cm^2$ 设一个底质点。特殊深度和各种航行障碍物均应探测底质。

4. 滩涂及海岸地形测量

1）干出滩测量

重要的大面积干出滩的地形测量，可采用水深测量和航空摄影测量相结合的方法进行。在高潮时进行水深测量，以求得断面点的干出深度；低潮时进行航空摄影测量，以判读干出滩上地形起伏和微地貌特征。内业处理时，根据两种资料进行综合，绘出干出滩上的地形图。

2)海岸地形测量

海岸地形测量是指对海岸线位置、海岸性质、沿岸陆地和海滩地形进行测量。

实测海岸地形时，海岸线以上向陆地方向测进：大于(含)1∶1万比例尺为图上1cm；小于1∶1万比例尺为图上0.5cm。密集城镇及居民区可向陆地测至第一排建筑物。海岸线以上部分，按国家相应比例尺地形图航空摄影测量规范执行，当有同比例尺或大比例尺最新地形资料可利用时，可只对最新变化进行修测。海岸线以下测至半潮线，与水深测量成果图相拼接。人工建筑码头地区应测量完整，需取舍时，应保留对航海有意义的全部要素，突出显示海岸线。

海岸地形图测量可选用全站仪极坐标法、GPS测量法、航空摄影测量法等能达到精度要求的测绘方法。

第三节 海图制图

一、海图编辑设计

1. 海图总体设计

海图总体设计的目的是确定海图的基本规格、内容及表示方法。

(1)海图图幅设计。根据制图区域范围，确定图幅规格、数量和分幅方案及每幅海图的标题、图号及图面配置。

(2)确定海图的数学基础。主要包括海图比例尺、投影、坐标系统及深度、高程基准。

(3)构思海图内容及表示方法。包括海图内容的选择，确定地理要素、物体的制图综合原则和指标，设计和选择表示方法，确定地名的采用原则。

2. 制图资料的搜集

制图资料主要包括以下几种类型：

(1)控制测量资料：包括各类控制点的成果；

(2)海测资料：包括各种实测水深、海岸地形成果及障碍物探测资料等；

(3)成图资料：包括各种地图、海图、地图集、海图集等；

(4)遥感图像资料：包括航空摄影测量资料和卫星遥感资料；

(5)其他资料：包括各种文字、数字资料和图片资料等。

资料分析的重点是资料的完备性、地理适应性、现势性、精确性和复制可能性等。资料分析工作完成后，应作出是否采用的决定，把被采用的资料按使用程度分为基本资料、补充资料和参考资料，确定对各种资料的使用内容、使用范围及使用方式，并确定转绘的原则、方法和精度要求，根据编图需要和设备条件进行复制。

3. 制图区域研究

制图区域研究是通过各种地图资料、文献资料、社会调查和实地勘察，对制图区域的海洋地理现象和空间分布进行分类分级，从自然、人文、航海、军事等方面进行分析研究，可采用定性、定量或两者结合的方法进行。

4. 制图方案制定

海图制图方案是指编绘技术方案和出版方案。通常根据设备条件、技术人员的水平等实际情况来拟定。主要包括：选择海图编绘方法，确定对制图资料的加工处理、转绘的原则和方法，拟订印刷工艺方案。

5. 编辑文件编写

编辑文件是编辑设计的主要成果。可以是对某一类海图或某一种比例尺海图的长期编辑设计和编绘任务的经验总结，也可以是某项具体制图任务或某一幅海图编辑设计的成果体现。编辑文件的内容一般包括对海图的性质、用途、规格、数学基础、内容及表示、精度标准、技术方法作出基本规定。

二、海图制图综合

关于海图内容的压缩、化简和图形关系处理的制图技术，称为制图综合，其任务根据在海图用途、比例尺、制图资料和制图区域地理特点等条件，按照特定的原则和方法解决海图内容的详细性与清晰性、几何精确性与地理适应性的对立统一问题，实现海图符号和图形的有效建立。制图综合的基本原则是表示主要的、典型的、本质的信息，舍去次要的信息。制图综合的方法，主要有选取、化简、概括和移位；而对于实地制图现象向图形转换，还包括对实地物标的分类分级、建立符号系统。

1. 海图内容选取

海图内容的选取，就是根据海图的用途、比例尺和区域特点，选取主要要素，舍弃次要要素。确定数量和质量指标的方法，主要有资格法、定额法及平方根定律法等。

1)资格法

资格法是根据规定应达到的数量或质量标准来选取海图内容。如在编制 1∶5 万比例尺的港湾图时，规定图上长于 10cm 的树木岸、芦苇岸、丛草岸应表示，长期固定的验潮站应表示。前者是数量标准，后者是质量标准，据此选取海图内容，均属资格法。

2)定额法

定额法是以适当的海图载负量为基础，规定一定面积内海图内容的选取指标。海图的载负量即海图的容量，相当于海图图廓内所有符号和注记的总和。当符号和注记的大小确定后，海图载负量的大小同海图内容的多少成正比。

3)平方根定律法

资料海图的地物数量与新编海图的地物数量之间的关系，同两者比例尺成一定的比例，用公式表示为：

$$n_C = n_s\sqrt{S_c/S_s}\ ,$$

式中，n_C为新编图要素的数量；n_s为资料图要素的数量；S_c为新编图的比例尺分母；S_s为资料图的比例尺分母。

上述公式适用于采用相同符号的同类海图。当新编图符号尺寸与资料图的符号尺寸差异较大时，应引进新的系数。

2. 形状化简

海图在编绘过程中，因比例尺的缩小，一部分图形缩小到难以分辨的程度或因弯曲过细而妨碍了主要特征的显示，通过形状的化简，可以保留该地物特有的轮廓特征，并区别出从海图用途来说必须表示的特征。

形状化简的主要方法是删除、合并和夸大。进行图形形状简化时，应注意保持重要特征点的位置正确，反映出弯曲程度的对比，并保持图形的相似及各种要素图形之间的协调。

3. 数量特征概括

随着比例尺的缩小，制图物体的数量特征在图上的显示趋于概略，这种方法称为数量特征概括。数量特征概括的具体方法有分级合并、取消低等级别和用概括数字代替精确数字三类。分级的合并就是用扩大级差的方法来减少分级。如编制航海图时，规定 1∶1 万图上基本等高距为 5m，1∶2.5 万图上为 10m，1∶5 万图上为 20m，1∶10万图上为 40m，这种等高距扩大的方法，就是等级的合并。取消低等级别就是某一数量等级以下的制图物体不表示。用概括数字代替精确数字就是对某些用数字表示的要素，用概括数字代替，如某些航海图上高程注记不注小数。

4. 质量特征概括

质量特征在图上的显示，同数量特征一样，受海图用途和比例尺的限制，随着比例尺的缩小，质量特征在图上的显示趋于概略和简单，这种方法即称为质量特征的概括。质量特征的概括表现在分类的合并，以概括的分类代替详细的分类。

5. 制图物体移位

制图物体移位是通过移位来突出反映制图物体的主要特征，解决由于比例尺缩小而出现的地理适应性问题。制图物体的移位通常有两种情况，即制图物体形状概括产生的移位和处理相邻物体间的关系所产生的移位。对于前者，在对制图物体进行化简、合并和夸大的过程中，制图物体都可能产生移位。对于后者，有许多用非比例符号表示的制图物体随着比例尺的缩小，非比例符号所占的图上位置与它所代表的物体实际大小相差很大，这就会影响到与它相邻物体的表示。这时，相邻的两种制图物体就不可能都按准确的位置表示而产生移位。具体方法有分开表示和组合表示两种。分开表示通过将相邻制图物体进行比较，让位置比较重要的物体保持其位置准确而移动其旁边的物体。组合表示就是把相邻两种制图物体在同一位置上表示的方法。

6. 海图要素综合原则

1)海岸线

海岸线形状的化简应遵循“扩大陆地、缩小海域”的原则。有时为了突出显示某一深入陆地的小海湾，也可以将海湾适当夸大表示。岸线性质的概括主要采取删除、夸大和转换三种方法，即删除短小的岸线性质，夸大表示特殊性质的岸线，将次要的短小岸线转换为主要性质岸线表示。

2)等深线

等深线的综合一般遵循“扩浅缩深”的原则，当等深线比较密集时，可保留最浅的等深线，将较深的等深线中断在较浅的等深线上，并保留 0.2mm 的间隔。等深线的取舍原则是“取浅舍深”。

3)水深

水深注记的选取一般遵循“舍深取浅”的原则；同时也应保留适当数量的深水点，特别是狭窄航道，适当保留深水点，以显示其通航能力。水深注记的密度(图上相邻水深注记的间距)一般为 10~15mm，海底地形起伏变化较大的区域，港池、航道、锚地等重要航行区域水深间距可加密到 6~10mm。水深注记一般呈菱形分布。

4)干出滩

干出滩的制图综合包括干出滩的取舍、轮廓形状的化简、质量特征的概括以及干出水深的选取四个方面。孤立的干出滩不得舍去，成群分布的可合并。干出滩形状的化简遵循扩大干出滩的原则。干出滩质量特征的概括包括类型合并和质量转换。质量的转换是通过干出滩的合并来完成，软性滩可以合并转换为硬性滩，但硬性滩不能合并到软性滩中。

5)海底底质

海底底质的综合包括底质的取舍和质量的概括。海底底质的选取，首先要保障航行安全和便于选择锚地，其次反映底质的分布特点和规律。一般采取“取硬舍软”与“软硬兼顾”的原则，“取异舍同”，优先选取海底地貌特征点处的底质。

6)航行障碍物

航行障碍物主要有礁石、沉船、障碍物等，它们是船舶海上活动的主要障碍和威胁。障碍物的制图综合主要包括选取、说明注记的表示、符号的图形转换和危险线形状的化简。孤立的障碍物必须选取，成片的障碍物根据其危险程度选取，取高舍低、取外围舍中间、取近航道舍近岸、取稀疏处舍密集处。

7)助航标志

航标的选取按照其重要程度、地理位置等由高级向低级、由重要向次要的顺序选取，即按灯塔、无线电航标、灯船、灯柱、灯浮顺序选取。

三、航海图制作

1. 纸海图制作

1)海图符号及分类

海图把海域及沿海陆地的各种信息通过海图符号表达给用户。①按分布特征，海图符号可分为：点状符号，如灯船、锚地符号等；线状符号，如国界、港界等；面状符号，如泥滩、沙滩、树木滩等。②按符号的尺寸与海图比例尺的关系，海图符号可分为：比例符号，面状符号一般是比例符号；半比例符号，其长度能依比例尺表示，宽度在图上无法依比例表示而夸大了，如公路符号；非比例符号，如灯桩。③按符号的形状与事物的关系，海图符号可分为：正形符号，其轮廓形状与实物一致或相似，如岛屿；象征符号：是将事物经抽象与形象化了的图形，如锚地符号。

2)海图图式

世界各国航海图的生产都对海图符号有统一的规定，这种规定即为《中国海图图式》(GB 12319—2022)，它包含了绘制航海图的全部符号和缩写，也是绘制其他海图的基本符号。

3)纸海图制作流程

目前制作海图一般都采用计算机辅助制图，其制作流程主要分为四个阶段：编辑准备阶段、数据输入阶段、数据处理阶段和图形输出阶段。

(1)编辑准备阶段：即海图总体设计。

(2)数据输入阶段：将编图所使用的图形资料、数字资料、文字资料输入计算机的过程。

(3)数据处理阶段：通过对数据的加工，取得新编海图的过程。包括两个方面：一是数据预处理，包括投影、制图坐标系以及比例尺的变换，高程基准面和深度基准面的改算以及数据资料不同数据格式的转换。二是获取新编海图的数据处理，包括新编海图数学基础的建立，对编图数据的制图综合、图形处理、符号化以及拓扑关系的处理等。

(4)图形输出阶段：输出方式主要有直接在计算机屏幕上显示海图；将海图数据传输给打印机，喷绘彩色海图；将海图数据传输到激光照排机，输出供制版印刷用的四色(CYMK)菲林片；传送到数字式直接制版机(CTP)，制成直接上机印刷的印刷版；数字式直接印刷机可直接输出彩色海图。

2. 电子海图制作

1)电子海图分类

根据用途电子海图分为综述、一般、沿海、近岸、港口、码头泊位六类电子海图(见表 2-4)。

表 2-4　**不同类型电子海图编辑比例尺范围**

标志	航海用途	编辑比例尺
1	综述	$S \leqslant 1:100$ 万
2	一般	$1:50$ 万 $\geqslant S > 1:100$ 万
3	沿海	$1:15$ 万 $\geqslant S > 1:50$ 万
4	近岸	$1:5$ 万 $\geqslant S > 1:15$ 万

续表

标志	航海用途	编辑比例尺
5	港口	1∶1万≥S>1∶5万
6	码头泊位	S>1∶1万

2)数学基础

(1)电子海图的平面坐标采用2000国家大地坐标系或1984世界大地坐标系(WGS-84)。

(2)电子海图不使用投影，空间物标中坐标用地理位置(经纬度)表示。

(3)深度基准：中国沿海采用理论最低潮面，不受潮汐影响的江河采用设计水位。

(4)高程基准：中国大陆地区一般采用1985国家高程基准。

(5)编辑比例尺：当一个单元采用多种比例尺的制图资料且未经过综合时，须确定主编辑比例尺，并在电子海图文件头中的数据集参数字段中说明主编辑比例尺，使用编辑比例尺元物标覆盖其他比例尺区域，并使用编辑比例尺属性具体说明。

3)单元

为了有效处理电子海图数据，将地理区域分成单元。每个单元的数据包含在标志唯一的文件中，称为数据集文件。单元的形状必须是矩形。单元的容量不能过大，应保证电子海图数据集文件不超过5MB字节。单元的容量也不能过小，避免产生过多的单元。

4)物标

物标是一组可识别的信息。每个电子海图物标由特征物标和空间物标组成。特征物标是具有真实世界实体非位置信息的物标；空间物标是包含有关真实世界实体位置信息的物标。

一个电子海图单元中所有使用面状物标表示的深度范围、疏浚区、浮船坞、报废船、陆地区、浮码头、未测区必须在互相不重叠的区域中。这些物标构成第一组，称为地表面组。所有不在第一组的物标构成第二组。

5)几何图元的选择

几何图元是指海图要素所具有的几何形态，分为点、线、面三种。任何一种要素在表示时只能具有唯一的几何图元，即某一要素通过一种几何图元表示之后，就不再需要用另一种几何图元重复说明，如面状锚地中不需要增加点状锚地符号。对于几何图元的使用没有特别说明的物标，制图资料中依比例尺表示的在电子海图中须使用面状物标表示；在制图资料中半依比例尺和不依比例尺表示的，在电子海图中使用线状物标或点状物标表示。

3. 海图改正

海图改正不是对编绘中发现的差错进行修改的过程，而是指为保持海图现势性，根据《航海通告》或《改正通告》、无线电航行警告、新测或新调查的资料对已出版或正在出版的海图进行的改正。根据改正的特点、改正内容的多少，以及改正范围的大小，改正工作可以分为大改正和小改正两种。

（1）大改正。当海图需要改正的内容较多、范围较大时，一般需要在原来海图的基础上进行改版或再版，并重新出版，原版海图作废，该项工作称为大改正。

（2）小改正。海图需要改正的内容不多、范围不大时，为保障海图的现势性和可靠性在已经出版的海图上进行改正工作，称为小改正。

四、海底地形图制作

1. 海底地形图数学基础及分幅

海底地形图是用等深线表示海底起伏状况且详细表示海底底质、礁石、海底管线等人工地物和其他基本地理要素的海图。海底地形图按制图区域可分为海岸带地形图、大陆架地形图和大洋地形图。

海底地形图的数学基础包括坐标系、比例尺、投影方式、深度基准、高程基准等。

（1）海底地形图的坐标系采用 CGCS2000 或 WGS-84，如采用的制图资料为其他坐标系时，应进行坐标转换。

（2）比例尺：海底地形图的基本比例尺为 1∶5 万、1∶25 万、1∶100 万。

（3）投影方式：1∶25 万及更小比例尺图采用墨卡托投影；大于 1∶25 万比例尺图采用兰勃特等角圆锥投影。

（4）深度基准：中国沿海地区采用理论最低潮面，远海及外国海区均采用原资料的深度基准。

（5）高程基准：中国沿海一般采用 1985 国家高程基准。

2. 海底地形图表示方法

（1）符号法：海图上用不同形状、颜色和大小表示物体或现象的位置、性质和分布范围的方法，是海图内容要素的主要表示方法。

（2）深度注记法：海洋的深度注记与陆地的高程注记相类似，也称为水深。

（3）等深线法：是表示海底地形图最基本、最精确的方法，以等深线的形式及组合情况反映海底表面形状的特征。

（4）明暗等深线法：是以不同粗细程度和不同深浅色调的等深线表示海底地貌的方法。

（5）分层设色法：也称色层法，是在不同的深度层和高度层用不同的色相、色调进行普染，以显示地面起伏形态的方法。

（6）晕渲法：用浓淡不同的色调来显示陆地和海底的起伏形态，立体效果比较好。缺点是在图上不能进行深度的量算。按假设光源的位置分为斜照晕渲、直照晕渲。

（7）晕滃法：是以不同长短、粗细和疏密的线条，表示地貌起伏的形态，图上表示的斜坡随倾角的增大而线条逐渐变粗、变短、间距变小，因而产生立体效果。

（8）写景法：利用透视绘画的方式表示海底地貌的一种方法，形象生动，通俗易懂。

第四节　质量控制和成果整理归档

一、测量成果检验

测量成果质量检验内容主要包括测量仪器设备检校、平面控制、高程和潮位控制、定位、测深、障碍物探测、助航标志测量、底质探测、海底地貌测量和滩涂及海岸地形测量等。

1. 测量仪器设备检校

属于国家计量检定机构强制检定的仪器设备应检查是否有检定证书，应在有效期内。不属于强制检定的仪器设备应检查是否按有关技术标准进行了检验，并应符合要求。

2. 平面控制

检查用于海洋测绘的平面控制点精度是否符合相应比例尺测图要求。

3. 高程和潮位控制

检验内容：①水位站布设应满足测深精度要求，采用的工作水准点应与国家等级水准点联测；②岸边水位站水位观测误差允许偏差应满足±2cm，海上定点站水位观测综合误差允许偏差应满足±5cm；③平均海面、深度基准面传算应符合有关限差要求。

4. 定位

应检查采用的定位系统或手段是否符合标准要求，且测量前后必须在已知平面控制点上进行校准比对，且应符合测图要求。

定位中心与测深中心应尽量保持一致，对大于 1 : 1 万比例尺测图，两者水平距离最大不得超过 2m；对于小于 1 : 1 万比例尺测图，两者水平距离不得超过 5m，否则应将定位中心归算到测深中心。定位时间与测深必须保持同步。

5. 测深

1) 单波束测深仪

应检查布设测线的间隔和方向是否符合规范要求。若在测量中出现下列情况是否进行了补测：①在一般海区测深仪回波模拟信号或数字记录信号，以及两定位点间测深线漏测在定位图上超过 3mm 时，在地貌复杂海区发生漏测现象时；②记录式测深仪的零信号或回波信号不正常，不能正确量取水深时；③不能正确勾绘等深线和海底地貌探测不完善时；④验潮工作时间不符合要求时；⑤测深线间隔超过规定间隔二分之一时。

2) 多换能器测深系统

应检查其测深精度和覆盖宽度是否符合要求；每个换能器之间的间距和波束覆盖是否

与扫趟设计宽度相匹配，保证条带的全覆盖扫测；如果没有地理上的限制，所有的主测线（条带）是否达到了至少与检查线相交一次，能有效评估定位、测深和深度改正的准确性。

3）侧扫声呐

质量检查包括：①声像信号是否清晰、连续，能否真实判读海底目标；②扫测区是否达到海底的100%全覆盖；③相邻扫趟应保证拖鱼正下方和边缘波束的两次覆盖；④测量船驶入、驶出测区时，拖鱼离测区边界外的距离是否符合规定要求；⑤当测量船航向左右，偏离计划测线时，是否形成了漏测区等。

4）多波束测深系统

质量检查包括：①各种设备或传感器安装是否符合要求，确定的船体坐标系是否正确，其参数是否可追溯；②系统校准是否符合要求，获得的校准参数是否正确、可追溯；③测线布设方向和有效扫宽是否符合要求，边缘波束虚假信号是否通过相邻扫趟重叠抵偿、剔除；④测量船速是否符合要求；⑤声速剖面测定是否符合要求；⑥人机交互、测线模式及子区模式等数据处理是否符合要求，可疑点信号处理是否正确、可追溯；⑦各种水深改正和水深点抽稀是否正确等。

5）机载激光测深系统

应检查实施的测区海水是否清澈，是否符合标称应用水域；所有的主测线是否至少应与检查线相交一次，可用于检查定位、测深和深度改正的准确性；探测的障碍物是否应用单波束、多波束或其他手段进行了核实。

6）测线布设

应检查根据不同的工作目的布设的测深线间隔和方向是否符合规范要求，且布设的测线是否兼顾了所采用的测量手段。

7）水深改正

质量检查包括：①吃水改正。应检查静吃水设定方法是否符合要求；动吃水测定方法、参数计算、记录是否符合要求。②姿态改正。应检查测定的导航时延、横摇、纵摇、艏向偏差等参数是否正确、可追溯。③声速改正。测定的声速剖面是否可控制测区内任何位置的声速变化。④水位改正。获取的水位是否符合测深精度要求。

6. 障碍物探测

障碍物探测质量应检查采用的探测手段是否符合项目技术设计和规范要求；确定的障碍物是否安排了多余观测证实；探测结论是否明确。

7. 助航标志测量

助航标志测量质量应检查测定的位置是否有多余观测，其精度是否符合规范要求；陆上助航标志是否测算到平均大潮面上的高度；收集的标志构造和灯质是否真实可靠。

8. 底质探测

底质探测方法、探测密度是否符合规范要求；探测的底质点性质是否真实可靠。

9. 海底地貌测量

海底地貌测量质量应检查采用的测量方法是否满足任务要求；数据处理结果能否真实

反映海底地形变化状况和地貌性质。

10. 滩涂及海岸地形测量

滩涂及海岸地形测量质量检查应包括下列内容：

(1)测量的干出滩范围和性质是否符合规范要求，其与水深和岸线衔接能否良好吻合。

(2)海岸地形测量范围和地形点应符合相应比例尺测图要求，但是与干出滩和已有地形资料衔接能良好吻合。

(3)地貌、地物和干出点高度测算应符合规范要求。

二、水深测量成图比对检查

1. 主测深线与检测深线比对

(1)检查线布设的方向应尽量与主测深线垂直，分布均匀，并要求布设在较平坦处，能普遍检查主测深线。检查线总长度应不少于主测深线总长的5%。

(2)对主测线水深与检查线水深不符值进行数理统计发现异常水深时，应根据误差来源进行系统分析，查明原因，必要时应进行补测或重测证实。

2. 图幅拼接比对

图幅拼接主要包括不同年度相邻图幅拼接、同年度相邻图幅拼接和与海岸地形测量图幅拼接，其质量检查要求为：

(1)相邻图幅拼接处是否至少重叠测设了一条测深线，统计的不符值是否符合规范要求。

(2)相邻图幅拼接处相互穿越的检查线与其主测线的深度比对不符值是否符合规范要求，相互勾绘的等深线衔接、吻合是否良好。

(3)对于水深图幅与海岸地形测量图幅拼接，一是应检查的水深点是否上岸，二是检查礁石、岛屿、特殊浅点的位置、高度是否一致。

3. 成图比对质量问题处理

(1)当出现拼接水深不一致、水深点上岸，且礁石、岛屿、特殊浅点的位置或高度不一致时，应各自查明原因，或报告上级业务部门处理。

(2)图幅拼接或主、检比对限差超限，或虽未超限，但存在系统误差以及对测量成果质量有疑问时，均应分析原因及处理，并将处理情况写入技术总结。

三、印刷成图检验

海图制印结束后，印制部门应对印刷成图逐张进行检验。检验的内容包括：

(1)印刷色彩是否符合规定的色标，色调是否均匀，印迹是否清晰实在，图面是否清洁，成套挂图各幅图之间色调是否一致；

(2)同线划有无印双色或漏印现象，各种颜色线划要素同向套合差是否超限(0.4mm)，普染要素套合差是否超限(0.6mm)；

(3)各种注记和图廓外整饰有无未印上的内容。

印制部门检验后，编辑和上级主管部门应进行抽样检查印刷质量、套印精度。同时还应对图面整体，以及标题和图廓外注记、图内特别重要的要素和注记再做一次审查，确实无问题后方可入库、发行。

四、测绘成果归档

归档的测绘成果应齐全、完整，符合规定的格式要求。

1. 海洋测量归档成果资料

成果资料包括：①测量任务书、踏勘报告及技术设计书；②仪器设备检定及检验资料；③外业观测记录手簿、数据采集原始资料；④内业数据处理、计算、校核、质量统计分析资料；⑤所测绘的各类图纸及成果表；⑥港口资料调查报告、技术报告、各级质量检验报告；⑦测量过程记录；⑧其他测量资料。

2. 海图制图归档成果资料

成果资料包括：①采用的各类编绘资料；②制图任务书、编图计划；③各类源数据文件、成果图和数据文件；④各级质量检验的质量报告；⑤制图过程记录；⑥其他制图资料。

第二章考点试题及答案

第三章　工程测量

第一节　概　　述

一、工程测量分类

与工程建设有关的工程测量可以按勘测设计、施工建设和运行管理三个阶段划分。

(1)按测量精度，工程测量可分为普通工程测量和精密工程测量。

(2)按工程服务对象，工程测量可分为建筑工程测量、水利工程测量、线路工程测量、桥隧工程测量、地下工程测量、海洋工程测量、军事工程测量、工业测量、矿山测量以及城市测量等。

(3)按测绘资质分级标准，工程测量分为控制测量、地形测量、规划测量、市政工程测量、水利工程测量、建筑工程测量、变形形变与精密测量、线路与桥隧测量、地下管线测量、矿山测量、工程监理测量。

二、工程测量的任务和内容

1. 工程测量的任务

工程测量的任务是为工程建设提供测绘保障，满足工程建设各阶段的各种需求。具体来讲，在工程勘测设计规划阶段，提供设计所需要的地形图等测绘资料，为工程的勘测设计、初步设计和技术设计服务；在施工建设阶段，主要是施工放样测量和监理测量，保障施工的进度、质量和安全；在运营管理阶段，则是以工程健康监测为重点，保障工程安全高效的运营，同时进行工程数据库建设。

2. 工程测量的内容

工程测量的内容主要是控制网的建立、地形图测绘、施工放样、工程检测和变形监测。

三、工程测量的发展特点

1. 理论方法

工程测量理论方法的发展主要包括测量平差理论、控制网优化设计理论和方法以及变形监测数据处理理论等。

2. 技术手段

工程测量技术手段的发展主要包括基于电子全站仪的测量机器人、GPS、地面三维激光扫描、移动道路测量系统、数字近景摄影测量以及现代传感器测量等技术。

3. 应用服务

工程测量应用领域的拓展主要体现在精密大型工程测量、特殊异形建筑变形监测、工业测量、数字城市建设、城市地下管线探测以及工程数据库和信息管理系统建立等方面。

第二节　工程控制网建立

工程控制网具有提供基准、控制全局、加强局部和减小测量误差累积的作用。一般工程控制测量包括平面控制测量、高程控制测量、三维控制测量。

一、概述

1. 工程控制网的分类

1)按照用途

工程控制网可分为测图控制网、施工控制网、安装控制网和变形监测网。

2)按其他标准划分

(1)按照网点性质，可分为一维网(水准网、高程控制网)、二维网(平面控制网)、三维网。

(2)按照网形，可分为三角网、导线网、混合网、方格网等。

(3)按照施测方法，可分为测角网、测边网、边角网、GPS 网等。

(4)按照坐标系和基准，可分为附合网(约束网)、独立网、经典自由网、自由网等。

(5)按照其他标准，还可分为首级网、加密网、特殊网、专用网(如隧道控制网、桥梁控制网、建筑方格网)等。

2. 工程控制网的特点

1)测图控制网

测图控制网具有控制范围较大，点位尽量分布均匀，点位选择取决于地形条件，精度取决于测图比例尺等特点。

2)施工控制网

施工控制网包括：①控制网大小、形状、点位分布与工程范围、建筑物形状相适应，点位布设要便于施工放样，如隧道控制网的点位布设要保证隧道两端都有控制点。②控制网不要求精度均匀，但要保证某方向或某几点的相对精度较高，如桥梁控制网要求纵向精度高于其他方向精度。③控制点坐标反算的两点间长度与实地两点间长度之差应尽可能小；隧道控制网的投影面一般选在贯通平面上，或选在放样精度要求最高的平面上。④平面坐标系可采用独立坐标系，其坐标轴与建筑物的主轴线平行或垂直。

3)变形监测网

除了施工控制网的特点外，还具有精度要求高、重复观测等特点。

3. 工程控制网建立过程

工程控制网建立过程主要分为设计、选点埋石、观测和平差计算。

二、工程控制网设计步骤

工程控制网的设计步骤如下：

(1)根据控制网建立目的、要求和控制范围，经过图上规划和野外踏勘，确定控制网的图形和参考基准(起算数据)；

(2)根据测量仪器条件，拟定观测方法和观测值先验精度；

(3)根据观测所需的人力、物力，预算控制网建设成本；

(4)根据控制网图形和观测值先验精度，估算控制网成果精度，改进布设方案；

(5)根据需要，进行控制网优化设计。

三、工程控制网的坐标系选择

在满足工程精度的前提下，工程控制网一般采用国家统一的3°带高斯平面直角坐标系。当不能满足工程对高斯投影长度变形的要求(通常不大于2.5cm/km)时，可以自定义中央子午线和投影基准面，建立任意带的独立高斯平面直角坐标系，但应与国家坐标系衔接，建立双向的坐标转换关系。以下5种平面直角坐标系可供工程控制网选用：

(1)国家统一的3°带高斯平面直角坐标系；

(2)抵偿投影面的3°带高斯平面直角坐标系；

(3)任意带的高斯平面直角坐标系；

(4)选择通过测区中心的子午线作为中央子午线，测区平均高程面作为投影面，按高斯投影计算的平面直角坐标系；

(5)假定平面直角坐标系。

四、工程控制网的布设原则和方法

1. 工程控制网的布设原则

布设原则包括：①要有足够的精度和可靠性；②要有足够的点位密度；③要有统一的规格。

2. 工程控制网的布设方法

(1)测图控制网：采用 GPS 网、导线网形式布设。平面控制网的精度要能满足1：500比例尺地形图测图要求，四等以下(含四等)平面控制网最弱点的点位中误差不得超过图上±0. 1mm，即实地±5cm，这一数值可作为平面控制网精度设计的依据。

(2)施工控制网：通常分二级布设。精度不必具有均匀性，而应具有方向性。

(3)安装控制网：一般基于独立坐标系设成独立网。安装控制网通常布设为数米至百余米边长的微型边角网形式，全网由形状相同、大小相等的基本图形组成。根据设备形状或分布，网形可布设成直线形、环形、辐射状。

(4)变形监测网：采用 GPS 网、三角网、导线网的形式布设。其精度由变形体的允许变形值决定，一般要求中误差不超过允许变形值的 1/10~1/20 或 1~2mm。变形监测网还要求有高可靠性和高灵敏度。

五、工程控制网的优化

(1)零类设计(基准设计)：在控制网的图形和观测值的先验精度已定的情况下，选择合适的参考基准(起始数据)使网的精度最高。

(2)一类设计(网形设计)：在控制网成果要求精度和观测手段可能达到的精度已定的情况下，选择最佳的点位布设和最合理的观测值数量。

(3)二类设计(权设计)：在控制网的网形和控制网成果要求精度已定的情况下，设计各观测值的精度(权)，使观测工作量最佳分配。

(4)三类设计(改进设计、加密设计)：是对现有网或现有设计进行改进，通过增删部分观测值、改变部分观测值的精度(权)，以及增删和移动部分点位来改善控制网成果精度。优化方法有解析法和模拟法。

六、工程控制网施测方法

工程控制网的施测包含平面控制测量与高程控制测量。

1. 平面控制测量

平面控制测量可采用 GPS 测量方法，也可采用边角测量、导线测量等常规方法。目前，GPS 测量、边角测量方法较常用。GPS 网、三角形网精度等级划分为二、三、四等和一、二级，导线和导线网精度等级划分为三、四等和一、二、三级。其中，卫星定位测量控制网的布设，应符合下列要求：

(1)应根据测区的实际情况、精度要求、卫星状况、接收机的类型和数量以及测区已有的测量资料进行综合设计。

(2)首级网布设时，宜联测两个以上的高等级国家控制点或地方坐标系的高等级控制点；对控制网内的长边，宜构成大地四边形或中点多边形。

(3)控制网应由独立观测边构成一个或若干个闭合环或附合路线，各等级控制网中构成闭合环或附合路线的边数不宜多于 6 条。

(4)各等级控制网中独立基线的观测总数，不宜少于必要观测基线数的 1.5 倍。

(5)加密网应根据工程需要，在满足本规范精度要求的前提下可采用比较灵活的布网方式。

(6)对于采用 GPS-RTK 测图的测区，在控制网的布设中应顾及参考站点的分布及位置。

2. 高程控制测量

高程控制测量可采用水准测量、三角高程测量和 GPS 水准(GPS 拟合高程)测量方法。具体要求如下：

(1)高程控制测量精度等级的划分，依次为二、三、四、五等。各等级高程控制宜采用水准测量，四等及以下等级可采用电磁波测距三角高程测量，五等也可采用 GPS 拟合高程测量。

(2)高程控制点间的距离，一般地区应为 1～3km，工业厂区、城镇建筑区宜小于 1km。一个测区周围至少应有 3 个高程控制点。

(3)水准仪视准轴与水准管轴的夹角 i，DS1 型不应超过 15″；DS3 型不应超过 20″。

(4)水准尺上的米间隔平均长与名义长之差，对于因瓦水准尺，不应超过0.15mm；对于条形码尺，不应超过 0.10mm；对于木质双面水准尺，不应超过 0.5mm。

(5)水准路线需要跨越江河，当跨越距离小于 200m 时，可采用单线过河；大于 200m 时，应采用双线过河并组成四边形闭合环。当跨越距离小于 200m 时，也可采用在测站上变换仪器高度的方法进行，两次观测高差较差不应超过 7mm，取其平均值作为观测高差。

(6)GPS 拟合高程：

①GPS 网应与四等或四等以上的水准点联测。联测的 GPS 点，宜分布在测区的四周和中央。若测区为带状地形，则联测的 GPS 点应分布于测区两端及中部。

②联测点数，宜大于选用计算模型中未知参数个数的 1.5 倍，点间距宜小于 10km。

③地形高差变化较大的地区，应适当增加联测的点数。

④地形趋势变化明显的大面积测区，宜采取分区拟合的方法。

⑤GPS 观测前后天线高各量测一次，取其平均值作为最终高度。

⑥对 GPS 点的拟合高程成果，应进行检验，检测点数不少于全部高程点的 10%且不少于 3 个点；高差检验，可采用相应等级的水准测量方法或电磁波测距三角高程测量方法进行，其高差较差不应大于 $30\sqrt{D}$ mm(D 为检查路线的长度，单位为 km)。

七、工程控制网数据处理方法

1. 平面控制测量数据处理

平面控制测量数据处理的工作内容包括求定坐标未知数的最佳估值，评定总体精度、点位精度、相对点位精度以及未知数函数精度等。

GNSS 测量数据处理一般利用数据后处理软件，按照观测数据预处理、平差计算和转换的过程完成。数据预处理工作包括统一数据文件格式，观测数据的平滑、滤波，卫星轨道标准化，探测周跳、修复载波相位观测值，对观测值进行各项必要的改正。平差计算工作包括基线向量解算、无约束平差、坐标系统转换或与地面网联合平差等。

边角测量数据处理可以采用条件平差、间接平差等经典方法。

2. 高程控制测量数据处理

高程控制测量数据处理工作包括检查并消除观测数据系统误差、平差计算、评定观测值和平差结果精度。

水准测量数据处理可以采用条件平差法、间接平差法以及单一水准路线平差法、单节点水准网平差法、等权代替水准网平差法等。

三角高程测量数据处理除观测值定权方法有不同外，其他与水准测量数据处理方法相同。

GNSS 水准测量数据处理方法为，根据均匀分布的 GNSS 水准公共点拟合测区高程异常模型，再利用高程异常模型将未知点的 GNSS 大地高解算为正常高。

八、质量控制与成果整理归档

1. 工程控制网质量准则

(1)精度准则：控制网的精度主要分为总体精度、点位精度和相对点位精度、未知数函数的精度、主分量和准则矩阵五类。

(2)可靠性准则：控制网的可靠性是指发现或探测观测值粗差的能力(内部可靠性)和抵抗观测值粗差对平差结果影响的能力(外部可靠性)。一般情况下，观测值的多余观测分量大于 0.3~0.5 表明网的内部可靠性较好。

(3)灵敏度准则：针对变形监测网提出的，只适合于变形监测网。

(4)费用准则：控制网的费用一般包括设计、造标埋石、交通运输、仪器设备、观测、计算、检查等项费用。控制网精度和可靠性越高，在建网费用越多。控制网优化设计可着重考虑造标埋石和观测两项费用。

2. 工程控制网质量检查

(1)平面控制测量以点为单位成果；高程控制测量一般以测段为单位成果，不便以测段为单位成果时，以点为单位成果。

(2)成果质量检验的抽样方式采用简单随机抽样或分层随机抽样。

(3)成果质量元素包括数据质量、点位质量、资料质量。其中，数据质量包括数学精度、观测质量、计算质量三个质量子元素；点位质量包括选点质量、埋石质量两个质量子元素；资料质量包括整饰质量、资料完整性两个质量子元素。

(4)成果检验方法包括比对分析、核查分析、实地检查、实地检测等方法。

3. 工程控制测量成果整理归档

工程控制测量成果整理归档应包括：①技术设计书和技术总结；②观测记录及数据；③概算或数据预处理资料，平差计算资料；④控制网展点图、成果表、点之记；⑤仪器检定和检校资料；⑥检查报告和验收报告。

第三节　工程地形图测绘

一、工程地形图的测绘过程

地形图的测绘过程一般为：①踏勘与设计：在踏勘的基础上编制技术设计书和生产实施方案；②图根控制测量：在基本控制网的基础上布设、联测图根控制点(简称图根点)；③地形碎部测量：利用图根点测量地形碎部点的位置、高程及其属性数据；④地形图绘制：根据碎部测量获得的地形数据编绘地形图。

二、测图比例尺选择

工程地形图的测图比例尺应根据工程设计、规模大小和运营管理需要选择，见表 3-1。

表 3-1　**地形图测图比例尺**

比例尺	用　途
1∶5 000	可行性研究、总体规划、厂址选择、初步设计等
1∶2 000	可行性研究、初步设计、施工图设计、矿山总图管理、城镇详细规划等
1∶1 000	初步设计、施工图设计，城镇、工矿总图管理，竣工验收等
1∶500	

三、基本等高距选择

(1)地形图的基本等高距应按地形类别和测图比例尺进行选择。

(2)一个测区的同一比例尺测图宜采用一种基本等高距。

(3)对于水域测图，可按水底地形倾角和测图比例尺选择基本等深(高)距。

基本等高距的选择见表3-2。

表3-2　**地形图基本等高距**

地形类别	地形倾角 α/(°)	比例尺			
		1∶500	1∶1 000	1∶2 000	1∶5 000
平坦地	$\alpha<2$	0.5m	0.5m	1m	2m
丘陵地	$2\leqslant\alpha<6$	0.5m	1m	2m	5m
山地	$6\leqslant\alpha<25$	1m	1m	2m	5m
高山地	$\alpha\geqslant25$	1m	2m	2m	5m

地形图上高程点的注记，当基本等高距为0.5m时，应精确至0.01m；当基本等高距大于0.5m时，应精确至0.1m。1∶500~1∶1 000地形图上高程注记到0.01m；1∶2 000~1∶25 000地形图上高程注记到0.1m；1∶50 000、1∶100 000注记至整米。低于零米的高程点，其高程用负数注出。

四、地形图精度指标

1)平面精度

工程地形图上，地物点相对于邻近图根点的点位中误差，城镇建筑区和工矿区不应超过图上±0.6mm，一般地区不应超过图上±0.8mm，水域不应超过图上±1.5mm。隐蔽或施测困难的一般地区可放宽50%。

2)高程精度

工程地形图上，等高线插求点相对于临近图根点的高程中误差根据地形类别确定，具体要求见表3-3。

表3-3　**等高线插求点高程中误差**

地形类别	平坦地	丘陵地	山地	高山地
地形倾角/(°)	$\alpha<2$	$2\leqslant\alpha<6$	$6\leqslant\alpha<25$	$\alpha\geqslant25$
一般地区	$\frac{1}{3}H_d$	$\frac{1}{2}H_d$	$\frac{2}{3}H_d$	$1H_d$
水域	$\frac{1}{2}H_d$	$\frac{2}{3}H_d$	$1H_d$	$\frac{3}{2}H_d$

五、地形图测绘方法

地形图测绘主要采用数字法，常用全站仪测图、GNSS-RTK测图、数字摄影测量与遥感测图等。全站仪测图和 GNSS-RTK 测图是大比例尺工程地形图测绘的主要方法。车载移动测图系统测图方法可用于道路沿线带状工程地形图测绘。

(1)全站仪数字测图的类型可分为两种：一种是全站仪采集数据，利用全站仪或电子手簿自动记录数据，再传输到成图系统中经处理生成数字地形图；另一种是全站仪与便携式计算机或 PDA(个人数据助理)组合，在数据采集的同时实时生成数字地形图。

(2)基于 GNSS 的地形测图技术。主要有：GNSS-RTK 数字测图技术和网络 RTK 数字测图技术。

(3)基于数字摄影测量与遥感的地形图测绘。这是利用航摄影像、高分辨率卫星遥感影像、机载激光扫描测绘系统(LiDAR)或使用轻型飞机摄取影像，使用数字摄影测量或遥感图像处理系统生成大比例尺 DLG、DOM、DEM 及三维景观模型。

1：1 万以及更小比例尺地形图通常采用摄影测量与遥感方法测绘。

六、图根点控制测量

(1)图根点是直接供测图使用的测图控制点。图根控制在基本控制网下加密，一般不超过 2 次附合。

(2)图根平面控制常采用图根导线、GNSS-RTK 等方法施测；图根高程控制常采用图根水准、图根三角高程导线等方法施测。

(3)图根点相对于基本控制点的点位中误差不应超过图上±0.1mm，高程中误差不应超过基本等高距的 1/10。

图根控制点的密度根据地形复杂、破碎程度或隐蔽情况来决定。平坦、开阔地区每平方千米图根点的密度一般不低于表 3-4 的规定。

表 3-4　**一般地区图根点的数量**

测图比例尺	图幅尺寸/mm	图根点数量/个	
		全站仪测图	RTK 测图
1：500	500×500	2	1
1：1 000	500×500	3	1~2
1：2 000	500×500	4	2
1：5 000	400×400	6	3

注：表中所列数量指施测该幅图可利用的全部控制点数量。

七、碎部测量与绘图

1. 数据采集

1)仪器设置

仪器对中、整平、定向完成后，须通过测定另一已知点来校核，平面位置较差不得超过图上 0.2mm，高程较差不得超过 1/5 基本等高距。

2)数据采集

按照地形图图式要求的内容，一般采用解算法直接采集碎部点三维坐标(x，y，h)数据。

3)数据记录

使用电子手簿记录碎部点三维坐标数据及其编码、点号、连接点和连接线型等绘图信息，同时绘制工作草图。

2. 数据处理与成图

1)数据预处理

将野外观测数据传输到计算机中，检查、修改数据错误，生成图形数据。

2)数据编辑

根据工作草图，采用人机交互的方式编辑图形数据，利用碎部点高程构建数字地面模型(DTM)，生成等高线，进行作业区间图形拼接(几何接边和逻辑接边)。

3)地形图制作

采用正方形或矩形分幅(常见标准分幅有 50cm×50cm 和 40cm×50cm)，裁切编辑完成的图形数据，经图幅整饰，制作分幅地形图。

八、水下地形图测绘

(1)水下地形图测绘的工作内容主要包括定位、测深、绘图等。

(2)定位方法主要包括无线电定位、全站仪定位、GPS 差分定位、水下声学定位等。目前，定位主要采用 GPS 测量方法。

(3)测深方法主要包括测深杆和测深锤测深、回声测深仪测深、多波束测深系统测深、机载激光测深系统测深等。目前，主要采用回声测深仪或多波束测深系统测深方法。

九、地形图质量检验

工程地形图成果质量检验的基本要求如下：

(1)检验样本以幅为单位，采用简单随机抽样或分层随机抽样方式抽取。

(2)成果质量元素包括数学精度、数据结构正确性、地理精度、整饰质量、附件质量等 5 个，其中，数学精度包括数学基础、平面精度、高程精度等 3 个质量子元素。

(3)成果检验方法包括对比分析、核查分析、实地检查、实地检测等方法。

对于采用数字地面测图方法测绘的大比例尺数字地形图，数学精度的实地检测形式一般为每幅图选取 20~50 个点，采用散点法按测站点精度实地检测点位中误差和高程中误差；每幅图选取不少于 20 条边，采用量距法实地检测相邻地物间的相对误差。平面检测点应为均匀分布、随机选取的明显地物点。

十、地形图成果归档

工程地形图成果整理归档应包括：①技术设计书和技术总结；②图根观测数据、计算资料、成果表；③地形图成果和图幅接合表；④仪器检定和检校资料；⑤检查报告和验收报告。

第四节　城乡规划与建筑物工程测量

一、城乡规划测量的内容

城乡规划测量工作的内容主要包括定线测量、拨地测量、日照测量、规划监督测量等。

(1)规划道路定线测量(以下简称定线测量)是根据城乡建设规划要求，实地确定规划道路中线或道路边线(规划道路红线)的测量活动。

(2)建筑用地界址拨地测量(以下简称拨地测量)是根据土地使用权转让或划拨审批的用地位置，实地确定用地边界的测量活动。其任务是建设用地界桩的测设。拨地测量确定的界桩作为建筑物定位、施工放线和验线的控制桩，是建设工程施工和土地管理的法律依据。

(3)建筑日照测量(以下简称日照测量)是为规划管理日照分析提供测绘数据的测量活动。日照分析一般是指在特定时间段内利用技术手段，对相互遮挡阳光的建筑物的光照条件进行分析的活动。日照测量提供的测绘数据，是进行日照分析和科学规划管理的重要依据。

(4)规划监督测量是根据规划许可证件，实地验证建筑物位置、高程等与规划核准数据符合性的测量活动。建筑规划监督测量包括规划放线测量、规划验线测量和规划验收测量：①规划放线测量包括建筑物定位测量、施工放线测量；②规划验线测量分为灰线验线测量和±0 验线测量。其工作内容主要包括条件点测量、检测点测量、建筑物四至距离计算、建筑工程测量成果报告书编制；③规划验收测量包括建筑物外部轮廓线测量、主要角点距四至距离测量、建筑物高度测量等。

二、规划定线的基本技术要求

定线测量和拨地测量采用的坐标系统和高程基准应符合当地测绘行政主管部门的规定。控制测量在基本控制网的基础上布设三级导线或导线网，或采用 GPS 测量方法布设相应等级的控制点。定线测量的中线点、拨地测量的界址点相对于邻近基本控制点的点位中误差不应超过±5cm。定线测量和拨地测量宜采用 1∶500～1∶2 000 比例尺地形图作为展绘底图。

定线测量和拨地测量方法可分为解析法和图解法。一般采用解析法，即解析实钉法和解析拨定法。解析实钉法适用于通视条件较差或道路尚未成形地区，作业过程一般为前期准备、控制测量、条件点测设、条件点测量与校核、条件坐标计算；解析拨定法适用于通视条件较好或基本控制点密度较小地区，作业过程一般为，前期准备、控制测量、指定地物点测量、条件坐标推算、条件点测设与校核。中线点、界址点等条件点(对实现规划条件有制约作用的点位)测设可采用双极坐标法、前方交会法、导线联测法和 GNSS-RTK 法等。

三、定线测量

1. 解析实钉法

根据定线条件中所列出的规划道路中线与指定地物的相对关系，实地用仪器测设出道路中线位置，然后用导线联测中线端点、转角点、交叉点等主要点及长直线加点的条件坐标，再计算确定各分段的距离和方位角。

2. 解析拨定法

首先测定定线条件中指定地物点的坐标，根据定线条件推算中线各主要点坐标及各线段方位角。如果定线条件拟定的是规划道路中线各主要点的设计坐标，则直接作为条件坐标，再计算确定中线各分段的距离和方位角。然后用导线将中线各主要点及每隔 150～300m 的直线加点测设于实地。对于各直线加点，应选择两点作为基准线来进行验值，采用作图方法求得最或是直线，量取改正数现场改正点位。

四、规划测量质量检查

1. 校核测量

在定线测量和拨地测量过程中，应进行校核测量。校核测量包括控制点校核、图形校核和坐标校核。定线测量和拨地测量校核限差见表 3-5。

表 3-5 **定线测量和拨地测量校核限差**

类别		检测角与条件角较差/(″)	实量边长与条件边长较差的相对误差	校核坐标与条件坐标计算的点位较差/cm
定线	主干道	30	1/4 000	5
	次干道、支路	50		
拨地		60	1/2 500	

2. 成果归档

定线测量和拨地测量成果的整理归档应包括：①定线条件或拨地条件；②外业观测、计算资料；③点之记（定线测量资料）；④条件坐标成果表；⑤工作说明（或技术总结）、略图。

五、日照测量内容和方法

根据《城市测量规范》（CJJ/T 8—2011），日照测量的工作内容宜包括基础资料收集，图根控制测量，地形图及立面细部测绘，总平面图、层平面图和立面图绘制，日照分析，质量检验和成果整理与提交。

1）测量内容

为满足日照分析的三维建模需要，测量内容主要包括：①建筑物平面位置，主要包括建筑物拐点坐标、建筑结构、层数等；②建筑物室内地坪、室外地面高程；③建筑物高度（室内地坪至遮阳点的垂直距离）；④建筑层高（室内净高加楼板厚度）；⑤建筑物向阳面的窗户及阳台位置。

2）日照测量方法

建筑物测量主要是平面位置测量与高度测量，测量方法如下：①建筑物平面位置一般采用全站仪极坐标法测量；②建筑物室内地坪、室外地面高程一般采用几何水准方法测量；③建筑物及其窗户、阳台高度一般采用三角高程测量、悬高测量方法测量；④建筑物窗户、阳台宽度、层高一般采用钢尺或手持测距仪测量。

六、建筑施工控制测量

1. 建筑施工平面控制测量

（1）当建筑物占地面积不大、结构简单时，只需要布设一条或几条基线作为平面控制，称为建筑基线。大、中型建筑物的施工控制网经常布设成方格网形式，也称为建筑方格网。当建立方格网有困难时，也可用导线、导线网或边角网作为施工测量的平面控制网。

（2）建筑方格网的测设分三步：先测设主轴线，再测设辅轴线，最后再测设网格点。主轴线的测设一般根据现场原有的控制点，用极坐标方法进行。辅轴线在主轴线点的基础上测设。先根据主轴线测出方格网的 4 个角点，这样就构成了基本方格网（或称主方格网），再以主方格网点为基础加密方格网中其余方格网点。

（3）建筑方格网测设精度要求：方格网的测设方法，可采用布网法或轴线法。当采用布网法时，宜增测方格网的对角线；当采用轴线法时，长轴线的定位点不得少于 3 个，点位偏离直线应在 $180°\pm5''$以内，短轴线应根据长轴线定向，其直角偏差应在 $90°\pm5''$以内。水平角观测的测角中误差不应大于 $2.5''$。

点位归化后，必须进行角度和边长的复测检查。角度偏差值，一级方格网不应大于90°±8″，二级方格网不应大于90°±12″；距离偏差值，一级方格网不应大于$D/25\ 000$，二级方格网不应大于$D/15\ 000$（D为方格网的边长）。

2. 建筑施工高程控制测量

在建筑物附近采用水准测量和测距三角高程测量等方法布设高程控制点，作为施工测量的高程控制。

七、建筑施工放样

1. 基础施工放样

在施工初期的测量工作是建筑基础的放样，即平面位置和孔桩的放样。在地形较平坦地段，可使用经纬仪和钢尺进行放样；在地形起伏较大地段，可使用 GNSS 采用直接坐标法进行放样。基础放样的工作内容主要包括放样基槽（基坑）开挖边线、控制基础开挖深度、放样基层施工高程和放样基础模板位置。

（1）基槽开挖边线放样。以细部轴线为依据，按照基础宽度和放坡要求用白灰撒出基础开挖边线。

（2）基槽开挖深度控制（亦称基坑抄平）。当基坑开挖到离槽底高程设计值为0.3～0.5m时，用水准仪在槽壁上每隔3～4m（尤其在拐角处、深度变化处）放样1个距设计标高为一固定值的水平桩，在水平桩上拉线绳，作为清理槽底、控制挖槽深度、修平底槽和打基础垫层的高程依据。

（3）基层施工高程放样。基础施工完成后，用水准仪测量基层上若干点的高程，与设计高程比较，检查基层高程是否符合要求（允许误差为±10mm）。

（4）基础模板位置放样。检测建筑物主轴线控制桩无误后，投测建筑物主轴线，经检测无误后，用墨线弹出基础模板细部轴线。

2. 上部结构施工放样

建筑施工层的平面位置放样，一般使用激光经纬仪或激光铅直仪进行轴线投测。控制轴线投测至施工层后，应在结构平面上按闭合图形对投测轴线进行校核，合格后才能进行施工层上的其他测设工作。建筑施工层的高程放样，一般采用悬挂钢尺代替水准尺的水准测量方法进行高程传递。钢尺应进行温度、尺长和拉力改正。

高层建筑施工放样工作内容主要包括建筑物位置放样、基础放样、轴线投测和高程传递等。高层建筑物的位置放样是确定建筑物平面位置和进行基础施工的关键环节。一般利用建筑方格网，根据建筑轴线与方格网的间距，采用直角坐标法测设出定位桩和轴线控制桩。高层建筑物的垂直度要求高。轴线投测的常用方法有全站仪或经纬仪法、垂准仪法、垂准经纬仪法、吊线坠法、激光经纬仪法、激光垂准仪法等。高层建筑物各施工层的标高由底层±0标高向上传递。

高层建筑高程传递的工作量占施工测量的比重最大，是施工测量的重要部分。高程传递的主要方法有皮数杆传递法、钢尺直接测量法、悬吊钢尺法、全站仪天顶测高法等。

八、放样方法

建筑物放样分为平面位置放样和高程放样。

1. 平面位置放样方法

(1)直角坐标法。利用点位之间的坐标增量及其直角关系进行点位放样，适用于放样点离控制点较近(一般不超过100m)且便于测量的地方以及施工控制网为建筑方格网或建筑基线的形式，且量距方便的建筑施工场地。

(2)极坐标法。利用点位之间的边长和角度关系进行点位放样。

(3)直接坐标法。根据点位设计坐标以全站仪或GPS测量技术直接进行点位放样。与极坐标法不同的是，该法不需事先计算放样元素，且操作方便。

(4)距离交会法。利用点位之间的距离关系通过交会的方式进行点位放样。

(5)角度交会法(方向交会法)。利用点位之间的角度或方向关系进行点位放样。

(6)角边交会法。利用点位之间的角度、距离关系进行点位放样。

2. 高程放样方法与步骤

1)高程放样方法

高程放样主要采用水准测量和三角高程测量。高程放样时，首先需要在测区内按必要精度布设一定密度的水准点作为放样的起算点，然后根据设计高程在实地标定出放样点的高程位置。高程位置的标定措施可根据工程要求及现场条件确定，土石方工程一般用木桩固定放样高程位置，可在木桩侧面画水平线或标定在桩顶上，混凝土及砌筑工程一般用红漆做记号标定在面壁或模板上。有时也采用钢尺直接量取垂直距离。高差很大时，可以用悬挂钢尺来代替水准尺进行放样，通常称为倒尺法放样。

当待放样的高程 H_B 高于仪器视线时(如放样地铁隧道管顶标高时)可以把尺底向上，如图3-1所示，此时，$b=H_B-(H_A+a)$。

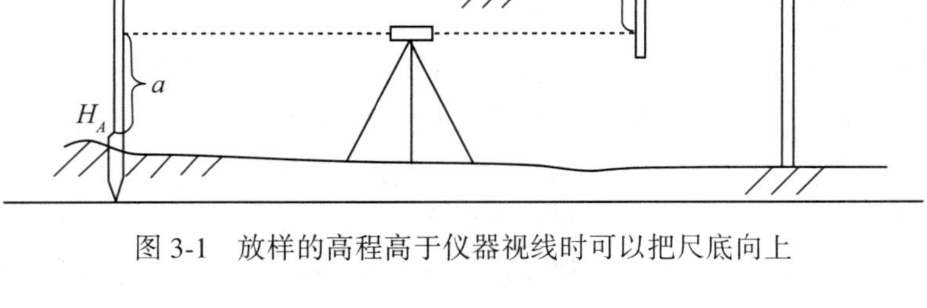

图3-1　放样的高程高于仪器视线时可以把尺底向上

2)高程放样步骤

空间点位放样通常采用全站仪极坐标法。放样步骤为：

(1)全站仪在已知控制点上设站，输入测站数据(三维坐标、仪器高、目标高和后视方位角)和目标点数据(三维坐标)。

(2)全站仪自动计算出目标点的放样数据(方位角、斜距和天顶距)。

(3)指挥棱镜接近目标点并跟踪测量，直到观测数据与放样数据差值为0，即可确定目标点的实地位置。

第五节　线路与桥梁、水利、市政工程测量

一、线路工程测量内容

线路工程测量的工作内容主要包括控制测量、带状地形图测绘、纵横断面测量、中线测量、施工放样、竣工测量等。

(1)在规划阶段，为工程设计提供必要的测绘资料和其他数据。

(2)在建设阶段，对线路中线和坡度按设计位置进行实地测设，包括施工控制网的布设及施测、线路中线及腰线的放样、平曲线与竖曲线的测设和纵断面与横断面测量，以及竣工测量和验收。

(3)在运营阶段，对线路工程的危险地段进行变形监测，或为线路工程的维修和局部改线提供测量服务。

二、桥梁工程测量内容

桥梁施工测量的工作内容主要包括桥轴线长度测量、施工控制测量、桥址地形及纵断面测量、墩台中心定位、墩台基础及其细部放样等。

三、水利工程测量内容

水利工程测量是水利工程建设前期的一项基础工作，其工作内容主要包括施工控制测量、地形测量(包括水下地形测量)、纵横断面测量、定线和放样测量、变形监测等。

(1)在规划阶段，主要包括小比例尺地形图、大比例尺地形图(含水下地形图)，还有路线测量、纵横断面测量、库区淹没测量、渠系和堤线、管线测量等。

(2)在建设阶段，主要包括施工控制测量，各种水工构筑物的施工放样，各种线路的测设，安全监测，配合地质测绘、钻孔定位，水工建筑物填筑(或开挖)的收方、验方测量，竣工测量，工程监理测量等。

(3)在运营阶段，主要包括水工建筑物投入运行后的沉降、位移、渗漏、挠度等变形监测，库区淤积测量，电站尾水泄洪、溢洪的冲刷测量等。

大坝施工测量的工作内容主要包括坝轴线测设、坝身控制测量、清基开挖线放样、坡

脚线放样、边坡线放样及修坡桩测设等。

四、市政工程测量内容

1）市政工程测量的工作内容

市政工程测量的工作内容一般包括控制测量、地形图测绘、中线测量、纵横断面测量、施工放样、变形监测等。

2）市政工程测量的任务

市政工程测量的任务主要包括规划阶段的设计测量，建设阶段的施工测量、竣工测量，运营阶段的变形监测等。对于广场、立交桥、交通枢纽等非带状工程，主要是1∶500，甚至是1∶200比例尺地形图或方格网高程图测绘。

3）立交桥施工测量的工作内容

立交桥施工测量的工作内容主要包括桥址地形图测绘、桥梁施工控制网建立、桥梁施工放样和桥梁竣工测量等。

（1）桥址地形测量：立交桥桥址地形图的比例尺宜为1∶500，除按基本地形图的内容测绘外，还应将已有的各种地下管线资料绘注于图上。

（2）立交桥施工控制测量：首级平面控制网主要控制桥轴线，次级网在首级网基础上布设，用于控制桥墩位置。平面控制网可布设成边角网、精密导线网、GNSS网等。

高程控制网既统一桥的高程基准面，还用于施工中高程控制点布设以及变形监测需要。高程控制网的施测方法一般是水准测量和测距三角高程测量。高程控制一般布设成附合路线。

（3）立交桥施工放样：立交桥墩台的施工放样主要工作是墩台定位和轴线测设。立交桥的墩台一般不在线路中线，需要计算墩台中心坐标，然后进行墩台中心定位和轴线的测设。在施工放样阶段，需要做好高程控制及施工放样检验。

五、线路勘测

新建线路勘测包括线路初测和定测，线路施工测量包括线路复测、路基施工测量。其中，路基施工测量包括路基边坡放样、路基高程放样等。

1. 初测

初测的工作内容包括：线路的平面控制测量、高程控制测量、带状地形图测绘，沿线路测绘的带状地形图通常采用数字摄影测量方法测绘。

平面控制测量采用GNSS测量方法时，点位应选在离线路中线50~300m、稳固可靠且不易被施工破坏的范围内，一般每隔5km左右布设一对相互通视、间距500~1 000m的GNSS点。采用导线测量方法时，在导线的起、终点以及中间，每隔一定距离应与国家平面控制点或不低于四等的其他平面控制点进行联测。当联测有困难时，应进行真北观测或用陀螺经纬仪进行定向检核。

高程控制测量可分为基平测量和中平测量。基平测量是沿线路布测水准点，作为线路基本高程控制；中平测量是连测平面控制点及中桩的高程。地形测量是沿线路测绘带状地形图，测图比例尺一般为 1 : 2 000，平坦地区可选用 1 : 5 000，困难地区可选用 1 : 1 000。测图带宽度应能满足纸上定线的需要，一般在选点时根据现场情况确定。对于 1 : 2 000测图，平坦地区宽度为 400~600m，丘陵地区为 300~400m。

2. 定测

定测是线路施工设计的基础和依据，其主要任务是将初步设计所定线路测设到实地，并结合现场情况改善线路位置，其工作内容包括线路中线测量和纵横断面测绘。

(1)线路中线测量是依据初步设计定出的纸上线路，沿线路测设中桩，包括放线和中桩测设两部分工作。放线常用穿线放线法、拨角放线法、GNSS-RTK 法、全站仪极坐标法等。

(2)线路纵断面图采用直角坐标法绘制，以里程为横坐标，以高程为纵坐标。里程比例尺常采用 1 : 2 000 和 1 : 1 000；为突出显示地形起伏状态，高程比例尺通常为水平比例尺的 10~20 倍。线路横断面测绘是在各中桩处测定垂直于道路中线方向的地面起伏，绘制横断面图。横断面图是设计路基横断面、计算土石方量和施工时确定路基填挖边界的依据。

(3)横断面一般选在曲线控制点、里程桩和线路横向地形明显变化处，在大中桥头、隧道洞口、挡土墙等重点工程地段适当加密。测量宽度由路基宽度及地形情况确定，一般在中线两侧各测 15~50m。横断面上中桩的地面高程已在纵断面测量时测出，两侧地形特征点相对于中桩的平距和高差可用经纬仪、全站仪、水准仪皮尺法等测定。线路横断面图的纵横比例尺相同，一般采用 1 : 100 或 1 : 200。

(4)既有线路勘测：既有线路的勘测设计包括方案研究、初测、初步设计、定测和施工设计。既有线路勘测的工作内容主要包括既有线路里程丈量、线路调绘、高程测量、横断面测量、线路平面测绘、地形测绘、站场测绘及绕行线定测、设备调查等。既有曲线测量一般采用偏角法、矢距法、全站仪极坐标法、GNSS-RTK 法等。

六、线路施工测量和放样方法

1. 线路施工测量

1)线路复测

中桩在施工中将被填挖掉，因此在线路复测后，路基施工前，对中线的主要控制桩(如交点、直线转点及曲线五大桩)应设置护桩。护桩位置应选在施工范围以外不易破坏处。

2)路基边坡放样

路基施工前，需要测设出路堤坡脚线或路堑坡顶线的路基边桩，作为修筑路基填挖方开始的范围。边桩的常用测设方法有图解法、解析法、逐渐趋近法、坡脚尺法等。在公路工程中，常采用麻绳竹竿标设路堤边坡，采用固定边坡样板指示路堑边坡的挖掘。

2. 线路施工放样方法

1)曲线分类

(1)平面曲线(平曲线)，是在平面上连接不同方向线路的曲线。根据其曲率半径特点，分为圆曲线和缓和曲线。圆曲线的曲率半径处处相等；缓和曲线是在直线与圆曲线、圆曲线与圆曲线之间设置的曲率半径连续渐变的一段过渡曲线，其曲率半径连续变化。线路变向点处的平曲线一般是按“直线+缓和曲线+圆曲线+缓和曲线+直线”的顺序连接组成复曲线。

其中，圆曲线元素有切线长(T)、曲线长(L)、外矢距(E)、切曲差(D)；圆曲线主点3个，分别是直圆点(ZY)、曲中点(QZ)、圆直点(YZ)。

缓和曲线主点有5个，直缓点(ZH)、缓圆点(HY)、曲中点(QZ)、圆缓点(YH)、缓直点(HZ)。

(2)竖曲线。曲线测设的常用方法有极坐标法、坐标法、偏角法、切线支距法等。

2)平曲线测设

采用偏角法测设曲线时，曲线主要点的测设过程如下：

(1)根据给定的曲线半径、偏角等要素，计算其他曲线要素和主要点的里程；

(2)计算曲线坐标，即将切线直角坐标系中的曲线坐标转换到线路测量坐标系中；

(3)计算圆曲线、缓和曲线上各点的偏角值；

(4)根据计算出的曲线要素直接测设主要点，并用偏角进行检核。

曲线详细测设常用方法有极坐标法、坐标法、偏角法和切线支距法；此外，还有弦线偏距法、弦线支距法、割线法、正矢法等。平曲线的测设还可采用全站仪或GPS-RTK的直接坐标法。该法需计算主要点和细部点在测量坐标系中的坐标，主要点和细部点一并测设。

3)竖曲线测设

竖曲线测设与平曲线一样，测设竖曲线，首先要进行曲线要素的计算。

七、桥梁工程和大坝工程测量

1. 桥梁工程测量

桥梁施工控制测量的目的是确保桥梁轴线、墩台位置在平面和高程位置上符合设计的精度要求。

(1)平面控制测量：平面控制网可布设成三角网、边角网、精密导线网、GPS网等。主要采用的布设形式为三角形网。三角形网的常用图形为双三角形、大地四边形和双大地四边形三种。各网形通过测角、测边，按边角网进行平差计算。

(2)高程控制测量：桥梁高程控制测量满足施工中高程放样和监测桥梁墩台垂直变形的需要。水准点应埋设在桥址附近的安全稳定、便于观测处，桥址两岸至少各设3个水准点。

(3)桥梁施工放样：包括桥墩台中心定位、墩台细部放样、梁部放样等。

2. 大坝工程测量

1)坝轴线测设

坝轴线即坝顶中心线，是大坝施工放样的主要依据。采用交会法、极坐标法等放样方法将坝轴线放样到实地。为防止施工时遭到破坏，还需沿轴线延伸方向，在两岸山坡上各埋设 1~2 个永久性标志(轴线控制桩)，以便检查端点的位置变化。

2)坝身控制线测量

坝身控制线(定线网)测量主要分两步，先测设平行于坝轴线的坝身控制线，再测设垂直于坝轴线的坝身控制线。平行于坝轴线的坝身控制线可布设在坝顶上下游边线处、上下游坡面变化处、下游马道中线处，也可以按一定的间隔(如 10m、20m、30m 等)布设。垂直于坝轴线的坝身控制线一般按 50m、30m 或 20m 的间距以里程来测设。

3)清基开挖与坝体填筑放样

(1)清基开挖线放样：清基开挖线即坝体与自然地面的交线。清基放样的主要工作是确定清基范围和各位置的高程，一般根据设计数据计算而得。清基开挖线的放样精度要求不高，可用套绘断面法求得放样数据，再用全站仪坐标法和 GNSS-RTK 法放样出清基开挖线。

(2)坡脚线放样：为指导坝体填筑工作，在清基后应放样出坡脚线。坡脚线即坝底与清基后地面的交线。常用的坡脚线放样方法有套绘断面法和平行线法。套绘断面法是用图解法获得放样数据；平行线法以不同高程坡面与地面的交点获得坡脚线，然后用高程放样的方法定出坡脚点。

(3)边坡线放样：在坝体坡脚线放出后就可填土筑坝。为了标明上料填土的界线，每当坝体升高 1m 左右，就要用上料桩将边坡的位置标定出来。标定上料桩的工作称为边坡放样。

(4)修坡桩测设：标定修坡桩位置的工作。

第六节　矿山与隧道工程测量

一、地下工程测量

地下工程共分地下通道工程、地下建筑物工程、地下采矿工程三大类。地下工程施工方法可分为明挖法和暗挖法，往往还需要采用一些特殊或特定的测量方法(如联系测量)和仪器(如陀螺经纬仪)。采矿工程存有矿尘和瓦斯时(如井工矿)，要求仪器具有较好的密封性和防爆性。

(1)规划阶段：视工程规模的大小和建筑物所处的地下深度，需要使用已有的各种大、中比例尺地形图或测绘专用地形图；必要时，需测绘纵、横断面图以及地质剖面图等。

(2)建设阶段：包括：施工控制测量和施工定线放样。

(3)运营阶段：进行设备安装、维修、改建、扩建等各种测量工作。此外，地下工程施工过程中，因岩体掘空，围岩应力发生变化，可能导致地下建筑及其周围岩体下沉、隆起、两侧内挤、断裂以至滑动等变形和位移。因此，从施工前开始，直到运营期间，应对地面、地面建筑物、地下岩体进行系统的变形监测，以保证施工安全。

二、隧道工程和矿山工程测量内容

1. 隧道工程测量内容

(1)隧道工程测量的工作内容主要包括规划阶段的提供选线地形图和地质图资料；设计阶段的测图控制网建立、带状地形图和横断面测绘，建设阶段的施工测量、竣工测量，建设和运营阶段的地表、洞身及相关建筑物的变形监测。

(2)隧道施工测量的工作内容一般包括洞外控制测量、进洞测量、洞内控制测量、洞内施工测量、贯通误差调整与竣工测量。其中，进洞测量工作中，直线隧道进洞以线路中线作为纵轴，曲线隧道进洞以一条切线方向作为纵轴。

2. 矿山工程测量内容

矿山工程测量是为地质勘探、矿山设计、矿山建设、运营以及矿山报废等各阶段所进行的测量工作。其工作内容主要包括矿产勘探阶段的地面控制测量、地形图测绘、勘探点的标定，设计阶段的地形图测绘、工业广场测量、线路测量，建设阶段的井筒和巷道测量、建筑(构)物施工测量、设备安装与线路测量，生产阶段的井巷标定、岩层与地表移动监测、土地复垦测量等。

矿井施工测量的工作内容一般包括地面控制网建立、竖井定向测量和竖井导入高程测量、竖井贯通测量、井下控制测量、井下施工测量等。

三、隧道控制及施工测量

1. 隧道控制

1)洞外控制测量

(1)洞外平面控制测量：洞外平面控制测量的常用方法有中线法、精密导线测量、边角测量、GNSS 定位等。中线法控制形式最简单，但由于方向控制较差，故只能用于较短的隧道(直线隧道短于 1km，曲线隧道短于 500m)；GNSS 定位精度高，选点灵活，无须通视，观测时间短，是目前隧道控制网建立的首选方法。

(2)洞外高程控制测量：洞外一般采用二、三等水准布设高程控制。

2)洞内控制测量

(1)洞内平面控制测量：常采用中线法、导线法两种方式。其中，中线法是指洞内不设导线，以洞口投点为依据，向洞内直接测设隧道中线点，不断延伸作为洞内平面控制，用中线点直接进行施工放样。而导线法是指洞内控制依靠导线，施工放样用的中线点由导线测设，中线点的精度能满足局部地段施工要求即可。导线点有时设于坑道顶板，需采用点下对中。

(2)洞内高程控制测量：洞内高程由洞外高程控制点向洞内测量传算，结合洞内施工特点，每隔 200~500m 设立一对高程点以便检核；为便于施工使用，每隔 100m 应在拱部边墙上设立一个水准点。因洞内施工干扰大，常使用挂尺传递高程。洞内施工测量的工作内容主要包括洞口定线放样、洞内中线测量、洞内腰线测设、开挖断面测量、衬砌放样等。

其中，中线测设是根据隧道洞口中线控制桩和中线方向桩，在洞口开挖面上测设开挖中线，并逐步往洞内引测隧道中线上的里程桩。隧道每掘进 20m，要埋设一个中线里程桩。中线桩可以埋设在隧道的底部或顶部。

腰线测设是在隧道施工中，为了控制施工的标高和隧道横断面的放样，在隧道岩壁上，每隔一定距离(5~10m)测设出比洞底设计地坪高出 1m 的标高线(“腰线”)。腰线的高程由引测入洞内的施工水准点进行测设。腰线的高程按设计坡度随中线的里程而变化，它平行于隧道底设计地坪高程线。

2. 隧道施工测量

洞外控制测量中，每个洞口应测设不少于三个平面控制点，包括洞口点及其相联系的控制点；埋设不少于两个水准点，水准点间的高差以安置一次水准仪即可测出为宜。

洞内平面控制测量一般先敷设边长较短、精度较低的施工导线，指示隧道掘进；而后敷设高等级导线对低等级导线进行检查校正。

洞内施工导线的边长宜近似相等，洞内水准路线应往返测量。隧道工程相向贯通的贯通误差要求见表 3-6。

表 3-6 **隧道工程贯通误差**

类别	两开挖洞口长度 L/km	贯通误差限差/mm
横向	$L<4$	100
	$4 \leqslant L<8$	150
	$8 \leqslant L<10$	200
高程	不限	70

四、矿井施工测量

为了便于成果、成图的相互利用，应尽量采用国家 3°带高斯平面直角坐标系。在特殊情况下，可采用任意中央子午线、矿区平均高程面为投影面的矿区独立坐标系。

1. 地下导线布设要求

(1)地下导线应尽量沿巷道中线(或边线)布设，尽量避免长短边相接。

(2)地下导线延伸测量时：应对以前的导线点作检核测量。在直线地段，可只作角度检测，在曲线地段，还要同时做边长检测。

(3)地下导线边长较短，角度观测时应尽可能减小仪器对中和目标对中误差的影响。

(4)边长测量中，采用钢尺悬空丈量时，应加尺长、温度和垂曲改正。

(5)凡能构成闭合图形的导线网(环)，都应进行平差计算，以求出导线点精确坐标值。

(6)对于螺旋形巷道，不能形成长边导线，每次向前延伸时，都应从洞外复测。复测精度应一致，在证明导线点无明显位移时，取点位的均值。

井下平面控制测量通常为地下导线。地下导线可以布设为附合导线、闭合导线、方向附合导线、无定向导线、支导线及导线网等。地下导线的起始点坐标由地面控制测量和联系测量测定。

2. 井下高程控制测量的任务

(1)确定主要巷道内水准点和永久导线点的高程，以建立地下高程基本控制。

(2)给定巷道在竖直面内的方向。

(3)确定巷道底板的高程。

(4)检查主要巷道及其运输线路的坡度和测绘主要运输巷道纵剖面图。

其中，巷道及回采工作面测量内容是：

(1)根据采矿设计标定巷道掘进的方向和坡度，并随时检查和纠正，称为巷道中线和腰线标定。

(2)及时准确测定巷道的实际位置，检查巷道的规格质量和丈量巷道进尺，并把巷道填绘在有关的平面图、立面图和剖面图上。

(3)测绘回采工作面的实际位置，统计产量和储量变动情况，此项工作称为回采工作面测量。

(4)有关采矿工程、井下钻探、地质特征点、瓦斯突出点和涌水点的测定等。

五、联系测量

1. 联系测量作用

联系测量是为使地面与地下建立统一的坐标系统和高程基准，通过平峒、斜井及竖井将地面的坐标系统及高程基准传递到地下的传递工作。保证地下工程按照设计图纸正确施工，确保隧(巷)道的贯通，地下工程与地面的相对位置关系。

2. 联系测量方法

联系测量分为平面联系测量和高程联系测量。

(1)通过平峒、斜井平面采用导线直接导入，高程采用水准测量、三角高程测量直接导入。

(2)竖井联系测量的平面联系测量(亦称竖井定向测量)任务是测定地下起始点的坐标和起始边的方位角，方法分为几何定向和陀螺经纬仪定向。

(3)高程联系测量(也称导入标高)任务是确定地下高程基点的高程，常用方法有长钢尺法、长钢丝法、光电测距仪和铅直测距法等。

3. 几何定向方法

几何定向方法包括以下两种：

(1)一井定向。

(2)两井定向：当地下工程有两个竖井，且两井之间有巷道相通并能进行测量时，应采用两井定向。在两井定向中，由于两垂球线间的距离远大于一井定向的距离，因而其投向误差也大大减小。

4. 陀螺经纬仪定向方法

陀螺经纬仪在南、北半球纬度不大于75°的范围内可实现自动寻找真北方向，从而测定任意测站上任意方向的大地方位角。

陀螺经纬仪的定向测量可分为陀螺经纬仪定向和陀螺方位角测定两个作业过程：其原理是因受地球自转影响而产生一个力矩，使高速旋转的陀螺仪转子的轴指向通过测站的子午线方向，即真北方向；再加上测站的子午线收敛角改正。

1)陀螺经纬仪定向

陀螺经纬仪定向包括：①在已知边上测定仪器常数；②在待定边上测定陀螺方位角；③在已知边上重新测定仪器常数，求算仪器常数最或是值，评定一次测定中误差；④求算子午线收敛角；⑤求算待定边的坐标方位角。

2)陀螺方位角一次测定

陀螺方位角一次测定包括：①在测站上整平对中陀螺经纬仪，以一个测回测定待定边或已知边的方向值，然后将仪器大致对正北方；②粗略定向，测定近似陀螺北方向；③测前悬带零位观测；④精密定向，测定精密陀螺北方向；⑤测后悬带零位观测；⑥以一个测回测定待定边或已知边的方向值，当测前测后两次观测的方向值的互差小于规定的数值时，取其平均值作为测线方向值。

六、贯通测量

1. 常用贯通形式

常用贯通形式包括：①两个工作面相向掘进，称为相向贯通；②从一端向另一端的指定地点掘进，称为单向贯通；③两个工作面同向掘进，称为同向贯通或追随贯通。

2. 工作步骤

(1)调查了解待贯通巷道的实际情况，根据贯通的容许误差，选择合理的测量方案与测量方法。对重要的贯通工程，要编制贯通测量设计书，进行贯通测量误差预计，以验证所选择的测量方案、测量仪器和方法的合理性。

(2)依据选定的测量方案和方法，进行施测和计算，每一个施测和计算环节，均须有独立可靠的检核，并要将施测的实际测量精度与设计书中要求的精度进行比较。若发现实测精度低于设计中的要求时，应分析其原因，并采取提高实测精度的相应措施，返工重测。

(3)根据有关数据计算贯通隧(巷)道的放样元素，实地标定隧(巷)道的中线和腰线。

(4)根据隧(巷)道掘进的需要，及时延长隧(巷)道的中线和腰线，定期进行检查测量和填图，并按照测量结果及时调整中线和腰线。

(5)隧(巷)道贯通之后，应立即测量出实际的贯通偏差值，并将两端的导线连接起来，计算各项闭合差。此外，还应对最后一段隧(巷)道的中线、腰线进行调整。

(6)重大贯通工程完成后，应对贯通测量进行精度分析与精度评定，编写技术总结。

3. 贯通误差与控制

对于平、斜隧(巷)道贯通，贯通误差的方向及其影响如下：①纵向贯通误差。水平面内沿中心线方向的贯通误差分量，仅对贯通有距离上的影响，故对其要求较低。②横向贯通误差。水平面内垂直于中心线方向的贯通误差分量，对隧(巷)道质量有直接影响，需重点控制。③高程贯通误差。铅垂线方向的贯通误差分量对坡度有影响，若采用水准测量方法，一般较容易控制。

在贯通测量中，为保证贯通测量精度，应注意以下问题：①注意原始资料的可靠性，起算数据应准确无误。②各项测量工作都要有可靠的独立检核，要进行复测复算，防止产生粗差。③对精度要求很高的重大贯通工程，要采取提高精度的必要技术措施。例如，适当加测陀螺定向边；尽可能增大导线边长；设法提高仪器和目标的对中精度，或采用三联脚架法等。④要及时对观测成果进行精度分析，并与预计的贯通误差进行对比，必要时返工重测。⑤在掘进过程中，要及时进行测量和填图，并根据测量成果及时调整掘进方向和坡度。如果采用全断面一次成巷施工，则在贯通前的一段巷道内可采用临时支护，铺设临时的简易轨道，以减少巷道贯通后的整修工作量。

第七节　地下管线测量

一、地下管线测量的概念

地下管线测量是为各种地下管线及其附属设施的规划、设计、施工、运营及维修等所进行的测量工作。一般包括地下管线探测和地下管线测绘。

(1)地下管线探测：是通过现场调查和仪器探查，查明地下管线的埋设位置、深度和相关属性，并在地面设置管线点的标志。

(2)地下管线探测的实施过程包括：①资料搜集和踏勘；②仪器检验和方法试验；③技术设计；④实地调查和仪器探查；⑤控制测量；⑥管线点测量；⑦地下管线图编绘。

地下管线测绘师对所设管线点的平面位置和高程进行测量，并编绘地下管线图。

二、地下管线探测方法

1. 精度要求

地下管线隐蔽管线点的探查精度一般为：位置限差为 0.1h；埋深限差为 0.15h(h 为管线中心的埋深，不足 1m 时按 1m 计)。地下管线点的测量精度为：相对于邻近控制点，点位中误差不超过±5cm，高程中误差不超过±2cm。

2. 地下管线探测方法

地下管线探测方法包括明显管线点的实地调查、隐蔽管线点的物探调查和开挖调查三种方法，几种方法往往须结合进行。

3. 管线探查仪器与物探方法

地下管线探查仪器的选用与采用的物探方法相适应，物探方法根据任务要求、探查对象和地球物理条件选用。

1)地下管线探查仪器的选用

(1)探查金属地下管线宜选用电磁感应类管线探查仪器，即采用频率域电磁法的管线仪。频率域电磁法分为被动源法和主动源法，被动源法包括工频法和甚低频法；主动源法包括直接法、夹钳法、电偶极感应法、磁偶极感应法和示踪法。

(2)探查非金属地下管线宜选用非电磁感应类管线探查仪器。例如，采用电磁波法的地质雷达，采用地震波法的浅层地震仪，采用直流电法的电阻率仪，采用磁法的磁力仪，采用红外辐射仪等。

2)物探方法

地下管线仪器探查按照从已知到未知、从简单到复杂的原则，采用综合方法进行。常用探查方法如下：

(1)金属管道宜使用管线仪采用主动源的直接法、夹钳法及电磁感应法探查。

(2)非金属管道宜使用地质雷达用电磁波法探查，使用浅层地震仪用地震波法探查。

(3)电力电缆宜使用管线仪先采用被动源的工频法进行搜索和初步定位，再用主动源法精确定位、定深。

(4)电信电缆宜使用管线仪采用主动源法探查。

三、地下管线图测绘

地下管线图作为专题图，分为综合管线图和专业管线图。地下管线图一般以大比例尺地形图为基础进行编绘，即可采用增加地下管线内容，更新地形图内容的方法来制作地下管线图。

地下管线图表示的内容包括：①各专业管线；②管线上的建筑物；③地面上建筑物；

④铁路、道路、河流、桥梁；⑤主要地形特征。

四、质量控制与成果提交

(1)每个工区必须在隐蔽管线点和明显管线点中，分别按不少于总数5%的比例，随机抽取管线点进行重复探查，检查管线探查的数学精度和属性调查质量。

(2)每个工区应在隐蔽管线点中，按不少于总数0.5%的比例且不应少于2个点，随机抽取管线点进行开挖验证，检查管线点的数学精度。

(3)地下管线探测成果的整理归档包括：①技术设计书和技术总结；②管线调查、探查资料；③管线测量观测、计算资料；④地下管线图，成果表；⑤地下管线数据库；⑥仪器检定和检校资料；⑦检查报告，验收报告。

第八节　工程竣工测量

一、竣工测量内容

竣工测量工作内容包括控制测量、细部测量(亦称竣工测量)、竣工图编绘等。

(1)工业厂房及一般建筑物包括房角坐标，管线进出口位置和高程，并附房屋编号、结构、层数、面积和竣工时间等资料；

(2)铁路和公路等交通线路包括起止点、转折点、交叉点的坐标，曲线要素，桥涵等构筑物位置和高程，人行道、绿化带界线等；

(3)地下管网包括检修井、转折点、起始点坐标，井盖、井底、沟槽和管顶高程，并附注管道及检修井的编号、名称、管径、管材、间距、坡度和流向；

(4)架空管网包括转折点、节点、交叉点坐标，支架间距，基础面高程；

(5)特种构筑物包括沉淀池、污水处理池、烟囱、水塔等的外形、位置及高程；

(6)绿化环境工程的位置及高程；

(7)测量控制网点的坐标和高程。

竣工图是工程完成后，符合工程实际状况的施工图。竣工图是竣工测量的主要成果，包括竣工总平面图、专业分图、断面图等。

二、建筑竣工测量

建筑竣工测量在建筑工程完工后进行，其目的是为工程的交工验收及将来的维修、改建、扩建提供依据。其工作内容主要包括建筑平面位置及四至关系测量、建筑高程及高度测量。

1. 平面位置及四至关系测量

平面位置测量采用极坐标法，四至关系测量采用手持测距仪或钢尺实量法。

2. 高程及高度测量

(1)高程测量是采用图根水准联测建筑物的室外地坪(或散水)、室内地坪、±0，建筑配套管线的检修井、管线点等细部点的高程。

(2)楼高测量是采用三角高程法、前方交会法、手持测距仪或钢尺实量法量测屋顶楼面到室外地坪的相对高度和地下室地坪比高、檐口比高、女儿墙比高等，按需量测坡屋脊比高以及屋顶面上水箱间、电梯间、楼梯间等附房的高度。

三、线路竣工测量

1. 中线测量

首先根据护桩将主要控制桩恢复到路基上。在桥梁、隧道地段进行线路中线贯通测量，检查桥梁、隧道的中线是否与恢复的线路中线相符合。如果不相符合，应从桥梁、隧道的中线向两端引测。贯通测量后的线路中线位置应符合路基宽度和建筑物接近限界的要求，同时应对中线控制桩和交点桩固桩。中线测量完成后，在中线上的直线地段每50m，曲线地段每20m测设一桩。道岔中心、变坡点、桥涵中心等处需钉设加桩。全线里程自起点连续计算，消除因局部改线或假设起始里程而造成的里程“断链”。

2. 高程测量

通过水准测量将水准点引测于桥台、涵洞帽石、隧道洞口边墙等稳固建筑物上，也可沿线路埋设永久性混凝土水准点。其间距不应大于2km，精度与定测要求相同。全线高程必须统一，消除因采用不同高程基准而产生的“断高”，以作为运营维修时线路标高的依据。

3. 横断面测量

通过横断面测量主要检查路基宽度，侧沟、天沟的深度和宽度，路基护道宽度等是否符合设计要求，若不符合要求应进行整修。

四、桥梁竣工测量

桥梁竣工测量在桥梁工程竣工后进行，包括桥梁墩台竣工测量、桥梁架设竣工测量。

1. 桥梁墩台竣工测量

墩台竣工测量主要包括测定各墩台的跨度、丈量墩台各部尺寸、测定支承垫石顶面高程等工作。桥墩、桥台各部尺寸主要是墩顶的尺寸、支承垫石的尺寸和位置等。

2. 桥梁架设竣工测量

桥梁架设竣工测量包括测定主梁弦杆的直线性、梁的拱度、立柱的竖直性、各墩上梁的支点与墩台中心的相对位置等工作。主梁弦杆的直线性、梁的拱度和立柱的竖直性的测定按照架梁时的方法进行。根据测量结果，即可推算出梁的支点与墩台中心的相对位置，以及与设计位置的差值。

五、地下管线竣工测量

地下管线竣工测量包括管线点调查和管线点测量。

1. 管线点调查

查明管线管材、特征、附属物、管径或管块断面尺寸、埋深、电缆根数、埋设年代、权属单位、连接方向、电压值等属性，并填写管线点调查表。

2. 管线点测量

对于各种管线的起止点、转折点、分支点、交叉点、变径点、变坡点及每隔适当距离的直线点等，采用导线串联法、极坐标法等解析法采集管线点坐标和高程，标绘竣工测量草图，编制管线点成果表。

六、竣工总平面图编绘

编绘竣工总平面图的过程分为三步：第一，选择图幅大小与比例尺；第二，绘制底图；第三，编绘竣工总图。

1. 编绘资料

应收集资料包括：①总平面布置图；②施工设计图；③设计变更文件；④施工检测记录；⑤竣工测量资料；⑥其他相关资料。

2. 编绘原则

竣工总平面图遵循现场测量为主、资料编绘为辅的原则进行编绘。

(1)施工中可根据施工情况和设计变更文件及时编绘竣工总平面图；

(2)单项工程竣工后应立即进行实测并编绘竣工总平面图；

(3)对于设计变更部分，应按实测资料绘制；

(4)地下管道及隐蔽工程，应根据回填前的实测数据编绘。

3. 编绘过程

竣工总平面图通常随着工程的陆续竣工而相继编绘，过程包括：底图处理和总图编制。

七、成果的整理归档

竣工测量成果的整理归档包括：①技术设计书，技术总结；②竣工测量观测、计算资料；③竣工总图、专业分图、断面图；④细部点成果表；⑤仪器检定和检校资料；⑥检查报告和验收报告。

第九节　变 形 监 测

一、概述

1. 基本概念

变形分为变形体自身的形变(伸缩、错动、弯曲和扭转)、变形体的刚体位移(整体平移、整体转动、整体升降和整体倾斜)两类，一般称前者为形变，称后者为变形。

变形监测(亦称变形测量、变形观测)是利用测量仪器或专用仪器对变形体的变化状况进行监视、监测的测量工作。形变监测是对地壳或地面的水平和垂直运动所进行变形监测工作，其目的是监测地震前兆或评价区域构造的稳定性。

2. 变形监测对象

(1)全球性变形监测，包括地极移动监测、地球板块运动监测、地球旋转速率变化监测等。

(2)区域性变形监测，包括地壳形变监测、城市地面沉降监测等。

(3)局部性变形监测，包括工程建(构)筑物三维变形监测、滑坡体滑动监测、地下开采区、地面移动和沉降监测等。

3. 变形监测特点

与工程建设中的地形测量和施工测量相比，变形监测具有以下特点：

(1)重复观测，变形需要重复观测，而且每一周期的观测方案都要尽量一致，这是变形监测的最大特点。

(2)精度要求较高，变形监测典型精度要求达到 1mm 或相对精度达到 10^{-6}。

(3)测量方法综合应用。

(4)数据处理要求严密。

4. 变形监测内容

变形监测内容包括几何量监测、物理量监测两方面。

1)几何量监测

几何量监测内容主要包括水平位移、垂直位移和偏距、倾斜、挠度、弯曲、扭转、震动、裂缝等测量。水平位移是变形监测点在水平面上的变动，垂直位移是变形监测点在铅直线方向上的变动。偏距、倾斜、挠度等也可归结为水平和垂直位移。偏距和挠度可视为某一特定方向的位移；倾斜可换算成水平或垂直位移分量，也可以通过水平或垂直位移测量得到。

2)物理量监测

物理量监测内容主要包括应力、应变、温度、气压、水位(库水位、地下水位)、渗流、渗压、扬压力等测量。

二、变形监测要求

1)设计要求

变形监测网一般应进行同时顾及精度、可靠性、灵敏度及费用准则的优化设计。

2)观测要求

各观测周期的变形观测，应满足下列要求：①在较短的时间内完成；②采用相同的观测路线和观测方法；③使用同一仪器和设备；④观测人员相对固定；⑤记录相关的环境因素，包括荷载、温度、降水、水位等；⑥采用统一基准处理数据。

3)预警要求

每期观测结束后，必须即刻报警，通知建设单位和施工单位采取相应措施。

包括：①变形量达到预警值或接近允许值；②变形量或变形速率出现异常变化；③变形体、周边建筑(构)物或地表出现裂缝快速扩大等异常变化。

4)变形分析要求

变形分析包括：①观测成果的可靠性分析；②变形体的累积变形量和两相邻观测周期的相对变形量分析；③相关影响因素(荷载、应力应变、气象和地质)的作用分析；④回归分析；⑤有限元分析。较小规模的工程至少应包括前三项内容。

三、监测等级与精度

变形监测的等级及精度要求取决于变形体设计时确定的变形允许值大小和变形监测的目的，一般认为监测的目的是确保建筑物工程的安全，使得观测的中误差小于允许变形值的1/10~1/20；《工程测量标准》(GB 50026—2020)规定的变形监测等级和精度见表3-7。

表 3-7 **变形监测等级划分及精度要求** (单位：mm)

等级	垂直		水平	主要适用范围
	高程	高差	点位	
一等	0.3	0.1	1.5	变形特别敏感的高层建筑、高耸构筑物、工业建筑、重要古建筑、大型坝体、精密工程设施、特大型桥梁、大型直立岩体、大型坝区地壳变形监测等

续表

等级	垂直		水平	主要适用范围
	高程	高差	点位	
二等	0.5	0.3	3.0	变形比较敏感的高层建筑、高耸构筑物、工业建筑、古建筑、特大型和大型桥梁、大中型坝体、直立岩体、高边坡、重要工程设施、重大地下工程、危害性较大的滑坡监测等
三等	1.0	0.5	6.0	一般性的高层建筑、多层建筑、工业建筑、高耸构筑物、直立岩体、高边坡、深基坑、一般地下工程、危害性一般的滑坡监测、大型桥梁等
四等	2. 0	1. 0	12. 0	观测精度要求较低的建(构)筑物、普通滑坡监测、中小型桥梁等

《建筑变形测量规范》(JGJ 8—2016)对变形测量的等级、精度指标及其适用范围规定见表3-8(观测点测站高差中误差和观测点坐标中误差，单位为mm)。

表3-8 **变形测量等级划分及精度要求**

等级	沉降	位移	主要适用范围
	高程	点位	
特级	±0.05	±0.3	特高精度要求的特种精密工程的变形测量
一等	±0.15	±1.0	地基基础设计为甲级的建筑变形测量；重要的古建筑和特大型市政桥梁变形测量等
二等	±0.5	±3.0	地基基础设计为甲、乙级的建筑的变形测量；场地滑坡测量；重要管线的变形测量；地下工程施工及运营中变形测量；大型市政桥梁变形测量等
三等	±1.5	±10.0	地基基础设计为乙、丙级建筑的变形测量；地表、道路及一般管线的变形测量；中小型市政桥梁变形测量等

四、监测网点布设

1)基准点

变形监测的基准应布设在变形影响区域外稳固可靠的位置。每个工程至少应布设3个基准点。大型工程的变形监测，其水平位移基准点应采用观测墩，垂直位移基准点宜采用双金属标或钢管标。

2)工作基点

为直接观测变形点而在现场布设的相对稳定的测量控制点，即工作基点。水平位移监测宜采用观测墩，垂直位移监测可采用钢管标。

3)变形观测点(亦称目标点、变形点、观测点)

变形观测点布设在变形体的地基、基础、场地及上部结构等能反映变形特征的敏感位置。

变形观测周期根据变形体的变形特征、变形速率、观测精度及外界影响因素等综合确定。

五、变形监测方法

1. 静态监测方法

(1)常规大地测量方法：测量方法包括边角测量法、各种交会法、极坐标法以及几何水准测量法、三角高程测量法等。该法主要用于变形监测网的布设以及周期观测。

(2)GNSS 测量方法：用于测定场地滑坡的三维变形、大坝和桥梁水平位移、地面沉降等。GNSS 测量方法具有精度高、受外界干扰小等特点。

(3)合成孔径雷达干涉测量(InSAR)方法：用于地面形变监测，其特点包括覆盖范围大，方便迅速；成本低，不需要建立监测网；空间分辨率高，可以获得某一地区连续的地表形变信息；全天候，不受云层及昼夜影响。

(4)准直测量方法：通过测量变形观测点偏离基准线的距离，确定某一方向上点位相对于基准线的变化。准直测量包括水平准直和铅直两种方法。

(5)液体静力水准测量方法：利用静止液面原理来传递高程的方法，可以测出两点或多点间的高差，即利用连通管原理测量各处容器内液面高差的变化以测定垂直位移。该法适用于建筑物基础、混凝土坝基础、廊道和土石坝表面的垂直位移观测。

(6)特殊监测方法：除了上述测量手段外，变形监测还包括一些专门测量技术手段，如应变计测量、倾斜仪测量等。这些方法具有测量过程简单、容易实现自动化观测和连续监测、提供的是局部变形信息等主要特点。

2. 动态监测方法

(1)实时动态 GNSS 测量方法：将一台 GNSS 接收机安置在变形体外稳固处作为连续运行的基准站，另外一台或数台 GNSS 接收机天线安置在变形点上作为流动站进行连续观测。

(2)近景摄影测量方法：在变形体周围的稳定点上安置高精度数码相机，对变形体进行摄影，然后通过数字摄影测量处理获得变形信息。

(3)地面三维激光扫描方法：利用地面三维激光扫描系统以一定间隔对变形体表面进行扫描，大量采集三维坐标数据(点云数据)，通过去噪、拟合和建模，获得变形体的变形信息。需要站与站之间拼接时，在变形体周围要布置标靶。

六、变形观测

变形观测的主要方面：沉降观测(垂直位移观测)、位移观测、倾斜观测、动态变形观测、地面形变观测。

1. 沉降观测

变形监测网一般布设为基准网(首级网)、监测网(次级网)两级。基准网由基准点和工作基点构成；监测网由部分基准点、工作基点和变形观测点构成。

采用大地测量方法进行变形监测网布设时，对于大型建筑物、滑坡等，水平位移监测网宜布设三角形网、导线网、GNSS 网等；对于分散、单独的小型建筑物，水平位移监测网可布设监测基线(如视准线)。垂直位移监测网一般布设为环形水准网。

沉降观测是测量变形体在垂直方向上的位移。沉降观测的常用方法是水准测量，有时也采用液体静力水准测量。对于工业与民用建筑，沉降观测包括场地沉降观测、基坑回弹观测、地基土分层沉降观测、建筑物基础及建筑本身的沉降观测等。其中，场地沉降观测包括测定建筑相邻影响范围内的相邻地基沉降以及建筑相邻影响范围外的场地地面沉降。对于桥梁，沉降观测主要包括桥墩、桥面、索塔的沉降观测以及桥梁两岸边坡的沉降观测等。对于混凝土坝，沉降观测主要包括坝体、临时围堰、船闸的沉降观测等。

2. 位移观测

水平位移观测是测量变形体在水平方向上的移动。水平位移观测方法包括地面测量方法、数字近景摄影测量方法、GNSS 测量方法和特殊测量方法(如视准线、激光准直法)等。通过各期的水平位移观测成果可绘制水平位移曲线图。

位移观测还包括建筑裂缝观测、挠度观测等：

(1)裂缝观测主要是观测裂缝的长度、宽度、深度随时间变化的情况，通过各期的裂缝观测成果可绘制裂缝变化曲线图。

(2)挠度观测是通过观测不同位置变形点相对于固定点的位移值来计算挠度值，也可使用挠度计、位移传感器等来观测，通过各期的挠度观测成果可绘制挠度曲线图。

3. 倾斜观测

倾斜观测是各种高层建筑物变形监测的主要内容。倾斜观测分为如下两类：

(1)相对于水平面的倾斜(如建筑基础倾斜)。通过测定两点间的相对沉降来确定倾斜度，倾斜观测可采用几何水准测量方法、液体静力水准测量方法和倾斜仪测量方法。倾斜仪测量方法是在高层建筑物结构的不同高度放置倾斜仪，测定建筑物的倾斜情况。常用的倾斜仪有水准管式倾斜仪、气泡式倾斜仪和电子倾斜仪。

(2)相对于垂直面的倾斜(如建筑主体倾斜)。通过测定顶部中心相对于底部中心，或者某层中心相对于下层中心的水平位移矢量来确定倾斜度。倾斜观测可采用投点法、测水平角法，前方交会法，激光铅直仪观测法，激光位移计法和正、倒垂线法等。

4. 动态变形观测

动态变形观测方法的选择可根据变形体的类型、变形速率、变形周期特征和测定精度要求等因素来确定，并符合下列规定：

(1)对于精度要求高、变形周期长、变形速率小的动态变形测量，可采用全站仪自动跟踪测量或激光测量等方法。

(2)对于精度要求低、变形周期短、变形速率大的建筑，可采用位移传感器、加速度传感器、GNSS 动态实时差分测量等方法。

(3)当变形频率小时，可采用数字近景摄影测量或经纬仪测角前方交会等方法。

5. 地面形变观测

地面形变观测包括地面沉降观测、地震形变观测等。目前，地面形变观测主要采用水准测量、GNSS 测量、InSAR 测量等方法。

七、数据处理与分析

1. 观测数据处理

每期变形观测结束后，应依据测量误差理论和统计检验原理，对获得的观测数据及时进行平差计算和处理，并计算各种变形量。剔除含有粗差的观测数据。

根据参考基准情况，变形监测网可采用固定基准的经典平差(常用间接平差法)、拟稳点基准的拟稳平差、重心基准的秩亏自由网平差等方法进行平差计算，从而计算各种变形量，并进行精度评定。

2. 变形几何分析

基准点稳定性分析方法有平均间隙法、卡尔曼滤波法等，常用方法为平均间隙法。

平均间隙法的基本思想是：先进行两周期图形一致性检验及整体检验，如果检验通过，则确认所有参考点是稳定的；否则，采用“尝试法”寻找不稳定点，依次去掉 1 点，计算图形不一致性减少的程度，使图形不一致性减少到最大的那一点就是不稳定点；排除该不稳定点后，再重复上述过程，直到图形一致性通过检验为止。

3. 变形物理解释

变形物理解释的方法可分为统计分析法、确定函数法(力学模型分析法)和混合模型法三类。

(1)统计分析法。以回归分析法为主。对于沉降观测，当观测值近似成等时间间隔时，可采用灰色建模法建立沉降量与时间之间的灰色模型；对于动态变形观测获得的时序数据，可采用时间序列分析法建模。

(2)确定函数法。以有限元法为主。

(3)混合模型法。用统计法计算，然后用实际值拟合而建立模型。

八、质量控制与成果归档

1. 变形监测质量控制

变形监测成果质量检验包括：①执行技术设计书及技术标准、政策法规情况；②使用仪器设备及其检定情况；③记录和计算所用软件系统情况；④基准点和变形观测点的布设及标石、标志情况；⑤实际观测情况，包括观测周期、观测方法和操作程序的正确性等；⑥基准点稳定性检测与分析情况；观测限差和精度统计情况；⑦记录的完整准确性及记录项目的齐全性；观测数据的各项改正情况；⑧计算过程的正确性、资料整理的完整性、精度统计和质量评定的合理性；变形测量成果分析的合理性；⑨提交成果的正确性、可靠性、完整性及数据的符合性情况；⑩技术总结内容的完整性、统计数据的准确性、结论的可靠性及体例的规范性；成果签署的完整性和符合性情况等。

2. 变形监测成果归档

变形监测任务完成后应提交的成果：①技术设计书，技术总结；②变形监测网点分布图；③变形观测、计算资料；④变形曲线图、成果表；⑤变形分析、预报资料；⑥仪器检定和检校资料；⑦检查报告，验收报告。

第十节 精密工程测量

一、概述

1. 精密工程测量简介

精密工程测量是指采用的设备和仪器，其绝对精度达到毫米量级，相对精度达到 10^{-5} 量级的精确定位和变形监测等所进行的测量工作。它是传统工程测量的现代发展和延伸。其任务是准确求定控制点和工作点的坐标、高程以及进行精密定向、精密准直、精密垂准。精密工程测量的工作内容与普通工程测量相似，主要包括精密工程控制网建立(如特大型桥梁)、精密施工放样(如超高层建筑物)、精密设备安装与检测(如高能粒子加速器)、精密变形监测(如大型水坝)。

2. 精密工程测量方案设计

(1)对工程区的环境条件、工程及水文地质、气候特点等进行详细的分析和描述，并分析总结这些条件对测量作业的影响。要全面完整地掌握测区已有的测量资料，分析和评价这些资料的精度及利用价值。

(2)确定工程区基准，在详细进行精度分析和遵循有关规范条款的基础上兼顾整个工程区建设的需要，提出控制方案和施测方法，对精度进行预估等。

(3)确定测量中的关键技术所在，并结合自己的经验，广泛吸收同类工程实例的成功经验，提出数个实施方案。实施方案应包括采用的仪器、测量方法、关键技术、预期精度以及不同方案的比较。

(4)拟定数据处理方法。

(5)对方案可行性的论证、工作量和经费的概算等。

二、精密工程测量方法

精密角度测量是精密三角测量、精密边角测量、精密导线测量和精密定向测量中的主要环节。精密角度测量通常使用高精度的光学经纬仪、电子经纬仪或全站仪。例如，徕卡TPS2000系列全站仪、TM5100a电子经纬仪等，仪器的一测回方向标准偏差达到±0.5″，具有动态角度扫描系统及三轴自动补偿、目标自动识别和动态频率校正等功能。

在精密工程测量中，要获得高精度的角值，除了使用高精度仪器外，还必须注意减弱仪器对中误差、目标偏心误差、照准误差、竖轴倾斜误差及环境条件的影响。

1. 精密距离测量

数百米内的精密距离测量使用因瓦基线尺比较方便。用特制的因瓦基线尺配合显微镜读数及专门的机械装置，可使一尺段的测量误差降低到几微米，相对精度高于10^{-6}。数百米至数千米的精密距离测量宜使用精密的光电测距仪（或全站仪）。为保证精密测距成果的可靠性，应注意减弱观测环境的影响，光电测距仪须经过严格的检验。双频激光干涉仪是目前测长仪中精度较高的一种仪器，它能在较差的环境中达到5×10^{-7}左右的测量精度，测程可达数十米，而且自动化程度高，适用于精密距离测量以及测距仪、全站仪测距精度的自动检测。

2. 精密高程测量

几何水准测量仍是精密高程测量的最主要方法。液体静力水准测量具有高精度、遥测、自动化、可移动和可持续测量等特点，已成为一种新的工程水准测量方法。它一般不用于建立精密高程控制网，而用于特殊条件下的工程水准测量。

3. 精密准直测量

在大坝、防洪大堤及其他构筑物的变形监测，以及高精度的机械设备安装中，需要观测基本位于同一水平基准线上的许多点的偏移值，称为准直测量。

准直测量方法很多，光学测量方法有小角法、活动标牌法；光电测量方法有激光准直法等；机械法有引张线法等。

4. 精密垂准测量

在数百米的高大厦、电视塔、烟囱等建筑物上施工，以及核电站/火箭发射架等机械设备安装中，必须进行高精度垂准测量，垂准精度通常要求达到亚毫米级。垂准测量是以过基准点的铅垂线为垂直基准线，测定沿垂直基准线分布的目标点相对于铅垂线的水平距离。与准直测量一样，铅垂线可以用光学法、光电法或机械法产生。

三、精密工程控制网布设方法

1. 控制网布设方案设计

精密工程控制网的精度指标是根据精密工程关键部位竣工位置的容许误差要求，结合实际情况，综合分析确定。精密水平控制网通常布设为固定基准下的独立网，网形主要取决于工程任务和实地条件，一般不作具体要求。控制网一般由基准线、三角形、大地四边形及中点多边形等基本图形构成，根据具体情况可布设成基准线、三角网、三边网或边角网，也可采用 GPS 网建立相对水平控制网。精密高程控制网主要采用水准测量的方法建立，布设为闭合环或附合路线构成的节点网。精密工程测量的平面点常采用带有强制对中装置的测量标志。一般用基岩标作为绝对位置要求非常稳定的平面和高程基准点；在软土地区可用深埋钢管标作为高程基准点，用倒锤作为平面基准点。

2. 特殊精密控制网布设

1)直伸形三角网

在线状设备的安装或直线度、同轴度要求较高的设备安装工程中，如大桥、大坝的横向变形监测、自动化流水线的长轴线或导轨的准直测量等，需要建立直线控制，可布设直伸形三角网。

2)环形控制网

在环形粒子加速器工程施工中，为精确放样储能环上的磁块等设备，并在运行期间监测其变形，需要建立环形控制，可布设环形控制网。

3)三维控制网

在小范围内，采用高精度全站仪或激光跟踪仪可以同时获得精度相匹配的斜距、水平角、天顶距等观测元素，经过三维网整体平差可一次性得到网中待定点的三维坐标。因此，在安装控制网中三维网的应用越来越广泛。

四、工业设备形位检测

1. 精密安装控制网建立

大型设备的安装和检修，特别是需要分段、分块安装时，必须建立安装控制网。安装控制网通常布设成由规则图形构成的精密微型网。与常规的测量控制网相比，安装控制网的特点为边长短、范围小，其精度与设备安装的精度要求有关。对于大型精密设备，安装控制网的控制点点位中误差通常要求不超过±1mm。

2. 形位检测方法及其选择

1)形位检测常用方法

工业设备形位检测的常用方法有如下 4 类：

(1)电子经纬仪(或全站仪)基于前方交会的测量方法；

(2)全站仪(或激光跟踪仪)基于极坐标的三维坐标测量方法；

(3)近景摄影测量方法；

(4)激光准直测量方法。

2)形位检测方法的选择

工业设备形位检测方法的选择原则如下：

(1)选择工业设备形位检测用的电磁波测距仪或扫描仪，其测量精度可达±(0.02~2) mm。但是，测量精度要求越高，测量距离就必须越短。

(2)基于测角仪器(电子经纬仪或全站仪)最佳极限高精度是最短视距与仪器测角中误差的乘积。可见，缩短观测距离和选用高精度仪器，是工业设备形位检测精度的根本保证。

(3)近景摄影测量的极限高精度是像点点位中误差与影像比例尺分母的乘积。

(4)对于运动物体形位检测，进行直接测量或摄影测量的传感器工作频率是重要的技术指标。

第十一节　工程测量投影面与投影带选择计算

一、概述

对于工程测量，其中包括城市测量，既有测绘大比例尺图的任务，又有满足各种工程建设和市政建设施工放样工作的要求。如何根据这些目的和要求恰当地选择投影面和投影带，经济合理地确立工程平面控制网的坐标系，是工程测量中的重要内容之一。

二、平面控制测量投影面和投影带的选择

1. 有关投影变形的基本概念

平面控制测量投影面和投影带的选择，主要是解决长度变形问题。这种投影变形主要是由以下两种因素引起的。

(1)实测边长归算到参考椭球面上的变形影响。其值为

$$\Delta S_1 = -\frac{SH_m}{R}$$

式中，H_m 为归算边高出参考椭球面的平均高程，S 为归算边的长度，R 为归算边方向参考椭球法截弧的曲率半径。归算边长的相对变形：

$$\frac{\Delta S_1}{S} = -\frac{H_m}{R}$$

ΔS_1 值是负值，表明将地面实量长度归算到参考椭球面上，总是缩短的；$|\Delta S_1|$ 值与 H_m 成正比，随 H_m 的增大而增大。

(2)将参考椭球面上的边长归算到高斯投影面上的变形影响。其值为

$$\Delta S_2 = \frac{1}{2}\left[\frac{y_m}{R_m}\right]^2 S_0$$

式中，ΔS_2 值总是正值，表明将椭球面上长度投影到高斯面上，总是增大的；ΔS_2 值随着 y_m 平方成正比而增大，离中央子午线越远，其变形越大。

2. 平面控制网的精度要求

工程测量控制网不但应作为测绘大比例尺图的控制基础，还应作为城市建设和各种工程建设施工放样测设数据的依据。为了保证施工放样工作的顺利开展，要求由控制点坐标直接反算的边长与实地量得的边长在长度上应该相等，这就是说由上述两项归算投影改正而带来的长度变形或者改正数，不得大于施工放样的精度要求。一般来说，施工放样的方格网和建筑轴线的测量精度为1/5 000~1/20 000。因此，由投影归算引起的控制网长度变形应小于施工放样允许误差的1/2，即相对误差为1/10 000~1/40 000，也就是说，每千米的长度改正数不应该大于10~2.5cm。

三、投影变形的处理方法

(1)通过改变 H_m 从而选择合适的高程参考面，将抵偿分带投影变形，这种方法通常称为抵偿投影面的高斯正形投影。

(2)通过改变 y_m，从而对中央子午线作适当移动，来抵偿由高程面的边长归算到参考椭球面上的投影变形，这就是通常所说的任意带高斯正形投影。

(3)通过既改变 H_m 选择高程参考面，又改变 y_m(移动中央子午线)来共同抵偿两项归算改正变形，这就是所谓的具有高程抵偿面的任意带高斯正形投影。

四、工程测量中几种可能采用的直角坐标系

1. 3°带高斯投影平面直角坐标系

当测区平均高程在100m以下，且 y_m 值不大于40km时，其投影变形值 ΔS_1 和 ΔS_2 均小于2.5cm，可以满足大比例尺测图和工程放样的精度要求。在偏离中央子午线不远和地面平均高程不大的地区，不需考虑投影变形问题，直接采用国家统一的带高斯投影平面直角坐标系作为工程测量的坐标系。

2. 抵偿投影面的3°带高斯投影平面直角坐标系

在这种坐标系中，依然采用3°带高斯投影，但投影的高程面不是参考椭球面而是依据补偿高斯投影长度变形而选择的高程参考面。在这个高程参考面上，长度变形为零。令：

$$S\left[\frac{y_m^2}{2R_m^2}-\frac{H_m}{R}\right]=\Delta S_2+\Delta S_1=\Delta S=0$$

当 y_m 一定时，可求得

$$\Delta H = \frac{y_m^2}{2R},$$

则投影面高为

$$H_{投} = H_m + \Delta H$$

例如，某测区海拔 $H_m = 2\,000\text{m}$，最边缘中央子午线 100km，当 $S = 1\,000\text{m}$ 时，则有

$$\Delta S_1 = -\frac{H_m}{R_m}\cdot S = -0.313\text{m}，\Delta S_2 = \frac{1}{2}\left(\frac{y_m^2}{2R_m^2}\right)S = 0.123\text{m}。$$

而 $\Delta S_1 + \Delta S_2 = -0.19\text{m}$ 超过允许值(10~2.5cm)。这时为不改变中央子午线的位置，可选择一个合适的高程参考面。

经计算得高差：$\Delta H \approx 780\text{m}$，将地面实测距离归算到：2 000−780＝1 220m。

3. 任意带高斯投影平面直角坐标系

在这种坐标系中，仍把地面观测结果归算到参考椭球面上，但投影带的中央子午线不按 3°带的划分方法，而是依据补偿高程面归算长度变形而选择的某一条子午线作为中央子午线。保持 H_m 不变，于是求得

$$y = \sqrt{2R_m H_m}$$

例如，某测区相对参考椭球面的高程 $H_m = 500\text{m}$，为抵偿地面观测值向参考椭球面上归算的改正值，依上式算得 $y = \sqrt{2 \times 6370 \times 0.5} = 80\text{km}$。

即选择与该测区相距 80km 处的子午线。此时在 80km 处，两项改正项得到完全补偿。但在实际应用这种坐标系时，往往是选取过测区边缘，或测区中央，或测区内某一点的子午线作为中央子午线，而不经过上述的计算。

4. 具有高程抵偿面的任意带高斯投影平面直角坐标系

在这种坐标系中，往往是指投影的中央子午线选在测区的中央，地面观测值归算到测区平均高程面上，按高斯投影计算平面直角坐标。由此可见，这是综合第二、第三这两种坐标系长处的一种任意高斯直角坐标系。显然，这种坐标系更能有效地实现两种长度变形改正的补偿。

5. 假定平面直角坐标系

当测区控制面积小于 100km^{2}时，可不进行方向和距离改正，直接把局部地球表面作为平面建立独立的平面直角坐标系。这时，起算点坐标和起算方位角最好能与国家网联系，如果联系有困难，可自行测定边长和方位，而起始点坐标可假定。这种假定平面直角坐标系只限于某种工程建筑施工之用。

第三章考点试题及答案

第四章　不动产测绘

第一节　房产测绘概述

一、房产测绘的概念与作用

1. 房产测绘的概念

房产测绘，主要是采集和表述房屋和房屋用地的有关信息，为房产产权、产籍管理、房地产开发利用、交易、征收税费及城镇规划建设等提供数据和资料。

2. 房产测绘的作用

1) 法律方面的作用

房产测绘为房屋的产权、产籍管理、房产开发提供房屋和房屋用地的权属界址、产权面积、权源及产权纠纷等资料，是进行产权登记、产权转移和产权纠纷裁决的依据。经房产行政主管部门确认以后的房产成果资料具有法律效力。

2) 财政经济方面的作用

房产测绘的成果包括房地产的数量、质量、利用状况等资料，为进行房地产评估、征收房地产税费、房地产开发、房地产交易、房地产抵押以及保险服务等方面提供数据和成果。

3) 社会服务方面的作用

可以为房地产业、城镇规划、建设、市政工程等城镇事业提供基础资料和有关信息。

4) 测绘服务方面的作用

房产测绘属于大比例尺地图测绘，是建立现代化城市地理信息系统重要的基础信息，同时也是城市大比例尺图更新的重要基础资料。

二、房产测绘的基本内容

房产测绘的基本内容包括：房产平面控制测量、房产调查、房产要素测量、房产图绘制、房产面积测算、变更测量、成果资料的检查与验收等。

房产测绘中主要是平面控制测量。房产平面控制测量是房产要素测量的基础。

1. 房产要素测量

房产要素测量是测定房屋和房屋用地及其相关要素的几何位置，包括坐标或边长。主要的要素有界址点和界址线，房角点和房屋轮廓线，以及房屋的附属设施和房屋维护物的几何位置或相关数据。

2. 房产调查

房产调查，分为房屋用地调查和房屋调查，包括对每个权属单元的位置、权界、权属、数量和利用状况等基本情况，以及地理名称和行政境界的调查。

3. 房产绘图

房产图可分为房产分幅平面图、房产分丘平面图和房产分户平面图。

三、房产测绘成果

1. 成果分类

房产测量的成果由房产簿册、房产数据集和房产图集三部分组成。

2. 成果内容

(1)房产簿册，包括房产调查表、房屋用地调查表、有关产权状况的调查资料，有关证明及协议文件等。

(2)房产数据集，包括房产平面控制点成果、界址点成果、房角点成果、高程点成果、面积测算成果等。

(3)房产图集，包括房产分幅平面图、房产分丘平面图，房屋分层分户图、房产证附图、房屋测量草图、房屋用地测量草图等。

此外，在房产测绘中使用过的地形图、控制点成果以及测量完成的控制点、界址点、面积测算成果等，以及房产平面图和相应的技术设计书、技术总结等也都应归入房产测绘成果，包括纸质资料和电子文档。

第二节　房产平面控制测量

一、控制测量

1. 控制测量的作用

(1)为房产要素测量提供起算数据。在测定房产要素的几何位置时，需要有房产平面控制点提供和传递起算数据，尤其是在测定界址点、房角点的位置时。

(2)为房产图的测绘提供测图控制和起算数据。

(3)为房产测绘的变更与修测提供起算数据。

房产平面控制测量工作主要采用 GPS 定位技术和导线测量技术。

2. 控制测量的要求

(1)控制网要求保持控制点间有较高的相对精度，即要求最末一级的房产平面控制网中，相邻控制点间的相对点位中误差(即相邻点间的相对位置中误差)不超过±0.025m，最大误差不超过±0.05m。

(2)房产平面控制点包括二、三、四等平面控制点和一、二、三级平面控制点。房产平面控制点均应埋设固定标志。房产平面控制点的密度与测区的大小、测区内界址点数量和精度及测区内地物地形情况有关，而与测图比例尺无直接关系。依据国标规定，建筑物密集区的控制点平均间距在 100m，建筑物稀疏区的控制点平均间距在 200m。

3. 控制网布设

1)首级控制网布设

为了充分利用国家和城市已有的控制测量成果，保证测绘成果的共享和质量，满足国家经济建设和房产管理的需求，房产平面控制网的布设和其他控制网一样，应遵循从整体到局部、从高级到低级、分级布网的原则，也可越级布网。

房产平面控制网的建立，应当优先选用国家统一的平面坐标系统。

2)加密控制网布设

加密控制网是指除国家和城市的一、二、三、四等控制网外的一、二级导线网，一、二级小三角网，GPS 的 E、F 级网等。

二、控制测量数据处理

1. 坐标系统选择

城市平面控制网由于要满足城市工程放样的需要，对投影变形的限制很严格，要求变形小于 2.5cm/km，即投影误差应不超过 1/40 000。因此，应尽可能地利用已有的城市平面控制网。在需要建立房产平面控制网时，也应考虑城市工程放样的需要，满足城市基本比例尺地形图及房产分幅图对于精度的要求。

为了向各部门提供房产测量成果和资料，并便于房产图纸的拼接、测制、汇编及房产测量数据库的建立，房产测量应采用国家规定的坐标系统，采用地方坐标系时应与国家坐标系联测。房产测量统一采用高斯投影。房产测量一般不测高程，需要进行高程测量时，由设计书另行规定。若无法利用已有的坐标系统或无坐标系统可利用时，则可根据测区的地理位置和平均高程，以投影长度变形值不超过 2.5cm/km 为原则选择坐标系统。

2. 平差计算

房产平面控制网可以采用三角测量、三边测量、导线测量、GPS 定位测量等形式布设，并以 GPS 控制网和常规边角组合网的等级划分，按二、三、四等与一、二、三级依次进行分级；导线网分级则依次为三、四等和一、二、三级的等级划分。按有关规定，二、三、四等平面控制网的计算应采用严密平差法，平差后应进行精度评定，包括平差后单位权中误差、最弱点点位中误差(点位误差椭圆参数)、最弱相邻点点位中误差(相对点位误差椭圆参数)、最弱边的边长相对中误差及方位角中误差等。四等以下平面控制网的计算可采用近似平差法，并按近似方法评定其精度。

第三节　房产要素测量

一、房产要素测量草图

房产要素的获得有两种途径：对于位置的、数量的以及地物、地貌部分要素通过测量手段获得，其过程称为房产要素测量；对于属性的、地理的要素则是通过信息采集的方式获取，其过程称为房产信息数据采集。测量草图包括房屋用地测量草图和房屋测量草图。

1. 测量草图的规格及要求

草图用纸可用 787mm×1 092mm 的 1/8、1/16、1/32 规格的图纸。测量草图应在实地绘制，测量的原始数据不得涂改擦拭，汉字字头一律向北，数字字头向北或向西。

2. 房屋用地测量草图的内容

房屋用地测量草图内容包括：①平面控制网点及点号；②界址点、房角点相应的数据；③墙体的归属；④房屋产别、房屋建筑结构、房屋层数，房屋用地用途类别；⑤丘(地)号；⑥道路及水域；⑦有关地理名称，门牌号；⑧观测手簿中所有未记录的测定参数，测量草图符号的必要说明；⑨指北方向线；⑩测量日期，作业员签名。

3. 房屋测量草图内容及要求

房屋测量草图内容及要求包括：①房屋测量草图均按概略比例尺分层绘制；②房屋外墙及分隔墙均绘单实线；③图纸上应注明房产区号、房产分区号、丘(地)号、幢号、层次及房屋坐落，并加绘指北方向线；④住宅楼单元号、室号，注记实际开门处；⑤逐间实量，注记室内净空边长(以内墙面为准)、墙体厚度，数字取至厘米；⑥室内墙体凸凹部位在 0. 1m 以上者如柱垛、烟道、垃圾道、通风道等均应表示；⑦凡有固定设备的附属用房如厨房、厕所、卫生间、电梯楼梯等均应实量边长，并加必要的注记；⑧遇有地下室、复式房、夹层、假层等应另绘草图。

二、房产要素测量的内容

房产要素测量的主要内容包括界址测量、境界测量、房屋及其附属设施测量、陆地交通测量、水域测量及其他相关地物测量。

1. 界址测量

(1)界址点测量从邻近基本控制点或高级界址点起算，以极坐标法、支导线法或正交法等野外解析法测定，也可在全野外数据采集时和其他房产要素同时测定。

(2)界址点的编号，以高斯投影的一个整公里格网为编号区，每个编号区的代码以该公里格网西南角的横纵坐标公里值表示。点的编号在一个编号区内从 1~99999 连续顺编。点的完整编号由编号区代码、点的类别代码、点号三部分组成，编号形式如下：

编号区代码	类别代码	点的编号
(9位)	(1位)	(5位)
* * * * * * * * *	*	* * * * *

编号区代码由 9 位数组成，第 1、第 2 位数为高斯坐标投影带的带号或代号，第 3 位数为横坐标的百公里数，第 4、第 5 位数为纵坐标的千公里和百公里数，第 6、第 7 位和第 8、第 9 位数分别为横坐标和纵坐标的十公里和整公里数。

类别代码用 1 位数表示，其中：3 表示界址点，而房角点的类别代码为 4。

点的编号用 5 位数表示，从 1~99999 连续顺编。

丘界线测量，需要测定丘界线边长时，用预检过的钢尺丈量其边长，也可由相邻界址点的解析坐标计算丘界线长度。对不规则的弧形丘界线，可按折线分段丈量，测量结果应标示在分丘图上，为计算丘面积及复丈检测提供依据。

界标地物测量，应根据设立的界标类别、权属界址位置(内、中、外)选用各种测量方法测定，测量结果应标示在分丘图上。界标与邻近的永久性的地物宜进行联测。

2. 房屋及附属设施测量

每幢房屋应分幢分户丈量作图；丈量房屋以勒脚以上墙角为准；测绘房屋以外墙水平投影为准。房角点测量，是指对建筑物角点进行测量。房角点测量不要求在墙角上都设置标识，可以房屋外墙勒脚以上(100±20)cm 处墙角为测点。房角点测量一般采用极坐标法、正交法测量。对正规的矩形建筑物，可直接测定三个房角点坐标，另一个房角点的坐标可通过计算求出。亭以柱外围为准；塔、烟囱、罐以底部外围轮廓为准；水井以中心为准。构筑物按需要测量。

3. 陆地交通测量

陆地交通测量是指铁路、道路桥梁测量。铁路以轨距外缘为准；道路以路缘为准；桥梁以桥头和桥身外围为准测量。

4. 水域测量

水域测量是指河流、湖泊、水库、沟渠、水塘测量。河流、湖泊、水库等水域以岸边线为准；沟渠、池塘以坡顶为准测量。

三、房产要素测量方法

房产要素的测量方法包括野外解析法测量、航空摄影测量、全野外数据采集等。

1. 野外解析法测量

(1)极坐标法测量：由平面控制点或自由设站的测量站点，通过测量方向和距离，来测定目标点的位置。

(2)正交法测量：又称直角坐标法，它是借助测线和短边支距测定目标点的方法。正交法使用钢尺丈量距离配以直角棱镜作业，支距长度不得超过50m。

(3)线交会法测量：又称距离交会法，它是借助控制点、界址点和房角点的解析坐标值，按三边测量定出测站点坐标，以测定目标点的方法。

2. 航空摄影测量

利用航空摄影测量方法测绘1∶500、1∶1 000房产分幅平面图，可采用精密立体测图仪、解析测图仪、精密立体坐标量测仪机助测图和数字测图方法。

其中，在像片调绘过程中，调绘像片和航测原图上各种要素应分红、绿、黑三色表示。其中房产要素、房产编号和说明用红色，水系用绿色，其他用黑色。

3. 全野外数据采集

全野外数据采集是指利用电子测速仪和电子记录簿或便携式计算机组成的野外数据采集系统，记录的数据可以直接传输至计算机，通过人机交互处理生成图形数据文件，可自动绘制房地产图。

四、房屋面积测量的分类

1. 按房地产业和房屋管理的要求及内容分类

按房地产业和房屋管理的要求及内容分类可分为房屋建筑面积测量、房屋套内建筑面积测量和房屋使用面积测量。

(1)房屋建筑面积是指房屋外墙(柱)勒脚以上各层的外围水平投影面积。

(2)成套房屋的套内建筑面积由套内房屋的使用面积、套内墙体面积、套内阳台建筑面积3部分组成。

(3)房屋使用面积指房屋户内全部可供使用的空间面积，按房屋内墙面水平投影计算。

2. 按测量方式和数据来源分类

按测量方式和数据来源分类可分为面积实地测量和图纸测量。

(1)房屋面积的实地测量是指房屋建成后，对房屋进行实地测量，获取房屋面积数据的过程。房屋面积实地测量成果可用于房屋交易、产权登记、办理土地及规划手续、征地拆迁、房屋评估等用途。

(2)房屋面积图纸测量是根据设计图纸，对房屋进行图纸数据采集，获取房屋面积数据的过程。

五、房屋面积测量基本方法

房屋面积测量的方法主要有坐标解析法、实地量距法和图解法。

1. 坐标解析法

(1)根据界址点坐标成果表上的数据，按下式计算面积：

$$S=\frac{1}{2}\sum_{i=1}^{n}X_i(Y_{i+1}-Y_{i-1})\text{ 或 }S=\frac{1}{2}\sum_{i=1}^{n}Y_i(X_{i-1}-X_{i+1})$$

式中，S 为面积，单位为 m^2；X_i 为界址点的纵坐标，单位为 m；Y_i 为界址点的横坐标，单位为 m；n 为界址点个数；i 为界址点序号，按顺时针方向顺编。

(2)面积中误差按下式计算：

$$m_s=\pm m_j\sqrt{\frac{1}{8}\sum_{i=1}^{n}D_{i-1,\ i+1}^2}$$

式中，m_s 为面积中误差，单位为 m^2；m_j 为相应等级界址点规定的点位中误差，单位为 m；$D_{i-1,i+1}$ 为多边形中对角线长度，单位为 m。

2. 实地量距法

实地量距法是在实地用长度测量工具量取有关图形的边长而计算出这个图形的面积。规则图形可根据实地丈量的边长直接计算面积；不规则图形将其分割成简单的几何图形，然后分别计算面积。实地量距是目前房地产测量中最普遍的面积测算方法。

3. 图解法

图上量算面积的方法有很多，最简单的方法是求积仪法，但求积仪法精度太低。常用的还有几何图形法。图上面积测算均应独立进行两次。两次量算面积较差不得超过下式规定：

$$\Delta S=\pm 0.000\,3M\sqrt{S}$$

式中，ΔS 为两次量算面积较差，单位为 m^2；S 为所量算面积，单位为 m^2；M 为图的比例尺分母。

使用图解法量算面积时，图形面积不应小于 $5cm^2$。图上量距应量至 0.2mm。

六、房屋面积测量的基本要求

房屋面积测量均指房屋水平投影面积的量测。按照国标规定，能够计算建筑面积的房屋原则上应具备以下普遍性条件：①应具有上盖；②应有围护物；③结构牢固，属永久性的建筑物；④层高在 2.20m 或 2.20m 以上；⑤可作为人们生产或生活的场所。

房屋面积测量的基本要求有：

(1)面积测量量距以米为单位，取至 0.01m；面积以平方米为单位，取至 0.01m^2。

(2)面积测算的要求：各类面积测算必须独立测算两次，其较差应在规定的限差以内，取中数作为最后结果。量距应使用经检定合格的卷尺或其他能达到相应精度的仪器和工具。

(3)使用钢卷尺测量水平距离时，尺两端应选取房屋的相同高度的参考点，以保持尺子处于水平位置。使用手持式测距仪测边时，应使测线紧贴墙角并保持水平。

(4)在进行房屋面积图纸测量时，由于图纸成图变形原因以及比例尺直接量取精度原因，图纸边长及墙体厚度数据只可依据图纸标注获得，不得用比例尺直接量取。

七、房屋各特征部位的测量

(1)房屋外围建筑面积应取勒脚以上外墙最外围为准量测。

(2)房屋室内边长及墙体厚度应取未进行装饰贴面的墙体为准量测。

(3)房屋屋顶为斜面结构(坡屋顶)的，按层高(高度)2.20m 以上的部位为准量测。

(4)柱廊以柱外围为准量测。

(5)檐廊以外轮廓水平投影、架空通廊以外轮廓水平投影为准量测。

(6)门廊以柱或围护物外围为准，独立柱的门廊以顶盖投影为准量测。

(7)挑廊以外轮廓投影为准量测。

(8)阳台以围护结构为准量测。

(9)阳台、挑廊、架空通廊的外围水平投影超过其底板外沿的，以底板水平投影为准量测。

(10)对倾斜、弧状等非垂直墙体的房屋，按层高(高度)2.20m 以上的部位为准量测，房屋墙体向外倾斜，超出底板外沿的，以底板投影为准联测。

(11)门墩以墩外围为准量测。

(12)门顶以顶盖水平投影为准量测。

(13)室外楼梯和台阶以外围水平投影为准量测。

第四节　房产信息数据采集

一、房产信息数据采集的内容

房产信息数据采集主要包括：确认建筑物名称、坐落、产权人、产别、层数、所在层次、建筑结构、建成年份、房屋用途、墙体归属、权界线及绘制房屋权界线示意图、权源、产权纠纷和他项权利、楼号与房号、房屋分幢及幢号编注等以及与建筑物有关的规划信息、产权人及委托人信息等。

(1)房屋产别是指根据产权占有不同而划分的类别，按照《房产测量规范　第 1 单元：房产测量规定》(GB/T 17986.1—2000)附录 A 中的表 A4 执行。

(2)房屋总层数与所在层次。房屋总层数为房屋地上层数与地下层数之和。房屋层数是指房屋的自然层数，一般按室内地坪±0 以上计算。采光窗在室外地坪以上的半地下室，其室内层高在2.20m以上的，计算自然层数。在采集房屋层数信息时，无论相关文件对于房屋的自然层层数如何描述(如 0.5 层，缺失自然数序列某一层等)，房屋自然层层数均按照自然数序列计数。假层、附层(夹层)、插层、阁楼(暗楼)、装饰性塔楼，以及突出屋面的楼梯间、水箱间不计自然层数。

(3)房屋建筑结构是指根据房屋的梁、柱、墙等主要承重构件的建筑材料划分类别，按照国标附录 A 中的表 A5 执行。

(4)房屋建成年份是指房屋实际竣工年份。拆除翻建的，应以翻建竣工年份为准。一幢房屋有两种以上建成年份，应分别注明。

(5)房屋用途是指房屋的实际用途。一幢房屋有两种以上用途，应分别调查注明。

(6)房屋墙体归属是房屋四面墙体所有权的归属，分为自有墙、共有墙和借墙等三类。

(7)房屋权界线是指房屋权属范围的界线，包括共有房屋的权界线，以产权人的指界与邻户认证来确定。对有争议的权界线，应作相应记录。房屋权界线示意图是以权属单元为单位绘制的略图，表示房屋及其相关位置、权界线、共有房屋权界线，以及与邻户相连墙体的归属，并注记房屋边长。对有争议的权界线应标注部位。

(8)房屋产权来源是指产权人取得房屋产权的时间和方式，如继承、分拆、买受、受赠、交换、自建、翻建、征用、收购、调拨、价拨、拨用等。产权来源两种以上的，应全部注明。

(9)在调查中对产权不清或有争议的及设有典当权、抵押权等他项权利的，应作记录。

(10)房屋的楼号是指按照一定的编号规则，由相关行政管理部门批准的平、楼房的门牌号、楼牌号；房屋的房号是指在一幢楼房内划分出的若干套房间的编号，是房屋内部产权划分的基本编号依据。

(11)房屋幢号以丘为单位，自进大门起，从左到右，从前到后，用数字 1、2、…顺序按 S 形编号。幢号注在房廓线内左下角，并加括号表示。房产权号：在他人用地范围内所建的房屋，应在幢号后面加编房产权号，房产权号用标识符 A 表示。房屋共有权号：多户共有的房屋，在幢号后面加编共有权号，共有权号用标识符 B 表示。

(12)丘的编号按“市、市辖区(县)、房产区、房产分区、丘”五级编号。

市代码+市辖区(县)代码+房产区代码+房产分区代码+ 丘号
(2位)　(2位)　(2位)　(2位)　(4位)

(13)建筑物有关的产权人及委托人信息包括产权人和委托人的名称、地址、企业编码、联系方式等。

二、房产的结构和产别分类代码

1. *房屋的结构分类代码*

钢结构——1；钢、钢筋混凝土结构——2；钢筋混凝土结构（框架结构）——3；混合结构——4；砖木结构——5；其他结构——6。

2. *房屋的产别分类代码*

国有房产——1；集体所有房产——2；私有房产——3；联营企业房产——4；股份制企业房产——5；港澳台投资房产——6；涉外房产——7；其他房产——8。

三、房产信息数据来源与采集要求

1. *房产信息数据来源*

房产信息数据来源大致分为三类：

(1)国家相关行政管理部门出具的行政文书。

(2)行政部门或法律部门出具的相关证件或法律文书。

(3)其他由委托人或相关权利人提供，或由数据采集人员根据相关技术规范现场获取。

2. *房产信息数据采集要求*

房产信息数据采集的要求：依法、准确、详尽。

第五节　房产数据处理

一、房屋数据处理的内容和要求

1. *房屋数据处理的内容*

房屋数据处理内容包括房屋测量数据处理、房产面积计算和共有面积分摊三部分。

房屋测量数据分为房产平面控制测量数据和房产要素测量的数据，按照测量平差的相关理论和规定进行处理。

2. *房屋数据处理的要求*

我国房产面积的精度分为三个等级，如表4-1所示，表中S为房产面积，单位为m^2。

表 4-1　　房屋面积测算中误差与限差　　（单位：m^2）

房产面积的精度等级	限差	中误差
一	$0.02\sqrt{S}+0.0006S$	$0.01\sqrt{S}+0.0003S$
二	$0.04\sqrt{S}+0.002S$	$0.02\sqrt{S}+0.001S$
三	$0.08\sqrt{S}+0.006S$	$0.04\sqrt{S}+0.003S$

二、房屋面积计算

(1)房屋建筑面积是指房屋外墙(柱)勒脚以上各层的外围水平投影面积，包括阳台、挑廊、地下室、室外楼梯等，且具备上盖，结构牢固，层高 2.20m 以上(含 2.20m)永久性建筑。

(2)房屋的产权面积是指产权主依法拥有房屋所有权的房屋建筑面积。房屋产权面积由省、自治区、直辖市、市、县房地产行政主管部门登记确权认定。

(3)房屋的共有建筑面积是指各产权主共同占有或共同使用的建筑面积。

(4)成套房屋的套内建筑面积由套内房屋的使用面积、套内墙体面积、套内阳台建筑面积三部分组成。

套内房屋使用面积为套内房屋使用空间的面积，以水平投影面积按以下规定计算：①套内楼梯按自然层数的面积总和计入使用面积；不包括在结构面积内的套内烟囱、通风道、管道井均计入使用面积。②套内墙体面积是套内使用空间周围的围护或承重墙体或其他承重支撑体所占的面积，其中各套之间的分隔墙和套与公共建筑空间的分隔墙以及外墙(包括山墙)等共有墙，均按水平投影面积的一半计入套内墙体面积。套内自有墙体按水平投影面积全部计入套内墙体面积。③套内阳台建筑面积均按阳台外围与房屋外墙之间的水平投影面积计算。其中封闭的阳台按水平投影全部计算建筑面积，未封闭的阳台按水平投影的一半计算建筑面积。

(5)房屋使用面积系指房屋户内全部可供使用的空间面积，按房屋的内墙面水平投影计算。

三、房屋面积计算范围

1. 计算全部建筑面积的范围

(1)永久性结构的单层房屋，按一层计算建筑面积；多层房屋按各层建筑面积的总和计算。

(2)房屋内的夹层、插层、技术层及其梯间、电梯间等其层高在 2.20m 以上的部位计算建筑面积。

(3)穿过房屋的通道，房屋内的门厅、大厅，均按一层计算建筑面积。门厅、大厅内的回廊部分，层高在 2.20m 以上的，按其水平投影面积计算。

(4)楼梯间、电梯(观光梯)井、提物井、垃圾道、管道井等均按房屋自然层计算面积。

(5)房屋天面上，属永久性建筑，层高在 2.20m 以上的楼梯间、水箱间、电梯机房及斜面结构屋顶高度在 2.20m 以上的部位，按其外围水平投影面积计算。

(6)挑楼、全封闭的阳台按其外围水平投影面积计算。

(7)属永久性结构有上盖的室外楼梯，按各层水平投影面积计算。

(8)与房屋相连的有柱走廊，两房屋间有上盖和柱的走廊，均按其柱的外围水平投影面积计算。

(9)房屋间永久性的封闭的架空通廊，按其外围水平投影面积计算。

(10)地下室、半地下室及其相应出入口，层高在 2.20m 以上的，按其外墙(不包括采光井、防潮层及保护墙)外围水平投影面积计算。

(11)有柱或有围护结构的门廊、门斗，按其柱或围护结构的外围水平投影面积计算。

(12)玻璃幕墙等作为房屋外墙的，按其外围水平投影面积计算。

(13)属永久性建筑有柱的车棚、货棚等按柱的外围水平投影面积计算。

(14)依坡地建筑的房屋，利用吊脚做架空层，有围护结构的，按其高度在 2.20m 以上部位的外围水平投影面积计算。

(15)有伸缩缝、沉降缝的房屋，若其与室内任意一边相通，具备房屋的一般条件，并能正常利用的，伸缩缝、沉降缝应计算建筑面积。

2. 计算一半建筑面积的范围

(1)与房屋相连有上盖无柱的走廊、檐廊，按其围护结构外围水平投影面积的一半计算。

(2)独立柱、单排柱的门廊、车棚、货棚等属永久性建筑的，按其上盖水平投影面积的一半计算。

(3)未封闭的阳台、挑廊，按其围护结构外围水平投影面积的一半计算。

(4)无顶盖的室外楼梯按各层水平投影面积的一半计算。

(5)有顶盖不封闭的永久性的架空通廊，按外围水平投影面积的一半计算。

3. 不计算建筑面积的范围

(1)层高小于 2.20m 的夹层、插层、技术层和层高小于 2.20m 的地下室和半地下室。

(2)突出房屋墙面的构件、配件、装饰柱、装饰性玻璃幕墙、垛、勒脚、台阶、无柱雨篷等。

(3)与室内不相通的类似于阳台、挑廊、檐廊的建筑。

(4)房屋之间无上盖的架空通廊。

(5)房屋的天面，挑台、天面上的花园、泳池。

(6)建筑物内的操作平台，上料平台及利用建筑物的空间安置箱、罐的平台。

(7)骑楼、过街楼的底层用作道路街巷通行的部分。

(8)临街楼房、挑廊下的底层作为公共道路街巷通行的。

(9)利用引桥、高架路、高架桥、路面作为顶盖建造的房屋。

(10)活动房屋、临时房屋、简易房屋。
(11)独立烟囱、亭、塔、罐、池，地下人防干线、支线。
(12)与房屋室内不相通的房屋间伸缩缝。
(13)楼梯已计算建筑面积的，其下方空间不论是否利用均不再计算建筑面积。

四、房屋面积计算

1. *房屋面积分摊类型*

房屋共有部分按照其使用功能和服务对象，主要可分成三类：
(1)全幢共有部位：指为整幢服务的共有部位，全幢进行分摊。
(2)功能区间共有部位：指专为某几个功能区服务的共有部位，由其所服务的功能区分摊。
(3)功能区内共有部位：指专为某个功能区服务的共有部位，由该功能区分摊。

2. *房屋共有面积分摊的基本原则*

(1)产权各方有合法权属分割文件或协议的，按文件或协议规定执行。
(2)无产权分割文件或协议的，可按相关房屋的建筑面积按比例进行分摊。
应分摊的共有建筑面积有大堂、楼梯间、电房、泵房、外半墙及为整幢服务的管理用房等，不应分摊的建筑面积有架空层、地下层、无使用功能及为多幢服务的管理用房等。

3. *共有面积分摊基本模型*

按相关建筑面积进行共有部位分摊，按下式计算：

$$\delta s_i = k \cdot s$$

$$k = \frac{\sum \delta s_i}{\sum s_i}$$

式中，k 为面积的分摊系数；s_i 为各单元参加分摊的建筑面积，单位为 m^2；δs_i 为各单元参加分摊所得的面积，单位为 m^2；$\sum \delta s_i$ 为需要分摊的面积总和，单位为 m^2；$\sum s_i$ 为参加分摊的各单元建筑面积总和，单位为 m^2。
面积的分摊系数=需要分摊的面积总和/参加分摊的各单元建筑面积总和。
各单元参加分摊所得的分摊面积=分摊的分摊系数×各单元参加分摊的建筑面积。

第六节　房产图绘制

在房产测绘工作中，按照管理的需要形成的图件种类有房产分幅平面图、房产分丘平面图和房屋分户平面图三种。

一、房产图的基本规格

1. 分幅图的规格

分幅图采用 50cm×50cm 正方形分幅。建筑物密集区的分幅图一般采用 1∶500 比例尺，其他区域的分幅图可以采用 1∶1 000 比例尺。

2. 分丘图的规格

(1)分丘图的幅面可在 787mm×1 092mm 全开纸的 1/32～1/4 之间选用。
(2)分丘图的比例尺根据丘面积大小，在 1∶100～1∶1 000 之间选用。

3. 分户图的规格

(1)房产分户图的幅面可选用 787mm×1 092mm 的 1/32 或 1/16 等尺寸。
(2)分户图的比例尺一般为 1∶200，当房屋图形过大或过小时，比例尺可适当放大或缩小。

二、房产图式符号规定

(1)所有房产图图式符号按照国家标准规定执行。
(2)符号的规格均以毫米为单位。
(3)符号的规格和线粗可随不同的比例尺做适当调整。在一般情况下，符号的线粗为 0. 15mm，点大为 0. 3mm。
(4)圆形、正方形、矩形、三角形等几何图形符号的定位点，在其图形的中心。
(5)宽底符号的定位点在底线中心。
(6)底部为直角形的符号的定位点，在直角的顶点。
(7)两种以上几何图形组成的符号的定位点，在其下方图形的中心点或交叉点。
(8)下方没有底线的符号，定位点在其下方两端间的中心点。
(9)不依比例尺表示的其他符号的定位点，在符号的中心点。
(10)线状符号的定位线，在符号的中心线。
(11)独立地物符号的方向垂直于南图廓线。

三、房产图的绘制方法和精度要求

1. 房产图的绘制方法

房产测绘的绘制方法主要有：①全野外采集数据成图；②航摄像片采集数据成图；③野外解析测量数据成图；④平板仪测绘房产图；⑤编绘法绘制房产图。

2. 房产图绘制的精度要求

(1)全野外采集数据或野外解析测量等方法所测量的房地产要素点和地物点，相对于邻近控制点的点位中误差不超过±0.05m。

(2)模拟方法测绘的房产分幅平面图上的地物点，相对于邻近控制点的点位中误差不超过图上±0.5mm。

(3)利用已有的地籍图、地形图编绘房产分幅图时，地物点相对于邻近控制点的点位中误差不超过图上±0.6mm。

(4)采用已有坐标或已有图件，展绘成房产分幅图时，展绘中误差不超过图上±0.1mm。

四、房产分幅平面图的表示

房产分幅图是全面反映房屋及其用地的位置和权属等状况的基本图，是分丘图和分户图的基本资料。分幅图应表示的基本内容有控制点，行政境界、丘界、房屋、房屋附属设施和房屋围护物、与房地产有关的地籍地形要素和注记。

1. 境界与地物

(1)行政境界一般只表示区、县和镇的境界线，街道办事处或乡的境界根据需要表示。境界线重合时，用高一级境界线表示。境界线与丘界线重合时，用丘界线表示。境界线跨越图幅时，应在内外图廓间的界端注出行政区划名称。

(2)丘界线表示方法。丘界线与房屋轮廓线或单线线状地物重合时，用丘界线表示，同时表示出丘内的土地用途分类代码。

(3)房产区界线和房产分区界线根据需要表示。

(4)房屋包括一般房屋、架空房屋和窑洞等。

(5)分幅图上应绘制房屋附属设施及房屋围护物，包括柱廊、檐廊、架空通廊、底层阳台、门廊、门楼、门、门墩和室外楼梯，以及和房屋相连的台阶等。

(6)分幅图上应表示的房地产要素和房产编号包括丘号、房产区号、房产分区号、丘支号、幢号、房产权号、门牌号、房屋产别、结构、层数、房屋用途和用地分类等，根据调查资料以相应的数字、文字和符号表示。

(7)与房产管理有关的地形要素包括铁路、道路、桥梁、水系和城墙等地物均应表示。

2. 注记

(1)地名的总名与分名应用不同的字级分别注记。

(2)同一地名被线状地物和图廓分割或者不能概括大面积和延伸较长的地域、地物时，应分别调注。

(3)单位名称只注记区、县以上和使用面积大于图上 $100cm^2$ 的单位。

五、房产分丘平面图的表示

1. 分丘图的表示内容

房产分丘图是房产分幅图的局部图，是绘制房屋产权证附图的基本图。

除表示房产分幅平面图的内容外，还应表示房屋权界线、界址点点号、窑洞使用范围、挑廊、阳台、建成年份、用地面积、建筑面积、墙体归属和四至关系等各项房地产要素。

2. 分丘图的技术要求

(1)房产分丘平面图的坐标系统应当与房产分幅平面图坐标系统相一致。

(2)分丘图上各类点位精度要求，与房产分幅平面图相同。

(3)房产分丘平面图上应分别注明所有周邻产权所有单位(或人)的名称，分丘图上各种注记字头应朝北或朝西。

(4)测量本丘与邻丘毗连墙体时，共有墙以墙体中间为界，量至墙体厚度的 1/2 处；借墙量至墙体的内侧；自有墙量至墙体外侧并用相应符号表示。

(5)房屋权界线与丘界线重合时，表示丘界线；房屋轮廓线与房屋权界线重合时，表示房屋权界线。

(6)分丘图的图廓位置，根据该丘所在位置确定，图上须注出西南角的坐标值。

六、房产分户平面图的表示

1. 分户图表示的内容

分户图应表示的内容包括：房屋权界线、四面墙体的归属和楼梯、走道等部位，以及门牌号、所在层次、户号、室号、房屋建筑面积和房屋边长等。

2. 分户图的技术要求

分户图的方位应使房屋的主要边线与图框边线平行，按房屋的方向横放或竖放，并在适当位置加绘指北方向符号。

分户图上的房屋的丘号、幢号应与分丘图上的编号一致。房屋边长应实际丈量，注记取至 0.01m，注在图上相应位置。

3. 注记

(1)房屋产权面积包括套内建筑面积和共有分摊面积，标注在分户图框内。

(2)本户所在的丘号、户号、幢号、结构、层数、层次标注在分户图框内。

(3)楼梯、走道等共有部位，在范围内加简注。

第七节　房产变更测量

房产变更测量分为房产现状变更测量和房屋权属变更测量。

一、房屋变更测量内容

1. 房屋现状变更测量内容

(1)房屋新建、拆建、改建、扩建及房屋建筑结构、层次变化。
(2)房屋的损坏与灭失，包括全部拆除或部分拆除、倒塌或烧毁。
(3)围墙、栅栏、篱笆、铁丝网等维护物，以及房屋附属设施的变化。
(4)道路、广场、河流拓宽、改造及各类水域便捷的变化。
(5)地名、门牌号等房屋坐落的更改与变化。
(6)房屋及其用地类型面积的增减变化。

2. 房屋权属变更测量内容

(1)房屋买卖、交换、继承、分割、赠与、兼并等引起的权属的转移。
(2)土地使用权界的调整，包括合并、分割、塌没和截弯取直。
(3)征拨、出让、节让土地而引起的土地权属界线的变化。
(4)他项权利范围的变化和注销。

二、房屋变更测量程序

(1)根据房地产变更资料，进行房地产要素调查，包括现状、权属和界址调查；
(2)分户权界和面积的测定；
(3)调整有关的房地产编码；
(4)进行房地产资料的修正。

三、变更测量的实施

1. 变更测量的方法与过程

(1)变更测量应根据现有变更资料，确定变更范围，按平面控制点的分布情况，选择测量方法。

(2)房地产的合并和分割，应根据变更登记文件，在当事人或关系人到现场指界下，实地测定变更后的房地产界址和面积。

(3)修测之后，应对现有房产、地籍资料进行修正与处理。

2. 变更测量的基准

(1)变更测量以变更范围内平面控制点和房产界址点作为测量的基准点。所有已修测过的地物点不得作为变更测量的依据。

(2)变更范围内和邻近的符合精度要求的房角点，也可作为修测的依据。

3. 变更测量的精度要求

(1)变更后的分幅、分丘图图上精度，新补测的界址点的精度都应符合本规范的规定。

(2)房产分割后各户房屋建筑面积之和与原有房屋建筑面积的不符值应在限差以内。

(3)用地分割后各丘面积之和与原丘面积的不符值应在限差以内。

(4)房产合并后的建筑面积，取被合并房屋建筑面积之和；用地合并后的面积，取被合并的各丘面积之和。

四、房产编号的处理

(1)丘号：用地的合并与分割都应重新编丘号。新增丘号按编号区内的最大丘号续编。组合丘内，新增丘支号按丘内的最大丘支号续编。

(2)界址点、房角点点号：新增的界址点或房角点的点号，分别按编号区内界址点或房角点的最大点号续编。

(3)幢号：房产合并或分割应重新编幢号，原幢号作废，新幢号按丘内最大幢号续编。

五、变更测量的业务要求

(1)变更测量时，应做到变更有合法依据，对原已登记发证而确认的权界位置和面积等合法数据和附图不得随意更改。

(2)房地产合并或分割，分割应先进行房地产登记，且无禁止分割文件，分割处必须有固定界标；位置毗连且权属相同的房屋及其用地可以合并应先进行房地产登记。

(3)房屋所有权发生变更或转移，其房屋用地也应随之变更或转移。

第八节　房产测绘成果管理

一、房产测绘成果检查

房产测绘成果应一次通过房产测绘单位作业部门的过程检查、房产测绘单位质量管理部门的最终检查和项目管理单位组织的验收或委托具有资质的质量检验机构进行质量验收。其要求如下：

(1)房产测绘单位实施成果质量的过程检查和最终检查。过程检查采用全数检查。最终检查一般采用全数检查，涉及野外检查项的可采用抽样检查，样本以外的应实施内业全数检查。

(2)验收一般采用抽样检查，质量检验机构应对样本进行详查，必要时可对样本以外的单位成果的重要检查项进行概查。

(3)各级检查验收工作应独立、按顺序进行，不得省略、代替或颠倒顺序。

(4)最终检查应审核过程检查记录，验收应审核最终检查记录，审核中发现的问题作为资料质量错漏处理。

二、房产测绘成果检查的内容

1. 外业测量检查内容

(1)仪器是否检测合格。

(2)草图准备是否充分；房屋面积测算草图的记录是否正确、完整；测量草图上的原始数据是否有涂改擦拭，汉字字头是否一律向北，数字字头是否向北或向西。

(3)各类测量的测量方法、记录是否正确。

(4)控制测量：控制测量网的布设和标志埋设是否符合要求。

(5)房产要素测量：测量的要素是否齐全、准确，对有关地物的取舍是否合理等。

(6)房产要素调查的内容填写是否齐全，房屋坐落、产权人、产别、层数、所在层次、建筑结构、建成年份、用途、墙体归属、权源、产权纠纷和他项权利等基本情况填写是否完整，是否绘制房屋权界线示意图。

2. 内业计算检查内容

(1)各类控制点的测定方法、扩展次数及各种限差、成果精度是否符合要求；起算数据和计算方法是否正确，平差的成果精度是否满足要求。

(2)房产要素测量的测量方法、记录和计算是否正确；房屋边长、面积数据误差配赋是否适当；各项限差和成果精度是否符合要求。

(3)面积测算：房产面积的计算方法是否正确、精度是否符合要求等。

(4)变更与修测成果的检查：变更与修测的方法、测量基准、测绘精度是否符合要求等。房屋各项信息的录入是否与依据文件一致。

3. 房产图绘制检查内容

(1)房产图的规格尺寸、技术要求、表述内容、图廓整饰等是否符合要求；房地产要素的表述是否齐全、正确，是否符合要求；对有关地形要素的取舍是否合理；图面精度和图边处理是否符合要求。

(2)调查表中的用地略图和房屋权界线示意图上的用地范围线、房屋权界线、房屋四面墙体归属，以及有关说明、符号和房产图上是否一致。

(3)绘制的面积计算图中建筑面积、套内面积的图形划定是否准确，房屋名称及面积注记是否正确，阳台的类型、归属划分是否正确。

三、房产测绘成果档案管理

1. 房产测绘成果档案内容

检查工作结束、成果发出后，应立即对各类测算数据资料及成果进行整理、存档。存档内容包括：

(1)房产测绘技术设计书。

(2)成果资料索引及说明。

(3)控制测量成果资料：用于布设和加密房产控制网的起始控制点、完成的房产控制网的各等级控制点、各类界址点坐标成果表以及相应点的点之记均应归入房产测绘成果档案。

(4)房产测算成果资料：实测算原始数据记录、草图以及预测算所依据的完整清晰成套的建筑施工图纸；数据计算成果纸质文件及电子文件。纸质文件包括报告书、房屋登记图表、分摊计算表等；电子版文件包括报告书及房屋登记图表、数据库文件包等。

(5)图形数据成果和房产原图及相应数据库文件。

(6)技术总结。

(7)检查验收报告等，包括检查及处理记录、产品检验记录单、产品检测传递单等。

(8)作业人员对于测算过程需要说明的文件。

(9)计算所依据的分摊文件。

(10)委托单位提供的和测算所依据的其他文件和资料。

2. 房产测绘成果档案存档整理要求

房产测绘整理，就是将零散的和需要进一步系统化的房产测绘成果进行基本的分类、组合和编目，使之系统起来。通过房产测绘成果中的说明和要求以使房产测绘成果在进行法律认定时有据可查。

1)整理的原则

由于房产测绘成果在进行产权认定后所具有的法律意义，要求在整理过程时应保持客观的数据，包括数据来源的依据和证明，以及明确责任人。

2)分类编号与建立档案

整理后的资料进行建档，须分类编号。每案卷编一个号，为档案号，简称档号。卷可以按街坊，也可以按幢为单位编制。档号通常包括分类代号和案卷顺序号两部分，两者之间用破折号隔开。其中分类代号由汉字或汉语拼音字母组成，案卷顺序号统一使用阿拉伯数字。

编制档号应注意：尽可能简练，逻辑性强，直观性好，留有扩展余地，尽可能规范化。在房地产产权档案的整理和管理中，常用的档案号有五种：全宗号、产别号、案卷目录号、案卷号、卷内文件页号。

3)档案文件要求

(1)所有原始数据记录及草图应完整、整洁，测量人员与记录人员及测量日期应填写无误，多页记录应顺序编号。

(2)计算过程资料、成果资料的各类图表均应完整成套，纸质文件与电子文件内容一致。

(3)所搜集的房屋信息资料和测算依据资料完整，并由提供方签字或加盖公章。

(4)存档文件应当符合相应纸张规格，所有纸质文件不得用圆珠笔书写，除外业记录手簿和草图外，所有纸质文件不得用铅笔书写。传真文件需复印后存档。

(5)所有文件不重复。电子文件需保存历次版本时，应在电子文件命名时加入时间字段。

第九节　地籍测绘概述

一、地籍概念

地籍是记载土地、海域(含无居民海岛)及其房屋、林木等定着物的权属、位置、界址、数量、质量、利用等基本状况的图簿册及数据。

表现形式：将基本情况的属性用文件、数据、图件和表册等各种形式表示出来。

二、地籍调查

1. 地籍调查的定义

地籍调查是指通过权属调查和不动产测绘，全面查清土地、海域(含无居民海岛)及其定着物的权属、位置、界址、面积、用途等权属状况和自然状况。

2. 地籍调查的内容

地籍调查包括权属调查和不动产测绘。

(1)根据不同的调查对象，权属调查可分为土地权属调查、海域权属调查、无居民海岛权属调查、房屋权属调查、构(建)筑物权属调查和森林、林木权属调查等。

地籍调查的主要成果为地籍调查表、包括宗地调查表、宗海调查表和无居民海岛调查表、房屋调查表、和林木调查表等。

①土地权属调查包括土地权属状况调查、土地权属界址调查、宗地草图的绘制和宗地调查表的填写等工作。

②海域权属调查包括海域权属状况调查、海域权属界址调查、宗海草图的绘制和宗海调查表填写等工作。

③无居民海岛权属调查包括无居民海岛权属状况调查、无居民海岛权属界址调查和无

居民海岛用岛调查表填写等工作。

④房屋权属调查包括房屋权属状况调查、房屋权属界线调查、房产草图绘制、房屋调查表的填写等工作。

⑤构（建）筑物权属调查包括构（建）筑物权属状况调查、构（建）筑物界线调查、构（建）筑物产权草图绘制、构（建）筑物调查表和建筑物区分所有权业主共有部分调查表的填写等工作。

⑥森林、林木权属调查（以下简称林木调查）包括林木权属状况调查和林木调查表填写等工作。

（2）根据不同的工作内容，不动产测绘主要包括控制测量、界址测量、房屋和构（建）筑物测量、地籍图测绘、面积计算等。

3. 地籍调查分类

地籍调查通常分为初始地籍调查和变更地籍调查，初始地籍调查是对行政辖区或特定区域在一定期间内组织进行的地籍调查。变更地籍调查是利用初始地籍调查调查成果对因土地权属、土地用途等地籍要素发生变化的宗地而进行的地籍调查。由于城镇及近郊区以及市辖区范围内建设用地利用率高、建筑物密集、土地价值高等因素，对地籍测绘的精度要求也比较高，这些范围内地籍图比例尺一般为 1∶500 或 1∶2 000。对山区地籍测绘的精度要求较以上范围低，山区地籍图比例尺一般为 1∶1 万。

《地籍调查规程》（GB/T 42547—2023）将地籍调查分为地籍总调查和日常地籍调查。

①地籍总调查：在特定的时间段内，对县级行政辖区内或特定区域内的全部土地、海域（含无居民海岛）及其定着物或某类型不动产开展的全面地籍调查。

针对特定区域内的全部不动产或某类型不动产需要开展地籍总调查的情形有以下三种：未开展过总登记或总调查、已有地籍材料陈旧散乱、国家或地方有新的需求。

②日常地籍调查：因不动产单元的设立、灭失、界址调整以及其他地籍信息变更等开展的地籍调查。

需要开展日常地籍调查的情形有以下四种：新设不动产单元的、不动产单元界址变化的、已有地籍材料现势性不强或不清晰或存在疑问或存在明显错误的、有必要开展地籍调查的其他情形。

4. 地籍调查依据

地籍测绘的主要依据有《地籍测绘规范》《地籍调查规程》《城镇地籍数据库标准》《国土资源信息核心元数据标准》《城市测量规范》《土地利用现状分类》等技术标准；《中华人民共和国土地管理法》《确定土地所有权和使用权的若干规定》以及其他相关政策、法规、政策性文件。

三、地籍测绘准备工作

开展地籍测绘工作之前，应实地核实权属调查资料。资料的核实应包括：

(1)接收地籍调查表、宗地草图、宗地关系草图及街坊划分示意图等权属调查原始资料;

(2)核实宗地草图的界址点编号与实地的一致性;

(3)核实界址点设置是否符合测量技术要求，不符合的，可提请权属调查人员纠正或增设界址点，并应订正权属调查原始资料;

(4)核实宗地及界址点编号的正确性;

(5)核实房屋单元的划分与编号的正确性;

(6)核对地名、路名及行政区域界线如区界、街道、镇、村界等有关名称、境界资料。

四、地籍测绘的内容

地籍测绘也称地籍测量，是为获取和表达地籍信息，依据权属调查成果，对每宗土地的界址点、界址线、位置、形状、面积等进行的现场测绘工作。具体内容如下:

(1)进行地籍控制测量，测设地籍控制点和地籍图根控制点;

(2)测定行政区划界线和土地权属界线的界址点坐标;

(3)测绘地籍图，测算地块和宗地的面积;

(4)进行土地信息的动态监测，进行地籍变更测量，包括地籍图的修测、重测和地籍簿册的修编，以保证地籍成果资料的现势性与正确性;

(5)根据土地整理、开发与规划的要求，进行有关的地籍测绘工作。

像其他测量工作一样，地籍测绘也遵循一般的测量原则，即先控制后碎部、从高级到低级、由整体到局部的原则。地籍簿册与地籍图统称为地籍测绘资料，是地籍测绘的最终成果。

五、地籍测绘技术设计的要求

地籍测绘技术设计应在地籍调查技术方案的基础上编写。内容包括：已有控制点及其成果资料的分析和利用、控制网采用的坐标系统、控制网的布设方案、控制点的埋设要求、各项技术参数的改正、观测方法、计算方法、采用的数据采集软件、界址点的观测方法及精度要求、地籍图的成图方法、地籍图比例尺、面积量算方法及精度要求等。

第十节　地籍控制测量

一、地籍控制网的基本要求

地籍控制测量工作是地籍要素测绘的基础，结合测区具体情况，按控制测量的基本原则和精度要求进行技术设计、选点、埋石、观测、数据处理、成果整理等。

地籍控制测量主要是平面位置的测量，为地籍细部测量和日常地籍测绘服务。地籍控制网的布设，在精度上要满足测定界址点坐标精度的要求，在密度上要满足测量地籍细部测量的要求，同时还要顾及日常地籍管理的需要。

地籍平面控制网应利用已有的国家平面控制网加密建立。平面控制网的布设应遵循从整体到局部、分级布网的原则。加密网可逐级布设、越级布设或布设同级全面网。

二、地籍控制网的技术指标

1. 平面控制点等级

平面控制点分为基本控制点和地籍控制点。基本控制点包括一、二、三、四等控制点；地籍控制点包括一、二级控制点。地籍平面控制网的建立，应当根据具体情况依次选择坐标系统：高斯正形投影统一 3°带、抵偿高程面上的高斯正形投影 3°带、高斯正形投影任意带、假定平面直角坐标系统。

2. 地籍平面控制测量基本精度要求

(1)四等网中最弱相邻点的相对点位中误差不得超过 5cm；

(2)四等以下网最弱点(相对于起算点)的点位中误差不得超过 5cm。

地籍平面控制测量中目前主要采用 GNSS 定位技术和导线测量技术。高程控制测量主要采用水准测量、GNSS 定位技术和三角高程测量技术。

三、地籍控制测量方法

1. 地籍平面控制测量方法

(1)首级网主要采用静态全球定位系统方法建立；一、二、三级和图根控制可采用卫星定位动态测量。

(2)地籍图根控制可采用导线测量和 GNSS(包括 GNSS-RTK)测量方法施测。

(3)平面控制测量精度等级分为二、三、四等和一、二、三级以及图根控制。

2. 首级高程控制测量

(1)高程控制网应利用已有国家高程控制网加密建立。高程控制测量精度等级划分依次为三、四等和等外，原则上只测设四等或等外水准。

(2)首级高程控制网最弱点高程中误差相对于起算点不大于±2cm。

(3)高程控制测量方法可采用水准测量、GNSS 测量、三角高程测量技术。

3. 地籍图根平面控制测量

(1)每个图根点均应有 2 次独立的观测结果，2 次测量结果的平面坐标较差不得大于 3cm，高程的较差不得大于 5cm，在限差内取平均值作为图根点的平面坐标和高程。

(2)在测量界址点和测绘地籍图时采用全站仪对相邻 RTK 图根点进行边长检查，其检测边长的水平距离的相对误差不得大于 1/3 000。

(3)RTK 图根点测量的观测和计算应按照《全球定位系统实时动态测量(RTK)技术规范》(CH/T 2009—2010)执行。

4. 图根导线测量

(1)当采用图根导线测量方法时，导线网宜布设成附合单导线、闭合单导线或节点导线网。

(2)图根导线点用木桩或水泥钢钉做标志，其数量以能满足界址点测量的要求为准。

(3)导线上相邻的短边与长边边长之比不小于 1/3。

(4)如导线总长超限或测站数超限，则其精度技术指标应做相应的提高。

(5)因受地形限制，图根导线无法附合时，可布设图根支导线，每条支导线总边数不超过 2 条，总长度不超过起算边的 2 倍。支导线边长往返观测，转折角观测 1 测回。

(6)图根高程控制网点采用三角高程测量技术施测，高程线路与一级、二级图根平面导线点重合。

控制测量作业包括技术设计、实地选点、标石埋设、观测和平差计算等主要步骤。各等级测量的主要技术指标与技术要求可见相应的测量规范。

第十一节 土地权属调查

土地权属调查的单元是宗地，其工作内容包括标绘工作底图、编制宗地代码、土地权属状况调查、土地权属界址调查、绘制宗地草图或土地权属界线协议书附图、填写宗地调查表、编制土地权属界线协议书或编制不动产权属争议缘由书等。

一、土地权属调查的主要内容

土地权属状况调查是指调查人员通过现场勘查，对宗地的土地权利人、土地坐落、权属性质、土地用途(地类)、宗地四至情况、共有权利状况、权利限制条件等基本情况，结合申请人提交的土地权属来源证明资料，进行调查核实的过程。

土地权属调查的内容包括权利主体，土地权属来源情况，土地权属性质，土地用途、坐落、宗地四至及其他要素等。具体内容如下：

①国有土地使用权宗地的权属状况调查包括土地使用权人、土地坐落、土地使用权类型、国民经济行业分类、宗地四至、土地用途(地类)、土地使用期限、共有权利情况和权利限制条件等信息。

②集体土地所有权宗地的权属状况调查包括土地所有权人、土地坐落、所有权性质、土地用途(地类)和宗地四至等信息。

③集体建设用地使用权宗地的权属状况调查包括土地所有权人、土地使用权人、土地坐落、土地使用权类型，国民经济行业分类、宗地四至、土地用途(地类)、土地使用期

限、共有权利情况和权利限制条件等信息。

④宅基地使用权宗地的权属状况调查包括土地所有权人、宅基地使用权人、土地坐落、权属性质、宗地四至、土地用途(地类)、共有权利等信息。

二、土地用途的调查

按照国家标准《土地利用现状分类》(GB/T 21010—2017)的二级类的要求，调查核实土地的批准用途和实际利用用途。批准用途指的是权属证明材料批准的此宗地用途。实际用途是指现场调查核实的此宗地的主要用途，即地类名称。批准用途与实际用途均按照《土地利用现状分类》的二级类填写。同时填写地类名称和地类代码，以“二级类名称(地类代码)”格式为准，如“农村宅基地(0702)”。

其中地类对应的编码分别是，一级分类：耕地(01)，园地(02)，林地(03)，草地(04)，商服用地(05)，工矿仓储用地(06)，住宅用地(07)，公共管理与公共服务用地(08)，特殊用地(09)，交通运输用地(10)，水域及水利设施用地(11)，其他土地(12)。二级分类：水田(0101)，水浇地(0102)，旱地(0103)，果园(0201)，茶园(0202)，橡胶园(0203)，其他园地(0204)，批发市场用地(0502)，工业用地(0601)，城镇住宅用地(0701)，农村宅基地(0702)，机关团体用地(0801)，公用设施用地(0809)，军事设施用地(0901)，铁路用地(1001)，公路用地(1003)，河流水面(1101)，田坎(1203)。

三、界址调查

界址调查是指调查人员按照现场勘查的情况，结合已有地籍调查成果及其他有关证明材料，组织本宗地权利人和相邻宗地权利人进行边界指认，确定宗地权属界线，划定争议界线和范围，并相应设定宗地界址点、界址线和测量界址边长的过程。

1. 指界

指界具体实现过程：①指界方式(双方、现场)；②确定指界人的身份资格；③发放《指界通知书》；④指界结果的处理。

2. 界址线的设定

(1)界址线位置的确定：界址线是界址点之间的连接线。界址线应根据界标物设定，并标明界址线与界标物的位置关系。

(2)界址线类别的确定：界址线类别按照界标物的种类不同分别确定。

(3)界址线设定的基本原则：界址线一般按照土地权属来源证明材料载明的宗地范围设定界址线；无土地权属来源的，界址线以宗地使用现状为基础按照当事人指认的界线来设定界址线。

(4)确定界址线性质：界址线性质分为已定界和未定界两大类。未定界包括工作界和争议界。

3. 设定界址点

(1)设定界址点的基本原则：宗地界址线走向有明显变化处(拐点)，以及两个以上宗地界址线交叉处应当设定界址点。

(2)设定界址点的要求：设定的界址点应当能够准确表达反映界址线的具体走向。

(3)设定界址点的方法：界址点可根据给定的条件(面积、几何关系、坐标等)，现场放样进行设定。

(4)界址点标志的设置：在沟渠中心、水面等设置永久性界标确有困难的，乡镇、村、公路、铁路、河流等界线一般不设界标。

(5)界址点的编号：界址点应以街坊为单位，统一自西向东、自北向南，由“1”开始顺序编号。初始地籍调查时，可编制临时界址点号，临时界址点号应以宗地为单位，从左上角按顺时针方向，用阿拉伯数字编制，地籍调查成果数据入库后，应以街坊为单位，生成正式界址点号。变更地籍调查时，未废弃的界址点使用原编号，废弃的界址点编号不应重复使用，新增界址点编号在最大界址点号后续编。

(6)已毁损的界址点的恢复：采用放样方式，在实地恢复界址点位置。

四、地籍编号

地籍编号以县级行政区为单位，按街道(乡、镇)、街坊(村)、宗地三级编号，对于较大行政区可按区(县)、街道(乡、镇)、街坊(村)、宗地四级编号。街道是以市行政建制区的街道办事处或镇(乡)的行政辖区为基础划定的；街坊是根据实际情况将街道再划分为若干个调查区。宗地是根据权属和土地用途划分的调查单元。

五、测绘宗地草图

宗地草图是描述宗地位置、界址点、界址线和相邻宗地关系的实地草编记录。

宗地草图的内容应包括宗地号、权利人名称、界址点(包括相邻宗地落在本宗地界址线上的界址点)、界址点号及界址线，相邻宗地的宗地号、权利人名称或相邻地物，界址边长、宗地内必要的建(构)筑物，指北针、测绘日期、调查员及审核员签字。

1. 宗地草图记录的内容

(1)本宗地号和门牌号，权利人名称和相邻宗地的宗地号、门牌号、权利人名称。

(2)本宗地界址点，界址点序号及界址线，宗地内地物及宗地外紧靠界址点线的地物等。

(3)界址边长、界址点与邻近地物的相关距离和条件距离。

(4)确定宗地界址点位置，界址边长方位所必需的建筑物或构筑物。

(5)概略指北针和比例尺、测绘日期、调查员及审核员签字。

2. 宗地草图的特征

(1)宗地草图是宗地的原始描述。
(2)图上数据是实量、实测的，精度高。
(3)所绘宗地草图是近似的，相邻宗地草图不能拼接。

3. 宗地草图的作用

(1)宗地草图是地籍资料中的原始资料。
(2)配合地籍调查表，为测定界址点坐标和制作宗地图提供了初始信息。
(3)可为界址点的维护、恢复和解决权属纠纷提供依据。

4. 绘制宗地草图的基本要求

(1)数字注记字头向北向西书写。
(2)过密的部位可移位放大绘出。
(3)应在实地绘制，不得涂改注记数字。
(4)有条件的地方用钢尺丈量界址边长和相关边长，并精确至0.01m；也可以在测量界址点坐标的基础上，计算界址边长。

第十二节 地籍要素测量与地籍变更测量

地籍要素是指宗地的属性，包括地籍区界线、地籍子区界线、土地权属界址线、界址点、图斑界线、地籍区号、地籍子区号、宗地号(含土地权属类型代码和宗地顺序号)、地类代码、土地权利人名称、坐落地址等。

地籍要素测量主要包括界址点测量和地形要素测量。

一、界址点测量

界址点的测量是地籍测量的核心，也就是实地位置作出明确标志或埋设永久性标志。界址线就是权属界线，包括所有权和使用权的界线。

其中，界址线与行政区界线重合时，只表示行政区界线，同时在行政区界线上标注土地权属界址点。行政区界线在拐角处不得间断，应在转角处绘出点或线。

1. 界址点测量方法

(1)解析法：利用全站仪、GPS接收机，实地采集界址点坐标的方法，这种方法是目前城镇界址点测定的主要方法。

(2)图解法：以已测得的大比例尺地形图或地籍图为基础，在图上确定界址点的位置，通过图解量算来确定界址点的坐标。

2. 界址点测量精度要求

界址点测量精度应符合表 4-2。

表 4-2　　界址点基本精度　　（单位：cm）

<table>
<tr><th rowspan="2">类别</th><th colspan="2">界址点对邻近图根点点位误差</th><th rowspan="2">界址点间距允许误差</th><th rowspan="2">界址点与邻近地物点关系距离允许误差</th><th rowspan="2">使用范围</th></tr>
<tr><th>中误差</th><th>允许误差</th></tr>
<tr><td>一</td><td>±5</td><td>±10</td><td>±10</td><td>±10</td><td>城镇街坊外围界址点及街坊内明显的界址点</td></tr>
<tr><td>二</td><td>±7．5</td><td>±15</td><td>±15</td><td>±15</td><td>城镇街坊内部隐蔽的界址点及村庄内部的界址点</td></tr>
</table>

3. 技术要求

(1)采用全站仪测量界址点，应在三级导线或以上控制点上设站，使用不低于 J6 级全站仪，采用极坐标法测定，并应符合现行行业标准《城市测量规范》(CJJ/T 8—2011)的规定。

(2)采用 RTK 测量时，其施测方法和技术要求等同于图根控制测量。

(3)对街坊内隐蔽地区的界址点，可使用内插、外插、距离交会、直角推算等间接方法，并符合下列要求：距离丈量应使用经检验合格的钢尺丈量 2 次取中数；用直角推算时，严禁用短边推长边；用距离交会时，条件边不少于 3 条边。

(4)经权属调查确认的已有界址点，现场核实界标未损坏和移动，经重新测量，坐标差值在允许误差范围内，应使用原界址点坐标成果；如发现界址点有误，应重新测量界址点。

(5)分割、合并与新增的界址点，可用申请者给定的条件计算坐标后，在实地放样埋设界桩。界址点埋设的要求与放样的精度应符合界址点测量的精度要求。

山区范围内困难地区集体土地所有权的界址点可采用图解法，图解界址点组成的界址线应有界址走向描述。

二、地形要素测量

1. 地形要素内容

必要的地形要素包括测量控制点、房屋、道路、水系以及与地籍有关的必要地物、地理名称、等高线与高程点等。

2. 地形要素测量方法

(1)有近期相应基本比例尺地形图的地区，地形要素可直接采用基本比例尺地形图上的相关内容，但应对变化的其他地籍要素进行修测。

(2)有近期相应比例尺航摄像片的地区，地形要素可直接依据影像解译获得，但应满足以下要求：建筑物投影差值大于图上 0.2mm 时，应进行投影差改正；图上房屋轮廓线应以墙基为准，当屋檐宽度大于图上 0.2mm 时应加屋檐宽度改正；影像图上没有或被阴影遮蔽的其他地籍要素应进行全野外解析测量。

无相应基本比例尺地形图或正射影像图的地区，应进行全野外解析测量。

三、地籍变更测量

地籍变更测量应包括地籍变更调查资料核实、变更界址点测量、变更后宗地图测绘、面积量算与地籍图修测等内容，并应测量分割或合并的宗地的地籍要素。

1. 变更地籍调查流程

变更地籍调查包括变更权属调查和变更地籍测绘。变更测量前，应先进行变更权属调查。进行变更权属调查与测量前，应准备下列主要资料：①变更土地登记或房地产登记申请书；②原有地籍图和宗地图的复制件；③本宗地及邻宗地的原有地籍调查表的复制件，包括宗地草图；④有关界址点坐标；⑤必要的变更数据的准备；⑥变更地籍调查表；⑦本宗地附近测量控制点成果；⑧变更地籍调查通知书。

2. 宗地变更后的编号

(1)宗地分割或合并后，原宗地号不应再用；

(2)分割后的各宗地以原编号的支号顺序编列；数宗地合并后的宗地号应以原宗地号中的最小宗地号加支号表示；如 18 号宗地分割成三块宗地，分割后的编号分别为 18—1，18—2，18—3；如 18—2 号宗地再分割成 2 宗地，则编号为 18—4，18—5；如 18—4 号宗地与 10 号宗地合并，则编号为 10—1，如 18—5 号宗地与 25 号宗地合并，则编号为 18—6。

(3)宗地合并后，应对新宗地的界址点进行统一编号，并应备注相应点的原有编号。

3. 宗地变更权属状况调查

变更权属调查是指调查人员接收到土地登记人员初审的变更土地登记或初始土地登记申请文件后，会同土地权利人在现场对宗地权属状况和界址的变化进行调查核实，并在现场重新标定土地权属界址点，绘制宗地草图，调查土地用途，填写变更地籍调查表等工作。

变更权属调查的基本单元是宗地。其基本过程是指界、界址线的设定、确定争议区和争议界、设定界址点、界址点的编号要求、编制宗地号、填写地籍调查表、绘制宗地草图。

四、测量成果资料的变更

1. 宗地面积变更

(1)变更地籍测绘宗地面积应在充分利用原成果资料的基础上，采取高精度代替低精度的原则，即用精度较高的面积值取代精度低的面积值。属原面积计算有误的，在确认重新量算的面积值正确后，须以新面积值取代原面积值。

(2)对宗地分割的宗地面积变更，如变更后宗地面积之和与原宗地面积的差值满足规定限差要求，将差值按分割宗地面积比例配赋到变更后的宗地面积，如差值超限，则应查明原因，并取正确值。

2. 地籍图及宗地图变更

为保证地籍图的现势性，当在一幅图内或一个街坊内宗地变更面积超过1/2时，应对该图幅或街坊进行基本地籍图的重新测量。新旧地籍图一起归档。宗地图是土地证的附图，不论变更宗地的界址是否发生变化，都必须重新绘制新的宗地图。其他资料变更包括界址点坐标册变更、面积汇总表及统计表变更、相邻宗地变更等。

第十三节　地籍图与宗地图绘制

一、地籍图的内容

地籍图内容主要有地籍要素、数学要素、地形要素、行政区划要素、图廓要素。

1. 地籍要素

地籍要素包括地籍区界线、地籍子区界线、界址线、界址点、图斑界线、地籍区代码、地籍子区代码、宗地号或宗海号、地类编码或用海类型编码、定着物位置、幢号、土地所有权人名称等，其表示的基本方法如下：

①界址线或行政村界线与行政区界线相重合时，只表示行政区界线。同时在行政区界线上标注土地权属界址点。

②地籍区、地籍子区界线叠置于省级界线、市级界线、县级界线、乡级界线、行政村界线或土地权属界线之下。叠置后其界线仍清晰可见；当按照标准分幅编制地籍图时，应在内外图廓线之间、地籍区和地籍子区与内图廓线的交汇处的两边注记地籍区代码和地籍子区代码。

③对于土地使用权宗地，宗地号和地类编码用分式的形式标注在宗地内，分子注宗地

号。分母注地类编码；对于集体土地所有权宗地，分子注集体土地所有权人名称，分母注宗地号，地类编码注记在图斑适中位置；宗地太小注记不下时，允许移注在空白处并以指示线标明；宗地的坐落可选择性注记。

④按照标准分幅编制地籍图时，若地籍区、地籍子区、宗地、宗海被图幅分割，其相应的编号应分别在各图幅内按照规定注记；如分割的部分太小注记不下时，允许移注在空白处并以指示线标明。

⑤地籍图上应注记单位名称和住宅小区名称；土地权利人为自然人时，不宜将其名称注记在分幅地籍图上。

⑥可根据需要在地籍图上绘出土地级别界线，注记土地级别。

⑦地籍图上的宗海号和用海类型编码用分式的形式标注在宗海内，分子注宗海号，分母注用海类型编码(用岛类型代码)。宗海太小注记不下时，允许移注在空白处并以指示线标明，宗海的坐落可选择性注记。

2. 数学要素

地籍图上应表示的数学要素包括大地坐标系、内外图廓线、坐标格网线及坐标注记、控制点点位及其注记、地籍图比例尺、地籍图分幅索引图、本幅地籍图分幅编号、图名及图廓整饰等内容。

3. 地形要素

地籍图上应表示的地形要素包括建筑物、道路、水系、地貌、土壤植被、注记等。

4. 行政区划要素

行政区划要素主要指行政区界线和行政区名称。

(1)行政级别从高到低依次为：省级界线、市级界线、县级界线和乡级界线。当按照标准分幅编制地籍图时，在乡(镇、街道办事处)的驻地注记名称外，还应在内外图廓线之间、行政区界线与内图廓线交会处的两边注记乡(镇、街道办事处)的名称。

(2)地籍图上不注记行政区划代码和邮政编码。

5. 图廓要素

图廓要素包括分幅索引、密级、图名、图号、制作单位、测图时间、制图方法、图式版本、测量员、制图员、检查员等。

二、地籍图的比例尺

地籍图比例尺的选择应满足地籍管理的不同需要。我国城镇地区地籍图比例尺一般可选用 1∶500~1∶1 000；郊区可选用 1∶2 000；城市繁华区域、复杂地区或特殊需要地区可选用 1∶500；农村地区可选用 1∶5 000 和 1∶1 万的比例尺。其中，农村居民点地籍图可选用 1∶1 000 或 1∶2 000 的比例尺。可按表 4-3 选择城市地籍图比例尺。

表 4-3　　城市地籍图比例尺的选用

地　　区	比例尺
大城市市区	1∶500
中、小城市市区，大型独立工矿区	1∶500 或 1∶1 000
郊县城镇、小型独立工矿区	1∶1 000
郊县城镇	1∶2 000

三、地籍图的分类和精度

1. 地籍图的分类

地籍图按所表示的内容可分为基本地籍图和专题地籍图；按城乡差别可分为城镇地籍图和农村地籍图；按用途可分为税收地籍图、产权地籍图和多用途地籍图。

2. 地籍图的精度

地籍原图或地籍电子底图、地籍图精度的检测应满足：

(1)相邻界址点间距、界址点与邻近地物点距离中误差的绝对值不应大于图上 0.3mm，较差允许误差的绝对值不应大于 2 倍中误差的绝对值。

(2)邻近地物点间距中误差的绝对值不应大于图上 0.4mm，较差允许误差的绝对值不应大于 2 倍中误差的绝对值，在丘陵、山区，中误差可按上述规定放宽 1 倍。

(3)地物点点位中误差的绝对值不应大于图上 0.5mm，允许误差的绝对值不应大于 2 倍中误差的绝对值。

(4)宗地内部与界址边不相邻的地物点，其点位中误差不应大于图上 0.5mm。

四、地籍图的分幅和编号

(1)1∶50 000 的地籍图，以 1∶100 万国际标准分幅为基础，采用 24×24 的行列分幅编号。图幅大小为经差 15′，纬差 10′。

(2)1∶10 000 的地籍图，以 1∶100 万国际标准分幅为基础，采用 96×96 的行列分幅编号。图幅大小为经差 3′45″，纬差 2′30″。

(3)1∶5 000 的地籍图，以 1∶100 万国际标准分幅为基础，采用 192×192 的行列分幅编号。图幅大小为经差 1′52.5″，纬差 1′15″。

(4)1∶500、1∶1 000、1∶2 000 的地籍图可采用正方形分幅(50cm×50cm)或矩形分幅(40cm×50cm)。图幅编号按照图廓西南角坐标公里数编号，X 坐标在前，Y 坐标在后，中间用短横线连接。

五、宗地图制作

宗地图内容与地籍图类似，也应突出地籍要素，宗地图应表示本宗地号、地类号、宗地面积、界址点及界址点号、界址边长、邻宗地号及邻宗地界址示意线等内容，并应作为土地证书和宗地档案的附图。

1. 宗地图的内容

(1)所在图幅号、地籍区(街道)号、街坊号、宗地号、界址点号、利用分类号、土地等级、房屋栋号；

(2)本宗地用地面积值和实量界址边长或反算的界址边长；

(3)邻宗地的宗地号及相邻宗地间的界址分隔示意线；

(4)紧靠宗地的地理名称；

(5)宗地内的建(构)筑物等附着物及宗地外紧靠界址点线的附着物；

(6)本宗地界址点位置、界址线、地形地物的现状、界址点坐标系、权利人名称、用地性质、用地面积、测图日期、测点(放桩)日期、制图日期；

(7)指北方向和比例尺；

(8)为保证宗地图的正确性，宗地图要检查审核，宗地图的制图者、审核者均要在图上签名。

2. 宗地图的特性

(1)宗地图是地籍图的一种附图，是地籍资料的一部分；

(2)图中数据都是实量得到或实测得到的，精度高且可靠；

(3)其图形与实地有严密的数学相似关系；

(4)相邻宗地图可以拼接；

(5)识符齐全，人工和计算机都可方便地对其进行管理。

3. 宗地图的作用

(1)宗地图是土地证上的附图，它通过具有法律手续的土地登记过程的认可，使土地所有者或使用者对土地的使用或拥有感到可靠的法律保证，宗地草图不能做到这一点。

(2)宗地图是处理土地权属问题的具有法律效力的图件，比宗地草图更能说明问题。

(3)在变更地籍测绘中通过对这些数据的检核与修改，较快地完成地块的分割与合并等工作，直观地反映了宗地变更的相互关系，也便于日常地籍管理。

4. 宗地图的施测与要求

(1)宗地图是在分幅地籍图的基础上编制而成的，当没有建立基本地籍图的成果资料时，也可按宗地施测宗地图。施测的方法和要求与地籍图是一致的。

(2)编绘宗地图时，应做到：界址线走向清楚，坐标正确无误，面积准确，四至关系明确，各项注记正确齐全，比例尺适当。

(3)内图廓长度误差不得大于0.2mm，内图廓对角线误差不得大于0.3mm；图廓点、控制点和坐标网的展点误差不得超过0.1mm，其他解析坐标点的展点误差不得超过0.2mm。

第十四节　地籍面积量算、成果整理、归档与检验

一、面积量算方法

面积量算的内容包括宗地面积、地类面积、宗地内建筑占地面积、建筑面积与面积汇总统计。面积量算方法分为解析法和图解法。

1. 解析法

解析法是根据实地直接测量出的角度和距离结果按公式解算出界址点坐标的方法，主要包括坐标解析法和几何图形计算法。

在运用几何图形计算法时，常将一些多边形地块划分成若干个三角形(或四边形等)分别计算面积，在划分时应注意：①所划分的三角形其锐角不能太小，底与高应尽量相等，其底与高之比限制在1∶3~3∶1；②应尽量提高短边的测量精度；③在实地测量中，一般通过视觉很难确定哪些地块是规则的四边形，只能根据任意四边形面积公式进行计算。

2. 图解法

凡是直接在图上测算面积(无论采用何种工具和方法)，均属于图解法面积量算。图解法量算面积的方法较多，如方格法、格点法、几何图形法、求积仪法等。另外特别指出，当使用数字化采集设备(如数字化仪、数字坐标仪、立体坐标量测仪等)时，在图上或航片上采集被量图形周边各拐点的坐标，然后计算出土地面积，也属于图解法。

二、面积量算要求

对于未采用计算机解析法量算面积的，均应独立进行两次量算。两次量算的较差在限差范围内取中数，两次量算的较差应满足下式：

$$\Delta P \leq 0.0003M\sqrt{P}$$

式中，P为量算面积，单位为m^2；M为地籍图比例尺分母。

采用实测几何要素解析法时，面积中误差应满足下式：

$$m_P = \pm(0.04\sqrt{P} + 0.003P)$$

式中，P 为面积，单位为 m^2。

(1)采用部分解析法进行地籍测绘时，面积量算应采用坐标法计算每个街坊面积，用街坊面积数控制本街区内宗地面积之和。街坊内各宗地面积之和与街坊面积误差小于1/200时，将误差按面积分配到各宗地，得出平差后的各宗地面积。采用实测数据解析法测算的宗地面积，只参加闭合差计算，不参加闭合差的配赋。

(2)采用图解法进行地籍测绘时，图面量算宜采用二级控制，首先以图幅理论面积为首级控制，图幅内各街坊及其他区块面积和图幅理论面积之差小于允许范围时，将闭合差按比例分配给各街坊及各区块，得出平差后的各街坊及各区块的面积。然后用平差后的各街坊及各区块的面积去控制街坊内丈量的各宗地面积，其相对误差在允许范围内将闭合差按比例分配给各宗地，得出平差后的宗地面积。采用实测数据解析法测算的宗地面积，只参加闭合差计算，不参加闭合差的配赋。

(3)土地分级量算的限差要求：分区土地面积量算允许误差，按一级控制要求计算。土地利用分类面积量算限差，按二级控制要求计算(求积仪法、图解法、方格法、网点板法、平行线法)。

三、面积汇总统计

整理、汇总的面积才能真正发挥土地信息功能，为土地登记、土地统计提供基础数据。面积计算与汇总的结果均以表格的形式提供，报表的类型包括：

(1)界址点成果表。内容包括界址点号、坐标，如果外业测有高程，还包括每个界址点的高程。输出范围：宗地、街坊。

(2)宗地面积计算表。一个宗地的输出，包括界址点号、坐标、边长，以及宗地的建筑物占地面积、建筑面积、建筑密度和建筑容积率。输出范围：宗地、街坊。

(3)宗地面积汇总表。内容包括地籍号、地类代码、面积。输出范围：街坊、街道。

(4)地类面积统计表。内容包括输出范围内按土地利用现状分类统计的各类面积及汇总结果。输出范围：街坊、街道、区(县)、市。

面积统计汇总是在全面完成外业调查和内业数据建库工作的基础上，对调查数据进行统计、汇总，形成各级、各类土地调查面积数据成果。通过统计汇总掌握调查区域内土地总面积、各地类面积、分布和权属状况。统计汇总是土地调查的关键环节，分为县级调查成果统计和县级以上数据汇总。面积汇总应以街坊为单位按土地利用类别开展，并应由街坊开始，逐级汇总统计街道、县级行政区域镇土地分类面积。

面积量算的总体原则是：从整体到局部，层层控制，分级量算，块块检核，逐级汇总，按面积成比例平差。几何要素解析法是将多边形划分为若干个三角形，分别计算面积。

四、地籍数据库的内容

地籍数据库由主体数据库和元数据库组成。主体数据库由空间数据库、非空间数据库组成，元数据库由矢量数据元数据、DOM 元数据、DEM 元数据等组成。

地籍数据库包括地籍区、地籍子区、权属、利用、基础地理等数据，其中：

(1)权属数据主要包括不动产的权属、位置、界址、面积、用途等。

(2)利用数据主要包括行政区(含行政村)内图斑的权属、地类、面积、界线等。

(3)基础地理数据主要包括数学基础、控制点、境界、交通、水系、居民地、地貌、注记等。

五、地籍测绘成果整理要求

地籍调查工作结束后，按照下列规定对成果进行整理和归档：

(1)地籍调查成果经相关部门审查确认后，调查机构应以宗地、宗海为单位，按照统一的地籍调查表、地籍调查报告、不动产单元表和地籍图等成果样式形成地籍调查成果，提交纸质成果和相应的电子数据。

(2)地籍调查成果按照统一的规格、要求进行整理、立卷、组卷、编目和归档。

六、地籍测绘主要成果及成果档案的编号

1. 地籍测绘主要成果

地籍测绘工作结束后，应提交下列成果资料：

(1)文字成果应包括技术设计、技术总结、工作总结、土地利用分类统计分析报告、检查报告及验收报告等。

(2)图件成果应包括各等级控制网展点网图、点之记、原始观测记录、平差计算资料及成果表，仪器检定资料，包含街道、街坊分区示意图等的地籍索引图，地籍图及其分幅接合表，界址点坐标、面积计算成果表。

(3)面积量算成果应包括以街坊为单位以宗地为单元的面积量算表，以街坊为单位的宗地面积汇总表，以街道为单位的街坊面积汇总表，以区、街道为单位的城镇土地分类面积统计表，以区、街道为单位的国有、集体土地面积统计表。

(4)数据成果应提交相应格式的数据文件。

2. 地籍测绘成果档案编号

地籍测绘成果档案的编号按省为单位，由市、县代号、类目代号和案卷顺序号三部分组成。

七、地籍测绘成果检查验收的内容

1. 权属调查

(1)地籍区、地籍子区的划分是否正确；

(2)权源文件是否齐全、有效、合法；

(3)权属调查确认的权利人、权属性质、用途、年限等信息与权属来源材料上的信息是否一致；

(4)指界手续和材料是否齐备，界址点位和界址线是否正确、有无遗漏，设立界标是否规范；

(5)地籍调查表填写内容是否齐全、规范、准确，与地籍图上注记的内容是否一致，有无错漏；

(6)宗地草图或宗海草图与实地是否相符．要素是否齐全、准确，四邻关系是否清楚、正确，注记是否清晰合理；

(7)不动产单元代码是否符合要求，有无重、漏。

2. 不动产测绘

1)控制测量

(1)坐标系统的选择是否符合要求；

(2)控制网点布设是否合理，埋石是否符合要求；

(3)起算数据是否正确、可靠；

(4)施测方法是否正确，各项误差有无超限；

(5)各种观测记录手簿记录数据是否齐全、规范；

(6)成果精度是否符合规定；

(7)材料是否齐全。

2)界址点测量

(1)观测记录及数据是否齐全、规范；

(2)界址点成果表有无错漏；

(3)界址点、界址边和地物点精度是否符合规定。

3)地籍图测绘

(1)分幅地籍图、不动产单元图上的地籍、地形要素有无错漏；图上表示的各种不动产的地籍要素与地籍调查结果是否一致；

(2)分幅地籍图、不动产单元图精度是否符合规定；

(3)房屋及地类号、结构、层数、坐落等有无错漏；

(4)图幅编号、坐标注记是否正确；

(5)各种符号、注记是否正确；

(6)图廓整饰及图幅接边是否符合要求，索引图的绘制是否正确；

(7)各种面积计算或计算方法及结果、分类面积汇总是否正确。

第四章考点试题及答案

第五章　行政区域界线测绘

第一节　概　　述

一、界线测绘的基本概念

界线测绘的目的是通过对行政区域界线的位置和走向等信息的分析确认，勘定一条公平合理的行政区域边界，为各级政府边界管理工作提供基础资料和科学依据。

界线测绘的内容包括界线测绘准备、界桩埋设和测定、边界点测定、边界线及相关地形要素调绘、边界协议书附图制作与印刷、边界点位置和边界走向说明的编写。

界线测绘成果包括界桩登记表、界桩成果表、边界点成果表、边界点位置和边界走向说明、边界协议书附图。

行政区域界线勘定后，应定期进行界线联合检查工作，界线联合检查内容包括界桩维修更新、增设界桩、调整界线、重新测量界桩坐标与高程、重新修改协议书、重新测绘协议书附图等。

二、界线测绘的基准和比例尺

界线测绘宜采用国家统一的2000国家大地坐标系和1985国家高程基准。

界线测绘中，边界地形图和边界协议书附图的比例尺视情况选用：同一地区，勘界工作用图和边界协议书附图应采用相同比例尺；同条边界，协议书附图应采用相同比例尺；省级行政区选用1∶5万或1∶10万比例尺；省级以下行政区采用1∶1万比例尺；地形地物稀少地区可适当缩小比例尺；地形地物稠密地区可适当放大比例尺。

三、界线测绘的基本精度

界线测绘的基本精度包括界桩点的精度和边界协议书附图的精度。

界桩点的精度以中误差来评定。界桩点平面位置中误差一般不应大于相应比例尺地形图图上±0.1mm。界桩点高程中误差一般不大于相应比例尺地形图上平地、丘陵、山地(高山地)1/10基本等高距(特殊困难地区可放宽0.5倍中误差)。资源开发利用价值较高地区可执行地籍测绘规范中界址点精度的规定。

边界协议书附图中界桩点的最大展点误差不超过相应比例尺地形图图上±0. 2mm，补调的与确定的边界有关的地物点相对于邻近固定地物点的间距中误差不超过相应比例尺地形图图上±0. 5mm。

第二节　界线测绘的准备工作

一、边界地形图制作

边界地形图，一般指利用国家最新的 1：5 000、1：1 万、1：5 万、1：10 万地形图作为资料，按照一定的经差、纬差自由分幅，图内内容范围为垂直界线两侧图上各 10cm 或 5cm(1：10 万)内，沿界线走向制作呈带状分布的地形图，供界线测绘工作使用。其表现方式有纸质或数字形式。

二、边界调查

边界调查包括实地调查、绘制边界情况图、编写边界情况说明与绘制边界主张线图等几项内容。

边界调查应核实法定边界线、习惯边界线、行政管辖线，以及与边界线有关的资源归属范围线等界线的实地位置，并调查边界争议的有关情况。实地调查后，根据调查资料可以在边界地形图上编制边界线情况图，即在边界地形图上绘制法定边界线、习惯边界线、行政管辖线和与边界线有关的资源归属范围线等边界现状和历史沿革等情况。同时，要编写边界情况说明，即以文字形式描述边界线的划定情况及其历史沿革等情况。

在绘制边界线情况图的基础上，由界线相邻两行政区域，根据确定边界线的原则，将各自的边界主张线标绘在边界地形图上。主张采用 0. 3mm 的实线绘出，颜色一方用红色，另一方用蓝色，可压盖图上任何要素。

三、桩与边界点

1. 界桩的选定与埋设

界桩点，是指具有实测平面坐标和高程值，且在界线上或界线两侧的界线标志物。界桩点分为单立、同号双立和同号三立三种。

边界点，是指实地在界线上选取一定数量能确定边界线走向、有明确固定位置、可在边界地形图上准确判读平面位置的地物点，称为边界点(含界桩点)。

各级行政区域界桩埋设的密度，以能控制边界的基本走向、尽量少设为原则，界河两岸设置同号双立界桩；界河交叉口岸设置同号三立界桩。

2. 界桩的编号与书写

省级界线的界桩编号以每一条边界线为一个编号单元，在一个编号单元内一般沿边界线由西向东或由北向南用阿拉伯数字从001开始按顺序编号。界桩完整编号共8位，由边界线的编号、界桩序号及类型码三部分组成，完整编号形式如下：

××××	×××	×
边界线的编号	界桩序号	类型码
(4位)	(3位)	(1位)

省级边界线的编号由相邻省(自治区、直辖市)的省简码按数值大小由小至大顺序排列组成。省级界线名称由相邻两省(自治区、直辖市)的简称加“线”字组成，省简码小的省(自治区、直辖市)简称排列在前。

界桩序号一般是在一个边界线编号内沿边界线由西向东或由北向南用阿拉伯数字001开始按顺序编号。

同号双立界桩的类型码分别用A、B表示，同号三立界桩的类型码分别用C、D、E表示，单立界桩的类型码用Q。同号双立界桩的类型码根据省简码赋予值，省级码小的为A，大的为B；同号三立界桩的类型码当一方只有一个界桩时，该桩类型码为C，其他桩类型码顺时针依次为D、E。

三省(自治区、直辖市)边界线交会处(简称三交点)界桩的完整编号也由三部分组成。前6位由界线交会处三省(自治区、直辖市)的省简码组成，省简码按数值大小由小至大顺序排列；第7位为界桩序号；第8位为等级码，用“S”表示。三省(自治区、直辖市)边界线只存在唯一交会处时，界桩序号为“0”；交会处不唯一时，则按由西向东或由北向南的顺序用阿拉伯数字自1开始顺编。

在界桩的两个或三个宽面，书写省(自治区、直辖市)的专名，内蒙古、广西、西藏、新疆4个自治区在其汉字下加注自治区通用民族文字。同号双立界桩书写界桩序号有效数字及类型码，三面型界桩不书写界桩编号。所有界桩均应书写“国务院”和界桩设置年代等文字。

界桩埋设后，应对界桩所处位置的全貌和周围的环境拍摄像片，使其能表述界桩设置地的环境和地形特征以及界桩与相关地物的关系。

省以下行政区域的界桩编号，一般情况下遵循省级行政区域界桩编号原则，具体编排方法由省以下行政区域双方共同商定。省以下行政区域边界线的编号与命名由省(自治区、直辖市)自行规定。省以下行政区域的所有界桩均应书写省(自治区、直辖市)的专名，内蒙古、广西、西藏、新疆4个自治区在其汉字下加注自治区通用民族文字，界桩设置年代等文字。

第三节　边界点测绘及边界线标绘

一、边界点测量要求

边界点测绘的基础控制成果包括已有的国家控制点和国家GPS网点，以及城市控制网点及相应等级的控制成果。界桩点的平面和高程精度应参照前述基本精度的要求，一般情况以 2 倍中误差作为限差，特殊困难时可适当放宽。

当实地测量确有困难，但能在图上准确判定界桩点位时，可在现有最大比例尺的地形图上量取，误差不得超过图上±0.3mm，同时必须保证与周边地物的相应位置正确。

二、边界点测量方法

界桩点的平面坐标宜采用卫星定位系统(GPS)定位测量、光电测距附合导线、光电测距支导线、测边测角交会等方法进行测定。当点位中误差小于或等于 1m 时，采用 GPS 定位测量。具体的技术要求按照相关规范执行。

界桩点的高程与平面坐标同时施测，采用水准测量、三角高程或 GPS 大地水准面拟合计算等方法测定。当采用水准测量、三角高程测定高程时，使用不同比例尺的地图，野外测量边长要求和中误差的要求，按相应规范执行。

三、界桩点方位物的测绘

设立原则是：方位物应利于判定界桩点的位置；方位物必须明显、固定、不易损毁；每个界桩的方位物不少于 3 个；以大物体作为方位物时，要明确测量点在方位物的具体部位。

界桩点至方向物的距离，一般应在实地测量，要求量至 0.1m，界桩点相对于邻近固定地物点间距误差不大于±2.00m。

四、特殊边界点的测绘

对在边界线两侧设置界桩而本点上未设置界桩的边界点，除按规定测定所有界桩点的位置外，对同号双立的界桩还应测绘每一界桩点至该双立界桩连线与边界线交点的距离；对同号三立的界桩则应测绘每一界桩点至边界线在该交叉口处转折点的距离。距离测量的误差限差不大于±2.00m。

可以在该地形图上量取边界点坐标与高程。点位量测精度应满足不大于所用最大比例尺地形图图上 0.20mm，高程精度应小于图 1/3 基本等高距。

对野外施测坐标困难，又无准确地图可以量取其坐标的边界点，可量取其至少 3 个永久性的固定地物点或永久性的固定地形特征点的距离加以表述。

五、界桩登记表的填写

界桩登记表的内容主要包括边界线编号、界桩编号、界桩类型、界桩材质、界桩所在地(两处或三处)、界桩与方位物的相互位置关系、界桩的直角坐标、界桩的地理坐标和高程、界桩位置略图、备注及双方(或三方)负责人签名等。

界桩登记表中的界桩位置略图应标绘出边界线、界桩点、界桩方位物、边界线周边地形等，具体要求按照相关规范执行。

六、边界线标绘

界桩点、界线转折点及界线经过的独立地物点相对于邻近固定地物点的平面位置中误差一般不应大于图上±0.4mm。具体技术要求按照相关规范执行。

第四节 边界协议书附图及边界位置说明

一、边界协议书附图

边界协议书附图是描述边界线地理位置的法律图件。作为协议书的附图，是边界信息与修测后的边界地形图叠加在一起制作而成的，与界线协议书具有同等的法律作用。

边界协议书附图是以地图形式反映边界线走向和具体位置的，并经由界线双方政府负责人签字认可的重要界线测绘成果；界桩点、边界点展绘、边界线标绘、界线附近地形要素的调绘或修测、各种说明注记等，均应经过采集、符号化编辑，整理制成边界协议书附图。边界协议书附图应以双方共同确定的边界地形图为底图，根据量测的边界点坐标或相关数据、协商确定或裁定的边界线及边界线的标绘成果、地物调绘成果整理、绘制而成。边界协议书附图的内容应包括边界线、界桩点及相关的地形要素、名称、注记等，各要素应详尽表示。

当在边界协议书附图上无法详细表示局部地段边界线的位置和走向时，应利用更大比例尺的地形图加绘放大图。放大图以岛图形式加绘在边界线两侧的适当位置，放大图宜绘平面图，将界线与相关地物关系表达清楚。

二、《中华人民共和国省级行政区域边界协议书附图集》的编纂

编纂《中华人民共和国省级行政区域边界协议书附图集》是为了完整反映行政区域边界的情况。《中华人民共和国省级行政区域边界协议书附图集》是根据双方边界协议书附图以及界桩成果表编纂而成的带状地图集。利用标绘好的边界协议书附图数据作为底图，进行矢量化跟踪、采集，在规定的制图软件中进行分层编辑、符号化、要素关系处理，最后制成数字边界协议书附图。将数字边界协议书附图制成 EPS 文件，按《地图印刷规范》的规定印刷成图。

《中华人民共和国省级行政区域边界协议书附图集》内容包括图例、图幅接合表、边界协议书附图、编制说明、界桩坐标表等。《中华人民共和国省级行政区域边界协议书附图集》的编排包括封面、编制说明、图例、示意图、边界协议书附图、坐标表、版权页、封底等。图集宜以每一条边界线为单元进行装订。边界线较短时，可将若干条界线合并装订成册；边界线较长时，也可将其分上、下两册装订。

三、边界点的位置说明

边界点位置说明应描述边界点的名称、位置、与边界线的关系等内容。对埋设界桩的边界点还应描述界桩号、类型、材质、界桩坐标和高程、界桩与边界线的关系、界桩与方位物的关系、界桩与周围地形要素的关系等内容。

边界线走向说明是对边界线走向和边界点位置的文字描述，是边界协议书的核心内容。边界线走向说明与边界协议书附图配合使用。边界线走向说明的编写内容一般包括每段边界线的起讫点、界线延伸的长度、界线依附的地形、界线转折的方向、两界桩间界线长度、界线经过的地形特征点等。

边界线走向说明的编写以明确描述边界实地走向为原则。叙述应简明清楚，采用通用的名词术语，地名准确，译名规范，并与边界协议书附图和实地情况相一致。

边界线走向说明应根据界线所依附的参照物编写，参照物包括各种界线标志（如界墙、界桩、河流、山脉、道路等）、地形点、地形线等。边界线走向说明根据界线所依附的参照物的实际情况分为若干条，每条分为若干自然段。每一自然段一般是对相邻两界桩间边界线情况的文字描述。

边界线走向说明中的距离及界线长度等数据，均以米（m）为单位，实地测量的距离精确到 0. 1m，图上量取的距离精确到图上 0. 1mm。边界线走向说明中涉及的方向，采用 16 方位制（以真北方位为基准）描述。

边界线走向方位的描述：边界线走向说明中涉及的方向，采用 16 方位制（以真北方向为基准）描述，如图 5-1 所示。

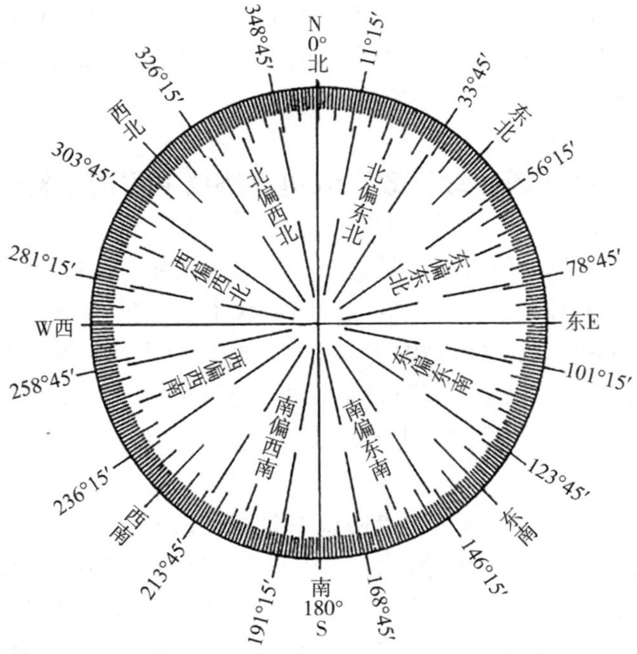

图 5-1　16 方位图

16个方位的含义如下：北：348°45′～11°15′；北偏东北：11°15′～33°45′；东北：33°45′～56°15′；东偏东北：56°15′～78°45′；东：78°45′～101°15′；东偏东南：101°15′～123°45′；东南：123°45′～146°15′；南偏东南：146°15′～168°45′；南：168°45′～191°15′；南偏西南：191°15′～213°45′；西南：213°45′～236°15′；西偏西南：236°15′～258°45′；西：258°45′～281°15′；西偏西北：281°15′～303°45′；西北：303°45′～326°15′；北偏西北：326°15′～348°45′。

第五节　行政区域界线测绘成果整理与验收

一、界线测绘成果整理

界线测绘成果包括界桩登记表、界桩成果表、边界点成果表、边界点位置和边界走向说明、边界协议书附图。

在实测界桩的过程中，起始点成果、作业中的计算成果、作业的最终成果，除要填写纸质文档外，还要生成电子文档。成果整理的内容包括界桩登记表、界桩成果表、控制测量中各种计算表格、边界协议书、边界地形图、边界协议书附图。成果形式应有纸质的和电子的两种，电子的成果格式还需符合数据库输入要求。

在行政区域界线测绘过程中使用和产生的数据主要有边界地形图数据、边界专题数据，这些数据整理宜参照建成界线数据库的要求进行。

元数据是关于数据的数据，是数据和信息资源的描述性信息，如有关数据源、数据的标识、覆盖范围、数据质量、数据更新、空间和时间模式、空间参考系和分发等信息。在制作边界地形图、协议书附图过程中，都应有一个元数据文件。元数据文件录入的具体内容执行《地理信息元数据》。

二、界线测绘成果检查、验收与归档

行政区域界线测绘是一项重要的技术工作，对保证行政区域边界清晰、便于管理意义重大，各级测绘地理信息主管部门根据《中华人民共和国测绘法》(以下简称《测绘法》)的要求，严格做好质量控制，切实做好行政区域界线的测绘工作。

界线测绘成果资料必须接受测绘主管部门的质量监督检验。检查验收按测绘主管部门的有关规定执行，并须由界线双方指定的负责人签字。

《行政区域界线管理条例》(中华人民共和国国务院令第353号)第十三条规定：勘定行政区域界线以及行政区域界线管理中形成的协议书、工作图、界线标志记录、备案材料、批准文件以及其他与勘界记录有关的材料，应当按照有关档案管理的法律、行政法规的规定立卷归档，妥善保管。

第五章考点
试题及答案

第六章　测绘航空摄影

第一节　基本概述

一、胶片航摄仪

1. 胶片航摄仪的基础知识

单镜头分幅摄影机是目前应用得较多的航空摄影机(表 6-1)，它装有低畸变透镜。透镜中心与胶片面有固定而精确的距离，称为摄影机主距。胶片幅面的大小通常是边长为 230mm 的正方形。胶片暗盒能存放长达 152m 的胶片。摄影机的快门每启动一次可拍摄一幅影像，故又称为框幅式摄影机。单镜头框幅式胶片航空摄影机主要由镜筒、机身和暗盒三部分组成。框幅式胶片航空摄影机作为量测型像机，大多数设有两种类型的框标：位于承片框四边中央的为齿状的机械框标；位于承片框四角的为光学框标。新型的航空摄影机均兼有光学框标和机械框标。

表 6-1　　航空摄影机的分类

像场角(2β)/(°)	主距(f)/mm
常角 ≤75	长焦距 ≥255
宽角 75~100	中焦距 102~255
特宽角 ≥100	短焦距 ≤102

航空摄影对于航摄机主距的选择，顾及像片上投影差的大小以及摄影基高比对高程测定精度的影响，一般情况下，对于大比例尺单像测图(如正射影像制作)，应选用常角或窄角航摄机；对于立体测图，则应选用宽角或特宽角航摄机。

焦距的选择原则：①综合法测图应选择长焦距物镜，使由于地形起伏引起的投影差最小。②立体测图时，平坦地区：选择短焦距物镜，可以提高基高比，提高立体量测精度；山区：选择长焦距物镜，减少摄影死角的影响，减少像片的数量，改善立体观测条件。

2. 感光材料特性及胶片冲洗

胶片航摄仪的感光材料的感光特性通常可用感光度、反差系数、宽容度、灰雾密度、显影动力学曲线等进行描述，其主要组成部分是乳剂层和片基。

航摄胶片的冲洗主要包括显影、定影、水洗、干燥等过程。

3. 航摄仪的辅助设备

航摄仪的辅助设备包括航摄滤光片、影像位移补偿装置和航摄仪自动曝光系统。

1)航摄滤光片

为了尽可能消除空中蒙雾亮度的影响，提高航空景物的反差，航空摄影时一般都需要附加滤光片。航摄滤光片除了具有消除或减弱某一波谱带的作用外，还具有对焦平面上的照度分布不均匀进行补偿的作用。

2)影像位移补偿装置

航空摄影时，飞机的飞行速度很快，在航摄仪成像面上的地物构像将在沿着航线方向上产生移动，从而导致影像模糊。为了补偿像移的影响，在测图航摄仪中需增加像移补偿装置。影像位移补偿装置的作用使得曝光时间不受限制，可以提高大比例尺航摄影像的质量以及提高航摄生产率。

3)航摄仪自动曝光系统

为了获得满意的影像质量，航空摄影时必须正确测定曝光时间。现代航摄仪都装备有自动测光系统，通过安装在摄影物镜旁的光敏探测元件测定景物的亮度，并根据安置的航摄胶片感光度，自动调整光圈或曝光时间。

4. 常用的胶片航摄仪

我国现在使用的框幅式胶片航空摄影仪有 RC 型航摄仪和 RMK 型航摄仪两种。

1)RC 型航摄仪

RC 型航摄仪常用的有 RC-10、RC-20 和 RC-30 等型号，像幅均为 23cm×23cm。新一代的 RC-30 航空摄影系统由 RC-30 航摄仪、陀螺稳定平台和飞行管理系统组成，具有像移补偿装置和自动曝光控制设备，并具有导航 GPS 数据接口，可进行 GPS 辅助的航空摄影。

2)RMK 型航摄仪

RMK 型航摄仪有 5 个不同焦距的摄影物镜，像幅均为 23cm×23cm。常用的 RMK-TOP 型航摄仪是在 RMK 的基础上改进成具有陀螺稳定装置的航摄仪，该航摄仪具有高质量的物镜和内置滤光镜，像移补偿装置及陀螺稳定平台可以对图像质量进行补偿，自动曝光装置采用图像质量优先，并提供支持 GPS 航空摄影导航系统。

二、数字航摄仪

数字航摄仪可分为框幅式(面阵 CCD)和推扫式(线阵 CCD)两种。现有的商业化大像幅框幅式数字航摄仪主要有 DMC、UltraCam-D(简称 UCD)和 SWDC 系列数字航摄仪等，而推扫式数字航摄仪主要有 ADS 系列数字航摄仪。面阵式航摄仪是利用面阵 CCD 记录影像，优点是可以直接获取二维图像信息，测量图像直观。线阵式航摄仪是利用线阵 CCD 的扫描记录影像，如三行线阵 CCD 的推扫式测量型数字航摄仪的镜头采用中心投影，对前视、下视、后视三个方向扫描获取影像，每条扫描线有其独立的摄影中心，拍摄得到的是一整条带状无缝隙的影像，也就是说一条航线对应着一组外方位元素。

1. DMC 数字航摄仪

在航摄飞行中，DMC 数字航摄仪的 8 个镜头同步曝光，一次飞行可同步获取黑白、真彩色和彩红外像片数据。镜头的设计和安装使得 4 个全色镜头所获得的数字影像有部分的重叠，然后可以将所获得的 4 幅中心投影影像拼接成一幅具有虚拟投影中心、固定虚拟焦距(120mm)的虚拟中心投影“合成”影像，影像大小为 7 680 像素×13 824像素。同样，4 个多光谱镜头能获得覆盖 4 个全色镜头所获得影像范围的影像，通过影像匹配和融合技术，可将 4 个多光谱镜头所获得的影像与全色的“合成”影像进行融合，进而获得高分辨率的真彩色影像数据或彩红外影像数据。

2. UCD 数字航摄仪

UCD 数字航摄仪也是属于多镜头组成的框幅式数字航摄仪，一次摄影可同时获取黑白、彩色和彩红外影像。

与 DMC 数字航摄仪一样，UCD 也采用了由 8 个小型镜头组成的镜头组，共有 13 块大小为 4 008×2 672 像素的 CCD 面阵传感器担负感光的责任，其中 9 个为全色波段，另外 4 个为 R、G、B 和近红外波段。执行航摄任务时，全色波段相机镜头的安置方向与航线方向保持一致。当相机拍摄时，由计算机控制 4 个镜头的快门在同一地点上方依次开启曝光，最后利用九个 CCD 面阵影像之间的同名点，进行精确配准，生成 11 500×7 500 像素的中心投影影像。

3. SWDC 系列数字航摄仪

SWDC 系列数字航空摄影仪包括单镜头、双镜头、四镜头几种类型，其中四镜头相机最适合航测生产使用。SWDC 系列产品的制作原理是基于多台非量测型像机，经过精密像机检校和拼接，集成测量型 GPS 接收机、航空摄影控制系统、地面后处理系统，经多像机高精度拼接生成虚拟影像，以提供数字摄影测量数据源，是一种能够满足航空摄影规范要求的大面阵数字航空摄影仪。该系列产品的显著特点是：像机镜头可更换、幅面大、视场角大、基高比大、高程精度高，能实现空中摄影自动定点曝光；通过精密 GPS 辅助空三，可使航摄外业控制的工作量大大减少；产品具有较强的数据处理软件功能，可实现对所获取影像的准实时、高精度纠正与拼接。

4. ADS 系列数字航摄仪

ADS 系列数字航摄仪包括 ADS40/ADS80 机载数字航空摄影测量系统，使用全球卫星定位系统(GPS 和高精度惯性测量系统 IMU)技术，是基于三行线阵 CCD 的推扫式测量型数字航摄仪。镜头采用中心投影设计，它的全色波段采用了三对 CCD 线阵对前视、下视和后视三个方向同时获取影像，R、G、B 和近红外 4 个波段阵列安置于全色阵列之间，记录目标的多光谱信息，可以利用一次飞行获得前视、底视、后视的具有 100%三度重叠、连续无缝的全色立体影像、彩色影像和彩红外影像。其成像方式不同于传统航摄仪的中心投影构像，ADS40 得到的是线中心投影的条带影像，每条扫描线有其独立的摄影中心，拍摄得到的是一整条带状无缝隙的影像。

三、测绘航空摄影基本要求

1. 航摄像片倾角

航摄像片倾角是指航摄机向地面摄影时，摄影物镜的主光轴偏离铅垂线的夹角。在实际航空摄影过程中，应尽可能获取像片倾角小的近似水平像片，因为应用水平像片测绘地形图的作业要比应用倾斜像片作业方便得多。凡是像片倾角小于 2°~3°的航空摄影称为竖直航空摄影，这是常用的一种航空摄影方式。

2. 航摄比例尺

航摄像片的比例尺是指像片上的一个单位距离所代表的实际地面距离。对于平坦地区拍摄的垂直摄影像片，像片比例尺为摄影机主距 f 和像片拍摄处的相对航高 H 的比值，即

$$1:m=\frac{\text{摄影机主距}}{\text{相对航高}}=\frac{f}{H}$$

摄影比例尺 $1:m$ 越大，像片地面分辨率越高，越有利于影像的解译和提高成图的精度。实际工作中，摄影比例尺要根据测绘地形图的精度要求与获取地面信息的需要来确定。

3. 像片重叠度

像片重叠度分为航向重叠和旁向重叠。一般情况下，航空摄影测量作业规范要求航向应达到 56%~65%的重叠，以确保在各种不同的地面至少有 50%的重叠。相邻航线的像片间也要求具有一定的重叠，称为旁向重叠。旁向重叠度一般应为 30%~35%。

4. 航线弯曲与航迹角

把一条航线的航摄像片根据地物景象叠拼起来，每张像片的主点连线不在一条直线上，而呈现为弯弯曲曲的折线，称为航线弯曲。通常规定航线弯曲度不得大于 3%。

5. 像片旋偏角

在航空摄影过程中，相邻像片的主点连线与像幅沿航线方向的两框标连线之间的夹角，称航片旋偏角。航片旋偏角的产生是由于飞机在动态中进行摄影，产生左右移动、左右倾斜、航摄仪绕主光轴转动、航线改向、飞机纵轴偏离、航摄仪安装误差以及摄影时的操作误差等综合反映。像片旋偏角过大会减小立体像对的有效作业范围，另外，当按框标连线定向时，会影响立体观测的效果。实际航空摄影时，可通过设置摄影仪在其座架中的

旋转角从而消除或减小旋偏角，以达到理想的立体覆盖效果。

(1)在一条航线上，达到或接近最大旋偏角的像片数不得超过3片，且不得连续。

(2)在一个摄区内出现最大旋偏角的像片不得超过摄区像片总数的4%。

四、航摄像片数与航线数的计算

1. 计算每条航线的像片数 N_1

其计算公式为

$$N_1 = \frac{\text{摄影分区长度}}{\text{摄影基线长度}} + 3$$

航摄规范规定，在航线方向的两端各自都要多飞一条摄影基线，因此上式中附加了常数3。此外，由于像片数不可能有小数，因此计算时每逢余数都自动进行取整。

2. 计算摄影分区的航线数 N_2

其计算公式为

$$N_2 = \frac{\text{摄影分区宽度}}{\text{航线间隔}} + 1$$

同理，由于像片数不可能有小数，因此计算时每逢余数都自动进行取整。

第二节 测绘航空摄影技术设计

一、航摄技术设计

1. 设计分析

1)资料收集

收集和分析航摄区域的地理概况、技术设备情况。

2)方案选择

根据航摄区域的地理特点、技术设备情况、飞行空域概况等，进行系统分析，选择最佳方案。

3)确定主要设计因子

分析确定航摄精度指标、主要技术参数、使用的软硬件设备、质量控制要求和提交的成果内容。

2. 航摄设计用图的选择

(1)应是摄区新近出版的基本比例尺地形图；

(2)一般根据成图比例尺按表 6-2 选择，也可按照现行有关规范的规定进行选择。

表 6-2　**成图比例尺与设计用图比例尺对应关系**

成图比例尺	设计用图比例尺
≥1∶1 000	1∶1 万
≥1∶1 万	1∶2.5 万~1∶5 万
≥1∶10 万	1∶10 万~1∶25 万

3. 航摄比例尺的选择

航摄比例尺按表 6-3 选择，也可根据成图的目的、摄区的具体情况由用户确定。

表 6-3　**成图比例尺与航摄比例尺对应关系**

成图比例尺	航摄比例尺
1∶500	1∶2 000~1∶3 500
1∶1 000	1∶3 500~1∶7 000
1∶2 000	1∶7 000~1∶1.4 万
1∶5 000	1∶1 万~1∶2 万
1∶1 万	1∶2 万~1∶4 万
1∶2.5 万	1∶2.5 万~1∶6 万
1∶5 万	1∶3.5 万~1∶8 万
1∶10 万	1∶6 万~1∶10 万

4. 航摄仪的选择

航空摄影时，应根据测图方法、仪器设备、成图比例尺和测图精度等要求综合选择与其相匹配的航摄仪。

为适应不同航高和飞行速度的需要，航摄仪的快门应具有较宽的曝光时间变隔范围(1/100~1/1 000s)。此外，还要求快门的光效系数要高(80%~90%或更高些)。

安放航摄仪的座架应具有良好的减震效果，以防止由飞机的震动而引起不许可的影像模糊。

选择胶片式摄影机时，还要考虑航摄仪的压平系统。航摄仪的压平系统应使航摄软片在曝光时间完全吻合于贴附框平面。应根据摄区的地理位置、摄影季节、地面照度、地物反差和光谱特性等因素，选择合适的航空胶片。

选择数码式摄影机时，则除考虑像机的技术参数外，还要考虑机载数据存储和处理单元的各项指标是否能达到摄影要求。

为保证航摄仪器的稳定，选用的摄影器材应是检定合格的仪器和设备。

5. 航摄分区的划分

根据测图要求的比例尺及地区情况选择摄影比例尺及航高，划分航摄分区。

航摄分区划分时，要遵循以下原则：

(1)分区界线应与图廓线相一致。

(2)分区内的地形高差一般不大于1/4相对航高；当航摄比例尺大于或等于1∶7 000时，一般不应大于1/6相对航高。

(3)分区内的地物景物反差、地貌类型应尽量一致。

(4)根据成图比例尺确定分区最小跨度，在地形高差许可的情况下，航摄分区的跨度应尽量划大，同时分区划分还应考虑用户提出的加密方法和布点方案的要求。

(5)当地面高差突变，地形特征显著不同时，在用户认可的情况下，可破图幅划分航摄分区。

(6)划分分区时，应考虑航摄飞机侧前方安全距离与安全高度。

(7)当采用GNSS辅助空三航摄时，划分分区除应遵守上述各规定外，还应确保分区界线与加密分区界线相一致或一个摄影分区内可涵盖多个完整的加密分区。

6. 航线敷设方法

在设计中，要根据合同及航线敷设原则，将摄区划分为若干个航摄分区并进行航线敷设。航线敷设时，要遵循以下原则：

(1)航线应东西向直线飞行。特定条件下也可按照地形走向做南北向飞行或沿线路、河流、海岸、境界等任意方向飞行。

(2)常规方法敷设航线时，航线应平行于图廓线。位于摄区边缘的首末航线应设计在摄区边界线上或边界线外。

(3)水域、海区航摄时，航线敷设要尽可能避免像主点落水；要确保所有岛屿达到完整覆盖，并能构成立体像对。

(4)荒漠、高山区隐蔽地区等和测图控制作业特别困难的地区，可以敷设构架航线。构架航线根据测图控制布点设计的要求设置。

(5)根据合同要求航线按图幅中心线或按相邻两排成图图幅的公共图廓线敷设时，应注意计算最高点对摄区边界图廓保证的影响和与相邻航线重叠度的保证情况，当出现不能保证的情况时，应调整航摄比例尺。

(6)采用GNSS领航时，应计算出每条航线首末摄站的经纬度(即坐标)。

(7)GNSS辅助空三航摄时，应符合国家现行有关标准规范的要求。

7. 航摄时间的确定

航空摄影应选择本摄区最有利的气象条件，并要尽可能地避免或减少地表植被和其他覆盖物(如积雪、洪水、沙尘等)对摄影和测图的不良影响，确保航摄像片能够真实地显现地面细部。在合同规定的航摄作业期限内选择最佳航摄季节，综合考虑下列主要因素：①摄区晴天日数多；②大气透明度好；③光照充足；④地表植被及其覆盖物(如洪水、积雪、农作物等)对摄影和成图的影响最小；⑤彩红外、真彩色摄影，在北方一般避开冬季。

航摄时间的选定原则：①既要保证具有充足的光照度，又要避免过大的阴影，一般按表 6-4 规定执行。对高差特大的陡峭山区或高层建筑物密集的特大城市，应进行专门的设计。②沙漠、戈壁滩等地面反光强烈的地区，一般在当地正午前后各 2h 内不应摄影。③彩红外与真彩色摄影应在色温 4 500~6 800K 范围内进行；雨后绿色植被表面水滴未干时不应进行彩红外摄影。

表 6-4　　**航摄时间的选定原则**

地形类别	太阳高度角/(°)	阴影倍数
平地	>20	<3
丘陵地和一般城镇	>30	<2
山地和大中型城市	≥45	≤1
陡峭山区和高层建筑密集的大城市	在当地正午前后 1h 内	<1

二、技术设计书编写

航摄项目应根据航摄活动的需求编写技术设计书，技术设计书的内容包括项目概况、摄区基本技术要求及技术依据、项目技术设计、实施方案等。

1. 项目概况

主要包括如下内容：

(1)任务来源及基本概况。

(2)摄区地理位置、地貌、地物情况、气象状况、执行任务的有利与不利因素。

(3)飞行空域状况。

(4)特别需要说明的其他事项，如国界、禁区、安全高度保证等。

2. 摄区基本技术要求及技术依据

技术要素部分说明合同对航摄资料提供的要求及地面处理与成果质量的特殊技术要求等。技术依据部分要说明项目设计编写过程中所引用的标准、规范或其他技术文件。

3. 项目技术设计

项目技术设计包括航摄分区设计、航线设计、技术参数设计、摄影时间等。技术设计时，根据航摄技术设计要求，设计并计算相关的技术参数。内容包括：①航摄因子计算表；②飞行时间计算表；③航摄材料消耗计算表；④GPS 领航数据表。

采用不同的航摄平台时，其技术设计应符合该航摄平台的性能指标。如无人机航摄在设计飞行高度时，应高于摄区和航路上最高点 100m 以上，设计总航程时应小于无人机能到达的最远航程。

4. 实施方案

项目实施方案包括项目实施过程的飞行保障、软硬件设备选择、主要技术标准及精度要求、质量控制、成果提交、人员及进度安排等。

(1)飞行保障。包括飞机型号、机场、导航设备、空域协调等。

(2)软硬件设备选择。包括航摄仪及数据处理设备等。

(3)主要技术标准及精度要求。根据相应比例尺的航空摄影测量规范及本项目的应用需求，航摄活动应达到的主要技术标准及精度要求。包括重叠度、旋偏角、航高、航线弯曲度、像片倾角、太阳高度角、影像质量等。

(4)质量控制。航空摄影质量控制主要包括飞行质量控制、摄影质量控制、补摄与重摄的技术要求及控制方法、采取的主要质量保证措施等。

(5)成果提交。上交和归档航摄成果、摄影机检校报告、技术文件、质检结果及其他资料。

(6)人员及进度安排。包括参与本项目的人员及航摄计划安排。

设计要在项目的合同规定期限范围内，结合工作的准备情况，安排合适的时间。生产进度安排时，将项目的整个过程划分成不同的阶段，规定各个阶段要完成的主要工作和要达到的目标，完成每个阶段任务的时间段等。

在安排生产进度时，要注意考虑计划进行中的意外因素，在时间上预留一定的缓冲空间。

第三节　测绘航空摄影的作业过程

测绘航空摄影作业过程主要包括航摄空域申请、编写航空摄影技术设计书、航摄仪的选用和检定、航摄季节和航摄时间的选择、摄区划分、航摄基本参数计算、成果质量检查和成果整理与验收等技术环节。

一、航摄空域申请

航摄空域申请主要包括以下两个方面的工作内容：

(1)制订航摄计划：根据航摄范围，编制航摄范围略图，航摄范围略图中应详细标注航摄范围线上所有经纬度坐标，并制订出完成该航摄计划所需要的时间计划。

(2)申请航摄空域：由航摄项目所在的地方政府出具《航空摄影空域申请报告》，申请报告包括航摄范围和航摄所需要的时间计划等内容。航摄范围略图作为《航空摄影空域申请报告》的必要附件一并报送航摄区域所属的大军区司令部。应获得大军区司令部同意使用该空域的批复和大军区司令部下属空军司令部同意使用该空域的批复两份文件。

二、编写航空摄影技术设计书

航空摄影技术设计书包括任务来源、摄区概况、主要技术依据、技术设计、实施方案、质量控制与保障、成果整理与包装、提交成果资料等内容。

三、机型选择

根据摄影的相对航高选择飞机的机型。例如，某摄区摄影的相对航高为480m，可用运五型飞机飞行，该机是小型单螺旋桨双翼飞机，最高升限4 000m，巡航速度180km/h，飞机姿态保持由先进的GPS全球定位系统与相机检影器共同承担，在航迹修正及飞机的俯仰、横滚与侧滚的控制方面均能达到较满意的效果。

四、航摄仪选择

应根据测图方法、仪器设备、成图比例尺和测图精度等要求综合选择与其相匹配的航摄仪。例如，某摄区选用高精度数码航摄仪DMC2001，焦距为120mm。该相机具有小畸变、大光圈、高分辨率和均质的镜头系统，同时具有全电子像移补偿(FMC)装置，提高了影像的清晰度。基于面阵CCD传感器，影像具有已定义的、刚性几何特征；传统的中心投影几何方式，适用于现有的数字摄影测量系统软件；每像素(12μm×12μm)12bit的辐射分辨率，确保影像顶级清晰度；带有陀螺平台的镜头座架t-as和飞行管制系统ASMS，既可以保证所摄影像的清晰度，又可以自动保持相机在工作中的正确姿态。相机的物镜分解力、径向畸变差等均于当年检测并达到作业要求。

五、航摄仪检定

航摄仪检定应由具有相应资质的法定检验单位进行。根据每台航摄仪的稳定状况，凡有下列情况之一者应进行检定：①距前次检定时间超过2年；②快门曝光次数超过20 000次；③经过大修或主要部件更换以后；④在使用或运输过程中产生剧烈震动以后。

航摄仪检定项目如下：①检定主距；②径向畸变差；③最佳对称主点坐标；④自准直主点坐标；⑤CCD面阵坏点。

六、航摄季节和航摄时间的选择

航空摄影应选择本摄区最有利的气象条件，并要尽可能地避免或减少地表植被和其他覆盖物(如积雪、洪水、沙尘等)对摄影和测图的不良影响，确保航摄像片能够真实地显现地面细部。在合同规定的航摄作业期限内选择最佳航摄季节和航摄时间。

摄区划分、航摄基本参数计算在前面相关章节已介绍。成果质量检查和成果整理与验收将在后面有关章节讲述。

第四节　测绘航空摄影中的新技术

一、GNSS 辅助航空摄影

1. 航摄飞行导航

使用 GNSS 进行航空摄影导航，保证摄影比例尺、航向叠度及旁向叠度。

2. GNSS 辅助空中三角测量中的导航与定位

GNSS 辅助空中三角测量的目的是利用 GNSS 精确测定摄影曝光瞬间航摄仪物镜中心的位置，将所测数据应用于摄影测量内业加密，以便尽可能减少对地面控制点的数量要求。用于确定摄影曝光瞬间航摄仪物镜中心的位置时，需采用高精度相位差分的 GNSS 动态定位方法，其实时差分定位可用于摄影导航，而确定航摄仪物镜中心的位置则利用布设在地面的 2~3 台 GPS 基准站的观测数据进行后处理获得。

二、机载激光扫描测量技术

三维激光扫描测量技术克服了传统测量技术的局限性，采用非接触主动测量方式直接获取高精度三维数据。它具有扫描速度快、实时性强、精度高、主动性强、全数字特征等特点，可极大地降低成本、节约时间，而且使用方便。

激光扫描技术与惯性导航系统(INS)、全球导航卫星系统(GNSS)、电荷耦合(CCD)等技术相结合，在大范围数字高程模型的高精度实时获取、城市三维模型重建、局部区域的地理信息获取等方面表现出强大的优势，成为摄影测量与遥感技术的一个重要补充。

三、机载侧视雷达

机载侧视雷达是利用装于飞机机身两侧或下方的天线，随着飞机向前飞行而扫描飞机下方两侧的带状地面，进行高分辨率地形测绘的雷达。飞行器上的侧视雷达包括发射机、接收机、传感器、数据存储和处理装置等部分。

侧视雷达具有下列特点：①具有全天候工作性能；②分辨率高，所摄照片清晰；③覆盖面积大，提供信息快，把飞行中连续拍摄的照片拼接起来可构成大面积的地形图；④不易受干扰；⑤具有分辨地面固定和活动目标的能力。

机载合成孔径侧视雷达在农业、地质勘探、资源考察、环境保护和海洋调查等方面已获广泛应用。机载和星载 SAR 影像的应用主要体现在地形的立体测绘方面。利用雷达图像提取地形信息，除了基于同轨或异轨雷达图像的立体测量外，还有一种新的技术，称为雷达干涉测量技术(InSAR)，它可以用来提供大范围的数字高程模型(DEM)。

雷达干涉测量技术的应用领域涉及地形测量、地壳形变监测、土地利用变化监测、海面洋流监测及舰船的跟踪以及火山灾害监测等。

四、低空遥感系统

低空遥感系统主要包括超轻型飞行器航摄系统和无人飞行器航摄系统。超轻型飞行器航摄系统是指采用2 000万像素以上框幅式数码相机和有人驾驶超轻型固定翼飞机、三角翼飞行器、动力滑翔伞、直升机等飞行平台进行航空摄影的系统。无人飞行器航空系统是指采用2 000万像素以上框幅式小像幅数码相机和无人驾驶的固定翼飞机、直升机、飞艇等飞行平台进行航空摄影的系统。无人驾驶低空遥感系统由无人驾驶飞行器平台系统、测控及信息传输分系统、轻小型多功能对地观测传感器系统、遥感空基交互控制系统、地面实验处理与加工系统、综合保障系统组成，在我国北方低平原地区应用较多，其成果质量无法保证，适合于对精度要求不高的影像拼接、规划、灾害应急等；地形图更新以及小范围区域的4D产品制作等用图需求则有人驾驶超轻型飞行器低空遥感系统更适合，国内平原、山地地区均有应用实例。

五、定位定姿系统

定位定姿系统是IMU/DGNSS组合的高精度位置与姿态测量系统(POS)，利用装在飞机上的GNSS接收机和设在地面上的一个或多个基站上的GNSS接收机同步而连续地观测GNSS卫星信号，精密定位主要采用差分GNSS定位(DGNSS)技术，而姿态测量主要是利用惯性测量装置(IMU)来感测飞机或其他载体的加速度，经过积分等运算，获取载体的速度和姿态(如位置及旋转角度)等信息。

机载POS一般由以下几部分组成：

(1)惯性测量装置(IMU)。IMU由三个加速度计、三个陀螺仪、数字化电路和一个执行信号调节及温度补偿功能的中央处理器组成。

(2)GNSS接收机。GNSS由一系列GNSS导航卫星和GNSS接收机组成，并采用载波相位差分的GNSS动态定位技术解求GNSS天线相位中心位置。

(3)计算机系统。计算装置包含GNSS接收机、大规模存储系统和一个实时组合导航的计算机，实时组合导航计算的结果作为飞行管理系统的输入信息。

(4)数据后处理软件。数据后处理软件通过处理POS在飞行中获得的IMU和GNSS原始数据以及GNSS基准站数据得到最优的组合导航解。当POS用于摄影测量时，最后还需要利用后处理软件解算每张影像在曝光瞬间的外方位元素。

六、倾斜摄影测量

机载多角度倾斜摄影系统是新一代摄影测量系统，倾斜摄影技术是国际测绘领域近几年发展起来的新技术。倾斜摄影是在飞机上搭载相机与地面成一定角度的情况下获取影像，是获取地物信息的一种新型的航空摄影方式，该技术融合了传统的航空摄影技术和近景测量技术。

与传统的竖直航空摄影方式不同，倾斜航空摄影技术通过在同一飞行平台上搭载多台成像传感器，同时获取1个垂直方向(垂直下视)和4个倾斜方向(前视、后视、左视、右视)共5个方向的影像数据，配合定位定姿系统(POS)获取高精度的位置和姿态信息，通过特定的数据处理软件进行数据处理，获取三维实景影像。

第五节　航摄成果的检查验收

一、质量控制

1. 飞行质量检查

航摄飞行质量是航摄像片的航向重叠度、旁向重叠度、像片倾斜角、旋偏角、航线弯曲度、实际航高与预定航高之差、摄区和摄影分区的边界覆盖等质量要求的总称。具体的飞行的质量要求可参考相应的航空摄影测量规范。飞行质量检查主要检查以下方面：①像片重叠度；②像片倾斜角；③像片旋偏角；④航线弯曲度；⑤航高保持；⑥摄区、分区、图廓覆盖保证；⑦图幅中心线和旁向两相邻图幅公共图廓线敷设航线的飞行质量；⑧控制航线(构架航线)；⑨漏洞补摄；⑩飞行记录填写等。

2. 摄影质量检查

胶片摄影质量检查包括影像的密度、反差、像点位移误差、框标和数据记录、反差、清晰度、色彩等的检查，其具体要求可参见有关规范。数码摄影质量检查包括影像的清晰度、层次的丰富性，色彩反差和色调柔和情况，影像有无缺陷，拼接影像有无明显模糊、重影和错位、像点位移误差等。

二、成果整理

航摄工作完成后，要提供的航摄成果有航摄影像成果及各类文本资料。

1. 胶片航摄

胶片航摄一般包括航空摄影原始底片、数码航摄仪的原始数据资料、航摄像片(按合同规定提供的份数)、摄区完成情况图、摄区航线、像片索引图、航摄仪技术参数检定报告、航空摄影底片压平质量检测报告、航空摄影底片密度检测报告、航摄鉴定表、像片中心点接合图、航空摄影技术设计书、航空摄影飞行记录、航摄底片感光测定报告及底片摄影处理冲洗报告、像片中心点坐标数据、附属仪器记录数据等。

2. 数码航摄

数码航摄一般包括影像数据、航线示意图、航摄像机在飞行器上安装方向的示意图、航空摄影技术设计书、航空摄影飞行记录、像机检定参数文件、航摄资料移交书、航摄军区批文、航摄资料审查报告、其他相关资料等。

第六章考点试题及答案

第七章　摄影测量与遥感

第一节　概　　述

一、摄影测量

摄影测量学研究的内容包括被摄物体的影像获取方法、影像信息的记录和存储方法、基于单张或多张像片的信息提取方法、数据的处理与传输、产品的表达与应用等方面的理论、设备和技术。

摄影测量的基本原理是建立影像获取瞬间像点与对应物点之间所存在的几何关系。按照所研究对象的不同，摄影测量可分为地形摄影测量和非地形摄影测量两大类。摄影测量也可按摄影站的位置或传感器平台分为航天(卫星)摄影测量、航空摄影测量、低空摄影测量和地面(近景)摄影测量等。航空摄影测量的主要任务是测制各种比例尺的地形图，制作影像地图和建立地形数据库，并为各种地理信息系统和土地信息系统提供地理基础数据。航空摄影测量测绘的地形图比例尺一般为1∶500~1∶5万。摄影测量经历了模拟、解析和数字摄影测量三个发展阶段。

二、遥感

遥感技术主要由遥感图像获取技术和遥感信息处理技术两大部分组成。

遥感技术的分类方法很多。按电磁波波段的工作区域，可分为可见光遥感、红外遥感、微波遥感和多波段遥感等。按传感器的运载工具可分为航天遥感(或卫星遥感)、航空遥感和地面遥感，其中航空遥感平台又可细分为高空、中空和低空平台，后者主要是指将轻型飞机、汽艇、气球和无人机等作为承载平台。按传感器的工作方式可分为主动方式和被动方式两种。

在遥感技术中除了使用可见光的框幅式黑白摄影机外，还使用彩色摄影、彩红外摄影、全景摄影、红外扫描仪、多光谱扫描仪、成像光谱仪、CCD线阵列扫描和面阵摄影机以及合成孔径侧视雷达等手段。许多新的传感器的地面空间分辨率、光谱分辨率和时间分辨率都有了很大的提高，同时还具备了立体覆盖的功能，所有这些都为遥感影像的定量化研究提供了保证。

三、摄影测量与遥感的结合

遥感图像的高精度几何定位和几何纠正就是解析摄影测量现代理论的重要应用；数字摄影测量中的影像匹配理论可用来实现多时相、多传感器、多种分辨率遥感图像的融合和几何配准；自动定位理论可用来快速、及时地提供具有“地学编码”的遥感影像；摄影测量的主要成果，如DEM、地形测量数据库和专题图数据库，乃是支持和改善遥感图像分类效果的有效信息；至于像片判读和影像分类的自动化和智能化则是摄影测量和遥感技术共同研究的课题。遥感技术为摄影测量提供了多种数据源，利用卫星影像测图已是一种重要途径。一个现代的数字摄影测量系统与一个现代的遥感图像处理系统已看不出什么本质差别了，两者的有机结合已成为地理信息系统(GIS)技术中的数据采集和更新的重要手段。与此同时，摄影测量与遥感技术也有许多新的发展，其中值得关注的是机载LiDAR和车载移动测图系统。

第二节　摄影测量与遥感基础知识

一、像点位移

1. 像片倾斜引起的像点位移

一般情况下，航空摄影所获取的像片是倾斜的。正是由于存在这种差异，使得中心投影的航摄像片不具备正射投影的地图功能。摄影测量中对这种因像片倾斜引起的像点位移可用像片纠正的方法予以改正。

2. 地面起伏引起的投影差

由于地球表面起伏所引起的像点位移称为像片上的投影差。投影差的存在，使得地面目标物体在航摄像片上的构像偏离了其正射投影的正确位置。

投影差具有如下性质：

(1)越靠近像片边缘，投影差越大，在像底点处没有投影差；

(2)地面点的高程或目标物体的高度越大，投影差也越大；

(3)在其他条件相同的情况下，摄影机的主距越大，相应的投影差越小。

城区航空摄影时，为有效减小航摄像片上投影差的影响，应选择焦距较长的摄影机进行摄影。

二、内方位元素

内方位元素是描述摄影中心与像片之间相互位置关系的参数，包括3个参数，即摄影中心到像片的垂距f(主距)及像主点在像片框标坐标系中的坐标(x_0，y_0)。

内方位元素值一般视为已知，它可通过对摄影机的鉴定得到。内方位元素中的x_0、y_0是一个微小值。内方位元素值的正确与否，直接影响测图的精度，因此对航摄机需作定期鉴定。

三、外方位元素

在恢复了内方位元素的基础上，确定摄影光束在摄影瞬间的空间位置和姿态的参数，称为外方位元素。一张像片的外方位元素包括6个参数：3个线元素和3个角元素。

1. 外方位线元素

外方位3个线元素是用来描述摄影瞬间，摄影中心S在所选定的地面空间坐标系中的坐标值，外方位线元素常用(x_s，y_s，z_s)表示。

2. 外方位角元素

外方位3个角元素是用来描述摄影瞬间，摄影像片在所选定的地面空间坐标系中的空间姿态。外方位角元素常用(ψ，ω，k)表示。

外方位元素可以利用地面控制信息通过平差计算得到，或者利用POS测定。

四、共线方程

1. 共线方程表达式

所谓共线方程就是指中心投影的像方程，即在摄影成像过程中，摄影中心S、像点a及其对应的地面点A三点位于一条直线上。此时，摄影中心S点的物方空间坐标(X_S，Y_S，Z_S)、像点a的像片坐标(x，y)以及对应地面点A的物方空间坐标(X_A，Y_A，Z_A)满足下式：

$$\begin{cases} x - x_0 = -f\dfrac{a_1(X_A - X_S) + b_1(Y_A - Y_S) + c_1(Z_A - Z_S)}{a_3(X_A - X_S) + b_3(Y_A - Y_S) + c_3(Z_A - Z_S)} \\ y - y_0 = -f\dfrac{a_2(X_A - X_S) + b_2(Y_A - Y_S) + c_2(Z_A - Z_S)}{a_3(X_A - X_S) + b_3(Y_A - Y_S) + c_3(Z_A - Z_S)} \end{cases}$$

共线方程式是摄影测量中最基本、最重要的关系式。

2. 共线方程的主要应用

在摄影测量中，共线方程是极其有用的。共线方程的主要应用包括：

(1)单像空间后方交会和多像空间前方交会；

(2)解析空中三角测量光束法平差中的基本数学模型；

(3)构成数字投影的基础；

(4)利用数字高程模型(DEM)与共线方程制作正射影像；

(5)利用 DEM 和共线方程进行单幅影像制图等。

五、影像定向

1. 影像的内定向

摄影测量中常采用以像主点为原点的像平面坐标来建立像点与地面点的坐标关系。对于数字化的影像，由于在像片扫描数字化过程中，像片在扫描仪上的位置通常是任意放置的，即像片的扫描坐标系与像平面坐标系一般不平行，且坐标原点也不同，此时所量测的像点坐标(实际为行、列号)存在着从扫描坐标到像片坐标的转换问题，这一过程称为影像的内定向。对直接由数码航空相机得到的影像则不存在内定向的问题。

内定向问题需要借助影像的框标来解决。现代航摄仪一般都具有 4~8 个框标，它们一般均对称分布。为了进行内定向，必须量测影像上框标点的扫描坐标，然后根据航摄像机的检定结果所提供的框标理论坐标，用解析计算的方法求得内定向参数，从而实现扫描坐标到像片坐标的转换。

2. 相对定向

暂不考虑像片的绝对位置和姿态，而只恢复两张像片之间的相对位置和姿态，这样建立的立体模型称为相对立体模型，其比例尺和方位均是任意的。

确定两张影像相对位置关系的过程称为相对定向。相对定向不需要外业控制点就能建立地面的立体模型。相对定向的唯一标准是两张像片上所有同名点的投影光线对对相交，所有同名点光线在空间的交会集合构成了地面的立体模型。

用于描述两张像片相对位置和姿态关系的参数，称为相对定向元素。相对定向元素共有 5 个。用解析计算的方法解求相对定向元素的过程，称为解析法相对定向。

解析法相对定向计算过程中同名光线对对相交的特性可用共面条件来实现。共面条件的几何含义是摄影基线和左右片同名光线三矢量共面，它是解求相对定向元素的基本关系式。在数字摄影测量系统中，利用计算机的影像匹配代替人眼的立体观测识别同名点，通过自动量测六对以上同名点的像片坐标，用最小二乘平差计算解求出五个相对定向元素。

3. 绝对定向

像片的外方位元素是描述像片在摄影瞬间的绝对位置和姿态的参数，即是一种绝对方位元素。若能同时恢复立体像对中两张像片的外方位元素，即可重建被摄地面的立体模型，恢复立体模型的绝对位置和姿态。

要确定立体模型在地面测量坐标系中的正确位置，则需要把相对定向所建立的立体模型进行平移、旋转和缩放，以便纳入地面测量坐标系中，并归化到制图比例尺，这一过程称为立体模型的绝对定向。绝对定向需要借助地面控制点来进行，需要两个平高点和一个高程点列出七个方程解求七个变换参数。

六、电磁波谱

卫星遥感中常用的几个波谱为：紫外线、可见光、红外线、微波。

七、大气窗口

遥感接收的电磁波信号需要穿过介于地表与高空之间厚厚的大气层，大气层中的水汽(H_2O)、二氧化碳(CO_2)和臭氧(O_3)等对某些波段的电磁波具有散射和吸收影响，其余的在通过大气层时较少被散射、吸收和反射，具有较高的透过率，这些波段称为“大气窗口”。常用的大气窗口包括：可见光和部分紫外、近红外(0.3~1.3μm)；近、中红外(1.5~1.8μm，2.0~3.5μm)；中红外(3.5~5.5μm)；远红外(8~14μm)；微波(1.0mm~1m)等。

对地球观测卫星遥感而言，只有选择透过率高的“大气窗口”波段，才对观测有意义，否则，物体的电磁波信息难以到达传感器；而对于大气遥感而言，则应选择“大气窗口”外衰减系数大的波段，才能收集到有关大气成分、云高、气压分布和温度等方面的信息。

八、地物波谱特性

进行地物波谱特性的研究，可以为多波段遥感最佳波段的选择和遥感图像的解译提供基本依据。

目前对地物波谱的测定主要分为三部分，即反射波谱、发射波谱和微波波谱。物体的反射波谱限于紫外、可见光和近红外，尤其是后两个波段。

地物波谱特性的变化与太阳和测试仪器的地理位置、时间环境(季节、气候、温度等)以及地物本身有关。

九、遥感图像特征

遥感图像特征可归纳为几何特征、物理特征和时间特征，这三方面的表现特征即为空间分辨率、光谱分辨率和时间分辨率。

1. 空间分辨率

空间分辨率是指遥感图像上能够详细区分的最小单元的尺寸或大小，通常用地面分辨率和影像分辨率来表示。

一般来说，空间分辨率越高，其识别物体的能力越强。但实际上每一目标在图像的可分辨程度，不完全决定于空间分辨率的具体值，而是和它的形状、大小，以及它与周围物体亮度、结构的相对差异有关。

经验证明，遥感传感器系统空间分辨率，一般应选择小于被探测目标最小直径的二分之一。

2. 光谱分辨率

光谱分辨率是指传感器所能记录的电磁波谱中，某一特定波长范围值，波长范围值越宽，光谱分辨率越低。一般来说，传感器波段数越多，波段宽度越窄，地面物体的信息越容易区分和识别，针对性越强。成像光谱仪所得到的图像在对地表植被和岩石的化学成分分析中具有重要意义，因为高光谱遥感能提供丰富的光谱信息，足够的光谱分辨率可以区分出那些具有诊断性光谱特征的地表物质。

由于特定的目标，选择的传感器并非波段越多，光谱分辨率越高，效果就越好，而要根据目标的光谱特性和必需的地面分辨率来综合考虑。

3. 时间分辨率

对同一目标进行重复探测时，相邻两次探测的时间间隔，称为遥感影像的时间分辨率。

十、遥感传感器

遥感信息获取的关键是传感器。依据不同的分类标准，传感器有多种分类方法。按工作的波段可分为可见光传感器、红外传感器和微波传感器。按工作方式可分为主动式传感器和被动式传感器。被动式传感器接收目标自身的热辐射或反射太阳辐射，如各种相机、扫描仪、辐射计等；主动式传感器能向目标发射强大的电磁波，然后接收目标反射的回波，主要指各种形式的雷达，其工作波段集中在微波区。按记录方式可分为成像方式和非成像方式两大类，对于成像传感器，按成像原理不同又可分为摄影成像和扫描成像两大类，目前，最常见的成像传感器可归纳如图 7-1 所示。非成像传感器记录的是一些地物的几何或物理参数，非成像传感器主要包括雷达高度计、雷达散射计、红外辐射计和微波辐射计等。

- 成像传感器
  - 被动式
    - 光学摄影类型
      - 框幅摄影机
      - 缝隙摄影机
      - 全景摄影机
      - 多光谱摄影机
    - 光电成像类型
      - TV 摄像机
      - 扫描仪
      - 电荷耦合器件 CCD
  - 主动式
    - 侧视雷达
    - 全景雷达
      - 真实孔径雷达
      - 合成孔径雷达

图 7-1　常见的遥感成像传感器

第三节　影像资料收集与预处理

一、航摄影像分析

根据具体成图比例尺及相应技术指标要求，分析确定适宜的航摄影像资料。比如地表植被及覆盖物对成图影响小的时间摄取的影像，彩红外和真彩色影像在北方地区应避开冬季等。

1. 模拟影像

一般成图比例尺与航摄比例尺、地面采样距离的对应关系见表7-1。

表7-1　**成图比例尺与航摄比例尺、地面采样距离的对应关系**

成图比例尺	航摄比例尺	地面采样间距(GSD)/cm
1∶500	1∶2 000~1∶3 500	4~7
1∶1 000	1∶3 500~1∶7 000	7~14
1∶2 000	1∶7 000~1∶1.4万	14~28
1∶5 000	1∶1万~1∶2万	20~40
1∶1万	1∶2万~1∶4万	40~80
1∶2.5万	1∶2.5万~1∶6万	50~120
1∶5万	1∶3.5万~1∶8万	70~160

在实际测图中，要根据测区的地理条件、摄影条件和测绘成果精度、类型要求，选择确定适宜的航摄比例尺。

2. 数字影像

一般成图比例尺与数码相机像素地面分辨率的对应关系见表7-2。

表7-2　**成图比例尺与数码相机像素地面分辨率的对应关系**

成图比例尺	地面分辨率/m
1∶500	优于0.1
1∶1 000	优于0.1
1∶2 000	优于0.2
1∶5 000	优于0.5

续表

成图比例尺	地面分辨率/m
1：1万	优于1.0
1：2.5万	优于2.5
1：5万	优于5.0

在实际测图中，要根据测区的地理条件、摄影条件和测绘成果精度、类型要求，确定设置适宜的相机地面分辨率。

二、遥感影像分析

遥感影像在测绘中主要被用来测绘地形图、制作正射影像或者各种专题图。卫星影像分辨率的选择除了考虑不同比例尺成图对影像分辨率的要求，还要考虑现有可获取卫星影像产品的规格。影像获取时应尽量避开冬季。目前，常用卫星与影像成图比例尺之间的对应关系见表7-3。

表7-3　**常用卫星分辨率与成图比例尺对应关系**

卫星影像名称	地面分辨率/m	最大成图比例尺	仅用于一般判读的成图比例尺
MSS	全色79	1：50万	1：25万
TM	多光谱30，全色15	1：10万	1：5万
ASTER	多光谱30，全色15	1：25万	1：25万
SPOT 1～SPOT 4	多光谱20，全色10	1：5万	1：2.5万
RAPIDEYE	全色5	1：5万	1：5万
SPOT 5	多光谱10，全色2.5	1：2.5万	1：1万
SPOT 6	多光谱6，全色1.5	1：2.5万	1：1万
IRS-P5	全色2.5	1：2.5万	1：1万
ALOS	多光谱10，全色1	1：2.5万	1：1万
IKONOS	多光谱4，全色1	1：1万	1：5 000
QuickBird	多光谱2.44，全色0.61	1：5 000	1：2 000
GeoEye-1	多光谱1.65，全色0.41	1：5 000	1：2 000
WorldView 1、WorldView 2	多光谱1.8，全色0.5	1：5 000	1：2 000
WorldView 3	多光谱1.24，全色0.31	1：5 000	1：2 000
资源三号	多光谱5，全色2.5	1：2.5万	1：1万
高分一号	多光谱8，全色2	1：2.5万	1：1万
高分二号	多光谱4，全色1	1：1万	1：5 000

三、航空遥感影像资料

航空遥感影像主要有模拟影像和数字影像两种，要按照设计要求收集航空遥感影像资料。

1. 模拟影像资料

模拟影像资料包括航摄原始底片、航摄像片、摄区范围图(含分区范围图)、像片索引图、航摄仪技术参数检定报告、航空摄影底片压平质量检测报告、航空摄影底片密度检测报告、航摄鉴定表、像片中心点结合图、航摄飞行记录、航空摄影技术设计书、航空摄影资料移交书等。其中，航摄仪检定资料包括航摄仪检定坐标系、航摄仪框标编号和框标坐标、航摄仪检定焦距、航摄仪镜头自准轴主点坐标、航摄仪镜头对称畸变差测定值。

2. 数字影像资料

数字影像资料包括影像数据、像片索引图、航空摄影技术设计书、航摄鉴定表、航摄仪技术参数、航摄军区批文及航空摄影资料送审报告、航空摄影飞行记录、摄区航线和像片接合图、摄区完成情况图、航空摄影资料移交书等。若是 IMU/DGNSS 组合辅助航空摄影，还要收集 IMU/GNSS 如下资料：

(1)IMU/GNSS 辅助航空摄影资料。主要包括 IMU/GNSS 辅助航空摄影项目工作总结报告、IMU/GNSS 辅助航空摄影资料移交、IMU/GNSS 设备检定报告、IMU/GNSS 数据处理报告、航摄飞行 IMU/GNSS 记录报告、基站点位测量报告、检校场检测样区底片资料单及像片接合图、精度检测样区精度检测报告、每张像片外方位元素成果表。

(2)地面技术文档资料。主要包括摄区 IMU/DGNSS 辅助航空地面测量技术设计书、摄区 IMU/DGNSS 辅助航空摄影地面测量技术总结、摄区 IMU/DGNSS 辅助航空摄影地面测量检查报告、摄区地面控制测量成果表、摄区精度检测样区精度检测报告、摄区测站信息表。

收集现势性好、影像质量好、成图性价比高的航空遥感影像资料。

四、航天遥感影像资料

航天遥感影像资料用于地形图测绘主要有立体像对(或条带)、单景卫星影像，有全色数据和多光谱数据(红、绿、蓝、红外)。

航天遥感影像收集包括数据格式、应用级别等满足要求的单片或立体的全色数据、多光谱数据、完整的卫星参数等资料。

收集时相好、影像质量好、成图性价比高的航天遥感影像资料。

五、航空遥感影像预处理

航空遥感影像预处理包括模拟航空摄影获取的底片扫描和数字航空摄影获取的数字影

像几何处理。

1. 模拟影像预处理

1)底片扫描分辨率的确定

扫描影像的分辨率应优于正射影像的地面分辨率，扫描分辨率依据成图比例尺和航空摄影比例尺确定，具体可参考下面公式。如果采用大比例尺航摄资料，扫描分辨率最大不得超过 60μm。航片扫描分辨率 r 可以根据下式求得：

$$r = 20 \times (m/M)$$

式中，单位为 μm；m 为成图比例尺分母；M 为航摄比例尺分母。

2)扫描参数调整

原则是使扫描影像的各通道灰度直方图尽可能布满 0~255 个灰阶，并接近正态分布，彩色影像不偏色。

3)扫描质量

扫描分辨率满足要求，影像完整清晰。

4)影像增强

采用滤波和直方图拉伸的方法对原始影像进行增强处理，使影像直方图尽量呈正态分布，纹理清晰、无显著噪声。同时，需要注意对光标进行单独增强处理，使之清晰可见，从而保证内定向精度。

2. 数字影像预处理

数字航空摄影所获取的影像各通道灰度直方图应接近正态分布，彩色影像不偏色。对于线阵扫描成像的影像(如 ADS80)，主要包括影像增强、降位处理、匀光处理、影像旋转等。

1)影像增强

采用滤波和直方图拉伸的方法对原始影像进行增强处理，使影像直方图尽量呈正态分布，纹理清晰、无显著噪声。

2)降位处理

数字影像通常为 12bit 或 16bit 编码，如果影像产品要求 8bit，或影像处理软件不能处理高于 8bit 的影像，则需要在影像增强后做降位处理，每个像元统一转换为 unsigned 8bit，即影像的灰度值在 0~255 之间。

3)匀光处理

数字影像可以在保证影像色彩损失最小的情况下，尽可能保护原影像的色调、亮度与反差，从而达到整体影像色调的一致性。

4)影像旋转

将数字影像或扫描数据旋转为与飞行方向一致，使之保持正确的航向重叠度和旁向重叠度。

六、航天遥感影像预处理

1. 影像格式转换

常用的遥感影像处理软件都有自己的数据格式，因此需要将原始航天遥感影像转换为生产软件可以利用的格式(TIF 或 IMG 等)。

2. 轨道参数提取

(1)根据卫星影像的成像机理，分析卫星影像的星历参数、姿态角数据资料，构建其严格几何成像模型。

(2)如果使用 RFM 成像模型，必须根据卫星影像的成像机理和卫星影像的星历参数、姿态角数据资料，计算其严格几何成像模型的替代模型——RFM 模型的参数。计算所得的 RFM 成像模型必须以极高的精度替代原有的严格成像模型，其拟合中误差应不大于 0.05 像素。对于直接提供 RFM 模型参数的卫星影像，应进行必要的数据格式转换。

3. 影像增强

在对影像进行进一步处理之前，必须要对影像采用对比度增强、直方图增强和图像间算术运算的方法对原始影像进行增强处理。

4. 去除噪声和滤波

通过修改遥感图像频率成分来实现遥感图像数据的改变，达到抑制噪声或改善遥感图像质量的目的，常用的滤波有低通滤波、高通滤波、带阻滤波、带通滤波、同态滤波等。

5. 去薄云处理

针对不同的遥感影像，云层的大小和厚度不一致，灵活修改照度增益、反射率增益和截取频率这三个参数值，即可达到较好的去云效果。

6. 降位处理

原始影像不是 8bit，需要在影像增强后做降位处理，每个像元统一转换为 unsigned 8bit，即影像的灰度值在 0~255 之间。

7. 多光谱波段选取

根据需要选取必要的波段组合，做增强和降位处理，降低数据冗余。

8. 匀色处理

采用直方图均衡化和直方图匹配方法，用非线性对比拉伸重新分配像元值，使每景影像直方图与参照图像直方图匹配，达到每景影像的色彩均衡。

第四节　区域网划分与像片控制测量

一、区域网划分

根据航空摄影分区（遥感影像获取范围）和地形条件，沿图廓线整齐划分的方形或矩形区域内，采用一定的控制测量布点方案而构成的空中三角测量平差网称为区域网。区域网的大小和像片控制点的跨度主要与成图精度、摄影资料条件以及对系统误差的处理等因素有关。根据成图精度要求，按摄影资料及地形条件可将区域网分为平面区域网和平高区域网。

1. 平面区域网

平面区域网是指该区域内采用一定的控制测量布点方案，布设少量的平面控制点，采用空中三角测量平差方法获得测图所需的其他平面控制点。

2. 平高区域网

平高区域网是指该区域内采用一定的控制测量布点方案，布设少量的平高控制点和高程控制点，采用空中三角测量平差方法获得测图所需的其他平高控制点或高程控制点。

二、像片控制测量

像片控制测量是在实地测定用于空三加密或直接用于测图定向的像片控制点平面位置和高程的测量工作。

1. 布点方案

像片控制测量的布点方案分为全野外布点方案、非全野外布点方案和特殊情况布点方案等。

1）全野外布点方案

全野外布点方案是指通过野外控制测量获得的像片控制点不需内业加密，直接提供内业测图定向或纠正使用。这种布点方案精度高但费工时，只有在遇到下列情况时才采用：

（1）航摄像片比例尺较小，而成图比例尺较大，内业加密无法保证成图精度；

（2）用图部门对成图精度要求较高，采用内业加密不能满足用图部门需要；

（3）由于设备限制，航测内业暂时无法进行加密工作；

（4）由于像主点落水或其他特殊情况，内业不能保证相对定向和模型连接精度。

2）非全野外布点方案

非全野外布点方案按航线数分为单航线和区域网两种。

非全野外布点方案中为保证航线网内精度最弱处的加密点平面和高程中误差不超出限

差，就须限制每段航线的跨度。通常限制航线跨度是按空中三角测量的精度估算公式进行反算，即根据规范规定的加密点允许误差，由给定的精度估算公式反算出相应的航线网跨度值。

平高区域网布点应依据成图比例尺、航摄比例尺、测区地形特点、航区的实际分划、程序具有功能以及计算机容量等全面考虑，进行区域的划分。平高区域网布点要求每条航线的两端必须布设高程点，平地、丘陵地高程点除区域网周边布点外，区域网内部高程点的间隔，按高程点计算跨度间隔布设。平高区域网不规则时，应在区域网周边的凸角处布设平高点，凹角处布设高程点；当沿航向的凸凹角间距大于或等于三条基线时，则在凹角处也应布设平高点。具体布点要求应符合规范的规定。

3）特殊情况的布点方案

对于航摄区域结合处、航向重叠不够、旁向重叠不够、像主点和标准点位落水、水滨和岛屿等特殊情况的布点，应按照规范的规定进行。

2. 基本作业流程

像片控制测量一般按照专业技术设计要求划分区域网，根据不同区域网各自的布点方案，在室内预选各类控制点目标，野外施测时依据室内预选各类控制点目标的指引进行，经野外观测、平差计算后再进行成果整理，移交下一工序。基本作业流程包括影像资料准备、区域网划分、控制点目标选取、控制点野外施测、成果整理等。

3. 控制点目标选取

航外像片控制点的布设不仅和布点方案有关，还须考虑航测成图过程中像点量测精度、绝对定向和各类误差改正对像片控制点的具体点位要求，航外像片控制点应满足下列条件：

（1）像片控制点的目标影像应清晰易判别。航外像片控制点一般应设在航向及旁向六片重叠范围内，如果选点困难也可以选在五片重叠范围内。而且同一控制点在每张像片上的点位都能准确辨认、转刺和量测，符合刺点目标的要求及其他规定。

（2）航外像片控制点距像片边缘不小于1~1.5cm。对于数字影像或卫星影像控制点距像片边缘不小于0.5cm即可。

（3）立体测图时每个像对四个基本定向点离通过像主点且垂直于方位线的直线不超1cm，最大不能超过1.5cm，四个定向点的位置应近似成矩形。

（4）控制点应选在旁向重叠中线附近。当旁向重叠过大时应分别布点，因旁向重叠较小使相邻航线的点不能公用时，可分别布点。

（5）位于不同方案布点区域间的控制点应确保精度高的布点方案能控制其相应面积，并尽量公用，否则按不同要求分别布点；位于自由图边、待成图边以及其他方法成图的图边控制点，一律布设在图廓线外。

4. 刺点目标的选择要求

刺点目标应根据地形条件和像片控制点的性质进行选择，以满足规范要求。

（1）平面控制点的刺点目标应选在影像清晰、能准确刺点的目标点上，一般选在线状地物的交点和地物拐角上，如道路交叉点、线状地物的交角或地物拐角应在30°～150°之间，以保证交会点能准确刺点。在地物稀少地区，也可选在线状地物端点，尖山顶和影像小于0.3mm的点状地物中心。弧形地物和阴影等均不能选作刺点目标。

(2)高程控制点的刺点目标应选在高程变化不大的地方，一般选在地势平缓的线状地物的交会处、地角等，在山区常选在平山顶以及坡度变化较缓的圆山顶、鞍部等处，狭沟、太尖的山顶和高程变化急剧的斜坡不宜做刺点目标。

(3)平高控制点的刺点目标应同时满足平面和高程的刺点要求。

5. 控制点的编号、整饰和注记

1)控制点的编号

实际作业中一般用P代表平面点，G代表高程点，N代表平高点，同期成图的一个测区内要分别统一编号，采用字母后附加数字的方法，编号顺序采用同一航线从左到右，航线间从上到下的顺序，编号中不得出现重号。

2)刺点

野外控制点的目标选定后应根据像片上的影像，在现场用刺点针把目标准确地刺在像片上，刺点时应注意以下几点：

(1)应在所有相邻像片中选择影像最清晰的一张像片用于刺点。

(2)刺孔要小而透，针孔直径不得大于0.1mm。

(3)刺孔位置要准，不仅目标要判读准确，而且下针位置也要准确，刺点误差应小于像片上0.1mm。

(4)同一控制点只能在一张像片上有刺孔。

(5)同一像片控制点在像片上只能有一个刺孔。

(6)国家等级的三角点、水准点及小三角点均应刺点，当不能准确刺出时，对于三角点、小三角点可用虚线以相应符号表示其概略位置，在像片背面写出点位说明或绘出点位略图。

(7)各类野外像控点根据刺孔位置在实地打桩，以备施测时用。

3)整饰和注记

像片控制点在刺点后必须根据实际情况加以简要说明，说明和略图用黑色铅笔一律写绘在像片反面，称为控制点的反面整饰。在像片反面控制点刺点位置上，以相应的符号标出点位、注记点名或点号及刺点日期，刺点者、检查者均应签名。点位说明应简明扼要、准确清楚，同时与所绘略图一致。刺点略图应模仿正面影像图形绘制，与正面影像的方位、形状保持一致。刺在控制像片上的野外控制点(连同三角点、水准点等)除进行反面整饰和注记外，还需要用彩色颜料在刺孔像片的正面进行整饰和注记。根据针孔用规定符号标出点位(对不能精确刺孔的点，符号用虚线绘)，用分数形式进行注记，分子为点号或点名，分母为该点的高程。

6. 像控点平面坐标和高程施测

测量工作必须遵循"从整体到局部，先控制后碎部"的原则，即先进行整个测区的控制测量，再进行碎部测量。测定像片控制点的平面坐标，采用GNSS网、双基准站、

GNSS-RTK、电磁波测距导线、交会及引点等方法，其测量精度应符合规范的相关规定。测量地面点的高程也遵循“由整体到局部”的原则，即先建立高程控制网，再根据高程控制网确定地面点的高程；测定像片控制点的高程，通常采用测图水准、电磁波测距高程导线或单基准站 RTK 方法测定；丘陵地、山地图幅的高程点可采用 GNSS 拟合高程或单基准站 RTK 方法测定，其测定精度应符合规范的相关规定。

7. 控制点接边

控制测量结束后，应及时与相邻图幅或区域进行控制接边。控制接边主要包括以下内容：

(1)本幅或本区如需使用邻幅与邻区所测的控制点，需检查这些点是否满足本幅或本区的各项要求；如果符合要求，则将这些控制点转刺到本幅或本区的控制像片上，同时将成果转抄到计算手簿和图历表上。本幅或本区的控制点提供给邻幅或邻区使用，按同样的程序和方法转刺、转抄成果。

(2)自由图边的像片控制点，应利用调绘余片进行转刺并整饰，同时将坐标和高程等数据抄在像片背面，作为自由图边的专用资料上交。

(3)接边时应着重检查图边上或区域边上是否因布点不慎产生了控制裂缝，以便补救。

三、像片控制测量质量控制

一级检查：对所有成果进行 100%室内外检查；二级检查：对所有成果进行 100%室内检查和 10%~20%野外实地检查。检查内容如下：

(1)检查像控点的布设是否合理。

(2)刺点目标是否符合要求，略图表述与影像是否一致。

(3)像控点联测方法及精度是否满足成图要求。

(4)所有观测手簿、测量计算手簿、控制像片、自由图边以及接边情况，都必须经过自我检查、上级部门检查验收，经修改或补测合格，确保无误后方可上交。

四、像片控制测量成果整理与移交

1. 成果整理

(1)平面测量观测及计算手簿按控制网装订成册，按任务区上交。

(2)高程测量观测及计算手簿按任务区装订，装订顺序按地形图航空摄影外业规范的有关要求执行。邻区转抄的成果应注明抄自何区及何编号计算手簿，并与图历簿保持一致。

(3)控制片以加密区域为单元，采用图号配合航线序号、像片序号等进行编号。

2. 成果移交

(1)已知点(三角点、GNSS 点、水准点)成果表；
(2)平面控制测量观测手簿；
(3)平面控制测量平差计算手簿；
(4)水准测量观测手簿；
(5)水准测量平差计算手簿；
(6)控制像片；
(7)像控点成果表(坐标、高程保留至小数点后两位)；
(8)像控点布点略图；
(9)技术总结；
(10)质量检查报告；
(11)仪器检定资料。

第五节　影像判读与野外像片调绘

一、影像判读基本概念

遥感图像的目视解译是遥感应用分析中最基本的研究手段。它把解译者的专业知识、区域知识、遥感知识及经验介入图像分析中去，根据遥感图像上目标及周围影像特征——色调、形状、大小、纹理、图形以及影像上目标的空间组合规律等，并通过地物间的相互关系，经推理、分析来识别目标。影像判读就是一种影像的解译过程，是根据地物的光谱特性、成像规律、影像特征来识别地物，判断出类别及属性。可分为专业判读、地形判读。

二、影像判读原理

影像判读原理之所以被人们掌握，是基于以下三方面原因：
(1)影像与地物之间保持着一定的几何关系。
(2)影像反映了地物的形状、大小、色调、阴影、相关位置、纹理等几何特征，也反映了地物的一些物理特性以及人为因素的影响。
(3)在相同的情况下，相同的地物反映出的影像也相同。

解译人员通过图像获取三方面的信息：目标地物的大小、形状及空间分布特点，目标地物的属性特点，目标地物的变化动态特点。

三、影像解译

根据影像特征的差异可以识别和区分不同的地物，这些典型的影像特征称为影像解译标志。解译标志的建立是解译的前提。解译标志分为直接解译标志和间接解译标志。

1. 直接解译标志

(1)形状：地物在影像上的形状受空间分辨率、比例尺、投影性质等的影响。

(2)大小：地物影像的大小取决于比例尺，根据比例尺，可以计算影像上的地物在实地的大小。影像大小除受目标大小影响外，还要受像片倾斜、地形起伏及亮度的影响。

(3)阴影：阴影的长度、形状和方向受到太阳高度角、地形起伏、阳光照射方向、目标所处的地理位置等多种影响，阴影可使地物有立体感，有利于地貌的判读。根据阴影的形状、长度可判断地物的类型和量算其高度。必要时可以利用多波段数据比值方法去除地形起伏引起的一部分阴影。热红外影像上的阴影称为热力阴影，活动物体造成的热力阴影形成的立体感尤为显著，阴影中没有任何被遮挡的地物信息。

(4)色调：色调指影像上黑白深浅的程度。地物的属性、几何形状、分布范围和规律都通过色调差别反映在遥感图像上。

(5)颜色：颜色指彩色图像上色别和色阶，用彩色摄影方法获得真彩色影像，地物颜色与天然彩色一致；用光学合成方法获得的假彩色影像，根据需要可以突出某些地物，更便于识别特定目标。

(6)纹理：纹理也叫影像结构。

(7)图案：目标物有规律地组合排列而形成的图案，又称影纹图案。常见的影纹图案包括：条带状，如由岩层层理构成的条带状影像；网格状，这是由于区域性两组或多组层理、裂隙、冲沟等地物组成的影像；环状，由圆、椭圆形地物组成的影像；垅状，硬的岩层、垅岗、沙垅、冰碛堤组成的影像；链状，新月形沙丘组成的影像；斑点状和斑块状，树林常形成斑点状影像，而细碎的田块则成斑块状影像；其他还有层纹状、花纹状、隐纹状、波纹状、树枝状、套环状等影像。

(8)位置：各种地物都有特定的环境部位，因而它是判断地物属性的重要标志。

(9)布局：又称相关位置，是指多个目标物之间的空间位置。

2. 间接解译标志

不同专业有不同的间接解译标志，通过分析获得对目标的正确判断。

3. 应用解译标志应注意的问题

由于遥感图像种类较多，投影性质、波谱特征、色调和比例尺等存在差异，故利用上述解译标志时应区分不同遥感图像的特点。

1)假彩色合成图像

遥感中最常见的假彩色图像是彩色红外合成的标准假彩色图像，它是在彩色合成时，把近红外波段的影像作为合成图像中的红色分量，把红色波段的影像作为合成图像中的绿色分量，把绿色波段的影像作为合成图像中的蓝色分量进行合成的结果。

2)多光谱图像

对于多光谱像片可以使用比较判读的方法，将多光谱图像与各种地物的光谱反射特性数据联系起来，达到正确判读地物的属性和类型。

3）热红外图像

这种影像的形状、大小和色调（或色彩）与景物的发射辐射有关，景物发射辐射与绝对温度的四次方成比例。

4）雷达图像

雷达图像是多中心斜距投影的侧视图像。

四、像片调绘的基本要求

野外像片调绘是以像片判读为基础的。目前大多采用先室内判绘，后野外检查补绘的办法来完成。

1. 综合取舍

在外业调绘时要进行综合取舍。综合取舍的过程，就是对地物地貌进行选择和概括的过程。综合取舍的目的就是通过综合和选择使地面物体在地形图上得以合理的表示，具有主次分明的特点，保证重要地物的准确描绘和突出显示，反映地区的真实形态。运用综合取舍进行调绘，应遵循以下原则：

（1）根据地形元素在国民经济建设中的重要作用决定综合取舍。

（2）根据地形元素分布的密度进行综合取舍。

（3）根据地区的特征决定综合取舍。

（4）根据成图比例尺的大小进行综合取舍。

（5）根据用图部门对地形图的不同要求进行综合取舍。

2. 其他要求

（1）调绘应判读准确，描绘清楚，图式符号运用恰当，各种注记准确无误，图面清晰易读。

（2）地形要素属性项原则上满足相应数据规定的要求，要素属性与要素实体一同表示在调绘影像图上。

（3）表示内容一般以影像获取的时间为准。影像获取后的新增重要地物应进行补测、补调。

五、像片调绘方法和内容

1. 调绘方法

像片调绘可采用全野外调绘法和室内外综合调绘法。

1）全野外调绘法

全野外调绘法是持调绘片直接到实地，将影像所反映的地物要素信息与实地状况一一对照、识别，将各种地物要素用规定的线划、符号在调绘片上标绘出来，地物属性也同时标注在调绘片上。

2) 室内外综合调绘法

采用先室内判绘，后野外检查、核实和补调，将各种地物要素用规定的线划、符号在调绘片上标绘出来，地物属性也同时标注在调绘片上。

2. 调绘内容

主要调绘内容有独立地物调绘，居民地调绘，道路及其附属设施调绘，管线、垣栅和境界的调绘，水系、地貌、土质和植被的调绘，地理名称的调查和注记等。

(1) 表示水系时，要求位置正确、主次分明，能反映水系的基本形态及为交代清楚与其他地物之间的相互关系所应表示的水系附属设施情况，并结合水利专业资料情况表示。注意用流向表示方式。河流、水库、水塘的水涯线一般按摄影时期的水位调绘，若摄影时水位变化很大时，应按常年水位调绘。

(2) 居民地调绘应重点反映出居民地的平面位置、类型、形状等相应要素特性，合理表示为依比例居民地、半依比例居民地、不依比例居民地。

(3) 交通要素应能正确表示道路的类别、等级、位置，反映道路网的结构特征、通行情况、分布密度以及与其他要素的关系。

(4) 管线、垣栅和境界等应根据相关资料判调，实地调绘增补各种地理名称。

(5) 植被的表示应反映出地面植被覆盖的类别、主次、分布特征，土质的表示应反映出土质的类别、形态、分布特征；根据地区的整体特征、图面表示能力及要素上图指标的综合情况进行相应的综合取舍。

六、调绘片的整饰与接边

调绘的内容要及时清绘，调绘像片接边按范围可分为图幅内部接边、幅与幅之间接边。图幅内部必须完全接边；幅与幅之间接边按作业时间可分为同期作业接边、不同期作业接边(一般是与已成图之间的接边)。同期作业接边原则上接西、北图边，查东、南图边。测区外围图边一般按自由图边处理。

七、新增地物的补测

新增地物是指在影像获取时不存在，作业时新增加的地物。新增地物必须在调绘时进行补测，通常可采用交会法、截距法、坐标法和比较法确定新增地物的位置。在补测新增地物量距时必须要量测到中心点或中心线的位置，同时注意地物的方向、形状和大小，补测线状地物时，各转折点的位置要准确。

八、像片调绘质量控制

实行“两级检查、一级验收”制度。

1. 调绘质量控制方法

(1)通过人工目视检查核对实物(包括野外实地巡视检查)、数据表格或可视化的图形，从而判断检查内容的正确性。

(2)利用检查程序将有疑点的地方搜索出来，缩小范围或精确定位，再采用人机交互检查方法，由人工判断数据的正确性。

2. 调绘质量控制内容

一级检查：对所有成果进行100%检查；二级检查：对调绘成果进行20%~30%的实地重点检查。具体内容如下：

(1)居民地类型表示是否合理，综合取舍是否得当，道路主、次干道及支线表示是否分明，居民地轮廓特征表示是否正确。

(2)各类要素属性是否齐全、表示是否协调合理，各种注记是否准确无误；各类要素接边是否符合接边要求，重要元素是否遗漏未表示，补测数据的正确性，数据整合的正确性。

(3)调绘片、元数据与图名接合图的图名是否一致。

(4)资料是否齐全，数据是否准确，数量是否相符。

九、调绘成果整理

野外调绘成果经各级检查修改后方可移交下一道工序，移交前要进行成果整理。调绘成果一般应分幅整理，也可按一定大小的区域整理，区域的大小以方便下工序作业为原则。一般情况下，中小比例尺图以1：5万图幅大小为整理区域，大比例尺图以解析空中三角测量解算区域的大小为整理区域。

第六节 空中三角测量

一、基本概念

空中三角测量是利用航摄像片与所摄目标之间的空间几何关系，根据少量像片控制点，计算待求点的平面位置、高程和像片外方位元素的测量方法。空中三角测量分为利用光学机械实现的模拟法和利用电子计算机实现的解析法两类。

模拟法空中三角测量是用光学机械的方法，在实现摄影过程的几何反转原理的基础上，借助立体测图仪进行空中三角测量。一般只限于在一条航线内进行。

解析法空中三角测量是根据像片上的像点坐标(或单元立体模型上点的坐标)同地面点坐标的解析关系或每两条同名光线共面的解析关系，构成摄影测量网的空中三角测量。建立摄影测量网和平差计算等工作都由计算机来完成。建网的方法有多种，最常用的是航带法、独立模型法和光束法。

GNSS 辅助空中三角测量是利用装在飞机和设在地面的一个或多个基准站上的至少两台 GNSS 信号接收机同时而连续地观测 GNSS 卫星信号，通过 GNSS 载波相位测量差分定位技术的离线数据后处理获取航摄仪曝光时刻摄站的三维坐标，然后将其视为附加观测值引入摄影测量区域网平差中，经采用统一的数学模型和算法以整体确定点位并对其质量进行评定的理论、技术和方法。

定位定姿系统(POS)是集 GNSS 和惯性测量装置(IMU)技术于一体，可以获取移动物体的空间位置和三轴姿态信息。POS 主要包括 GNSS 信号接收机和惯性测量装置两个部分，也称 GNSS/IMU 集成系统。利用 POS 可以在航空摄影过程中直接测定每张像片的 6 个外方位元素，极大地减少了测量外业控制点的工作。

二、精度指标

空中三角测量的精度指标主要是指定向误差和控制点残差。

框标坐标残差绝对值一般不大于 0.010mm，最大不超过 0.015mm。扫描数字化航摄影像连接点上下视差中误差为 0.01mm(1/2 像素)，数码航摄仪获取的影像连接点上下视差中误差为 1/3 像素。

基本定向点残差、检查点残差、公共点较差依据相应的规范执行。

三、作业过程

空中三角测量的作业过程主要包括准备工作、内定向、相对定向、绝对定向和区域网平差计算、区域网接边、质量检查、成果整理与提交等技术环节。

(1)准备工作：包括资料的收集和分析。

(2)内定向：应采用仿射变换进行框标坐标计算。

框幅式数字航摄仪获取的影像需使用焦距、像素大小、像素行数与列数、像素值参考位置等航摄仪鉴定资料。

扫描数字化航摄影像需使用焦距、像主点位置、框标坐标或距离、物镜畸变差等航摄仪鉴定资料。

(3)相对定向：每个像对连接点应分布均匀，每个标准点位区应有连接点。标准点位区落水时，应沿水涯线均匀选择连接点。航向连接点宜 3°重叠，旁向连接点宜 6°重叠。自由图边在图廓线以外应有连接点。

(4)绝对定向和区域网平差计算：平差计算时对连接点、像片控制点进行粗差检测，剔除或修测检测出的粗差点。对于 IMU/GNSS 辅助空中三角测量和 GNSS 辅助空中三角测量，需导入摄站点坐标、像片外方位元素进行联合平差。

(5)区域网接边：根据同比例尺同地形类别、同比例尺不同地形类别、不同比例尺与已成图或出版图、不同投影带 5 种情况考虑接边方法和接边较差。

(6)质量检查：空中三角测量成果检查主要包括外业控制点和检查点成果使用正确性检查、航摄仪检定参数和航摄参数检查、各项平差计算的精度检查和提交成果的完整性检查。

(7)成果整理与提交：按照技术设计要求对空中三角测量成果进行整理和提交。

四、解析空中三角测量

解析空中三角测量指的是用摄影测量解析法确定区域内所有影像的外方位元素及待定点的地面坐标。根据平差中所采用的数学模型解析空中三角测量可分为航带法、独立模型法和光束法；根据平差范围的大小，又可分为单模型法、单航带法和区域网法。

1. 航带法空中三角测量

航带法空中三角测量处理的对象是一条航带的模型，即首先要把许多立体像对所构成的单个模型连接成航带模型，然后把一个航带模型视为一个单元模型进行解析处理。航带模型经绝对定向以后还需作模型的非线性改正，才能得到较满意的结果。

2. 独立模型法空中三角测量

独立模型法区域网空中三角测量是把一个单元模型视为刚体，利用各单元模型彼此间的公共点连成一个区域，在连接过程中，每个单元模型只作平移、旋转和缩放，这一过程是通过单元模型的空间相似变换来完成的。

3. 光束法空中三角测量

光束法解析空中三角测量是以一幅影像所组成的一束光线作为平差的基本单元，以中心投影的共线方程作为平差的基础方程。通过各个光线束在空间的旋转和平移，使模型之间公共点的光线实现最佳的交会，并使整个区域最佳地纳入到已知的控制点坐标系统中。光束法解析空中三角测量是最严密的一种解法，误差方程式直接对原始观测值列出，能最方便地顾及影像系统误差的影响，最便于引入非摄影测量附加观测值，如导航数据和地面测量观测值。它还可以严密地处理非常规摄影以及非量测像机的影像数据。

五、GNSS 辅助空中三角测量

GNSS 辅助空中三角测量的作业过程大体上可分为以下四个阶段：

(1)现行航空摄影系统改造及偏心测定。对现行的航空摄影飞机进行改造，安装 GNSS 接收机天线，并进行 GNSS 接收机天线相位中心到摄影机中心的测定偏心。

(2)带 GNSS 信号接收机的航空摄影。在航空摄影过程中，以 0.5~1.0s 的数据更新率，用至少两台分别设在地面基准站和飞机上的 GNSS 接收机同时而连续地观测 GNSS 卫星信号，以获取 GNSS 载波相位观测量和航摄仪曝光时刻。

(3)解求 GNSS 摄站的坐标。对 GNSS 载波相位观测量进行离线数据后处理，解求航摄仪曝光时刻机载 GNSS 天线相位中心的三维坐标(x_a，y_a，z_a)，即 GNSS 摄站坐标及其方差-协方差矩阵。

(4)GNSS 摄站坐标与摄影测量数据的联合平差。将 GNSS 摄站坐标视为带权观测值与摄影测量数据进行联合区域网平差，以确定待求地面点的位置并评定其质量。

六、POS 辅助空中三角测量

将 POS 系统和航摄仪集成在一起，通过 GNSS 载波相位差分定位获取航摄仪的位置参数及惯性测量装置(IMU)测定航摄仪的姿态参数，经 IMU、GNSS 数据的联合后处理，可直接获得测图所需的每张像片的六个外方位元素，能够大大减少地面控制进行航空影像的空间地理定位。

航摄仪、GNSS 天线和 IMU 三者之间的空间坐标系可以通过坐标变换来统一。为了保证获取航摄仪曝光瞬间摄影中心的空间位置和姿态信息，航摄仪应该提供或加装曝光传感器及脉冲输出装置。除安装在飞机上的设备外，还应在测区内或周边地区设定至少一个基准站，并安装静态 GNSS 信号接收机，要求地面 GNSS 接收机的数据更新频率不低于机载接收机的更新频率，以相对 GNSS 动态定位方式来同步观测 GNSS 卫星信号。最后，利用后处理软件解算每张影像在曝光瞬间的外方位元素。

七、质量控制

空中三角测量的质量控制主要包括原始资料使用正确性检查、各项参数使用和设置检查、平差精度检查三个方面。

(1)原始资料使用正确性检查：主要是检查航摄成果的飞行质量和摄影质量是否符合规范要求，区域网基本定向点的平面和高程坐标值是否正确，多余控制点的平面和高程坐标值是否正确，是否有被遗漏未用的外业像片控制点等。

(2)各项参数使用和设置检查：检查航摄仪参数使用的是否正确，影像坐标系统的方向定义是否正确，航摄仪焦距使用是否正确，航摄仪镜头对称畸变差测定值输入是否正确等。

(3)平差精度检查：主要是检查内定向、相对定向、绝对定向和区域网接边等精度。

八、成果整理

空中三角测量成果主要包括成果清单、像机文件、像片控制点坐标、连接点或测图定向点像片坐标和大地坐标、每张像片的内外方位元素、连接点分布略图、保密检查点大地坐标、技术设计书、技术总结、检查报告和验收报告以及其他资料等。

数据成果、文档资料、生产过程成果及各种专业资料等，应按照设计要求统一整理并汇交。各种文档资料应按项目设计要求进行组织；生产使用的各种专业资料应建立完整的资料目录及其使用情况说明。

第七节　数字线划图制作

一、概述

数字线划地图(DLG)是现有地形图上基础地理要素分层存储的矢量数据集。数字线划地图既包括空间信息也包括属性信息，可用于建设规划、资源管理、投资环境分析等各个方面以及作为人口、资源、环境、交通、治安等各专业信息系统的空间定位基础。数字线划地图的技术特征为：地图内容、分幅、投影、精度、坐标系统与同比例尺地形图一致。图形输出为矢量格式，任意缩放均不变形。

二、生产作业过程

数字线划图一般采用“先内后外”的成图方法进行生产，制作数字线划地图的流程主要包括资料准备、定向建模、内业矢量数据采集、野外补测、内业数据编辑与接边、数据质量检查及数据成果整理与提交等技术环节。

1. 资料准备

资料准备主要包括原始像片或扫描地形图、技术设计书等所需的其他技术资料。

2. 定向建模

采用摄影测量方法制作 DLG 数据需要对像片进行定向建模，主要包括内定向、相对定向和绝对定向。

3. 内业矢量数据采集

三维立体采集影像上所有可见的地物要素，原则上采用内业定位和外业定性。测绘地物时，应仔细辨认和判读地物。内业对有把握并能判准的地物、地貌要素，用测标中心切准定位点或地物外轮廓线准确绘出，不得遗漏、变形和移位，按规定图层赋要素代码。对把握不准的要素，如隐蔽地区、阴影部分，只采集可见部分，地物未采集或不完整处用红线圈出范围，由外业实地进行定位补调。对平山头或凹地、狭长而坡缓的沟底、脊以及鞍部等处适当采集特征点线。

4. 野外补测

当由于云影、阴影等影响无法进行立体测图或处理，航空摄影出现绝对漏洞且不补摄，新增大型工程设施、大面积开发区或居民地变化较大等情况时，应进行野外补测。

5. 内业数据编辑与接边

数据编辑主要是依据立体测图成果，调绘成果进行要素数据的图形编辑、属性录入，图幅接边形成非符号化数据，非符号化数据通过检查后配置符号、注记进行符号化处理及图廓整饰形成符号化数据。

对于数据接边，地物平面位置和等高线接边较差一般不得大于平面、高程中误差的 2 倍，最大不得大于 2.5 倍。误差超限时要查找原因，不得盲目强接。

6. 数据质量检查

数据质量检查主要包括空间参考系、位置精度、属性精度、完整性、逻辑一致性、表征质量和附件质量的检查。

7. 数据成果整理与提交

按照技术设计要求对数字线划图成果进行整理和提交。主要成果包括：DLG 数据文件、元数据文件、DLG 数据文件接合表、质量检查记录、质量检查(验收)报告、技术总结报告等。

三、生产作业方法

制作数字线划地图所用的原始资料主要包括外业采集的数据、航空像片、高分辨率卫星影像、地形图资料等。可采用的技术方法如下：

1. 航空摄影测量法

这是利用数字摄影测量系统，采用以人工作业为主的三维跟踪的立体测图方法。

具体的 DLG 数据采集可以利用以下作业方式：①先外后内的测图方式；②先内后外的测图方式；③内外业调绘、采编一体化的测图方式。

2. 航天遥感测量法

对具有立体覆盖的卫星遥感影像，仍然可采用与航空摄影测量法相类似的生产方式。当利用单景卫星遥感影像生产 DLG 时，DLG 的数据采集和属性录入可按下列方式进行：

(1)以 DOM 影像为背景叠加 DRG 进行 DLG 数据采集，从影像上能准确判绘的水系、交通、居民地及工矿设施、植被等要素，几何位置依据 DOM 影像采集，其他属性值参照 DRG 以及有关专题资料判定录入；不能准确判绘的要素(包括图形与属性)，如地名、境界、管线等要素以及其他有关要素的属性应到野外进行调绘。

(2)根据内业预采的成果，到野外进行全面核查、纠错、补调。

(3)根据野外核查、补调的成果，内业进行要素补充采集(包括图形与属性)和编辑。

3. 地形图扫描矢量化法

利用地形图扫描矢量化法进行 DLG 数据采集与更新时，可按下列方式进行：在 DRG 背景数据上，采用人机交互方式，进行 DLG 数据采集及属性录入，属性数据主要由 DRG 获取。当有新 DOM 以及专业数据资料时，应参照预处理图，在 DRG 与 DOM 叠合的基础上，以 DOM 为背景对更新要素进行图形采集，同时赋属性值；当发现矢量要素与其 DOM 同名影像位置的套合误差在某些部位超限时，应以 DOM 为准，对矢量要素进行修正。

4. 数字线划图缩编法

在用缩编法采集 DLG 数据的过程中，要素的缩编采集一般按有利于要素关系协调的先后顺序进行，如地貌、水系、交通(铁路、公路、街道及其他道路)、居民地与建(构)筑物、管线、境界、植被和土质、其他要素等。同时，按要求对采集的要素进行分层，赋代码、属性，构建拓扑关系，根据缩编数据与产品数据的对比分析建立相应的数据模板，用于继承、转换或编辑处理等操作。

第八节　数字高程模型制作

一、概述

1. 基本概念

数字高程模型(DEM)是在一定范围内通过规则格网点描述地面高程信息的数据集，用于反映区域地貌形态的空间分布。

2. 数据内容

数字高程模型成果由数字高程模型数据、元数据及相关文件构成。

3. 数据格式

数字高程模型数据存储时，应按由西向东、由北向南的顺序排列。数据格式宜满足《地球空间数据交换格式》(GB/T 17798—2007)的要求。

4. 格网尺寸

数字高程的格网尺寸依据比例尺选择，通常 1∶500~1∶2 000 的格网尺寸不应大于 $0.001M_{图}$($M_{图}$为成图比例尺分母)，1∶5 000~1∶10 万不应大于 $0.000\,5M_{图}$。数据点的密度是影响数字高程模型的主要因素。

二、生产作业过程

数字高程模型的生产主要包括资料准备、定向、特征点线采集、构建不规则三角网(TIN)内插 DEM、数据编辑、数据接边、数据镶嵌和裁切、质量检查、成果整理与提交等技术环节。

1. 资料准备

资料准备主要包括原始像片或扫描地形图、技术设计书等所需的其他技术资料。

2. 定向

采用摄影测量方法制作 DEM 数据需要对像片进行定向建模，主要包括内定向、相对定向和绝对定向。采用地形图扫描矢量化法制作 DEM 数据需要对扫描后的地形图进行定向。

3. 特征点线采集

特征点线采集是指对平山头或凹地、狭长而坡缓的沟底、脊以及鞍部等处适当采集特征点线。

4. 构建 TIN 内插 DEM

通过等高线和高程点建立(TIN),然后在 TIN 基础上通过线性和双线性内插建立 DEM。

5. 数据编辑

立交桥、桥梁、居民地等人工地物范围,DEM 应编辑至地面或水面。土堤、拦水坝、水闸,应编辑至这些地物的顶部。

6. 数据接边

测区内相邻图幅 DEM 接边不应出现漏洞。不同地形类别 DEM 接边限差为两种地形类别 DEM 格网点接边限差之和。超过限差时应查明原因,不得盲目取中数。图幅之间相同 DEM 格网点高程应一致。

7. 数据镶嵌和裁切

将相邻的 DEM 数据进行镶嵌,按照相关规范或技术要求规定的起止格网点坐标进行裁切,根据具体要求可以外扩一排或多排 DEM 格网。

8. 质量检查

DEM 数据质量检查主要包括空间参考系、高程精度、逻辑一致性和附件质量四个方面。

9. 成果整理与提交

按照技术设计要求对数字高程模型成果进行整理和提交。

三、数据采集的方法

1. 航空摄影测量方法

航空摄影测量方法主要包括定向、特征点线采集、构建不规则三角网(TIN)内插 DEM、数据编辑、数据接边、数据镶嵌和裁切等。

2. 利用空间传感器方法

利用全球定位系统 GPS、机(星)载雷达或机载激光测距仪等进行数据采集。特别是机载激光雷达（LiDAR），可以快速地获取大量反映地球表面及其感兴趣目标物体的三维形状的点云数据。

3. 地形图扫描矢量化法

将地形图扫描在计算机屏幕上数字化等高线，采集高程点，再构建不规则三角网（TIN）内插 DEM。

无论采用何种数据获取的方法，对所获取的数据都必须进行数据预处理。数据预处理一般包括数据的编辑、数据分块、数据格式的变换以及坐标系统的转换等内容。

四、质量控制

DEM 的质量控制包括生产过程质量控制和最终成果质量控制两部分。

1. 生产过程质量控制

生产过程中的质量控制重点检查原始资料使用的正确性、定向的准确性以及数据采集是否合理。湖泊、水库、双线河的分层是否合理，水涯线及海岸线的高程赋值是否合理正确，静止的水体范围内的 DEM 高程值应一致，流动水域的 DEM 高程值应自上而下平缓过渡，关系合理。达不到规定高程精度要求的区域应划为 DEM 高程推测区。位于空白区域的格网应赋予高程值-9999，对空白区的处理要完整地记录在元数据中。

2. 最终成果质量控制

最终成果的质量控制可通过 DEM 内插等高线的方法，目视检查等高线是否有突变情况或与地形图比较，当地貌形态、同名点（近似）高程差异较大时，可判断存在的质量问题，进行修改。检查 DEM 数据起止点坐标的正确性，检查高程值有效范围是否正确。DEM 拼接后应检查、判断有无重叠和裂缝，拼接精度是否达到要求。

五、成果整理与提交

数字高程模型数据生产需要提交的主要成果包括：数字高程模型数据文件、原始特征点、线数据文件、元数据文件、数字高程模型数据文件接合表、质量检查记录、质量检查（验收）报告、技术总结报告等。

数字高程模型以光盘为主要存储介质，也可使用磁带或磁盘等。成果外包装上应包括成果标记、生产单位、分发单位等内容，成果标记应包含成果名称、所采用标准的标准号、成果分级代号、图幅分幅编号、格网尺寸、最新生产时间等内容，根据需要也可标识版本号。

第九节　数字正射影像图制作

一、概述

1. 基本概念

数字正射影像图(DOM)是将地表航空航天影像经垂直投影而生成的影像数据集，并参照地形图要求对正射影像数据按图幅范围进行裁切，配以图廓而成。它具有像片的影像特征和地图的几何精度。

2. 数据内容

数字正射影像图成果由正射影像数据(包括影像定位信息)、元数据及相关文件构成。相关文件是指需要随数据同时提供的说明信息，如图廓整饰、图历簿等。

3. 数据格式

数字正射影像图成果应具有坐标信息，存储数字正射影像图应选用带有坐标信息的影像格式存储，如GeoTIFF、TIFF+ TFW等影像数据格式。

数字正射影像图的色彩模式分为全色和彩色两种形式，全色影像为8bit，彩色影像为24bit；影像空间信息文件为ASCII文本格式，坐标起算点为影像左上角像素中心坐标；元数据文件可采用MDB格式或文本格式存储。

4. 影像分辨率

数字正射影像图的地面分辨率在一般情况下应不大于0.000 1$M_{图}$($M_{图}$为成图比例尺分母)。以卫星影像为数据源制作的卫星数字正射影像图的地面分辨率可采用原始卫星影像的分辨率。

5. 精度指标

平地、丘陵地数字正射影像图的平面位置中误差一般不应大于图上0.5mm，山地、高山地数字正射影像图的平面位置中误差一般不应大于图上0.75mm，明显地物点平面位置中误差的两倍为其最大误差。

数字正射影像图应与相邻影像图接边，接边误差不应大于两个像元。

二、生产作业过程

数字正射影像图的生产主要包括资料准备、色彩调整、DEM采集、影像纠正(融合)、影像镶嵌、图幅裁切、质量检查、成果整理与提交等技术环节。

1. 资料准备

需准备的资料主要包括原始数字像片、控制点成果、DEM 成果、技术设计书等所需的其他技术资料。

2. 色彩调整

色彩调整主要包括影像匀光处理和影像匀色处理。

3. DEM 采集

DEM 采集是指采集地形特征点线，制作 DEM 数据。

4. 影像纠正(融合)

影像纠正(融合)是指利用 DEM 数据对影像进行数字微分纠正和影像重采样，生成数字正射影像。

5. 影像镶嵌

影像镶嵌是指按图幅范围选取需要镶嵌的数字正射影像，在相邻数字正射影像之间选绘、编辑镶嵌线，按镶嵌线对所选的单片正射影像进行裁切，完成正射影像之间的镶嵌工作。

6. 图幅裁切

图幅裁切是指按照内图廓线对镶嵌好的正射影像数据进行裁切，也可根据设计的具体要求外扩一排或多排栅格点影像进行裁切，裁切后生成 DOM 成果。

7. 质量检查

质量检查主要包括空间坐标系、精度、影像质量、逻辑一致性和附件质量检查。

8. 成果整理与提交

按照技术设计要求对 DOM 成果进行整理和提交。

三、生产作业方法

1. 航空摄影测量法

航空摄影测量方法 DOM 数据采集可以采用微分纠正方法进行。主要工作包括：

1)设置正射影像参数

设置正射影像参数是指设置影像地面分辨率、成图比例尺，选择影像重采样方法，一般采用双三次卷积内插法。

2)正射纠正

正射纠正是指基于共线方程，利用像片内外方位元素定向参数以及 DEM，对数字航空影像进行微分纠正重采样；并依次完成图幅范围内所有像片的正射纠正。

3）单片正射影像镶嵌

单片正射影像镶嵌是指按图幅范围选取所有需要进行镶嵌的正射影像，在相邻影像之间选择镶嵌线，按镶嵌线对单片正射影像进行裁切，自动完成单片正射影像之间的镶嵌。

4）图幅正射影像裁切

图幅正射影像裁切是指按照内图廓线最小外接矩形范围，根据设计要求外扩一排或多排栅格点影像进行裁切，裁切后生成正射影像文件。

2. 航天遥感测量法

卫星遥感影像正射纠正按下列作业方法进行：

（1）如采用全色与多光谱影像纠正，应根据地区光谱特性，通过试验选择合适的光谱波段组合，分别对全色与多光谱影像进行正射纠正。

（2）对于高山地、山地，根据影像控制点，应用严密物理模型或有理函数模型并通过 DEM 数据进行几何纠正，对影像重采样，获取正射影像。

（3）对于丘陵地可根据情况利用低一等级的 DEM 进行正射纠正，对于平地可不利用，DEM 直接采用多项式拟合进行纠正。

3. 真正射影像制作

所谓真正射影像，简单一点讲就是在数字微分纠正过程中，要以数字表面模型（DSM）为基础进行的数字微分纠正。对于空旷地区而言，其 DSM 和 DEM 是一致的，此时只要知道了影像的内、外方位元素和所覆盖地区的 DEM，就可以按共线方程进行数字微分纠正了，而且纠正后的影像上不会有投影差。

四、质量控制

正射影像图的质量控制主要包括几何精度检查和影像质量检查两个方面。

1. 几何精度检查

几何精度的检查可采用：①野外检测：用于检查正射影像图的绝对精度；②与等高线图或线划地图套合后进行目视检查；③影像镶嵌时检查接边差是否超限。由于接边不仅仅涉及几何方面的精度问题，同时还涉及不同影像之间色调的不一致。

2. 影像质量检查

正射影像的影像质量主要是指影像的辐射（亮度、色彩）质量。一般采用目视检查方法进行，主要内容包括：整张影像色调是否均匀，反差及亮度是否适中，影像拼接处色调是否一致，影像上是否存在斑点、划痕或其他原因所造成的信息缺失的现象等。

五、成果整理

数字正射影像图数据生产需要提交的主要成果包括数字正射影像图数据文件、正射影像镶嵌线数据文件、元数据文件、数字正射影像图数据文件接合表、质量检查记录、质量检查(验收)报告、技术总结报告等。

数字正射影像图以光盘为主要存储介质，也可使用磁带或磁盘等。

第十节　三维建筑模型建立

一、基本概念和技术要求

1. 基本概念

基础地理信息三维模型是地形地貌、地上地下人工建(构)筑物等基础地理信息的三维表达，反映被表达对象的三维空间位置、几何形态、纹理及属性等信息。

2. 技术要求

下面介绍的地表三维建筑模型精细建模技术要求，在实际作业中可以适当调整。

(1)模型宜根据精细仪器测量结构或建筑设计资料制作。

(2)模型要求真实反映建模物体的外观细节，侧面上的阳台、窗、广告牌及各类附属设施都应清晰表现，且侧面轮廓线应反映侧面上的变化细节。

(3)模型使用的纹理材料应与建筑外观保持一致，反映出纹理的实际图像、颜色、透明度等，区别出砖、木头、玻璃等不同质地。

(4)模型要求反映建模物体长、宽、高等任意维度变化大于 0.5m 的细节(个别标志性古建筑反映维度变化 0.2m 的细节)。

(5)模型的屋顶应反映屋顶结构形式与附属设备等细节。

(6)模型的高度与实际物体的误差不得超过 1m。

(7)对于主体包含球面、弧面、折面或多种几何形砖多个复杂建筑物，要求表现建筑物的主体几何特征。

(8)对于包含多种类型建筑物的复杂建筑物，可以拆分为不同类型建筑物再建模。

(9)建筑模型的基底应与所处地形位置处于同一水平面上，与地形起伏相吻合。

二、生产作业过程

根据项目经费投入的程度和时间上的需求，制作方法也有很大的不同，三维模型的生产主要包括资料准备、数据采集与属性录入、模型的制作、质量检查、成果整理与提交五个环节。通常利用交互式 CAD、摄影测量或激光扫描等技术手段，获取几何信息，根据模型的精度要求添加不同类型的纹理。

(1)资料准备：高分辨率的航片影像、大比例尺矢量数据。

(2)数据采集与属性录入：实地建筑纹理采集、与模型对应矢量数据的属性(建成年份、权属部门、层数、建筑性质、用途类型、工作时间等相关信息)的调绘及属性录入、建筑纹理与大比例尺数据的对应。

(3)模型的制作：对实地采集的建筑纹理进行处理，对建筑结构进行模型构建，得到模型几何与纹理数据文件。

(4)质量检查：根据项目要求对制作的模型进行质量检查。

(5)成果整理与提交：成果数据可直接放到表现平台上直接加载，如果确定无错误后，则检查后的成果按有关规范进行整理与上交备份。

三、主要作业方法

根据获取模型的几何数据技术手段不同，可以分为：

(1)航空摄影测量方法。

(2)激光扫描方法。

(3)倾斜摄影方法(是指采用倾斜摄影方式，获取地理要素的几何及纹理信息，构建模型)。

(4)野外实地测量方法。

实际生产作业时，模型的几何数据可综合采用航空摄影测量、激光扫描、倾斜摄影、野外实地测量、内业数据处理等方法获取，相互之间拓扑关系表达主要通过内业数据处理实现。采集时应遵照有关技术规定，以确保地理要素三维表达时必需的技术指标。

四、质量控制

1. 质量控制方法

检查方法可分为以下几类：

(1)文件替换：如果资金充足或是相关制作人员较多，由主要模型平台设计人员提供相关位置的替换模型的长方体，由几个员工同时按同一标准制作同一模型(通常是 2 人或 3 人)，在规定的时间内，选取质量好的模型放入平台。

(2)专业美工人员审验：一片区域模型制作小组随同一名美工人员在制作过程中进行随时质量监督以控制质量。如果项目较大，可以设置更高一级的质量检查人员来逐级控制。

(3)针对项目管理软件控制：采用相关的文件控制软件来实现文件权限分配，并用相关脚本语言进行批量逐项检查，检查不合格的返工修改再检查，直到检查合格为止。

(4)建模软件插件控制：采用针对项目而编写或是修改的插件来检验并尝试修复错误，对于不能解决的少数错误进行手动修改。

2. 质量控制要求

数据质量应采用数据质量元素描述。数据质量元素包括完整性、几何精度、属性精度、现势性和逻辑一致性等方面内容。对于数据源、数据加工过程、数据内容取舍和数据更新维护过程等涉及数据质量的相应内容应有记录文档。

3. 模型质量评定

模型的质量主要从数据组织、几何精度、结构精度、纹理质量、附件质量五个方面进行评定。

(1)数据组织：主要检查文件命名、数据组织和数据格式的正确性、规范性，存储数据介质和规格的正确性，模型展示效果等。

(2)几何精度：主要检查模型平面位置精度(绝对、相对)和高程精度(绝对、相对)。

(3)结构精度：主要检查模型细节表现和相互关系的正确性。

(4)纹理质量：主要检查影像色调是否均匀、反差是否适中，影像清晰度，影像外观质量(噪声、云块、划痕、斑点、污迹等)。

(5)附件质量：主要检查元数据文件的正确性和完整性，上交资料的齐全性。

五、成果整理

三维模型制作的数据生产需要提交的主要成果包括：模型几何源数据、模型纹理源数据、模型平台成果数据、质量检查记录、质量检查(验收)报告、技术总结报告、相关文件参数(包括区划范围内模型的点数、三角面数、贴图个数、贴图尺寸、总贴图数据量、运行平台模型表现时的资源影响程度)等。

第十一节 遥感图像处理与解译

一、遥感数字图像处理

1. 辐射处理

地物在成像过程中受到许多因素的干扰，如大气传输、传感器系统的传输变换等，致使所获得的图像在强度、频率及空间方面出现退化，呈现出对比度(反差)下降、边缘模糊等。为了使影像清晰、醒目，目标物突出，提高目视解译和计算机自动识别和属性分类的效果，常常需要对影像灰度(辐射信息)进行某些处理，主要可分为图像复原和图像增强两类方法。

2. 几何处理

遥感图像的几何处理主要是为了解决遥感图像的几何变形问题，即对遥感图像进行几何纠正。遥感图像几何纠正方法一般分为光学纠正和数字纠正两大类。遥感图像的几何处理是遥感信息处理过程中的一个重要环节，常用的纠正方法有：基于多项式的纠正法、基于严格构像方程(如共线方程)的纠正法、基于有理函数的纠正法和随机场内插值法等。

二、多源遥感数据融合

不同的遥感传感器所获取的可见光、红外、微波及其他电磁波的影像数据在空间、时间、光谱等方面构成了同一区域的多源数据。单一传感器的影像数据通常不能提取足够的信息来完成某些应用，而对多传感器的数据进行融合，可以充分发挥各种传感器影像自身的特点，消除多传感器信息之间可能存在的冗余和矛盾，从而得到更多的信息和更好的应用。遥感影像数据融合可分为三个层次，即像元级、特征级和符号级。

三、遥感图像分类

遥感图像分类就是利用计算机通过对遥感图像中各类地物的光谱信息和空间信息进行分析和特征选择，将图像中各个像元按照某种规则或算法划分为不同的类别，然后获得遥感图像中与实际地物的对应信息，从而实现遥感图像的分类。

1. 监督分类

监督分类是用已被确认类别的样本像元去识别其他未知类别像元的过程。监督分类的重要特点是必须先有一些已知样本，把每个未知像元和样本作比较，按不同的规则将其划分到与其最相似的样本类，以此完成对整个图像的分类。

2. 非监督分类

非监督分类是指事先对分类过程不施加任何的先验知识，而仅凭遥感影像数据所固有的地物光谱特征的分布规律进行“盲目”的分类，其分类的结果只是对不同类别达到了区分，但并不能确定类别的属性。其类别的属性是通过分类结束后目视判读或实地调查确定的。

四、遥感图像解译

图像解译也称图像判读，是指从图像上获取信息的基本过程。遥感图像解译的目的是识别目标，从而获得关于目标的含义信息。图像解译可分为人工目视解译和计算机自动解译两种方法。两种方法均是以对图像中影像要素的光谱或特征分析为基础的，最终都是对图像中的目标进行判断和识别，进而解决遥感图像分类和专题制图应用的问题。

1. 目视解译标志

遥感图像的目视解译标志分为直接解译特征和间接解译特征两类。所谓直接解译特征，它是地物本身属性在图像上的反映，即凭借图像特征能直接确定地物的属性。直接解译特征(标志)包括：现状、大小、色调、阴影、颜色、纹理、图案、布局。而所谓间接解译特征，它是通过与之有联系的其他地物在图像上反映出来的特征，推断地物的类别属性。如地貌形态、水系格局、植被分布的自然景观特点、土地利用及人文历史特点，等等。多数采用逻辑推理和类比的方法引用间接解译标志。

2. 遥感图像的自动识别

遥感图像的自动识别是利用电子计算机，依据影像信息特征，对图像的内容进行分析和判别，弄清图像中的线条、轮廓、色调、图案、纹理等内容对应的地面景物属性，以识别各种不同模式的目标和对象的技术。图像识别的本质是分类，分类问题解决了，结合对照地面类型便可对图像进行识别。

第十二节　遥感调查工作底图制作

一、基本概念和技术要求

1. 数据内容

遥感调查工作底图由正射影像图和图廓整饰信息、行政界线、地名及其他专题信息组成。

(1)正射影像图包括影像数据、影像信息文件、元数据文件。

(2)图廓整饰信息包括影像时间、比例尺、制作单位、密级等信息。

(3)专题遥感数据成果包括栅格数据、矢量数据和元数据。

2. 数据格式

遥感正射影像数据一般采用非压缩的 TIFF 格式存储，元数据文件可采用 MDB 格式或文本格式存储，调查底图制图数据根据所使用的制图软件平台来确定，专题遥感数据一般包括矢量数据格式和栅格数据格式。

3. 分辨率

根据项目要求确定影像时间分辨率、地面分辨率和波谱分辨率。

二、生产作业流程

获取收集项目要求的航空、航天遥感影像，采集纠正控制点，使用遥感图像处理软件进行正射纠正、配准、融合、镶嵌与增强，制作正射影像图；进行图面整饰，叠加行政界线等要素，制作遥感调查工作底图，提供实地采样调绘；根据采样调绘成果对影像进行解译，采集专题数据，制作专题遥感数据成果。

三、遥感调查工作底图的制作

1. 遥感影像数据源选择

制定遥感影像数据源方案，确定采用的影像类型、影像分辨率，收集获取遥感影像资料。

2. 像控点采集

制定像控点采集方案。像控点获取方式主要包括外业 GPS 实测或在已有的地形图、正射影像图上进行采集。

3. DOM 生产

1)航空摄影测量方法

以航空摄影资料、像控点成果、数字高程模型数据为基本资料，利用数字摄影测量系统及辅助软件，通过空三—正射纠正—影像镶嵌裁切—图像处理等工作，制作航空数字正射影像图数据。

2)航天摄影测量方法

以遥感影像、像控点成果、数字高程模型数据为基本资料，利用遥感影像处理平台，进行正射纠正—影像融合—影像镶嵌—影像裁切—图像处理等，制作数字正射影像图数据。

4. 调查工作底图制作

(1)影像增强：主要方法有彩色增强、反差增强、滤波增强和比值增强等；
(2)影像图整饰；
(3)调查底图喷绘。

5. 调查与采样

以遥感调查工作底图为基础，对项目区内的要素属性进行实地调查，采集影像分类训练样本与检验样本。

6. 影像解译

1)目视解译

(1)遥感图像的目视解译原则是：总体观察，综合分析，对比分析，观察方法正确，尊重影像的客观实际，解译图像耐心认真，有价值的地方重点分析。

(2)目视解译的方法：从已知到未知，先易后难，先山区后平原，先地表后深部，先整体后局部，先宏观后微观，先图形后线形。

(3)目视解译的一般程序：一般包括解译准备、建立解译标志、解译、实地核查与成果修改完善等阶段。第一，了解影像的辅助信息，即熟悉获取影像的平台、遥感器，成像方式，成像日期、季节，影像的比例尺，空间分辨率，彩色合成方案等。第二，建立解译标志，根据影像特征及外业调绘采样数据，建立影像和实地目标物之间的对应关系。第三，进行预解译，根据解译标志对影像进行解译，勾绘类型界线，标注地物类别。野外调查与影像预解译的顺序可选择"先内后外"或"先外后内"的作业方式。第四，进行实地调查。在室内预解译的图件存在错误或者难以确定的类型，需要野外实地调查验证。第五，进行解译，根据野外实地调查与采样结果，修正预解译图中的错误，确定未知类型，细化预解译图，形成正式的解译图。

2)计算机解译

计算机自动分类包括监督分类和非监督分类。非监督分类一般包括影像分析、分类器选择与优化、影像分类、类别定义与类别合并、分类后处理、结果验证六个步骤；监督分类一般包括类别定义与特征判别、训练样本选择、分类器选择与优化、影像分类、分类后处理、结果验证六个步骤。

7. 专题成果制作

对遥感解译专题数据进行版面设计与符号配置、色彩设计等，形成遥感专题数据成果。

四、质量控制

遥感调查工作底图和专题遥感数据成果的质量控制包括 DOM 质量控制和专题遥感数据的质量控制。专题遥感数据成果的质量控制主要包括属性精度检查和质量精度检查，可采用以下方法进行：

(1)野外检测：用于检查专题遥感数据成果的绝对精度。

(2)与遥感调查底图叠加后目视检查其几何精度。

(3)利用分辨率高于工作底图的遥感影像抽样检查其属性精度。

(4)目视接边检查，保证分幅分块数据的几何接边与属性接边。

(5)通过 GIS 软件检查矢量数据拓扑关系的正确性。

五、成果整理

遥感调查工作底图和专题遥感数据成果生产需要提交的主要成果包括正射影像图数据、遥感调查工作底图数据、专题遥感数据、成果质量检查记录、质量检查(验收)报告、技术总结报告、其他成果及各种专业资料等。数据成果、文档资料、生产过程成果及各种专业资料等，应按照设计要求统一整理并汇交。

第七章考点
试题及答案

第八章 地 图 制 图

第一节 地图的基础知识

一、地图的特性

地图具有以下基本特性：

(1)可量测性：地图采用了地图投影、地图比例尺和地图定向等特殊数学法则，保证地图图形具有可量度性。

(2)直观性：采用地图语言(符号、色彩、注记)表示各种复杂的自然和社会现象，使地图比影像等更具直观性。

(3)一览性：地图是缩小了的地面表象，它不可能表达出地面上所有的地理要素，需要通过制图综合(取舍、概括)的方法，使地面上任意大小的区域缩小制图，一览无余地呈现出来。

二、地图的分类

地图可以内容、比例尺、制图区域范围、用途、介质表达形式和使用方法等作为依据进行分类。

1. 按内容分类

地图按其内容可分为普通地图和专题地图两大类。

普通地图是以相对平衡的详细程度表示地球表面的水系、地貌、土质植被、居民地、交通网、境界等自然现象和社会现象的地图。

专题地图是根据专业方面的需要，突出反映一种或几种主题要素或现象的地图，其中作为主题的要素表示得很详细，而其他要素则视反映主题的需要，作为地理基础概略表示。

2. 按比例尺分类

地图按比例尺分类是一种习惯上的做法。在普通地图中，按比例尺可分为：

(1)大比例尺地图：比例尺大于等于 1∶10 万的地图；

(2)中比例尺地图：比例尺在 1∶10 万~1∶100 万之间的地图；
(3)小比例尺地图：比例尺小于等于 1∶100 万的地图。

3. 按制图区域范围分类

(1)按自然区域划分，分为世界地图、大陆地图、洲地图等。
(2)按政治行政区域划分，分为国家地图、省(区)地图、市地图、县地图等。

4. 按使用方式分类

按使用方式可分为桌面用图(如地形图、地图集等)、挂图(如教学挂图等)、随身携带的地图(如小图册、折叠地图等)、专用地图(如盲文地图、航空地图、航海地图等)等。

5. 按介质表达形式分类

按介质表达形式可分为纸质地图、丝绸地图、塑料地图，以及以磁盘、光盘为介质的电子地图、数字地图等。

6. 特种地图

特种地图包括如绸质地图、夜光地图、塑料地图、立体地图、盲文地图。

三、地图语言

1. 地图符号

地图符号根据地理要素的抽象特征，可以分为点状符号、线状符号和面状符号。按比例尺关系可分为不依比例尺符号、半依比例尺符号和依比例尺符号。
地图符号有形状、尺寸、色彩、方向、亮度和密度 6 个基本变量。

2. 地图色彩

地图色彩主要是运用色相、亮度和饱和度的不同变化与组合，结合人们对色彩感受的心理特征，建立起色彩与制图对象之间的联系。一般情况下，色相主要表示事物的质量特征，如淡水用蓝色，咸水用紫色；亮度和饱和度通常表示事物的数量特征和重要程度。地图上一般重要的事物符号通常用较浓、艳的颜色表示，而次要的事物符号用较浅、淡的颜色表示。

3. 地图注记

地图注记通常分为名称注记、说明注记、数字注记和图外整饰注记等。地图注记的要素包括字体、字大(字号)、字色、字隔、字位、字向和字顺等。地图注记在某种意义上还可直接起到符号的作用。例如，可以根据居民地注记字体，判定居民地属于城镇和村庄；根据山脉或山岭的名称注记，可明显显示它们的走向形势等。
地图上一般根据被注物体的特点，注记有水平字列、垂直字列、雁行字列和屈曲字列四种布置方式。点状要素一般用水平和垂直字列，线状、面状要素一般用雁行和屈曲字列。

四、地图内容

地图的内容由数学要素、地理要素和辅助要素构成。

1. 数学要素

数学要素包括地图的坐标网、控制点、比例尺、定向等内容。
(1)坐标网是指地理坐标网(经纬线网)、直角坐标网(方里网)。
(2)控制点是指平面控制点(天文点、三角点)、高程控制点(水准点)。
(3)比例尺是指地图的缩小程度，是地图上某一线段的长度与实地相应位置水平距离之比。
(4)地图定向则是确定地图上图形的方向，一般地图图形均以北方定向。

2. 地理要素

地图的主题内容是地理要素现象。根据地理现象的性质，大致可以区分为自然要素、社会要素和其他标志等。

(1)普通地图的地理要素表示了制图区域最基本的自然和社会经济地理现象，主要有独立地物、居民地、交通网、水系、地貌、土质与植被、境界线等要素。

(2)专题地图的地理要素表示了制图区域所要反映的专题要素和为专题要素进行地理定位的地理基础(地理底图)要素。专题要素是主题要素的主要组成部分，通常需要使用特定的表示方法来描述专题内容的数量、质量或分布特征。地理基础(地理底图)要素一般按专题要素的需要选取，内容通常要比同比例尺的普通地图内容简略。

3. 辅助要素

为方便使用地图，在地图的图廓(或主图)外，除注明图名外，还配备了供读图使用的工具性图表和说明性内容，统称为地图的辅助要素。它分为读图工具和参考资料。

读图工具图表主要包括图例、图号(图幅编号)、接图表、图廓间要素、分度带、比例尺、坡度尺、附图等；参考资料指说明性内容，主要包括编图及出版单位、成图时间、地图投影(小比例尺地图)、坐标系、高程系、编图资料说明和资料略图等。

第二节 地图的数学基础

一、地图投影的基础知识

1. 地图投影的基本概念

将地球椭球面上的点投影到平面上的方法称为地图投影。具体来讲，就是按照一定的数学法则，使地面点的地理坐标(λ，φ)与地图上相对的点平面直角坐标(x，y)建立函数关系。

2. 投影变形

由于地球椭球面是一个不可展的曲面，将它投影到平面上，必然会产生变形。投影产生了长度变形、面积变形以及角度变形。

3. 投影分类

一般按投影的变形性质和构成方式进行分类。

(1)按投影变形性质分类有等角投影、等面积投影、任意投影。

(2)按投影构成方式分类可分为几何投影和非几何投影。

①几何投影：特点是将椭球面上的经纬线投影到辅助面上，然后再展开成平面，如圆锥投影、圆柱投影、方位投影等。

②非几何投影：是在几何投影的基础上，根据制图的具体要求，有条件地按数学法则加以改造形成的，如伪方位投影、伪圆柱投影、伪圆锥投影等。

二、几何投影

1. 圆锥投影

圆锥投影是以圆锥面作为投影面，将圆锥面与地球椭球面相切或相割，将经纬线投影到圆锥面上，然后把圆锥面展开成平面。同时，有正圆锥、横圆锥和斜圆锥几种不同的投影。在圆锥投影中，也有等角、等面积和等距离几类投影。正圆锥投影的经线表现为相交于一点的直线，纬线为同心圆弧。这种投影方式最适合于中纬度地带沿东西伸展区域的地图使用，由于地球上广大的陆地都处中纬地带，所以被广泛使用。

1962年联合国在德国波恩举行的世界百万分之一国际地图技术会议上，建议用等角圆锥投影作为百万分之一地图的数学基础。各国编制出版的百万分之一地图，采用相同的规格，即地图投影、分幅编号、图式规范等基本上一致，促使该比例尺地图得到较广泛的国际应用。

我国1∶100万地形图采用双标准纬线正等角圆锥投影。投影变形的分布规律是：

(1)角度没有变形，即投影前后对应的微分面积保持图形相似；

(2)等变形线和纬线一致，同一条纬线上的变形处处相等；

(3)两条标准纬线上没有任何变形；

(4)在同一经线上，两标准纬线外侧为正变形(长度比大于1)，而两标准纬线之间为负变形(长度比小于1)，因此，变形比较均匀，绝对值也较小；

(5)同一条纬线上等经差的线段长度相等，两条纬线间的经线线段长度处处相等。

2. 圆柱投影

圆柱投影是以圆柱面作为投影面，将圆柱面与地球椭球面相切或相割，将经纬线投影到圆柱面上，然后把圆柱面展开平面而成。同样，有正圆柱、横圆柱和斜圆柱几种不同的投影。在圆柱投影中，也有等角、等面积和等距离几类投影。正圆柱投影的经线表现为等间隔的平行直线，纬线为垂直于经线平行直线。等角圆柱投影(墨卡托)具有等角航线表现为直线的特性，因此最适宜于编制各种航海图、航空图。

3. 方位投影

方位投影是以平面作为投影面，将平面与地球椭球面相切或相割，将经纬线投影到平面上而成。同样，又有正方位、横方位和斜方位几种不同的投影。在方位投影中，也有等角、等积和等距离几类投影。正方位投影的经线表现为辐射直线，纬线为同心圆。方位投影最适宜于表示圆形轮廓的区域，如表示两极(南、北极)地区的地图。

三、高斯-克吕格投影

我国现行的大于等于 1∶50 万的各种比例尺地形图，都采用高斯-克吕格投影。

1. 高斯-克吕格投影的基本概念

从地图投影性质来说，高斯-克吕格投影是等角投影。从几何概念来分析，高斯-克吕格投影是一种横切椭圆柱投影。假设一个椭圆柱横套在地球椭球体上，使其与某一条经线相切，用解析法将椭球面上的经纬线投影到椭圆柱面上，然后将椭圆柱展开成平面，即获得投影后的图形，其中的经纬线相互垂直。在平面直角坐标系中，是以相切的经线(中央经线)为 X 轴，以赤道为 Y 轴(图 8-1)。

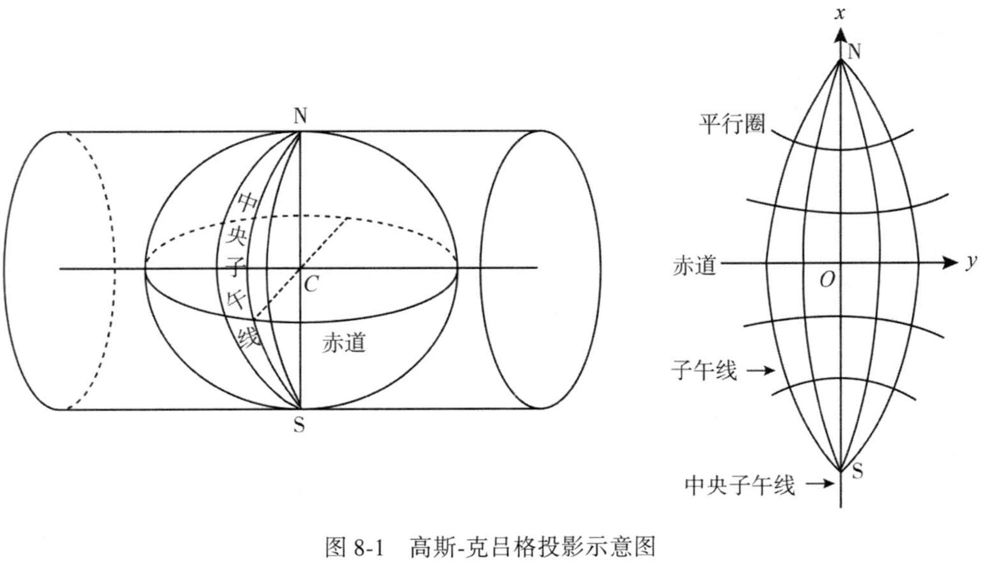

图 8-1 高斯-克吕格投影示意图

2. 高斯-克吕格投影的变形分析

高斯-克吕格投影没有角度变形，面积变形是通过长度变形来表达的。

其长度变形的规律是：

(1)中央经线上没有长度变形。

(2)沿纬线方向，离中央经线越远变形越大。

(3)沿经线方向，纬度越低变形越大。

整个投影变形最大的部位在赤道和最外一条经线的交点上(纬度为0°，经差为±3°时，长度变形为1.38‰)。当投影带增大时，该项误差还会继续增加。这就是高斯-克吕格投影采取分带投影的原因。

另外，也可以看出，该投影在低纬度和中纬度地区，误差显得大了一些，比较适用于纬度较高的国家和地区。

3. 高斯-克吕格投影分带的规定

为保证地形图所需精度的要求，就要限制经差，即限制高斯-克吕格投影的东西宽度。因此，高斯-克吕格投影采用分带的方法，将全球分为若干条带进行投影，每个条带单独按高斯-克吕格投影进行计算。为了控制变形，我国的1∶2.5万~1∶50万地形图均采用6°分带投影；考虑到1∶1万和更大比例尺地形图对制图精度有更高的要求，均采用3°分带投影，以保证地形图有必要的精度。

1)6°分带法

从格林尼治0°经线起，每6°为一个投影带，全球共分60个投影带。东半球的30个投影带，从0°起算往东划分，用1~30予以标记。西半球的30个投影带，从180°起算，回到0°，用31~60予以标记。凡是6°的整数倍的经线皆为分带子午线，如图8-2所示。每带的中央经线度L_0和代号n用式(8-1)求出。

$$L_0 = 6° \times n - 3°$$
$$n = \left[\frac{L}{6°}\right] + 1 \tag{8-1}$$

式中，[ ]表示商取整；L为某地点的经度。

我国领土位于东经72°至136°之间，共含11个6°投影带，即13~23带。各带的中央经线的经度分别为75°，81°，87°，…，135°。

2)3°分带法

从东经1°30′起算，每3°为一带，全球共分120个投影带。这样分带使6°带的中央经线均为3°带的中央经线(图8-2)。从3°转换成6°带时，有半数带不需换带计算。带号n与相应的中央子午线经度L_0可用式(8-2)求出。

$$L_0 = 3° \times n$$
$$n = \left[\frac{L + 1°30'}{3°}\right] \tag{8-2}$$

式中，[ ]表示商取整；L为某地点的经度。

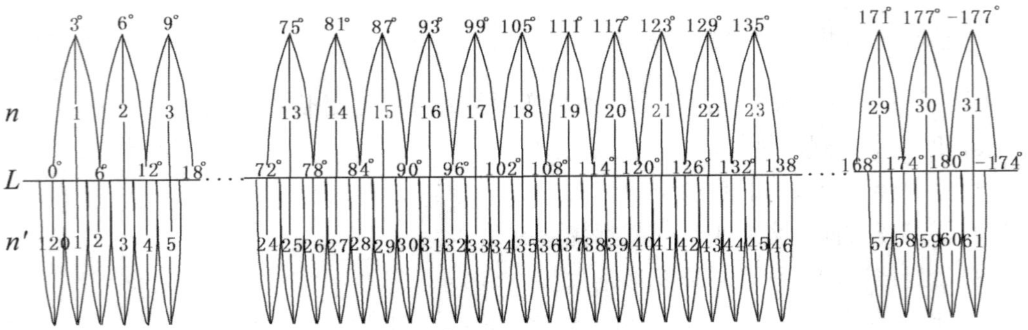

图 8-2　高斯-克吕格投影分带

我国领土共含 22 个 3°投影带，即 24~45 带。

四、地图分幅和编号

1. 地图分幅形式

通常有矩形分幅和经纬线分幅两种分幅形式。

1)矩形分幅

用矩形的图廓线分割图幅，相邻图幅间的图廓线都是直线，矩形的大小根据需要自定。矩形分幅一般用于以区域为制图单元的地图及工程建设方面的大比例尺地形图，普通地图集也常常采用矩形分幅。

2)经纬线分幅

图廓线由经线和纬线组成，大多数情况下表现为上下图廓为曲线的梯形。地形图、大区域的分幅地图多用经纬线分幅。

2. 我国地形图的分幅编号

我国基本比例尺地形图都是在 1∶100 万比例尺地形图编号的基础上进行的。

1)1∶100 万比例尺地图的编号

1∶100 万比例尺地形图的编号采用“行列”法编号。

(1)行：从赤道算起，纬度每 4°为一行，至南北纬 88°各 22 行，用大写英文字母 A，B，C，…，V 表示。

(2)列：从 180°经线算起，自西向东每 6°为一列，全球分为 60 列，用阿拉伯数字 1，2，…，60 表示。

(3)一个列号和一个行号就组成一幅 1∶100 万地形图的编号。北京市所在的1∶100 万图幅位于东经 114°~120°，北纬 36°~40°，其编号为 J50。

2)1∶5 000~1∶50 万比例尺地形图的编号

1∶5 000~1∶50 万比例尺地形图的编号都是在 1∶100 万地形图的基础上进行的，其编号都是由 10 个代码组成，其中前 3 位是所在的 1∶100 万地形图的行号(1 位)和列号(2 位)，第 4 位是比例尺代码，每种比例尺有一个特殊的代码(见表 8-1)，后面 6 位分为两段，前 3 位是图幅行号数字，后 3 位是列号数字；不足三位时前面加“0”。

每幅 1∶100 万地形图划分为：①1∶50 万：2 行、2 列；②1∶25 万：4 行、4 列；③1∶10万：12 行、12 列；④1∶5 万：24 行、24 列；⑤1∶2.5 万：48 行、48 列；⑥1∶1 万：96 行、96 列；⑦1∶5 000：192 行、192 列。

表 8-1　　**比例尺代码**

比例尺	1∶50 万	1∶25 万	1∶10 万	1∶5 万	1∶2.5 万	1∶1 万	1∶5 000
代码	B	C	D	E	F	G	H

例如：J 50 B 001002 为 1∶50 万地形图的编号，J 50 C 003003 为 1∶25 万地形图的编号，J 50 D 010010 为 1∶10 万地形图的编号，J 50 E 017016 为 1∶5 万地形图的编号，J 50 F 042002为 1∶2.5 万地形图的编号，J 50 G 093004 为 1∶1 万地形图的编号，J 50 H 192192 为 1∶5 000 地形图的编号。

五、地图比例尺

地图比例尺的含义是指地图上某线段的长度与实地的水平长度之比。地图比例尺通常有数字式、文字式和图解式(直线比例尺、复式)等形式。

1. 数字式

数字式就是用阿拉伯数字表示。可以用比的形式，如 1∶50 000、1∶5 万，也可以用分数式，如：1/50 000、1/100 000 等。

2. 文字式

文字式就是用文字注释的方法表示。例如：十万分之一，图上 1cm 相当于实地 1km。表达比例尺长度单位，在地图上通常以厘米计，在实地以米和千米计。

3. 图解式

图解式就是用图形加注记的形式表示，最常用的是直线比例尺，尤其是在电子地图、网络地图上。小比例尺地图上，由于投影变形比较复杂，往往根据不同经纬度的不同变形，绘制复式比例尺，又称经纬线比例尺，用于不同地区的长度量算。

六、地图定向

确定地图上图形的方向叫地图定向。

1. 地形图定向

规定在 1∶2.5 万、1∶5 万、1∶10 万比例尺地形图上绘出三北方向。一般情况下，三北方向线的方向是不一致的，它们之间相互构成一定的角度，称之为偏角或三北方向角。

1）真北方向

过地面上任意一点，指向北极的方向叫真北方向。对一幅图，通常把图幅的中央经线的北方向作为真北方向。

2）坐标北方向

纵坐标值递增的方向称为坐标北方向。

3）磁北方向

实地上磁北针所指的方向称为磁北方向。

2. 一般地图定向

一般地图通常采用真北方定向。有时制图区域的形状比较特殊，用真北方定向不利于有效利用标准纸张，也可以采用斜方位定向，但需要在地图上明显位置加注“指北方向”标志。

第三节　地图设计

一、地图设计的基本程序

承担地图设计任务的编辑人员在接受制图任务以后，通常按以下步骤开展工作：

1）确定地图的用途和对地图的基本要求

确定新编地图的用途是设计地图的起点，承担任务的编辑，首先是要同委托单位充分接触，从确立地图的用途、使用方式、使用对象、使用范围入手，就地图的内容、表示方法、出版方式等同委托单位充分交换意见。

2）分析已成图

为了使设计工作有所借鉴，在接受任务之后，往往先要收集一些与新编地图性质相类似的地图加以分析，明确其优点和不足，作为设计新编地图的参考。

3）研究制图资料

制图资料的收集、整理、分析评价以及制图资料的使用。

4）研究制图区域的基本情况

制图区域是地图描绘的对象，想要确切地描述它，必须先深刻地认识它。

5）设计地图的数学基础

设计地图的数学基础包括设计或选择一个适合于新编地图的地图投影（确定变形性质、标准纬线或中央经线的位置、经纬线密度、范围等），确定地图比例尺和地图的定向等。

6）地图的分幅和图面设计

当所编地图需要分幅时要先进行分幅设计。图面设计是对所编地图的主区位置、图名、图廓、图例、附图等的图面配置设计。国家基本比例尺地形图不需要进行分幅和图面设计。

7)地图内容确定及表示方法设计

根据地图用途、制图资料及制图区域特点，选择地图内容，它们的分类、分级，应表达的指标体系及表示方法，针对上述要求设计地图符号并建立符号库。

8)各要素制图综合指标的确定

规定各要素的选取指标、概括原则和程度。制图综合指标决定了表达在新编地图上地物的数量及复杂程度，是地图创作的主要环节。

9)地图制作工艺设计

在数字环境下，地图制图过程是相对稳定的，在制图硬件、软件及输入输出方法选定后，基本不需要进行过程设计。

10)样图试验

以上各项设计是否可行，结果是否可以达到预期目的，常常需要选择个别典型的区域做样图试验。

二、制图资料收集与制图区域分析

1. 制图资料收集

(1)在编辑设计准备工作中，要充分了解制图区域的资料和数据情况，广泛收集可用于编绘地图的各种最新资料和数据。

(2)对收集到的资料应进行全面分析、研究，以确定基本资料、补充资料和参考资料。

(3)基本资料的选用应截至编绘作业之前。现势资料一般截至地图数据输出之前。

2. 制图区域分析

分析研究制图区域，目的在于清楚地了解制图现象的区域特征，从整体上了解制图区域的地理概况和基本特征。根据分析研究的成果拟定要素的分类、分级、表示法、概括尺度和选取标准，使其能顾及区域特征的差别，在新编地图上再现制图区域地理空间结构。

三、地图设计文件

根据制图任务的差别，地图设计文件有所区别，概括起来为图8-3中所列举的情况。

地形图是指国家基本比例尺地图。对于这一类地图，国家测绘地理信息主管部门以国家标准的形式发布了各种比例尺地图的编图规范和图式等一系列标准化的编辑文件。每一个具体的制图单位在接到制图任务书后，根据规范、图式的规定并结合制图区域的地理情况，编写区域编辑计划。针对每一个具体图幅，则要在区域编辑计划的基础上，结合本图幅的具体情况编写图幅技术说明。

普通地理图及大部分专题地图(少数有行业标准的除外)由于没有统一的规范作指导，

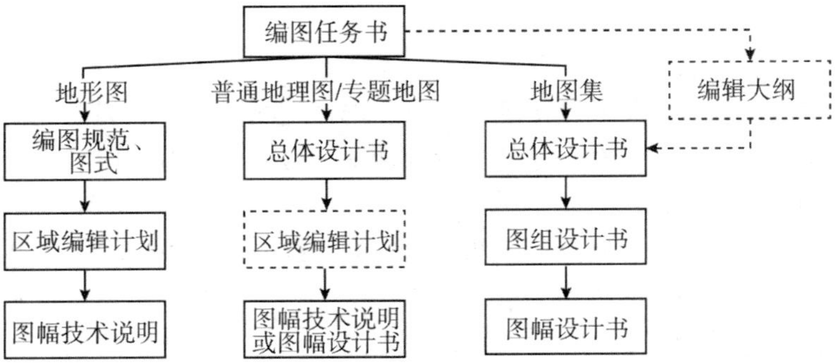

图 8-3　地图设计文件的种类和相互关系

通常要编写总体设计书，再根据具体任务编写(当区域不大时不编写)区域编辑计划。对于每一个具体图幅，编写图幅技术说明或图幅设计书。

地图集的编制要复杂一些。如果编图任务书的内容很详细，可以直接根据任务书的要求设计和编写地图集总设计书，否则，要先编写一个编辑大纲提供给编委会讨论，认可后再编写总设计书。对于每个图组，由于其类型、内容都相差甚远，要编写图组设计书。每一幅图又有不同的类型，还要编写图幅设计书。

编图任务书是由上级主管部门或委托单位提供的，其内容包括：地图名称、主题、区域范围、地图用途、地图比例尺，有时还指出所采用的地图投影、对地图的基本要求、制图资料的保障情况以及成图周期和投入的资金等项目。

地图编辑在接受制图任务后，经过一系列的设计，编写相应的编辑文件。一般地图设计文件内容包括：

1. 任务概述

任务概述包括说明制图任务来源、制图范围、行政隶属、地图用途、任务量、完成期限、承担单位等基本情况。对于地图集(册)，还应重点说明其要反映的主体内容等。对于电子地图，还应说明软件基本功能及应用目标等。

2. 制图区域概况和编图资料情况

1)制图区域概况

制图区域地理现象的类型特征和典型地理特点，从整体上了解制图区域的地理概况和基本特征。

2)编图资料情况

说明已有资料采用的平面和高程基准、比例尺、测制单位和年代，资料的数量、形式，主要质量情况和评价，列出基本资料、补充资料和参考资料(包括可利用的图表、图片、文献等)，分析这些制图资料利用的可能性并提出利用方案等。

3. 引用文件

引用文件包括引用的标准、规范、图式和其他技术文件。

4. 成果(或产品)主要技术指标

说明地图比例尺、投影、出版形式、坐标系统及高程基准，地图类别和规格，地图性质以及其他主要技术指标等。

对于地图集(册)，还应说明图集的开本、成品尺寸及印张数、图集(册)的内容结构等主要情况。对于电子地图，则应说明其主题内容、制图区域、比例尺、用途、功能、媒体集成程度、数据格式、可视化模型、数据发布方式等。

5. 设计方案

1)地图内容与表示方法设计

明确地图的主题及体现主题的具体内容，包括它们的分类、分级程度，并根据内容的性质和特点设计内容的表示方法。

2)各要素的制图综合

各要素的制图综合是设计书的主要部分，其内容包括：要素的地理特点，选取指标和选取方法，概括的原则和概括程度，典型特征的描绘和特殊符号的使用，注记的定名与选取，要素之间的关系协调，数据的更新等。

3)符号设计与符号库

符号设计应说明符号设计的基本原则和方法，明确符号的颜色、形状和尺寸，符号的配置原则；注记的字体、字大、字色的设计，注记的配置原则等。完整的符号列表作为附件放在设计书的后面。

符号库的建立方法，符号库的管理及符号的使用规则等都需了解。

4)样图设计

样图设计与制作是为了给编制不同类型图提供直观、形象的参考依据。因此，需选择各图组或各类型图有代表性的图幅，进行具体的设计，并对类型图的制作提出原则性要求。

5)接边的规定

地图的拼接形式、接边的部位、宽度、方法等的具体规定。

6. 编制技术路线

数字地图制图的基本过程包括地图设计、数据输入、数据处理和数据输出这四个阶段。地图编制技术路线可以用框图的形式加以说明。

7. 印刷与装帧

印刷与装帧内容包括出版要求、印刷要求、地图产品的装帧设计和版面设计等。

8. 质量控制

根据资料、技术力量、设备及使用的工艺等条件，提出可能达到的质量标准，从而确定检查验收的要求和基本程序。内容包括质量控制的内容、方法、程序以及相关技术指标和要求。

9. 制订进度计划

制订进度计划包括地图数据、技术、人力、财力、物力等方面的管理方法和进度计划。

10. 提交成果

明确成果的内容与形式、地图成果数据、元数据及图历簿、图件的数量等。

11. 编制经费预算表

进行项目经费预算安排。

12. 附录

设计书的附录内容和数量，根据所设计地图的情况而定。其中可能包括的内容有：色标、符号表、分幅和图面设计略图、资料配置略图、各要素的分区和制图综合指标图、典型地区的综合样图、不同类型样图、各种统计表格、图面及整饰略图等。

四、地图投影的选择

除国家基本比例尺地形图外，其他类型地图需根据用途、制图区域位置、大小和形状等因素，选择合适的地图投影。

1. 根据制图区域的空间特征选择地图投影

制图区域的空间特征，是指它的形状、大小和在地球椭球体上的位置。依制图区域的形状和位置选择投影，以减少图上的变形。如区域形状接近圆形的区域，在两极地区宜采用正轴方位投影；东、西半球地图常采用横轴方位投影，在中纬度地区宜选用正轴圆锥投影，在低纬度地区多采用正轴圆柱投影；沿经线南北向延伸的竖长形地区，一般可采用横轴圆柱投影；沿任意斜方向延伸的长形地区，大多采用斜轴圆柱投影或斜圆锥投影。

设计中国全图时，若南海诸岛作为附图，选择等角正圆锥投影；若南海诸岛不作附图，应改为选择等角斜方位投影、伪方位投影、等面积伪圆锥投影(彭纳投影)等。编制城市交通旅游地图时，对各主城区繁华地图应尽量放大，可考虑采用多焦点的变比例尺投影。

2. 根据地图的用途和使用方法选择地图投影

政区地图，各局部区域的面积大小对比处于突出地位，常使用等面积投影；用作定向的地图则适于采用等角投影；军用地图，要求方位距离准确，通常采用等角投影；教学用地图，常采用各种变形都不大的任意性质投影；海洋地图、宇航地图都用墨卡托投影(等角圆柱投影)，航空基地图都用等距离方位投影，各国的地形图大多数都用等角横切(割)圆柱投影。世界时区图，为了便于划分时区，习惯用经纬线投影后互相成垂直平行直线的等角正轴圆柱投影等。

3. 根据地图内容选择地图投影

经济地图，为了表示出经济要素的面积分布和面积的正确对比，常常要采用等面积性质的投影；航海地图、航空地图、气候地图等，为了比较正确地表示航向、风向和海流的流向，以及为了使一定面积的几何图形相似，一般多采用等角性质的投影。

4. 根据投影本身特征选择地图投影

1）变形性质

地形图、航海地图和导航地图一定要用等角地图投影。

2）变形大小和分布

正圆柱、正圆锥投影，变形同经度无关，随纬度的增宽而增大，它们适用于东西延伸的地区；方位投影的等变形线分布同心圆，离中心愈远则变形愈大，适用于面积不大的圆形区域。我国分省（区）地图常用正轴等角割圆锥投影。

3）特殊线段的形状

墨卡托投影中等角航线成直线，这就是航海图采用该投影的理由。在球心投影上，地球表面两点间距离最近的大圆航线成直线，它是地面上距离最近的线，表达港口和基地、机场之间联系的地图可以考虑采用这种投影。例如，航空图上，要求把地面上距离最近的大圆航线投影成直线，就要选择等角正圆锥投影。

五、坐标网的选择

地图投影最后都要以坐标网的形式表现出来。设计地图时要特别注意选择适当的坐标网。地图上的坐标网有地理坐标网（经纬线网）和直角坐标网（方里网）。

1. 地理坐标网的选择

地理坐标网是由经线和纬线所构成的坐标网，又称经纬线网。

在 1∶1 万~1∶10 万比例尺地形图上，经纬线只以图廓线的形式直接表现出来，并在图角处注出相应度数。为了在用图时加密成网，在内外图廓间还绘有加密经纬网的加密分划短线，必要时对应短线相连就可以构成加密的经纬线网。

1∶25 万地形图上，除内图廓上绘有经纬网的加密分划外，图内还有加密用的十字线，其密度为经差 15′，纬差 10′。

我国的 1∶50 万~1∶100 万地形图，在图面上直接绘出经纬线网，其密度为：1∶50 万地形图上为经差 30′，纬差 20′；在 1∶100 万地形图上经纬差各 1°，内图廓上也有供加密经纬线网的加密分划短线。

普通地理图上，经纬网密度主要取决于地图的用途，例如，教学挂图上经纬网就可以稀一些，科学参考图上密度应比较大。一般来说，应当符合三点要求：第一，应该是整度数；第二，在一个网格内视觉不能区分出投影变形的差别；第三，在不移动视线的情况下视野范围内应包含 4 个以上的网格。

小比例尺地图上经纬网的密度，还受制图区域的地理位置、地图投影的类型、同类型地图的习惯用法等因素的影响，通常根据需要取1°、2°、5°、10°的间隔。

2. 直角坐标网的选择

方里网是由平行于投影坐标轴的两组平行线所构成的方格网。因为是每隔整公里数(其密度规定见表8-2)绘出坐标纵线和坐标横线，所以称之为方里网。由于方里线同时又是平行于直角坐标轴的坐标网线，故又称直角坐标网。

表8-2 地形图上方里网的密度规定

密度	比例尺			
	1∶1万	1∶2.5万	1∶5万	1∶10万
图上距离/cm	10	4	2	4
实地距离/km	1	1	1	4

六、地图比例尺设计

地图上标明的比例尺是指投影中标准线上的比例尺(即地图主比例尺)。

1. 选择比例尺的条件

比例尺的选择取决于制图区域范围的大小、图纸规格和地图需要的精度。

2. 确定地图比例尺的方法

根据制图区域的范围和图纸规格直接计算确定地图比例尺。在设计地图(集、册)时，图纸规格是固定的，在这个固定的图面上，各制图单元(如省或县)要选用什么比例尺，最适合用套框法确定。

七、地图分幅与拼接设计

1. 地图分幅设计

地图的幅面用纸尺寸称为地图的开幅。顾及纸张、印刷机的规格和使用等条件，地图的开幅应当是有限的。地图分幅可按经纬线分幅，也可按矩形分幅。

1)经纬线分幅设计

经纬线分幅是当前世界各国地形图和大区域的小比例尺分幅地图所采用的主要分幅形式。经纬线分幅在具体使用中常采取合幅、破图廓或设计补充图幅、设置重叠边带等的分幅设计来弥补其缺点，使之更加完善。

2)矩形分幅设计

矩形分幅是区域性地图，特别是多幅拼接挂图的分幅形式，其外框是一个大的矩形，内部各图幅的图廓也都是矩形，沿图廓拼接起来成为一个完整的图面。

在实施分幅时，要顾及以下各因素：

(1)纸张规格。

(2)印刷条件(考虑印刷时，印刷机的咬口量，咬口通常设在纸张的长边处，一般对开印刷机的咬口量在9~12mm，全开印刷机咬口量在10~18mm)。

(3)主区在总图廓中基本对称，同时要照顾到同周围地区的经济和交通联系，在两者有矛盾时往往会优先照顾后者。

(4)内分幅的各图幅的印刷面积尽可能平衡。

(5)其他要求：分幅时还应照顾到图面配置和尽量不破坏重要目标的完整等。

2. 地图拼接设计

既然需要分幅表示，在使用时就必然会有拼接的问题。

1)图廓拼接

使用时沿每幅图图廓拼接起来。地形图都是用图廓拼接的，经纬线分幅的普通地理图也常使用图廓拼接。经纬线分幅的地图由于分带、分块投影的影响，图幅拼接时会有困难，可采用设置重叠边带的方法解决。

2)重叠拼接

多幅印刷的挂图拼接时，通常在两幅相邻的分幅图之间设置一个重叠带(通常为8~10mm)，即这条带的内容在两幅相邻分幅图上是重复绘制的。

3)图幅拼接原则

通常图幅拼接时按上幅压下幅、左幅压右幅的顺序进行拼接。

八、地图内容设计

1. 普通地图内容设计

1)普通地图内容

普通地图内容主要包括水系、地貌、土质植被、居民地、交通网、境界、控制点与独立地物等地理要素。

2)普通地图内容设计的原则

在普通地图内容设计时，一般遵循如下原则：

(1)满足用途要求。任何地图都服务于一定的使用目的，其内容表示的详细程度，首先取决于地图的用途。

(2)图面清晰易读。在保证地图内容清晰易读的前提下，地图内容设计要满足地图载负量的需求。

(3)保证制图精度。包括数据的采集限差，图廓点及公里网点的定位控制点点位误差，更新要素的相对精度等，保证地图的可量测性。

(4)反映制图区域的地理特征。客观反映制图区域地理特点，是编绘地图内容的一条根本原则。区域地理特点包括制图物体和现象的类型、形态、分布密度、分布规律和相互联系。

2. 专题地图内容设计

1) 专题地图内容与分类

专题地图内容主要包括数学基础、主题要素(专题要素、地理基础要素)和辅助要素。专题地图按其内容的专题性质分为三种类型：自然地图、人文地图和其他专题地图。

2) 专题地图内容设计的原则

①满足使用要求；②使用专门的符号和特殊的表示方法(包括满足专业要求和习惯的符号及表示方法)；③图面层次感要强；④反映现象的静态状况和动态发展；⑤表示现象的定性与定量特征。

3) 地理底图内容设计的原则

①地理底图要素必须为专题地图起到“骨架”作用并作为转绘专题内容的控制基础；②遵循普通地图内容的设计原则，只是内容制图综合程度要大一些，符号的色彩、形状设计以不影响专题内容的表示为准则；③内容表达形式上注意与专题内容的视觉层次对比要退后。

九、地图符号设计

1. 制约地图符号设计的基本要素

1) 主观因素

符号视觉变量及视觉感受效果，符号构图的视觉生理和心理因素，地图信息的视觉感受水平，符号传统习惯与标准。

2) 客观因素

地图资料的特点，地图的用途和内容，地图的比例尺，地图的使用环境要求，印刷要求。

2. 地图符号设计的原则

地图符号设计中要把握的原则是使地图符号具有可定位性、概括性、可感受性、组合性、逻辑性和系统性。

十、地图表示方法设计

1. 普通地图的表示

1) 独立地物

在地形图上，独立地物符号必须精确地表示地物位置，符号要规定定位点，便于定位。

2) 水系

要表示其类型、形状、大小(长度和宽度)和流向。

海洋及依比例尺表示的湖泊、水库、双线河流等面状水系一般用蓝色水涯线与浅蓝色水域色表示。

河流、运河及沟渠等水系一般以蓝色线状符号的轴线表示其位置及长度。单线河由河源到河口用0.1~0.5mm或0.1~0.4mm逐渐加粗，单线的粗细渐变反映河流的流向和形状单线河线状符号的粗细表示河流的上游与下游、主流与支流的关系。为与单线河衔接及美观的需要，常用0.4mm不依比例尺双线符号过渡到依比例尺的双线符号。运河与沟渠图上一般用蓝色单实线表示。

3)地貌

地貌与水系一起构成地图上其他要素的自然地理基础。通常要反映其形态特征，表示其不同类型和分布特点，显示其地面起伏的效果。

地貌的表示一般有反映其数量特征的等高线法，明显反映地貌高程带的分层设色法，反映地貌立体感的晕渲法。

4)土质与植被

在地图上通常用地类界、说明符号、底色、说明注记或相互配合来表示。

5)居民地

在图上通常用符号加注记的方式表示其位置、形状、类型、建筑物的质量特征、人口数量和行政等级。居民地的外部形状，取决于街道网、街区和其他各种建筑物的分布范围。居民地的内部结构，主要依靠街道网图形、街区形状、水域、种植地、绿化地、空旷地等配合显示。居民地的类型多用名称注记的字体来区分。行政等级一般用地名注记的字体、字大来表示。居民地的人口数通常通过圈形符号形状和尺寸的变化表示。

6)交通网

地图上交通要素一般是指陆路交通、水路交通、空中交通和管线运输。

我国大中比例尺地形图上，铁路用传统的黑白相间的花线符号来表示。在小比例尺地图上，铁路用黑色实线表示。

公路用双线符号，配合符号宽窄、线划的粗细、色彩的变化表示，用说明注记表示公路等级、路面性质和宽度等。

其他道路用实线、虚线、点线并配合线划的粗细表示。

空中交通常采用符号来表示航空机场，除非航空专题图，一般不表示航空线。

管线运输主要包括管道和高压输电线，通常采用线状符号加说明注记来表示。

7)境界

境界包括政治区划界、行政区划界及其他地域界，用不同结构、不同粗细与不同颜色的点线符号表示。

2. 专题地图的表示

专题地图内容通常有10种基本的表示方法。

1)定位符号法

采用不同形状、颜色和大小的符号，表示呈点状分布物体的数量与质量特征的方法即定位符号法，如工业企业、文化设施、气象台站、城市人口规模等。

2)线状符号法

线状符号法是用来表示呈线状或带状延伸的专题要素的一种方法，如河流、交通线、地质构造线等。

3)范围法

范围法是表示要素在制图区域内间断而成片的分布范围和状况，常用真实的或隐含的轮廓线表示其分布范围，其内再用颜色、网纹、符号乃至注记等手段区分其质量和分布特征，如森林、沼泽、某种农作物分布等。

4)质底法

质底法表示连续分布、满布于整个区域的面状现象，其表示手段与范围法几乎相同，同样是在轮廓界线内用颜色、网纹、符号乃至注记等表示现象的质量特征(类别差异)。如地质现象、土地利用状况、土壤类型等。

5)等值线法

等值线法是用等值线的形式表示布满全区域的面状现象。最适用于如地形起伏、气温、降水、地表径流等布满整个制图区域的均匀渐变的自然现象。

6)定位图表法

用图表的形式反映定位于制图区域某些点的周期性现象的数量特征和变化即定位图表法。

7)点值法

点值法就是用一定大小的、形状相同的点，表示现象分布范围、数量特征和分布密度的方法。对制图区域中呈分散的、复杂分布的现象，如人口、动物分布，某种农作物和植物分布，可以用一定大小和形状的点群来反映。那么点的分布范围可大致代表现象分布范围，点的多少反映其数量指标，点的集中程度反映现象分布的密度。用点数法作图时，点子的排布方式有两种：一是均匀布点法，二是定位布点法。

8)运动线法

运动线法又称动线法，是用矢量符号和不同宽度、颜色的条带表示现象移动的方向、路径和数量、质量特征。自然现象如洋流、寒潮、气团变化，社会现象如移民、货物运输、资本输入(输出)等都适合运用动线法表示。

9)分级统计图法

分级统计图法又称分级比值法，是按行政区划或自然区划分出若干制图单元，根据各单元的统计数据并对它们分级，用不同色阶(饱和度、亮度，乃至色相的差别)或用晕线网级反映各分区现象的集中程度或发展水平的方法。

10)分区统计图表法

分区统计图表法是在各分区单元(同样是以行政区划单元为主)内按统计数据描绘成不同形式的统计图表，置于相应的区划单元内，以反映各区划单元内现象的总量、构成和变化。

3. 专题地图表示方法运用的原则

为了反映某专题要素多方面的特征，往往在一幅专题地图上同时采用几种表示方法来反映它们，在几种方法配合运用时，必须以一种或两种表示方法为主，其他几种方法为辅，并遵循下列原则，以达到更好地揭示制图现象特征的目的。

(1)应采用恰当的表示方法和整饰方法，明显突出反映专题地图的内容。

(2)表示方法的选择应与专题地图内容相适应。

(3)应充分利用点状、面状和线状表示方法的相互配合。

(4)当两种近似的表示方法配合时，应注意突出主要者。

(5)当两种以上的表示方法或整饰方法配合时，应特别注意色彩的选择，以保证地图清晰易读。

十一、地图图面配置设计

地图图面配置设计就是针对图名、图廓、图例、附图、附表、图名、图例、比例尺及各种说明的位置、范围大小及其形式的设计。

1. 图面配置的基本要求

1)清晰易读

地图各组成部分在图面的配置要合理。所设计的地图符号必须精细，要有足够大小。

2)视觉对比度适中

对比度太小或太大都会造成人眼阅读的疲劳，降低视觉感受效果，影响地图信息的传递。

3)层次感强

为了使地图主题内容能快速、准确、高效地传递给用图者，应使主题和重点内容突出，整体图面具有明显的层次感。

4)视觉平衡

使各要素配置显得更合理。图面中的各要素不要过亮或过暗，偏大或偏小。

2. 图面配置设计

图面配置设计包括图面主区和图面辅助元素的配置，并指出图幅尺寸、图名、比例尺、图例、各种附图和说明的位置和范围，地图图廓、图边的形式等。

1)图面主区的配置

主区应占据地图幅面的主要空间，地图的主题区域应完整地表达出来；地图主区图形的重心或地图上的重要部分，应放在视觉中心的位置，保持图面上视觉平衡。

2)图名的配置

图名中包含两个方面的内容，即制图区域和地图的主要内容。大型地图的图名多安放于图廓外图幅上方中央，图名占图边长的三分之二为宜，离左右图廓角至少应大于一个字的距离，距外图廓的间隔约为三分之一字高，以求突出而清晰，但字体不可过大，排列不能与图幅同宽。字的大小与字的黑度相关联，黑度大的可以小一些，黑度小时则可以大一些，但最大通常不超过图廓边长的6%。

3)图例的配置

图例的位置，从布局上要考虑在预定的范围内，密度适中、安置方便、便于阅读。图例、图解比例尺和地图的高度表都应尽可能地集中在一起。

4)比例尺的配置

目前地图上用得最多的形式，是将数字比例尺和直线比例尺组合一起表示在地图上。数字比例尺最好全用阿拉伯数字，电子地图宜用直线比例尺表示。比例尺放置的位置，在分幅地图上多放在南图廓外的中央，或者左下角的适当地方。

5)附图、图表和文字说明的配置

附图、图表和文字说明在图幅上的位置，一般来说并无统一的格式，但要注意保持图面的视觉平衡，避免影响阅读图面主区。通常置于图内较空的地方，并多数放在四角处。

6)图廓的设计

图廓分内图廓和外图廓。内图廓通常是一条细线并常附以分度带。外图廓的种类则比较多，地形图上只设计一条粗线，挂图则多带有各种花边和图案。花边的宽度视本身的黑度而定，一般取图廓边长的1%~1.5%。内外图廓间的间距通常为图廓边长的0.2%~1.0%。

十二、地图集设计

1. 地图集特点

(1)地图集是围绕特定的主题与用途，在地图学原理指导下，运用信息论、系统论，遵循总体设计原则，经过对各种现象与要素的分析与综合，系统汇集相互有逻辑关系的一组地图而形成的集合体。

(2)地图集是科学的综合总结。

(3)地图集是科学性、实用性与艺术性相结合的成果。

(4)地图集的编图程序及制印工艺复杂。

2. 地图集设计的主要内容

1)开本设计

地图集开本主要取决于地图集的用途和在某特定条件下的方便使用。通常，国家级的地图集用4(或8)开本，省(区)级用8(或16)开本，大城市地图集也有用8开本的。

2)内容设计

地图集内容的设计取决于地图集的性质与用途。

普通地图集一般可分为三大部分，即总图部分、分区图部分和地名索引部分。总图是指反映全区总貌的政区、区位、地势、人口、交通等图幅；分区图是这类图集的主体；地名索引则视需要与可能进行编制。

综合性地图集由序图组、普通地图组及若干专题图组组成。

3) 内容编排设计

在编排时，先按图组排序，然后再在每一个图组内按图幅的内容安排次序。在普通地图集中，总图安排在前，分区图安排在后；在专题地图集中，则以序图组开始，总结性的图组殿后，中间按各专题的学科特点有序地安排。

4) 各图幅的分幅设计

地图集中各图幅的分幅，是指确定每幅地图应包括的制图区域范围，同时还应确定各区域占有的幅面大小。

5) 各图幅的比例尺设计

各分幅图的比例尺是根据开本所规定的图幅幅面大小和制图区域的范围大小来确定的。但地图集中的地图比例尺应该有统一的系统。总图与各分区图，各分区图与某些扩大图以及各分区图间比例尺都应保持某些简单的倍率关系。比例尺的种类要适量，不宜过多。

6) 图型和表示法设计

图幅类型及图幅内容表示方法和表达效果的设计是地图集设计工作中的重点之一，它的任务是设计什么样的图形和用什么样的表示方法去突出表达所规定的内容。而综合地图集则因表示内容的广泛和特殊，图形较多，有分布图、等值线图、类型图、区划图、动线图和统计图等多种，按其对内容表示的综合程度，又可分为解析型、合成型和复合型等三类，表示方法更有 10 多种。

7) 图面配置设计

地图集各幅地图的配置就是充分利用地图的幅面大小，合理地摆布地图的主体内容、附图、附表、图名、图例、比例尺、文字说明等。地图与图例、图表、照片、文字要依照内容的主次、首尾呼应等逻辑关系进行均衡、对称的编排。

8) 地图集投影设计

设计地图投影的基本宗旨在于保持制图区域内的变形最小，或者投影变形误差的分布符合设计要求，以最大的可能保证必要的地图精度以及某一图组内图幅之间内容的延续性和可比性。

9) 图例设计

图例设计包括三方面：一是普通地图集或单一性专题地图集(如地质图集)，要设计符合各种不同比例尺地图的统一的图例；二是综合性的专题地图集，对每幅不同主题内容的地图要设计相应的图例符号，但应符合总的符号设计原则，整部地图集应具有统一协调的格调；三是各种现象分类、分级的表达，在图例符号的颜色、晕线、代号的设计上必须反映分类的系统性。

10) 整饰设计

地图集的整饰设计包括：制定统一的版式设计，相对统一协调的符号、注记和色相系统设计；统一确定各类符号的大小、线划粗细和用色；统一确定各类注记的字体、字形、大小及用色；统一用色原则并对各图幅的色彩设计进行协调；进行图集的封面设计、内封设计；确定图集封面的材料；确定装帧方法以及其他诸如图组扉页、封底设计等。

3. 地图集设计中的统一协调

1)统一协调工作的目的

(1)正确而明显地反映地理环境各要素之间的相互联系和相互制约的客观规律。

(2)消除由于各幅地图作者观点不一致、地图资料不平衡和制图方法不同而产生的矛盾和分歧。

(3)对地图的表示方法、表达效果和整饰进行统一设计，使各地图间便于比较和使用。

2)统一协调工作的内容

(1)图集的总体设计要贯彻统一的整体观点。

(2)采用统一的原则设计地图内容。针对不同的内容，设计不同的图形，如自然地图以分布图、类型图、等值线图为主；人文经济图则以分布图、统计图的图形为主。要统一确定分类、分级的标准与单位，在自然地图中主要是确定相同级别的分类单位和不同类别的分级标准；人文经济图中则主要是确定表达的行政级别单位。

(3)对同类现象采用共同的表示方法及统一规定的指标。

(4)采用统一和协调的制图综合原则。

(5)统一协调的地理底图。地理底图的统一协调包括数学基础的统一协调、地理基础的统一协调和地理底图整饰的统一协调。

(6)采用统一协调的整饰方法。

保持地图集在设计风格、用色原则、符号系统设计上的一致，同类现象在不同地图幅面上出现时表达一致，图面配置风格上一致等。

十三、数字地图制图技术路线设计

数字地图制图生产技术路线如图 8-4 所示。

1. 制作地图的途径

制作地图有两种途径：实测地图和编绘地图。

2. 数字地图制图的基本方法

数字地图制图分为地图设计(编辑准备)、数据输入(数据资料获取)、数据编辑(符号化处理)、数据输出四个阶段。

3. 数字地图制图生产技术路线

根据编图的数据来源不同，地图生产的技术流程大同小异(见图 8-4)。地图的类型、用于编图的资料数据、地图内容的复杂程度、制图人员的作业水平及计算机硬(软)件设备等的不同，多少会影响到地图制图生产工艺的制定。因此，编图时应根据单位实际，设

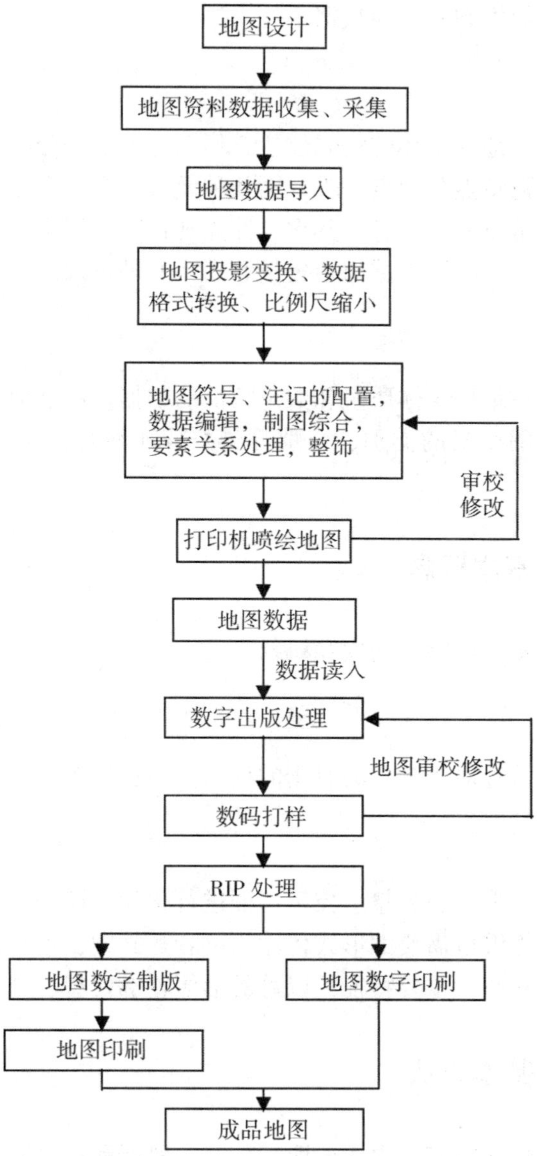

图 8-4　数字地图制图生产技术路线

计编制切实可行的生产技术工艺流程。

第四节　地 图 编 绘

一、地图数据

地图数据包括三个基本信息范畴：图形数据、属性数据和时间因素。其中，图形数据和属性数据也称为空间数据和非空间数据。

1. 图形数据

图形数据是用来表示地理物体的空间位置、形态、大小和分布特征以及几何类型的数据。地图图形可以按几何特点分为点、线、面几种元素，其中点是最基本的图形元素。

图形数据是一种非常重要的信息，其重要性体现在以下四个方面：空间定位、空间量度、空间结构和空间关系。图形数据包括矢量和栅格两种形式。

2. 属性数据

属性数据是用来描述地理实体质量和数量特征的数据。属性数据是以特征码形式表现的。特征码即为根据地图要素的类别、级别等分类特征和其他质量特征进行定义的数字编码。

二、制图综合的基本概念

制图综合包括两种基本处理：选取和概括。

1. 选取

选取也称取舍，即选择对制图目的有用的信息保留在地图上，不需要的信息则舍掉。

2. 概括

概括是对制图物体的形状、数量、质量特征进行化简，即是对那些选取了的信息，在比例尺缩小的条件下，能够以需要的形式传输给读者。其中，形状概括是去掉复杂轮廓形状中的某些碎部，保留和夸大重要特征，以总的形体轮廓代替。

三、制图综合的基本方法

制图综合是通过对地图内容要素的选取、化简、概括和移位四种基本形式进行的。

1. 制图物体的选取

选取的方法有资格法和定额法。

(1)资格法：是以一定数量或质量标志作为选取标准(资格)的方法。

(2)定额法：规定单位面积内应选取的制图物体的数量而进行选取的方法。

2. 制图物体图形化简

形状化简方法用于线状(如单线河、沟渠、道路等)，主要是减少弯曲；对于面状地物(如居民地平面图形)则既要化简外部轮廓，又要化简其内部结构。化简的方法通常有删除、夸大、合并。

(1)删除：缩小后的某些碎部无法清晰表示，予以删除。

(2)夸大：为了显示和强调制图物体的形状特征，需要夸大一些本来按比例应当删除的碎部。

(3)合并：图形及其间隔小到不能详细区分时，采用合并同类物体细部的方法，来反映制图物体主要特征。

3. 制图物体的数量和质量特征概括

概括常分为数量特征概括和质量特征概括。

数量特征概括的结果，一般表现为数量标志的改变，并且常常是变得比较概略。质量概括的结果，常常表现为制图物体间质量差别的减少，以概括的分类、分级代替详细的分类、分级，以总体概念代替局部概念。概括的方法通常有等级合并、概念转换和图形转换等方法。

4. 制图物体的图形移位

随着地图比例尺的缩小，以符号表示的各个制图物体之间相互压盖，模糊了相互间的关系，需要采用图解的方法即采用“移位”的方法，目的是保证地图内容各要素总体结构的适应性与协调性，即与实地的相似性。

四、制图综合的基本规律

1. 制图物体选取的基本规律

(1)制图对象的密度越大，被舍弃的绝对数量越大，反之亦然。物体密度系数损失的绝对值和相对量都应从高密度区向低密度区逐渐减少。

(2)遵循从主到次、从大到小的顺序原则进行选取，在任何情况下，都应舍弃较小的、次要的目标，保留较大的、重要的目标。

(3)在保持各密度区之间具有最小辨认系数的前提下，保持各区域间的密度对比。

2. 制图物体形状概括的基本规律

(1)保持各线段上的曲折系数和单位长度上的弯曲个数的对比。

(2)保持弯曲图形的类型特征。

(3)保持制图对象的结构对比。

(4)保持面状物体的面积平衡。

五、各要素关系处理原则和方法

1. 各要素关系处理原则

地图数据编辑处理时常常采用舍弃、位移和压盖的方法来处理。在长期制图实践中形成了如下约定的规则：

1）考虑要素的重要性

（1）位移：同种要素矛盾时，保持级别高的要素位置不变，位移低一级的要素；不同种要素矛盾时，保持主要要素位置不变，位移次要要素；独立地物与其他要素矛盾时，位移其他要素。

（2）压盖：点状符号或线状符号对于面状符号时，如街区中的有方位意义的独立地物或河流，它们可以采用压盖街区的办法完整地绘出点、线符号。一般来说，不同颜色的要素才能压盖。

2）衡量各要素的稳定性

自然物体，稳定性较高；而人工物体，稳定性相对较差。它们在一起发生位置矛盾时，一般移动人工物体。

3）正确处理各要素间的相互关系

例如：居民地（圈形符号表示）、水系、道路之间的相切、相割（通常为正割）、相离的关系，一般要保持与实地相对应。

4）保持有控制意义的物体的位置精度

河流、经纬线应尽量保持其位置的准确性，境界线、重要居民点、道路应尽量保持其位置的相对准确性。

对于国界线无论在什么情况下，均不允许位移，周围地物相对关系要与国界相对应；省（市）县级界线一般也不应位移。有时为了处理与其他要素关系，在不产生归属问题时，可作适当移动。

2. 各要素关系处理方法

地图要素分为点、线、面要素，当要素关系发生冲突时，通常的处理方法是：

（1）点点冲突：保证高层次点状要素图形完整，并对低层次点状要素移位。

（2）点线冲突：保证点状要素图形完整，线状要素图形与点状要素图形重叠部分应隐去。

（3）点面冲突：保证点状要素图形完整，并将原多边形分解为一多边形加一内含多边形。

（4）线线冲突：保证高层次线状要素图形完整，低层次线状要素图形与高层次线状要素图形重合部分应隐去。

（5）线面冲突：保证线状要素图形完整，并将原多边形分解为若干个子多边形。

六、各要素编绘要求

1. 独立地物

（1）与线状地物的关系：与道路、河流的关系，应保持相交、相切、相离的关系。

（2）与次要地物的关系：与独立房屋、小路等地物在一起时，一般保持独立地物的中心位置而移动其他次要地物的位置。

（3）与同色要素的关系：与道路、居民地在一起时，颜色相同的间断其他要素，颜色不同的压盖其他要素。

(4)与不同颜色要素的关系：与河流、等高线在一起时，压盖其他颜色符号，精确地绘出独立地物符号。

2. 水系

水系要素应注意正确表示水系的类型、主次关系、岸线弯曲程度、河渠网及湖泊的形状特征和分布特点、附属设施及名称，合理反映区域水系的总体特征、分布规律和不同地区的密度对比，以及附属设施的情况，处理好水系与其他要素的关系。

3. 居民地

居民地的表示应总体上反映其位置、轮廓、分布特征、通行情况、行政意义及名称，按居民地的行政等级、重要性(政治、方位、经济等)、密度对比和分布特征进行选取表示，保持不同区域间居民地的密度对比关系，并处理好与其他要素的关系。

4. 道路

应能正确表示道路的类别、等级、位置，反映道路网的结构特征、通行状况、分布密度以及与其他要素的关系。按道路的等级由高级到低级进行选取，重要道路优先选取，道路的选取表示要与居民地的选取表示相适应，保持道路网平面图形的特征和不同地区道路网的密度对比关系。

5. 等高线

地貌要素应能正确显示各地区的基本地貌类型及形态特征，保持地貌特征点、地性线的位置和高程的正确，反映地面切割程度及土质类型和分布规律，做到整体结构明显，地貌类型突出，同时还要处理好地貌同其他要素的关系。等高线的形状应随删去碎部而改变，同一斜坡的等高线图形应协调一致，强调显示地貌基本形态的特征，反映地貌类型方面的特征。进行等高线图形概括时，常用的方法是：删除、移位、夸大和合并。

6. 境界

(1)在陆地上不与线状地物重合的境界符号，应连续不断地绘出，符号的中心线位置保持不变。

(2)境界与线状地物(河、渠、道路)重合时，应使境界符号与这些地物的图形一致，并在其两侧跳绘。

(3)不同等级境界相重合时，只表示高一级境界。

(4)当境界沿山脊和谷地通过时，要注意境界线与地貌图形的一致，特别是与山顶、脊线、山隘、谷底等的协调一致。

(5)境界的描绘应尽量力求准确，境界转折时应用点或线来描绘，以反映真实形状并便于定位。

七、国家基本比例尺地图编绘

国家基本比例尺地图包括：1∶500、1∶1 000、1∶2 000、1∶5 000、1∶1 万、1∶2.5 万、1∶5 万、1∶10 万、1∶25 万、1∶50 万、1∶100 万这 11 种比例尺。

1. 数学基础

1）地图投影

大于等于 1∶50 万比例尺地形图，采用高斯-克吕斯投影，其中 1∶5 000、1∶1 万地形图按经差 3°分带投影，其他比例尺地形图按 6°分带投影。1∶100 万地形图采用双标准纬线正轴等角圆锥投影，其分带方法是由赤道起每纬度 4°为一投影带，每幅图经差为 6°。

2）高程系统

采用 1985 国家高程基准。

3）坐标系统

采用 2000 国家大地坐标系。

2. 地形图要素编绘要求

各要素的编绘除满足国家基本比例尺地形图编绘规范外还应满足如下要求：

（1）地物地貌各要素的综合取舍和图形概括应符合制图区域的地理特征，各要素之间的关系协调、层次分明，重要道路、居民地、大的河流、地貌等内容应明显表示，注记正确，位置明确。

（2）地形图的各内容要素、要素属性、要素关系应正确、无遗漏。

（3）应正确、充分地使用各种补充、参考资料对各要素特别是水系、道路、境界、居民地及地名等要素进行增补、更新，符合制图时的实际情况，体现地形图现势性强的特点。

3. 各要素编绘的编辑处理

1）基本数据预处理

按照成图比例尺图幅范围进行坐标转换、数据拼接、3°分带转 6°分带。

2）制作综合参考图

据图幅的难易，确定是否制作综合参考图，即按照成图比例尺打印出图，根据各要素的技术要求及综合指标，标绘有关要素，并将需补充、修改的要素标在图上。

3）要素的取舍与综合

按设计书的要求进行要素选取和图形概括（有综合参考图的可进行对照），根据补充、参考资料进行要素的修改和补充。

4）地形数据接边

地形数据接边包括跨投影带相邻图幅的接边。接边内容包括要素的几何图形、属性和名称注记等，原则上本图幅负责西、北图廓边与相邻图廓边的接边工作。相邻图幅之间的接边要素图上位置相差 0.6mm 以内的，应将图幅两边要素平均移位进行接边；相差超过 0.6mm 的要素应检查和分析原因，处理结果需记录在元数据及图历簿中。相差 0.3mm 的可以单边移动。

八、专题信息的综合处理

1. 制图资料数据处理

要进行专题制图，还必须对这些资料进行包括坐标和比例尺变换、量度单位统一、专题要素分类分级处理、制图对象的符号化等。

2. 制图数据的分类处理

根据专题数据各样本的多个观测指标具体找出一些能够度量样本或指标之间相似程度的统计量，作为划分类型的依据，将相似程度较大的样本(或指标)聚合为类。反映事物之间的相似性和差异性。

3. 制图数据的分级处理

对要素空间分布的统计数据进行分级处理，用于反映要素在空间分布的规律性和一定的定性质量差异。为了增强地图的易读性，必须限制分级数，以满足对地图阅读的要求，常用的分级数的适宜范围是 5~7 级。

九、专题地图表示方法选择

专题地图表示方法的选择是由多种因素决定的，这些因素主要有：表示现象的分布性质、专题要素表示的量化程度和数量特征、专题要素类型及其组合形式、地图用途、制图区域特点和地图比例尺等。对表示方法的选择主要取决于制图现象的分布特征(见表 8-3)。

表 8-3　**表示方法的选择取决于制图现象的分布特征**

现象的空间分布		表示方法									
		定点符号法	线状符号法	范围法	质底法	等值线法	定位图表法	点数法	运动线法	分级统计图表法	分区统计图表法
点状分布		✓							✓	✓	✓
线状分布			✓				✓		✓	✓	✓
面状分布	呈间断分布			✓					✓	✓	✓
	布满全制图区域				✓	✓	✓		✓	✓	✓
	分散分布							✓	✓	✓	✓

十、专题地图编绘的基本过程

专题地图编制常分为地图设计与编辑准备、编稿与编绘、地图数据制作和地图制印四个阶段。

1. 地图设计与编辑准备

完成专题地图设计和正式编绘前的各项准备工作。一般包括：确定地图的选题、内容选择、指标和地图比例尺等；搜集、分析和评价制图资料；选择表示方法和拟定图例符号；确定制图综合的原则要求与编绘工艺流程，此外，还要提出地图编绘的要求和专题内容分类、分级的原则等。

2. 编稿与编绘

完成专题地图的编稿和编绘工作。一般包括：资料处理；确定地理基础底图；将所需表达的专题内容按经过实验确定下来的地图设计方案，转绘到地理基础底图上。在编绘过程中要进行制图综合，即进行专题内容的选取和概括。

3. 地图数据制作

与普通地图数据制作方法一样，分为数据输入(数据资料获取)、地图编绘(数据编辑与符号化处理)、印前数据处理等步骤。

4. 地图制印

地图制印一般分专题地图数码打样、数字制版、四色印刷与印后加工等步骤。

第五节　地图制印

一、地图制印的相关概念

(1)印刷工艺：实现地图印刷的程序和操作方法。
(2)印刷原稿：地图印刷过程中制版、印刷所依据的实物或载体上的图文信息。
(3)印前：地图印刷之前的工艺过程。
(4)栅格图像处理器：将矢量数据转换为栅格数据的优化软件。
(5)分色：把彩色地图原稿分解成为各单色版的过程。
(6)计算机直接制版：将已排版的地图数据页面文件由主计算机直接复制到印版的过程。
(7)纸张光边：对印刷原纸张“粗糙的毛边”进行裁切，使变得光滑整齐的过程。光边尺寸规定不超过3mm。
(8)印后加工：使印刷品获得所要求的形状和使用性能的生产工序。

二、地图制印实施过程

地图制印过程包括印前数据处理、地图印刷和地图印后加工。

1. 印前数据处理

为了将印刷原图交付印刷，必须对数字制图的地图数据进行印前处理，主要包括数据格式的转换、符号压印的透明化处理、拼版、组版、分色加网及出血线、成品线、套合线和印刷装订的控制要素的添加、光栅化处理(RIP)、喷绘样等工作。

地图出版系统中处理的文件可分为矢量图形文件和栅格图像文件。无论何种文件，在输入到激光照排机前都要转换为印刷业的桌面排版标准文件格式 PS 或 EPS，再由激光照排机经 RIP 处理后形成分色胶片。

通常的输出方式主要有彩色喷墨打印输出、数码打样输出、彩色激光打印输出、分色胶片输出、分色版输出和数字印刷等。

彩色喷墨打印输出和彩色激光打印输出常用于生产过程中的检查修改；数码打样输出可获得较少份数的成品；分色胶片输出用于制作印刷版，上机印刷；分色版输出可直接得到印刷版，上机印刷；计算机直接制版(数字制版)省去出片工序。数字印刷可由数据直接生成印刷品，省去出片和制版工序。目前主要采用计算机直接制版(数字制版)技术，分色胶片输出技术已逐渐被淘汰。

对印刷工序较简单的单幅地图而言，印前数据处理工作大多在地图编制工序完成；而对印刷工序较复杂的地图集而言，此项工作通常在印刷单位完成。

2. 地图印刷

1)地图印刷工序

地图印刷工序主要包括制版、打样、印刷、分检等。

(1)制版：依照印刷原图复制成印版的工艺过程。

(2)打样：为检验印前制作质量和工艺设计效果，审核制版质量，为审校、客户签样和印刷提供样张和依据，利用胶印打样机或其他打样设备(如数码打样机等)打印样图的过程。

(3)印刷：使用印版、印刷机械、油墨颜料或其他方式(如数字载体)将印刷原图上的图文信息转移到承印物上的复制过程。

(4)分检：依据标准对印刷品逐张进行检验的过程。

2)地图印刷过程工艺流程

在地图印刷过程中，将地图成果数据经过数码打样检查修改无误；然后，用 RIP (Raster Image Processor，栅格图像处理器)矢量数据转换为栅格数据，通过直接制版机输出分色印刷版或通过数字印刷机制成印刷品。其主要技术流程如图 8-5 所示。

3. 地图印后加工

1)地图印后加工工序

主要包括覆膜、拼贴、裁切、装订和包装等。

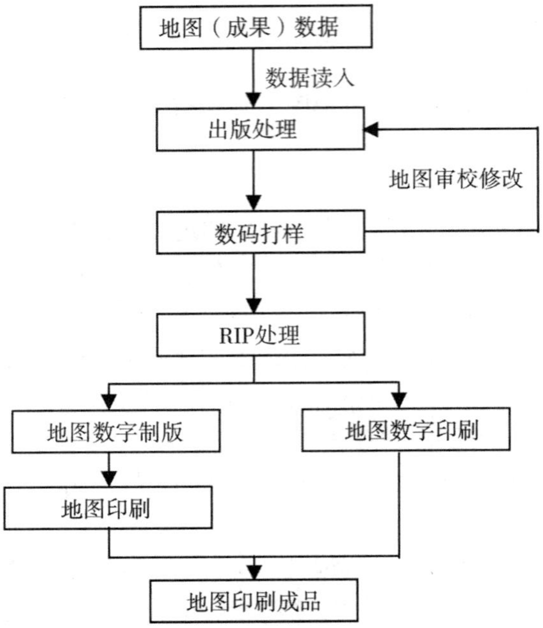

图 8-5　地图印刷过程工艺流程

(1)覆膜：透明(半透明)塑料薄膜通过热(冷)压覆贴到地图产品表面的过程。

(2)拼贴：依照设计要求，将分幅地图进行拼组的过程。

(3)裁切：依照地图产品周边用于指示切割部位的线条进行切割的过程。

(4)装订：是将印好的地图产品加工成册或整理配套，订成集(册)等印后加工的总称。一般包括订和装两大工序。订是将单幅地图页订成集(册)，是地图集(册)芯的加工过程；装(或装帧)是地图集(册)封面的加工过程。

(5)包装：指在流通过程中，为保护地图产品、方便储运、促进销售，依据不同情况而用容器、材料、辅助物将地图产品进行装饰和保护的过程。

2)印后加工工艺流程

以无线胶粘装订为例，其工艺流程为：接(开)页—折页—配页—查号—撞胶—分本—贴背—压背—裁切—自检—上(套)书皮—打包。

第六节　地图质量控制和成果归档

一、地图编绘质量控制

1. 地图编绘质量控制依据

地图编绘质量控制的依据是：地图编绘引用文件、地图编绘使用资料和地图设计文件。

2. 地图编绘质量要求

(1)数学基础(精度)符合规定的要求。

(2)地理要素(精度)及主题要素符合规定的要求。包括：正确、充分地使用各种编图资料数据；地图内容各要素的选取、综合和表示方法符合编辑设计文件的规定，各要素间的关系处理清晰、协调、合理；符号、线划、色彩符合图式规定；名称注记、说明文字等正确、配置恰当，所属关系明确；地理要素接(抄)边无误。

(3)数据及结构符合规定要求。包括：文件命名、数据组织正确性，数据格式的正确性，要素分层的正确性、完备性，属性代码的正确性，属性接边的正确性。

(4)整饰符合规定要求。包括：符号、线划、色彩、注记质量，图面要素协调性，图面、图廓外整饰及装帧质量。

二、地图制印质量控制

1. 印刷成图质量控制依据

(1)《地图印刷规范》(GB/T 14511—2008)。

(2)《书刊印刷与装订》(CY/T1，2，5，27，28，29—1999)，新闻出版行业标准。

(3)《图书和杂志开本及其幅面尺寸》(GB/T 788—1999)。

(4)地图设计文件。

2. 印刷成图质量要求

1)地图印刷品外观

成图内容应保持与印刷原图或样图一致；文字、图形完整、位置准确，线划、注记、网线(点)光洁实在，无双影、条痕花糊、虚断和脏污；图纸无破口、折角、破洞和褶皱，纸张白度与印刷前无明显差别，背面无脏污，天头、地脚、左右裁切位置符合设计规定。

2)地图印刷品墨色网点

印刷墨色应符合批印样或用色标准；地图集(册)、成套地图及多幅拼接图的相同墨色应深浅一致，网点清晰，层次分明，角度准确，不出重影。

3)地图各色套印误差

全开图幅，精度要求较高的地图误差不大于 0. 2mm，一般地图误差不大于 0. 3mm；对开及小于对开图幅，国家基本比例尺地形图及精度要求较高的地图误差不大于 0. 1mm，一般地图误差不大于 0. 2mm；双面印件套印，正反面误差不超过 0. 5mm。

3. 装订成品质量要求

(1)页码顺序正确，无多页、少页、倒头、错页现象。

(2)封面与书芯粘贴牢固，书背平直，无空泡，无皱褶、变色、破损，黏口符合要求。

(3)地图成品裁切后无严重刀花，无连刀页，无严重破头，成品尺寸符合标准，非标准尺寸按合同要求。

(4)地图成品外观整洁，无压痕；书背文字居中无歪斜，烫印字迹、图案清晰，不糊、不花，牢固有光泽。

三、地图成果整理、归档和验收

1. 地图成果整理要求

(1)以项目为单位整理立卷。
(2)成果资料按要求系统整理，组成保管单元。
(3)地图数据成果资料按要求每一盘为一卷，可独立进行数据读取，并附带说明文件。
(4)归档的成果资料按要求进行包装。

2. 地图成果归档要求

1)归档内容
归档内容包括项目文档、项目成果和项目成果归档目录。
2)归档要求
(1)按要求填写项目归档申请表。
(2)按要求提交电子版文档和正本原件的纸质文档。
(3)归档的成果资料为正本原件。
(4)地图数据成果资料用光盘介质归档。
(5)每个案卷内均须有卷内目录，有必要说明的事项还应有备考表。
(6)成果资料汇交后，汇交单位对资料有1年的备份保存义务，保存期满后，按要求销毁。

3. 地图成果检查要求

(1)归档内容完整性；
(2)归档内容一致性；
(3)地图成果(或数据成果存储介质)符合性；
(4)文件的有效性；
(5)地图数据文件病毒检验。

第八章考点试题及答案

第九章　地理信息工程

第一节　概　　述

一、地理信息系统构成

地理信息系统应该包括硬件系统、软件系统、地理信息数据库系统和系统开发、管理与应用人员。

1. 硬件系统

一般包括以下 5 个部分：①计算机主机；②数据输入设备；③数据存储设备；④数据输出设备；⑤网络设备。

2. 软件系统

通常由以下三个部分组成：①操作系统；②GIS 平台和应用系统，用于支持对空间数据输入、存储、转换、输出和与用户接口，它包含了处理地理信息的各种高级功能，可作为其他应用系统建设的平台，其代表产品有 ARC/INFO、MapGIS、SuperMap 等；③数据库管理系统，包括服务于以非空间属性数据为主的数据库软件，这类软件有 Oracle、SQL server、DB2 等。

3. 地理信息数据库系统

地理信息数据库系统是一个包含了用于表达通用 GIS 数据模型(要素、栅格、拓扑、网络等)的空间数据集的数据库。地理数据描述地理实体的空间特征、属性特征和时间特征。它们的数据表达可以采用矢量和栅格两种组织形式。

4. 系统开发、管理与应用人员

一个周密规划的地理信息系统项目应包括负责系统设计和执行的项目经理、信息管理的技术人员、系统用户化的应用工程师以及最终运行系统的用户。因此，系统开发、管理、维护和使用人员是地理信息系统中的重要构成因素之一。

二、地理信息系统的分类

全国地理信息标准化技术委员会(SAC/TC 230)在《地理信息标准体系框架》中将地理信息系统分为：基础地理信息系统、专业应用的地理信息系统和专项应用的地理信息系统。

三、地理信息系统与其他学科的关系

1. GIS与地图学

GIS是地图学理论、方法与功能的延伸，地图学与GIS是一脉相承的，它们都是空间信息处理的科学，只不过地图学强调图形信息传输，而GIS则强调空间数据处理与分析。

2. GIS与数据库系统

GIS离不开数据库技术。数据库技术的优点是数据存储和管理有效，查询和检索方便，但数据表示不直观，不能描述图形的拓扑关系，一般没有空间概念，即使存储了图形，也只是以文件形式管理，图形要素不能分解查询。GIS能处理空间数据，其工作过程主要是处理空间实体的位置、空间关系及空间实体的属性。

3. GIS与CAD

GIS与CAD系统的主要区别是：CAD处理的多为规则几何图形及其组合，它的图形功能尤其是三维图形功能极强，属性库功能相对较弱，采用的一般是几何坐标系，基本不具备复杂的空间分析和计算功能。而GIS处理的多为自然目标，因而图形处理的难度大，GIS的属性库内容结构复杂，功能强大，图形与属性的相互操作十分频繁，且多具有专业化特征，GIS采用的多是大地坐标，必须有较强的多层次空间叠置分析功能，GIS的数据量大，数据输入方式多样化，所用的数据分析方法具有专业化特征。

四、地理信息系统的主要功能

1. 数据采集与输入

数据采集与输入是将现有的地图、外业观测成果、航空像片、遥感影像数据、文本资料等转换成GIS可以接收的数字形式。

2. 数据编辑与更新

数据编辑主要包括图形编辑和属性编辑。图形编辑主要包括拓扑关系的建立、图形编辑、图形整饰、图幅拼接、图形变换、投影变换、误差校正等功能；属性编辑主要与数据库管理结合在一起的。数据更新是指以新的数据项或记录来替换数据文件或数据库中相对应的数据项或记录，它是通过删除、修改、插入等一系列操作来实现的。

3. 数据存储与管理

各种图形或图像信息都以严密的逻辑结构存放于空间数据库中；属性数据的管理一般直接利用商用关系数据库软件。

4. 空间查询与分析

一般定义为从数据库中找出所有满足属性约束条件和空间约束条件的地理对象，主要包括图形查询、属性查询、图形和属性互查、地址匹配等。空间分析是对空间数据的分析技术，可以实现缓冲区分析、叠加分析、网络分析、空间插值、统计分析等功能。

5. 数据显示与输出

数据显示是将中间处理过程和最终结果显示在屏幕上，通过人机交互的方式来选择显示的对象与形式，对于图形数据，可放大或缩小显示。数据输出是指经系统处理分析，可以直接提供给用户各种地图、图表、数据报表或文字报告等。

五、地理信息系统的发展

地理信息系统的发展主要有分布式 GIS；智能 GIS 与空间数据挖掘；GIS、RS、GNSS 的集成；时空 GIS；三维 GIS；移动 GIS，移动 GIS 主要由移动通信、GIS、定位系统和移动终端四个部分组成。

第二节　地理数据结构

一、空间数据的特征

(1)属性特征：用以描述事物或现象的特性。
(2)空间特征：用以描述事物或现象的地理位置，又称几何特征、定位特征。
(3)时间特征：用以描述事物或现象随时间的变化。

二、空间实体的表达

空间实体的表达是地理数据组织、存储、运算、分析的理论基础。尽管地理空间中的空间对象复杂多变，但通过抽象和归类，其表达方法主要可分为矢量、栅格、不规则三角网、面向对象等。

1. 矢量表达方法

1)0 维矢量

0 维矢量为空间中的一个点(point)。点在二维、三维欧氏空间中分别用(x, y)和(x, y, z)来表示。点包括如下几类实体：①实体点；②注记点；③内点：用于标识多边形的属性；④节点(node)；⑤角点(vertex)或中间点：表示线段或弧段的内部点。

2)一维矢量

一维矢量表示空间中的线划要素，包括线段、边界、弧段、网络等。

(1)长度：从起点到终点的总长。

(2)弯曲度：弯曲的程度，如道路与河流的弯曲程度。

(3)方向性：开始于首节点，结束于末节点，如河流中水流方向。

3)二维矢量

二维矢量表示空间的一个面状要素，在二维欧氏平面上是指由一组闭合弧段所包围的空间区域。所以，二维矢量又称多边形，是对岛、湖泊、地块、储量块段、行政区域等现象的描述。在三维欧氏空间中二维矢量为空间曲面。目前，通过二维矢量对空间曲面的表达主要有等高线和剖面法两种。

二维矢量的主要参数包括以下几个：

(1)面积：指封闭多边形的面积。对于三维欧氏空间中的空间曲面而言，还包括其在水平面上的投影面积。

(2)周长：如果形成多边形的弧段为折线，周长为各折线段长度之和；如果多边形由曲线组成，采用积分法。

(3)凹凸性：凸多边形的内角均小于 180°，凹多边形有一个或多个内角大于 180°。

(4)走向、倾角和倾向：在描述地形、地层的特征要素时常使用这些参数。

4)三维矢量

三维矢量用于表达三维空间中的现象和物体，是由一组或多组空间曲面所包围的空间对象，它具有体积、长度、宽度、高度、空间曲面的面积、空间曲面的周长等属性。

2. 栅格表达方法

栅格表达方法主要描述空间实体的级别分布特征及其位置。栅格类似于矩阵。在栅格表达中，对空间实体的最小表达单位为一个单元(cell)或像素(pixel)，依行列构成的单元矩阵称为栅格(grid)，每个单元通过一定的数值表达方式(如颜色、纹理、灰度级)表达现实世界点、线、面状等不同的地理实体。

栅格表达法同样可以表达 0 维、一维、二维等矢量图形或地理现象。航空、航天技术获取的影像资料可通过栅格表达。栅格表达法的精度与分辨率有关，分辨率越高，其影像就越能表达地理空间现象的细微特征。

3. 不规则三角网的表达方法

不规则三角网(TIN)采用不规则多边形拟合地表。利用 Delaunay 三角剖分准则就可完成对 TIN 的自动生成。单个三角形顶点就是数据点或其他空间信息控制点。TIN 表达有以下特点：

（1）能够表达不连续的空间变量。TIN 处理逆断层、悬崖峭壁等特殊空间对象时相对容易。

（2）由于三角形顶点（vertex）就是实际的控制点，所以，它对空间对象的表达精度较高。

（3）能够精确表达河流、山脊、山谷等线性地形特征。

TIN 的空间几何要素构成如下：三角形顶点、三角形边、三角面。

4. 面向对象的表达方法

实际上，矢量表达方法中的点、线、面也是对象（object），但它们是简单对象。面向对象的表达方法是一种新的程序设计方法。面向对象方法的基本含义是无论多么复杂的空间实体，都可以用一个对象来准确表示，而无须把复杂对象分解为单一的对象实体（如点、线、面、体），然后利用矢量表达方法加以表示。结合程序设计方法，通过分类、概括、联合、聚集四种数据处理技术就可以实现面向对象的各种表达方法。

三、地理空间关系

空间关系是指地理空间实体对象之间的空间相互作用关系。通常将空间关系分为拓扑关系、方向（顺序）关系和度量关系。

1. 拓扑关系

为了真实地描述空间实体，不仅需要反映实体的大小、形状及属性，还要反映出实体之间的相互关系。归纳起来，节点、弧段、多边形间的拓扑关系主要有如下三种。

1）邻接关系

存在于空间图形的同类图形实体之间的拓扑关系，如节点间的邻接关系和多边形间的邻接关系。

2）关联关系

存在于空间图形实体中的不同类图形实体之间的拓扑关系。如弧段在节点处的联结关系和多边形与弧段的关联关系。

3）包含关系

包含关系是指不同级别或不同层次的多边形图形实体之间的拓扑关系。

空间数据拓扑关系在地理信息工程的数据处理和空间分析等方面具有十分重要的意义和作用。根据拓扑关系，不需要利用坐标和距离就可以确定一种空间实体相对于另一种空间实体的空间位置关系。因为拓扑数据已经清楚地反映出空间实体间的逻辑结构关系，而且这种关系较之几何数据有更大的稳定性，即它不随地图投影而变化。利用拓扑数据有利于空间数据的查询。例如，判别某区域与哪些区域邻接，某条受污染的河流会影响哪些居民区的用水，某行政区域包括哪些土地利用类型等。利用拓扑数据作为工具，进行道路的选取、最佳路径分析等。

2. 方向(顺序)关系

方向(顺序)关系描述空间实体之间的方位关系。

3. 度量关系

度量关系描述空间实体之间的距离或远近等关系方位。

四、空间数据模型

1. 矢量模型

矢量模型是利用欧几里得几何学中的点、线、面及其组合来表示地理实体空间分布的一种数据组织方式。这种方式能最好地逼近地理实体的空间分布特征，具有数据精度高、数据存储的冗余度低的特点。矢量模型具有如下特点：

(1)通过对节点、弧、多边形拓扑关系的描述，相邻弧段的公用节点，相邻多边形的公用弧段在计算机中只需记录一次。而在面条模型(Spaghetti Model)中的记录次数则大于1。

(2)空间图形实体的拓扑关系，如邻接、关联、包含关系不会随着诸如移动、缩放、旋转等变换而变化，而空间坐标及一些几何属性(如面积、周长、方向等)会受到影响。

(3)通过矢量模型所表达的空间图形实体数据文件占用的存储空间比栅格模型小。

(4)能够精确地表达图形目标，精确地计算空间目标的参数(如周长、面积)。

2. 栅格模型

栅格模型是储存空间数据的最简单方法，它将对象划分成均匀的格网，每个格网作为一个像元。在栅格模型中，点(点状符号)由一个或多个像元构成，线由一串彼此相连的像元构成，面由聚集在一起的相邻像元的集合构成。栅格模型具有如下几个特点：

(1)栅格的空间分辨率是指一个像元在地面所代表的实际面积大小(一个正方形面积)。

(2)对于同一幅图形或图像来说，随着分辨率的增大，存储空间也随之增大。

(3)表达空间目标、计算空间实体相关参数的精度与分辨率密切相关，分辨率越高，精度越高。

(4)适合进行空间分析，如同一地区多幅遥感图像的叠加操作等。

(5)不适合进行比例尺变化、投影变换等。

3. 数字高程模型

数字高程模型(DEM)采用规则或不规则多边形拟合面状空间对象的表面，主要是对数字高程表面的描述。根据多边形的形状，可以把数字高程模型分为两种，即格网模型和不规则三角网模型。

4. 混合数据模型

矢量模型通过给定唯一的目标标识使每个物体具有良好的个性化的特性，并能根据名称和各种复合的条件使每一个物体具有良好的可选取性，便于空间查询和空间分析。而栅格模型则在 GIS 与遥感和 DEM 结合方面具有不可替代的作用。所以，如何充分利用各种模型，建立一种兼有多种模型优点的混合模型就成为一个重要课题。目前，有代表性的研究成果主要有 TIN 与矢量的一体化模型，栅格与矢量一体化的多级格网模型等。

5. 面向对象的数据模型

面向对象的数据模型不仅可表达图形数据，也可有效地表达属性数据。它利用数据抽象技术：分类、概括、联合、聚集和数据抽象工具继承和传播，采用对象联系图描述其模型的实现方法，使得复杂的客观事物变得清楚易懂。由于面向对象的数据模型是将现实世界的实体都抽象成对象，以人们认识问题的自然方式将所有的对象构建成一个分层结构，来描述问题领域中各实体之间的相互关系和相互作用，从而建立起一个比较完整的结构模型，使得现实世界的构成与人们认识问题的方式直接对应。面向对象的系统分析与设计方法和面向对象的数据模型，为 GIS 面临的问题提供了较好的解决途径，从而成为 GIS 进入决策应用的关键技术之一。

五、空间数据结构

1. 矢量数据结构

矢量数据结构的编码方式包括以下四种：

1）实体式编码

优点：编码容易、数字化操作简单、数据编排直观。

缺点：边界坐标数据与多边形单元实体一一对应，各多边形边界单独编码和数字化，相邻多边形的公共边界需要数字化两遍（冗余、垃圾图斑）；无拓扑关系，则相邻多边形公共边界检索无法进行。

2）索引式编码

先对所有的边界点编号，按顺序建立点的坐标文件，再建立点与边界线、线与多边形的索引文件。

优点：消除了相邻多边形边界的数据冗余和不一致的问题。

缺点：处理岛状信息和检查拓扑关系时较为困难。

3）双重独立式编码（DIME）

以直线段作为编码的主题，采用拓扑编码结构。文件格式：点文件（点号，坐标），线文件（线号，左多边形，右多边形，起点，终点）。

特点：该种结构的拓扑关系明确，可通过线文件自动寻找并形成面文件。

4）链状双重独立式编码

DIME 编码的改进。引入弧段的概念，以弧段为研究的主体。

2. 栅格数据结构

栅格数据结构又称为网格结构(raster、grid cell)或像元结构(pixel)。在这种数据结构中，空间的二维投影平面被划分为大小均匀紧密相邻的规则格网阵列(通常为正方形)，每个格网作为一个像元或像素，由行、列号定义，并包含一个表示该像素属性类型或量值的代码，或包含一个指向其属性记录的指针。每个栅格的大小代表了定义的空间分辨率，每个栅格对应于一个特定的空间位置，栅格的值表达了这个实际位置的状态。

特点：属性明显，定位隐含；操作简单，易于处理；容易与遥感数据结合处理。

1)栅格代码(属性值)的确定

栅格代码(属性值)的确定可采用中心归属法、长度占优法、面积占优法、重要性法。

(1)中心归属法：每个栅格单元的值以网格中心点对应的面域属性值来确定。对于具有连续分布特征的地理要素，如降水分布、人口密度等问题，中心法是被首要选用的。

(2)长度占优法：每个栅格单元的值以网格中线的大部分长度所对应的面域的属性值来确定。

(3)面积占优法：每个栅格单元的值以在该网格单元中占据最大面积的属性值来确定。此法常见于分类较细，地物类别斑块较小的情况。

(4)重要性法：根据栅格内不同地物的重要性程度，选取特别重要的空间实体决定对应的栅格单元值。此法常见于具有特殊意义而面积较小且不在栅格中心的地理要素。尤其是点、线状地理要素，如城镇、交通枢纽、交通线、河流水系等。

2)简单栅格数据结构

以某种栅格数据采样方法，对空间信息逐点采样，并以一个完整的数字矩阵(或数组)进行信息记录的数据集合，称之为简单栅格数据结构(或全栅格数据结构)。在 GIS 中，绝大多数栅格数据的分析运作与处理是在全栅格数据下进行的。

3)链式编码(chain code)

链式编码又称为弗里曼编码(freeman)或边界链码，是一种压缩编码方法。从线状要素或面状要素边界上的某一点开始，构建其基本方向矢量链，以此实现对线状地物和面状地物的压缩编码存储。

优点：可有效压缩存储数据；具有一定的运算功能。

缺点：相邻界线重复存储产生冗余；边界的合并、插入等操作难以进行。

4)游程编码

游程编码又称为行程编码(run-length code)，它也是一种压缩编码方法。当栅格图像中各行数据代码发生改变时，依次记录该代码以及相同代码重复的个数，从而实现数据的压缩。

优点：压缩效率高，对运算操作的影响不大。

缺点：不适用于复杂图件。

5)块状编码(block code)

块状编码是游程编码扩展到二维的情况，采用方形区域作为记录单元，每个记录单元包括相邻的若干栅格。

特点：双向数据压缩；数据的组织以正方形地块完成。

6)四叉树编码(quad-tree code)

将一幅栅格图像等分为四等份，逐块检查其格网属性值(或灰度)。如果某个子区的所有格网值都具有相同的值，则这个子区就不再继续分割，否则将该子区继续划分为四等份，直到每个子块都含有相同的属性值为止。

优点：压缩效率高；不受分辨率的影响；可以利用树的一些性质进行运算操作；易于表示洞。

缺点：不适用于复杂图件。

3. 矢量和栅格数据结构的比较

矢量数据结构是面向目标组织数据，栅格数据结构是面向空间分布组织数据。

1)矢量数据结构

优点：①提供更严密的数据结构，数据量小，冗余度低；②提供更有效的拓扑编码，因而对需要拓扑信息的操作更有效，如网络、检索分析；③表示地理空间数据的精度高；④图形输出美观。

缺点：①比栅格数据结构复杂；②叠加操作没有栅格有效；③不能像数字图像那样做增强处理；④软硬件技术复杂，显示和绘图成本高。

2)栅格数据结构

优点：①数据结构简单；②叠加操作易实现；③能有效表达空间可变性；④栅格图像便于做图像的有效增强。

缺点：①数据结构不严密不紧凑，图形数据量大，需要用压缩技术解决这个问题；②难以表达拓扑关系；③图形输出不美观，线条有锯齿，需要增加栅格数量来克服，但会增加数据量；④地图投影变换难实现。

4. 矢量栅格一体化数据结构

采用填满线状目标路径和充填面状目标空间的表达方法作为一体化数据结构的基础就是矢量栅格一体化数据结构。无论是点状地物、线状地物，还是面状地物均采用面向目标的描述方法，因而它可以完全保持矢量的特性，而元子空间充填表达建立了位置与地物的联系，使之具有栅格的性质。

第三节　地理信息工程技术设计

一、地理信息工程的基本框架

地理信息工程面向具体应用，解决具体问题，应具有较好的实用性。地理信息工程具有行业应用特点，同一数据在不同行业应用中，对数据的组织不尽相同。地理信息工程数据结构和算法较复杂。

地理信息工程的实施有以下几个主要步骤：①用户需求调研与可行性研究；②工程实施方案与总体设计；③开发与测试；④试运行与调试；⑤系统维护和评价。

用户需求调研是地理信息工程建设的重要一步，通过调研用户对 GIS 的需求和现有业务需求，以及用户现有数据基础，形成用户需求调研报告，明确用户业务需求和系统需求，分析用户数据和系统现状，从而提出系统建设预期目标，分析系统建设的可行性。用户需求调研报告是系统总体设计和系统功能设计的依据。

在用户需求调研报告的基础上，对系统进行总体设计，并制定系统工程建设的实施方案。以总体设计和实施方案为纲领，开展系统的详细设计、数据整理分析和开发测试工作。在系统开发完成之后再进行系统试运行和调试、完善系统及系统安装运行的工作。

二、系统需求分析

需求调研是后期设计和系统建设、运行的基础和关键。用户需求分析是针对系统功能和设计工作就用户的现行软件系统和现有数据基础，以及业务工作对系统的需求进行调研，明确用户对系统的需求，发现并提出现有软件系统中的问题，并分析用户需求和系统建设的可行性，形成对问题、数据、需求的调研报告。

具体工作内容包括：①用户情况调查包括现有软件系统问题、数据现状、业务需求；②明确系统建设目标和任务；③系统可行性分析研究；④撰写并提交需求调研报告。

1. 系统目标分析

根据地理信息工程特点，可通过下述方式明确系统的建设目标和任务：①进行用户类型分析；②对现行系统进行调查分析；③明确系统服务对象，系统服务对象不同，其目标也不相同；④用户应用现状调查。

2. 系统功能分析

常用的方法有如下三种：

1)结构化分析方法

结构化分析方法采用自顶向下、逐层分解的系统分析方法来定义 GIS 系统的需求。

2)面向对象分析方法

面向对象分析方法通过自底向上提取对象并进行对象的抽象组合来实现系统功能和性能分析。

3)快速原型化分析方法

快速原型化分析方法是在系统分析员和系统用户之间交流的一种工具方法，用来明确用户对系统功能和性能的要求。

3. 可行性分析与系统分析方法

可行性研究主要工作内容包括：数据源调查与评估，技术可行性评估，系统的支持状况，经济和社会效益分析。

系统分析方法主要包括：数据流模型，数据字典，加工逻辑说明，结构化语言，判定表和判定树。

4. 需求规格说明书

系统需求规格说明是在系统分析的基础上建立的自顶向下的任务分析模型，一般包括：引言、项目概述、系统数据描述、系统功能需求、系统性能需求、系统运行需求、质量保证和其他需求等八个部分。

规格说明描述了系统的需求，是联系系统需求分析与系统设计的重要桥梁。同时，系统软件需求规格说明书作为系统分析阶段的技术文档，是提交审议的一份必要的工作文件。需求规格说明书一旦审议通过，则成为有约束力的指导性文件，成为用户与技术人员之间的技术合同，成为下一阶段系统设计的依据。

三、系统总体设计

在系统总体设计阶段采用一些表达工具来描述 GIS 工程的数据结构和软件体系结构，如层次图、HIPO 图、结构图、UML 等。

1. 体系结构设计

地理信息系统体系结构设计内容包括系统构建的关键技术、数据及数据库体系结构设计、接口设计、模块体系设计、工程建设的软硬件环境设计、系统组网及安全性设计等。

2. 软件结构设计

1) C/S 结构

C/S 模式的应用系统基本运行关系体现为"请求-响应"的应答模式。C/S 系统是第四代计算机系统，其核心是服务器集中管理数据资源，接收客户机请求，并将查询结果发送给客户机；同时客户机具有自主的控制能力和计算能力，向服务器发送请求，接收结果。由于网络上流动的仅仅是请求信息和结果信息，所以流量大大地降低了，这就是 C/S 系统的目的。

2) B/S 结构

B/S 结构是将 C/S 模式的结构与 Web 技术密切结合而形成的三层体系结构(见图 9-1)。第一层客户机是用户与整个系统的接口。客户的应用程序精减到一个通用的浏览器软件，如微软公司的 IE 等。浏览器将 HTML 代码转化成图文并茂的网页。网页还具备一定的交互功能，允许用户在网页提供的申请表上输入信息提交给后台并提出处理请求。这个后台就是第二层的 Web 服务器。第二层 Web 服务器将启动相应的进程来响应这一请求，生成一串 HTML 代码，其中嵌入处理的结果，返回给客户机的浏览器。如果客户机提出的请求包括数据的存取，Web 服务器还需与数据库服务器协同完成这一处理工作。第三层库服务器的任务类似于 C/S 模式，负责协调不同的 Web 服务器发出的 SQL。

3) 两种结构体系的比较

管理计算机组的主要工作是查询和决策，数据录入工作比较少，采用 B/S 模式比较合适；而对于其他工作组需要较快的存储速度和较多的数据录入，交互性比较强，可采用

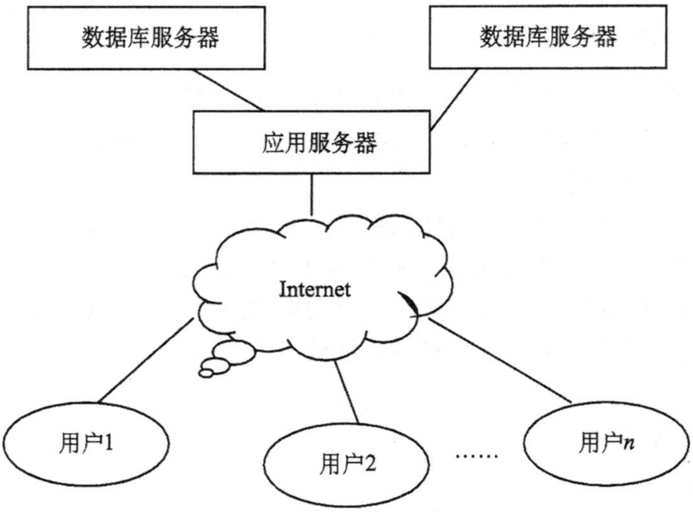

图 9-1　三层 B/S 体系结构示意图

C/S 模式。在 B/S 和 C/S 的比较中，只能在某一方面有优势。任何一个项目或一种方案，都要分析实现的内容和它将要面对的最终用户的性质。在很多跨区域的大型 GIS 中，经常是包含二者。

3. 软件配置与硬件网络架构

1)软件配置

基础平台的选择一般应满足以下几个方面的要求：①图像、图形与 DEM 三库一体化及面向对象的数据模型；②海量、无缝、多尺度空间数据库管理；③动态、多维与空间数据可视化；④基于网络的 C/S、B/S 系统(WebGIS)；⑤数据融合与信息融合；⑥空间数据挖掘与知识发现；⑦地理信息公共服务与互操作。

对于中、小型基础地理信息系统，所选用的系统应成熟健壮；能提供高效、安全、可靠、灵活且基于开放标准的环境；支持 C/S、B/S 体系结构；支持多种网络协议，支持事实上的工业标准 TCP/IP 协议集和 SNMP 协议；支持国际通用的大型分布式数据库管理系统和多媒体管理系统，如 Oracle、Informix、DB2；选择具备数据自动备份和迁移的数据存储和备份系统，配合数据库管理系统，满足海量地理数据的存储管理和备份需要。

2)硬件及网络环境设计

地理信息系统应用一般都要存储大量的数据，基础地理数据选取和处理时，又要进行大量的计算和变换，因此系统对计算机 CPU 的运算速度、存储容量、图形处理等能力都有较高的要求。

局域网网络服务器一般可采用 Unix 或 Windows 操作系统，网络主干采用高性能交换机负责内部 IP 地址过滤、访问控制、虚拟局域网(Virtual LAN，VLAN)和网管。全网密钥管理(2~3 层密钥结构：主密钥、密钥加密密钥、数据加密密钥)、信息加密，通过网络安全隔离计算机控制涉密与非涉密网段之间的信息交流。

4. 系统功能设计

地理信息工程除具有软件应用系统的基础功能外，各模块还具有其特有功能。各模块分别具有如下功能：

(1)数据输入模块：具有图形图像输入、属性数据输入、数据导入等功能。

(2)数据编辑模块：具有数字化坐标修改、属性文件修改、节点检错、多边形内点检错、节点匹配和元数据修改等功能。

(3)数据处理模块：具有拓扑关系生成、属性文件建立(含扩充、拆分和合并)、坐标系统转换、地图投影变换和矢量与栅格数据转换等功能。

(4)数据查询模块：具有按空间范围检索、按图形查属性和按属性查图形(单一条件或组合条件)等功能。

(5)空间分析模块：具有叠置分析、缓冲区分析、邻近分析、拓扑分析、统计分析、回归分析、聚类分析、地形因子分析、网络分析与资源分配等功能。

(6)数据输出与制图模块：具有矢量绘图、栅格绘图、报表输出、数据导出、统计制图、专题制图及三维动态模拟和显示等功能。

5. 系统安全设计

1)网络的安全与保密

网络的安全性指的是保证数据和程序等资源安全可靠，对资源进行保护以免受到破坏。保密性主要是指对某些资源或信息保密。

2)应用系统的安全措施

应用系统的安全与系统设计和实现关系密切，应用系统通过应用平台的安全服务来保证基本安全，如信息内容安全，信息使用的认证、审计等。

3)数据备份和恢复机制

地理信息系统的数据备份是数据安全的一个重要方面。为了能够恢复修改前的状态，数据库的操作要具有：①恢复功能：在出错时可回到修改前状态；②备份功能：数据库修改后，原数据应有备份，备份又分为完全备份和增量式备份。

原则上，数据应至少有一套备份数据，即同时应至少保存两套数据，并异地存放。针对不同的业务需要，资料复制有两种方式：同步复制和异步复制。

备份管理包括备份的可计划性、备份设备的自动化操作、历史记录的保存以及日志记录等。备份管理是一个全面的概念，它不仅包含制度的制定和存储介质的管理，而且还能决定引进备份技术。

4)用户管理

用户管理包括权限设置和管理。权限设置包括权限对象的维护和权限对象的分配。权限对象是用来从不同的方面对系统的安全做维护的对象，它包括以下两个部分：功能权限和数据权限。系统权限对象的种类和数目比较多，如果把数据库中的每一种权限对象都对一个指定的用户或角色进行授权，就会增加管理员的工作量。所以，数据库的权限管理分为两个部分：权限的提取和用户授权。

四、数据库设计

数据库设计一般包括三个主要阶段：概念设计阶段、逻辑结构设计阶段、物理结构设计阶段(见图9-2)。

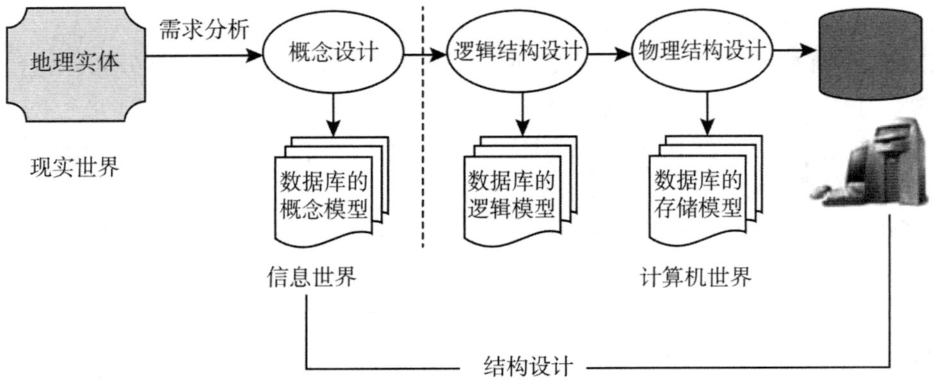

图9-2　数据库结构设计步骤

1. 数据库概念设计

概念设计是通过对错综复杂的现实世界的认识与抽象，最终形成空间数据库系统和应用系统所需模型的过程。具体过程是对所收集的信息和数据进行分析、整理，确定实体、属性及其联系，形成独立于计算机的反映用户观点的概念模式。

概念模式与具体的数据库管理系统(DBMS)无关，它的结构稳定，能较好地反映用户信息需求。表示概念模型最有力的工具是E-R模型(见图9-3)，它包括实体、联系和属性三个基本成分。

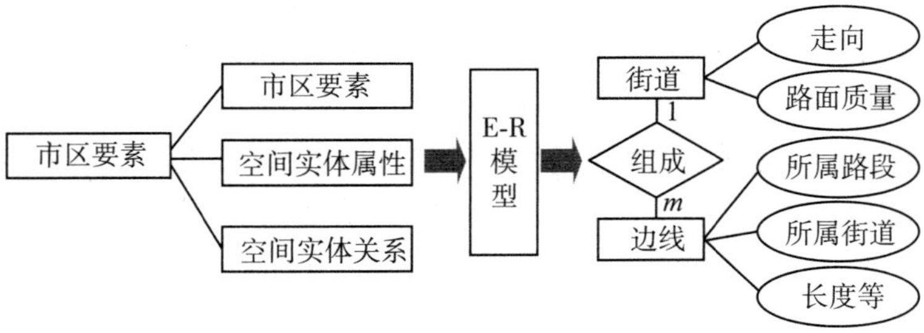

图9-3　地理实体到概念模型(E-R模型)示意图

1)数据库概念模型

对需求分析阶段收集的数据进行分析、整理，确定地理实体、属性及其关系，把用户的需求加以解释，并用概念模型表达出来(主要指E-R模型)。

2)概念模型设计任务

概念数据库模式设计，以需求分析阶段所提出的数据要求为基础，对用户需求描述的现实世界通过对其中信息的分类、聚集和概括，建立抽象的高级数据模型(如 E-R 模型)，形成概念数据库模式。

3)概念模型设计步骤

①通过用户需求调查与分析，提取和抽象出空间数据库中所有的实体。②确定各个实体的属性。要求尽可能减少数据冗余，方便数据存取和操作，并能实现正确无歧义地表达实体。③根据系统数据流图及实体的特征正确定义实体间的关系。④根据提取、抽象和概括出的系统实体、实体属性以及实体关系绘制空间 E-R 图。⑤根据划分的标准和原则对这些单元的 E-R 图进行综合，并对其进行调整和优化，使其能够无缝地形成一个整体。

2. 数据库逻辑结构设计

逻辑结构设计是将概念模型结构转换为具体 DBMS 可处理的地理数据库的逻辑结构(或外模式)，也叫数据库模式创建。主要包括确定：①数据项、记录及记录间的联系；②安全性；③完整性；④一致性约束。

从 E-R 模型向关系模型转换的主要过程为：①确定各实体的主关键字；②确定实体内部属性之间的数据关系表达式；③把经过消冗处理的数据关系表达式中的实体作为相应的主关键字；④根据②和③形成新的关系；⑤完成转换后，进行分析、评价和优化。

数据库的一般逻辑结构有以下三种：①传统数据模型：层次模型、网络模型、关系模型；②面向对象数据模型；③空间数据模型：混合数据模型、全关系型空间数据模型、对象-关系型空间数据模型、面向对象空间数据模型。

GIS 数据按照空间数据的逻辑关系或专业属性分为各种逻辑数据层或专业数据层。

数据层的设计一般是按照数据的专业内容和类型进行的。数据的专业内容的类型通常是数据分层的主要依据，同时也要考虑数据之间的关系(如两类物体共享边界等)及数据标准分类与编码，如地形图数据，可分为地貌、水系、道路、植被、控制点、居民地等诸层分别存储。不同类型的数据由于其应用功能相同，在分析和应用时会同时用到，在设计时应反映出这样的需求，即可将这些数据作为一层。例如，多边形的湖泊、水库，线状的河流、沟渠，点状的井、泉等，最后得出各层数据表现形式，各层数据的属性内容和属性表之间的关系等。

3. 数据库物理结构设计

数据库物理结构设计是对数据库存储结构和存储路径的设计，是指有效地将空间数据库的逻辑结构在物理存储器上实现，确定数据在介质上的物理存储结构，其结果是导出地理数据库的存储模式(内模式)，即逻辑设计如何在计算机的存储设备上实现。完成设计后，要进行性能分析与测试。物理设计在很大程度上与选用的数据库管理系统(DBMS)有关。

数据库物理结构设计的步骤如下：①确定数据库的物理结构：包括确定需要存储的数据对象、数据存放位置、数据存储结构、数据存取方法和系统配置等；②对物理结构进行评价：包括分析时间效率、空间效率、维护代价及用户要求等。

4. 数据字典设计

数据字典是关于数据信息的集合。它是数据流图中所有要素严格定义的场所，这些要素包括数据流，数据流的组成、文件、加工小说明及其他应进入字典的一切数据，其中，每个要素对应数据字典中的一个条目。

数据字典最重要的用途是作为分析阶段的工具。在数据字典中建立严格一致的定义有助于增进分析员和用户之间的交流，从而避免许多误解的发生。数据字典也有助于增进不同开发人员或不同开发小组之间的交流。同样，将数据流图和对数据流图中的每个要素的精确定义放在一起，就构成了系统的、完整的系统规格说明。数据字典和数据流图一起构成信息系统的逻辑模型。没有数据字典，数据流图就不严格；没有数据流图，数据字典也没有作用。

实现数据字典的常见方法有三种：全人工过程、全自动过程和混合过程。GIS 数据字典的任务是对 GIS 数据流图中出现的所有被命名的图形要素在数据字典中作为一个词条加以定义，使得每一个图形要素的名字都有一个确切的解释。因此，GIS 数据字典中所有的定义必须是严密的、精确的，不可有半点含糊，不可有二义性。GIS 数据字典的主要内容包括：数据流图中每个图形要素的名字、别名或编号、分类、描述、定义、位置等。

通过建立 GIS 数据字典，在 GIS 分析过程中，就可以通过名字方便地查阅数据的定义；也可以按各种要求，列出各种表格供分析员使用；还可按描述内容或定义来查询数据的名字；甚至可以通过检查各个加工的逻辑功能，实现和检查数据与程序之间的一致性和完整性。后面的所有设计、实现到维护阶段，都需要参考数据字典进行设计、修改和查询。

五、空间数据库设计

空间数据库的逻辑设计一般是以图库—数据集—数据层为主线考虑其逻辑设计(在物理存储中还需要考虑空间数据是使用文件存储还是数据库存储)。

六、属性数据库设计

采用常规数据库设计方法和步骤，一般针对不同专题和行业分别设计。

七、符号库设计

从地物的图式符号来看，地物要素的符号库设计包括符号类型设计和地物要素符号样例设计。

八、元数据库设计

元数据是指描述空间数据的数据，元数据库设计的内容主要包括：空间数据集的内容、质量、精度、表示方式、空间参考、管理方式以及数据集的其他特征等，是空间数据交换的基础，也是空间数据标准化与规范化的保证。

九、数据更新设计

通过地理信息更新技术可保证地理信息的现势性，其手段主要包括五种：实测更新法、编绘更新法、计算机地图制图更新法、遥感信息更新法和GNSS信息更新法等。

十、详细设计

1. 详细设计任务

①细化总体设计的体系流程图，绘出程序结构图，直到每个模块的编写难度被单个程序员掌握为止；②为每个功能模块选定算法；③确定模块使用的数据组织；④确定模块的接口细节及模块间的调度关系；⑤描述每个模块的流程逻辑；⑥编写详细设计文档，主要包括细化的系统结构图及逐个模块的描述，如功能、界面、接口、数据组织、控制逻辑等。

2. 用户界面设计

用户界面设计的三大原则是：置界面于用户的控制之下；减少用户的记忆负担；保持界面的一致性。

界面设计从流程上分为结构设计、交互设计和视觉设计三部分。

1）结构设计

结构设计也称概念设计，是界面设计的骨架。

2）交互设计

交互设计的目的是让用户能简单地使用产品。交互设计的原则如下：①有清楚的错误提示：误操作后，系统提供有针对性的提示；②让用户控制界面："下一步""完成"，面对不同层次提供多种选择，给不同层次的用户提供多种可能性；③允许兼用鼠标和键盘：同一种功能，同时可以用鼠标和键盘，提供多种可能性；④允许工作中断；⑤使用用户的语言，而非技术的语言；⑥提供快速反馈：给用户心理上的暗示，避免用户着急；⑦方便退出；⑧导航功能：随时转移功能，很容易从一个功能跳到另外一个功能，一般要提供用户从整体到局部的"鹰眼图"；⑨让用户知道自己当前的位置，使其做出下一步行动的决定。

3）视觉设计

在结构设计的基础上，参照目标群体的心理模型和任务达成进行视觉设计，包括色彩、字体、页面等。视觉设计要达到用户愉悦使用的目的。视觉设计的原则如下：①界面清晰明了，允许用户定制界面。②减少短期记忆的负担，让计算机帮助记忆，例如，用户名（user name）、密码（password）、进入界面地址可以让机器记住。③依赖认知而非记忆，如打印图标的记忆、下拉菜单列表中的选择。④提供视觉线索，图形符号的视觉的刺激；图形界面设计（design）：位置（where）、主题内容（what）、下一步操作（next step）。⑤提供默认(default)、撤销(undo)、恢复(redo)的功能。提供界面的快捷方式。⑥尽量使用真实世界的比喻，如电话、打印机的图标设计，尊重用户以往的使用经验。⑦完善视觉的清晰度，条理清晰；图片、文字的布局和隐喻不要让用户去猜。⑧界面的协调一致。同样功能用同样的图形。⑨色彩与内容：整体软件不超过五个色系，少用红色、绿色。近似的颜色表示近似的意思。

用户界面遵循以下规范：①易用性原则；②规范性原则；③帮助设施原则；④合理性原则；⑤美观与协调性原则；⑥菜单位置原则；⑦独特性原则；⑧快捷方式的组合原则；⑨排错性考虑原则；⑩多窗口的应用与系统资源原则。

3. 标准化设计

采用标准化设计的优点是：①设计质量有保证，有利于提高工程质量；②可以减少重复劳动，加快设计速度；③有利于采用和推广新技术；④有利于加快开发与建设进度；⑤有利于节约成本，降低造价，提高经济效益。

4. 详细设计说明书

系统详细设计是解决系统“如何做”的问题。一般而言，系统详细设计包括数据结构设计、模块设计、代码设计(类设计)。

1)数据结构设计

应明确给出每个数据结构的名称、标识符，以及它们之中每个数据项、记录、文卷和系统的标志、定义、长度及它们之间的层次或表格的相互关系，并用表格说明各个数据结构与访问这些数据结构的形式。

2)模块设计

应明确说明模块命名、模块设计功能、模块包含类、与其他模块的关系等。

3)代码设计(类设计)

代码设计(类设计)是对类的成员对象，包括成员方法和成员变量的设计。内容包括类的命名、功能表述、类的继承关系、类的成员对象设计等。类的设计可采用 Rational Rose、Microsoft Visio 等工具。

详细设计说明书的主要内容包括：引言、程序(模块)系统的组织结构、模块(或子程序)1(标识符)设计说明和模块(或子程序)2(标识符)设计说明等。

第四节　地理信息数据

一、基础地理信息数据的内容与特点

基础地理数据是描述地表形态及其所附属的自然以及人文特征和属性的总称。按照国家标准《基础地理信息标准数据基本规定》(GB 21139—2007)，基础地理信息数据反映和描述地球表面测量控制点、水系数据、居民点及设施、交通、管线、境界与政区、地貌、

植被与土质、地名、数字正射影像、地籍、地名等有关自然和社会要素的位置、形态和属性信息。它是统一的空间定位框架和空间分析的基础。

基础地理数据具有基础性，权威性，现势性与动态性，抽象性，多尺度、多分辨率性，多样性，复杂性，普遍适用性，使用频率高等特点。

二、基础地理数据的采集

数据采集主要法有：全野外数据采集、航空摄影测量和航天遥感、地图数字化技术（见图9-4）。

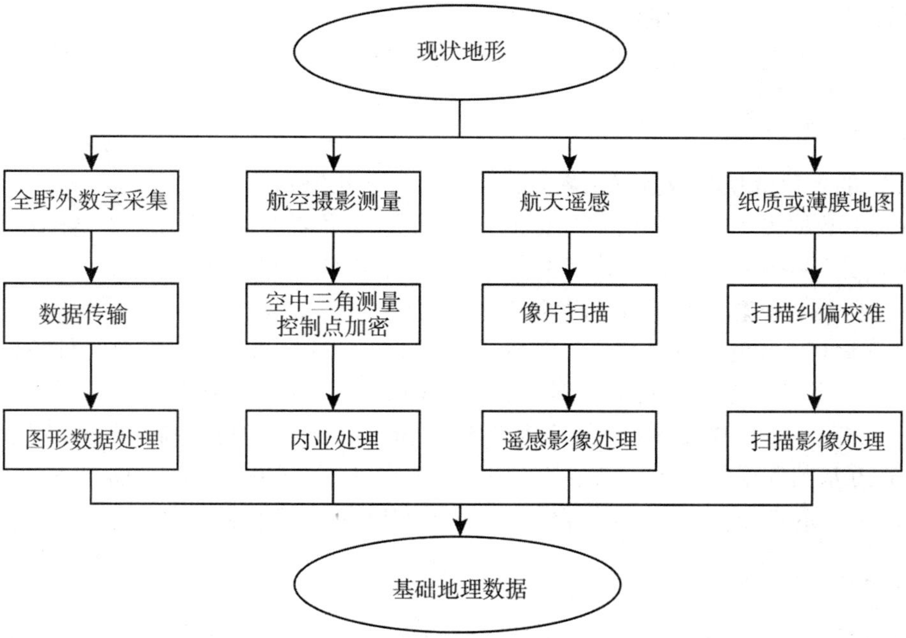

图9-4　基础地理数据的采集流程图

三、基础地理数据更新

基础地理数据更新主要涉及确定更新策略、变化信息获取、变化数据采集、现势数据生产、现势数据提供这五个步骤。

1. 确定更新策略

在数据更新之前，首先需要确定数据更新的目标、任务，包括更新范围（重点建设区域）、更新内容（道路、居民地、行政界限等）、更新周期（逐年更新、定期全面更新、动态实时更新）、更新工程的组织与实施方案（责任机构、组织机制、经费与效益分配等）。

（1）更新周期：可采用定期全面更新和动态实时更新两种模式。

(2)更新内容：一般地，基础地理数据的更新按全要素进行，但也可根据需要和周期选择一种或几种要素进行更新，如道路、居民地、水系等，并按不同的取舍标准执行。

(3)更新精度：基础地理数据的更新精度不宜低于原数据的精度，通过数据更新提高现势性。

(4)更新范围：基础地理数据通常按图幅更新，这种方式便于数据的生产和管理，是目前数据更新的主要方式。

2. 变化信息获取

当前用来获取变化信息的方法主要有以下三种：

(1)专业队伍进行现势性调查，发现变化。

(2)将卫星遥感影像与现有数据比较，发现变化。

(3)根据其他渠道获得变化信息，如有关专业单位、社会力量、新闻途径等。

3. 变化数据采集

对确定的变化信息进行数字化采集，主要有以下几种方式：

(1)人工数据采集，包括对标绘图进行数字化、野外勘测数字作业、GNSS 采集等。

(2)交互式数据采集，包括数字摄影测量、遥感图像处理等。

(3)自动数据采集，卫星遥感影像识别与处理等。

在基础地理要素建库过程中，数据的采集一般采用数字摄影测量和全野外数据采集。

从地图比例尺及地图更新成本考虑，可采用下述两种技术方案：一是基于 TM 影像(分辨率为 30m)、SPOT 影像(分辨率为 2.5m、5m 或 10m)的更新方案，主要用于 1∶5 万~1∶10 万基础数据的更新；二是基于 IKONOS 影像(分辨率为 1m)、QuickBird 影像(分辨率为 0.61m)的更新方案，主要用 1∶1 万或更大比例尺基础地理数据更新。

4. 现势数据生产

将新采集的变化数据与原有数据库中未变化的数据融合，从而形成新的集成的现势数据库。原始数据可能会有新增、消失、改变等变化类型，相应的处理包括：

(1)插入。将新增的地物信息添加到数据库中。

(2)删除。将已消失的信息地物从数据库中删除。

(3)匹配并替换。将空间形态、位置变化的地物与原始数据进行匹配，确定替换对象，再用新的数据替换已变化的内容。

(4)历史信息的保存与管理。被删除、替换的数据需要保存，以便历史数据的恢复、查询与分析。

在这个过程中需要注意的关键问题包括：①数据模型的演变；②比例尺与数据质量标准；③需要提供足够的元数据以便对更新过程进行追踪；④匹配的方法有人工匹配、交互匹配、自动匹配等；⑤历史数据的组织与管理。

5. 现势数据提供

提供给用户的现势数据可以是批量替代的方式。

四、基础地理信息标准

1. 基础标准

基础标准主要包括空间参考系、分幅与编号、图式、要素分类编码、数据字典、元数据、数据交换格式等系列标准，如图 9-5 所示。

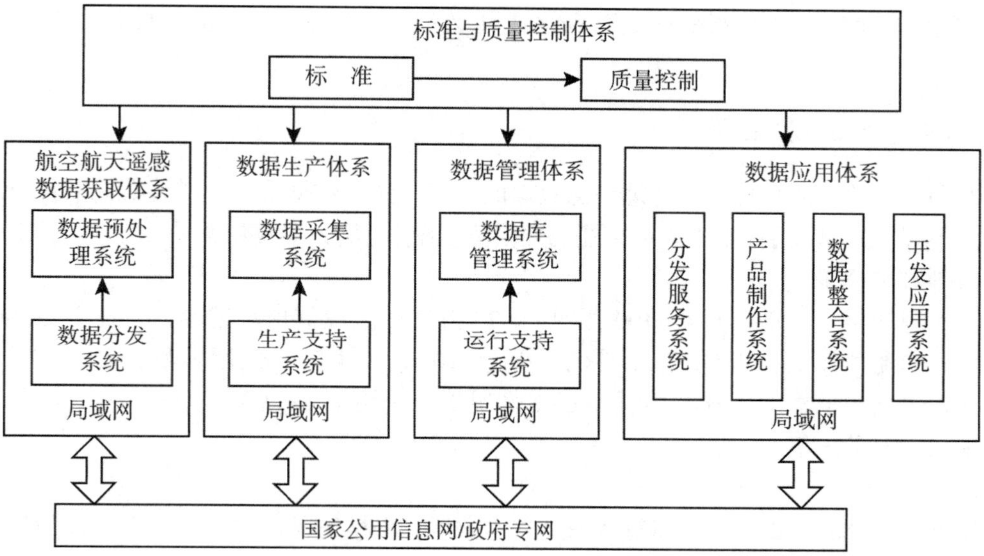

图 9-5 基础地理信息系统技术体系

2. 产品标准

产品标准是基础地理信息数字产品必须达到的技术要求，包括 DEM、DRG、DOM 和 DLG 等。产品标准规定产品的分类、标记、技术指标与要求、产品包装、检测与评价、分发格式等内容。

3. 技术标准

数据生产技术标准是对数字产品标准要求而对生产技术方法、工艺流程、技术指标与要求、检查等作出的相应技术规定。

4. 管理标准

管理标准是在基础地理数据生产、建库和系统建设中需要统一协调的技术管理、质量监督等方面的标准，包括产品检测与评价、数据库设计与建库、数据库和管理系统运行管理与维护等方面的技术规定等。

五、专题地理信息数据

1. 专题地理信息数据的类型与特点

专题地理信息数据是面向用户的主要内容，包括专题点数据、专题线数据和专题面数据，它们不仅包含了空间定位信息，而且还包含了大量的专题属性信息和统计信息。专题地理信息数据主要包括两个方面的内容：一个是专题空间数据，另一个是专题非空间数据（包含专题属性数据、专题统计数据和多媒体数据），这两类数据都集成在专题地理目标上。

2. 专题地理数据采集

专题地理数据的采集分为地理信息数据的采集、文档数据采集、统计数据采集、声像数据采集等。这里以某省的"扶贫专题地理信息系统"为例介绍其数据采集方法与步骤。

1）地理数据采集

为充分利用已经建立的 1：100 万和 1：25 万基础地理信息数据库，系统主要以这两种比例尺的地理数据为基础，局部地区采用 1：10 万、1：5 万等比例尺的基础地理数据。基础地理数据的采集以 ArcGIS 为主，必要情况下可采用 AutoCAD、Photoshop 等图形、图像处理软件辅助采集。

2）文档数据采集

用 Word、Notepad 等文本编辑器采集文本数据，根据情况选用键盘录入方式和扫描识别方式。

3）专题统计数据采集

以 Oracle 数据库管理软件采集专题统计数据。

4）声像数据采集

用 Recorder、Photoshop 等软件采集声像数据。

3. 专题地理数据更新

专题地理信息系统的数据更新分为专题地理信息数据更新与非专题地理信息数据更新。本书以某城市给水排水地理信息系统的更新为例介绍专题地理数据更新的一般原则与步骤。

1）更新原则

（1）精度匹配原则。这是 GIS 数据更新的首要保证。《道路坐标表》中可查每条道路桩号的精确坐标，然后在 CAD 中根据桩号坐标定位，可精确到 0.01 个 CAD 单位。

（2）现势性原则。对于城市基础地理信息的更新，一定要准确及时地对基础数据进行更新，以保证基础数据的现势性。基础数据是对城市目前发展状况的一个很重要的内容，只有保证其现势性，才能充分发挥出城市基础地理信息系统的作用。

（3）空间信息与属性信息同步更新原则。由于城市基础地理信息数据库的内容较多，其中的属性数据也十分复杂，因此在更新的时候，不仅要对图形数据进行更新，而且要同步地对属性数据进行更新，保证两种数据同时更新。

2)更新步骤

专题地理信息数据的更新步骤与方法因不同的专题数据而不同，这里以竣工图拼接为例说明。

(1)道路线竣工图拼接，即每条道路线竣工图分散为4~5个CAD文件，可以根据拼图线，将分散竣工图在AutoCAD中拼成一个完整道路线的CAD绘图文件。现有20条道路，拼接后共有20个CAD文件。

(2)拼接道路线的图层处理，即每个竣工图CAD文件有几个图层，拼接后的CAD图形文件中图层信息混乱，需对图层进行相应处理。

(3)提取、合并每条道路线涉及的电子地图，在GIS中将所有CAD文件合并为一整块该市电子地图。然后根据所给道路标在GIS上大致定位出这条道路所涉及的电子地图图幅编号。

(4)竣工图与电子地图合并，在CAD中可打开每条道路线合并后的竣工图与相应电子地图。

4. 专题地理信息标准

专题地理信息标准除了包括相应的基础地理信息系统的标准，还包括各个领域中专题地理信息的标准。

第五节　地理信息数据库

一、地理信息数据库的特征

地理信息数据库的特点集中体现在：

(1)空间数据模型复杂：空间数据库存储和管理多源空间数据，包括属性数据、图形图像数据，以及存储拓扑关系的数据，并且这些数据之间具有不可分割的联系。

(2)数据量庞大：空间信息的数据量大。

二、地理信息数据建库

1. 地图数字化

地图数字化是将现有的地图、外业观测成果、航空像片、遥感图片数据、文本资料等转换成GIS可以接受的数字形式，是建立GIS空间数据库的第一道工序。

2. 数据格式转换

多源空间数据的统一是数据建库的关键。由于空间数据建库涉及的范围比较广，建库的对象可能涉及各种源格式，如 cad 格式、dgn 格式、tif 格式、shp 格式、文本格式等。

3. 地理空间数据编辑

数据编辑分为非拓扑编辑和拓扑编辑。

1)非拓扑编辑

非拓扑编辑的 GIS 软件包不能发现拓扑错误，也不能建立拓扑关系，它可用于地图要素的数字化和编辑。非拓扑数据编辑主要包括：

(1)删除、移动、剪切和粘贴节点；

(2)分割和合并多边形；

(3)线条的简化、加密和平滑。

2)拓扑编辑

对于拓扑编辑，地图编辑过程始于地图拓扑关系的构建。属性数据在输入时，也难免会存在错误，因此也需要对属性数据进行编辑和处理。

4. 空间数据库模式创建

采用建立在关系型数据库管理系统(RDBMS)基础上的综合的数据模型，主要有两种数据库的解决方案：

(1)基于文件与关系型数据库的空间数据混合管理方案。

(2)基于对象-关系型数据库的空间数据管理方案。

基于文件与关系型数据库的空间数据混合管理方案的基本思想是用两个子系统分别存储和检索空间数据与属性数据，其中属性数据存储在常规的 RDBMS 中，几何数据存储在空间数据管理系统中，两个子系统之间使用一种标识符联系起来。而对象关系数据库由于继承了上述两者的优点，已经成为目前数据库发展的主流。

5. 地理空间数据入库

地理信息数据入库通常需要两方面的处理：一方面是对数字化信息本身要做规范化处理，主要有数字的检查、纠正，重新生成数字化文件，转换特征码，统一坐标原点，进行比例尺的变换，不同资料的数据合并归类等；另一方面是为实施地图编制而进行的数据处理，包括地图数学基础的建立，不同地图的投影变换，对数据进行选取和概括，各种专门符号、图形和注记的绘制处理。

三、属性数据建库

1. 关系数据库选择

关系模型是目前主流的数据模型。关系模型是以数学理论为基础构建的数据模型，它把复杂的数据结构归纳为简单的二元关系，即把每一个实体集看作是一个二维表，其中每一行是一个实体(记录)，每一列是一个实体属性(字段)，表中第一行是各字段的型的集合。由关系数据结构组成的数据库系统称为关系数据库系统。

2. 属性数据库结构创建

关系数据库就是将数据表示为表的集合，通过建立简单表之间的关系来定义结构的一种数据库。不管表在数据库文件中的物理存储方式如何，它都可以看作一组行和列，与电子表格的行和列类似。

(1)表：一种按行与列排列的相关信息的逻辑组，类似于工作单表。

(2)字段：数据库表中的每一列称作一个字段，字段可包含各种字符、数字，甚至图形。表是由其包含的各种字段定义的，每个字段描述了它所含有的数据。创建一个数据库时，须为每个字段分配一个数据类型、最大长度和其他属性。

(3)记录：有关的信息存放在表的行，被称为记录。一般来说，数据库表创建时任意两个记录都不能相同。

(4)键：表中的某个字段(或多个字段)，它(们)为快速检索而被索引。键可以是唯一的，也可以不是，取决于它(们)是否允许重复。

关系数据库可以由多个表组成，表与表之间可以以不同的方式相互关联。

3. 属性数据准备与编辑

属性表格有两种基本形式，一种是与地理信息内容紧密相关的属性表，另一种是外置的、与属性表可以实现连接(join)或链接(link)的数据库表。在 ArcGIS 中，属性数据和空间数据之间使用一种标志符(关键字)联系起来。

4. 属性数据入库

关系模型具有严密的数学基础和操作代数基础，如关系代数、关系演算等。属性数据入库必须满足以下条件：

(1)表中的每一个属性值都是不可再分的基本单元。

(2)表中每一列的属性名必须是唯一的。

(3)表中每一列必须有相同的数据类型。

(4)表中不能有完全相同的行。

第六节　地理信息查询与分析

一、空间查询

1. 空间特征查询

给定一个点或一个几何图形，检索该图形范围内的空间对象及其属性。

(1)按点查询：给定一个鼠标点，查询离它最近的对象及属性。

(2)开窗查询：按矩形、圆、多边形查询。根据空间索引，检索哪些对象可能位于该窗口。

2. 空间关系查询

(1)邻接查询：点与点邻接查询，线与线邻接查询(如查询与某干流相连的所有支流)，面与面邻接查询(如查询与公园相邻的闲置空地)。

(2)包含关系：查询某个面状地物所包含的空间对象。例如，某省的下属地区，某省的湖泊分布。

(3)相交查询：某高速公路穿越了某些县市。

(4)隶属查询：一个空间对象落入哪个空间对象之内。

(5)缓冲区查询：根据用户给定的一个点、线、面缓冲的距离，从而形成一个缓冲区的多边形，再根据多边形检索原理，检索该缓冲区内的空间实体。

3. SQL 查询

(1)查找：查找是最简单的由属性查询图形的操作。

(2)SQL 查询：交互式选择各项，输入后，系统再转换为标准的 SQL，由数据库系统执行，得到结果，提取目标标识，在图形文件中找到空间对象并显示。

二、空间分析

1. 叠置分析

叠置分析是将同一地区的两组或两组以上的要素(地图)进行叠置，产生新的特征(新的空间图形或空间位置上的新属性的过程)的分析方法。

1)点与面的叠置

点与面的叠置可以分析每个多边形内某类点状要素一共有多少，或哪些点落在哪些多边形内。这一功能常用于城市中各种服务设施分布情况的分析。

2)线与面的叠置

线与面的叠置是将一个线状要素层或网络状要素层和多边形层叠置。如网络层为道路网，可以得到每个多边形内的道路网密度，内部的交通流量，进入、离开各个多边形的交通量，相邻多边形之间的相互交通量。如果网络层为河流，可得到每个多边形内的地表水径流量。线与面的叠合一般以拓扑结构的矢量模型比较方便。

3)面与面的叠置

面与面的叠置是指不同图幅或不同图层多边形要素之间的叠置，根据两组多边形边界的交点来建立具有多重属性的多边形(合成叠置)或进行多边形范围内的属性特性的统计分析(统计叠置)。例如，土地利用图与行政区划图叠置，可得出某县耕地面积。

常见的叠置分析算法有裁剪、合并(联合)、擦除、求交、标识(同一)、对称差(交集取反)、更新等运算方法。

1)裁剪

裁剪是用叠加数据从源数据中提取部分特征集合的运算。在图形运算上，叠加数据中的多边形集合定义了裁剪区域，源数据中凡是落在裁剪区域外的矢量数据都将被去除，而落在裁剪区域内的矢量数据都将输出到结果数据集中(见图 9-6)。

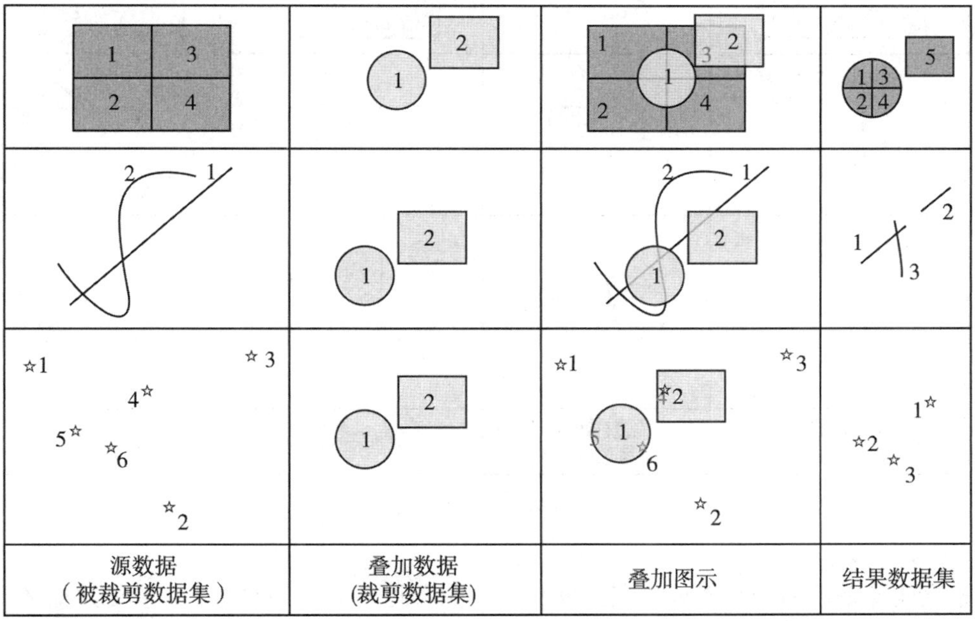

图 9-6　裁剪运算

2)合并(联合)

合并是对源数据与叠加数据之间进行并的运算。一般地，在合并操作时，源数据与叠加数据必须是面数据。在图形运算时，合并运算后的两个面数据集在相交处的多边形会被分割，并重建拓扑关系。源数据与叠加数据的几何信息和属性信息会输出到结果数据集中(见图 9-7)。

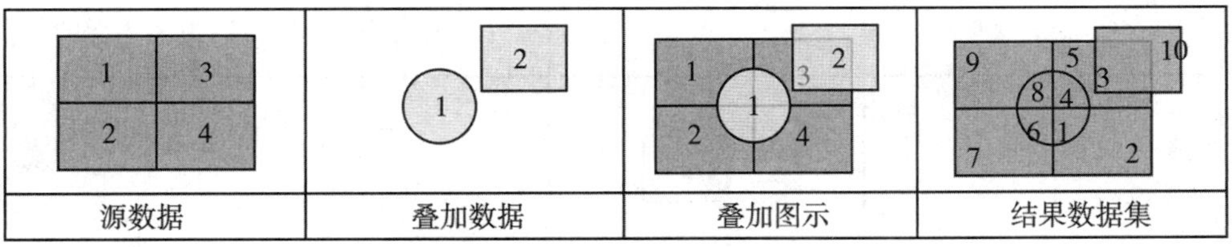

图 9-7　合并运算

3)擦除

擦除操作是指，用叠加数据来擦除掉在源数据中被叠加数据的多边形相重合的部分。在图形运算上，叠加数据的多边形集合定义了擦除区域，源数据中凡是落在擦除区域内的要素都将被去除，而落在擦除区域外的要素都将被输出到结果数据集中。擦除运算与裁剪运算原理相同，只是对源数据集中保留的内容不同(见图 9-8)。

4)求交

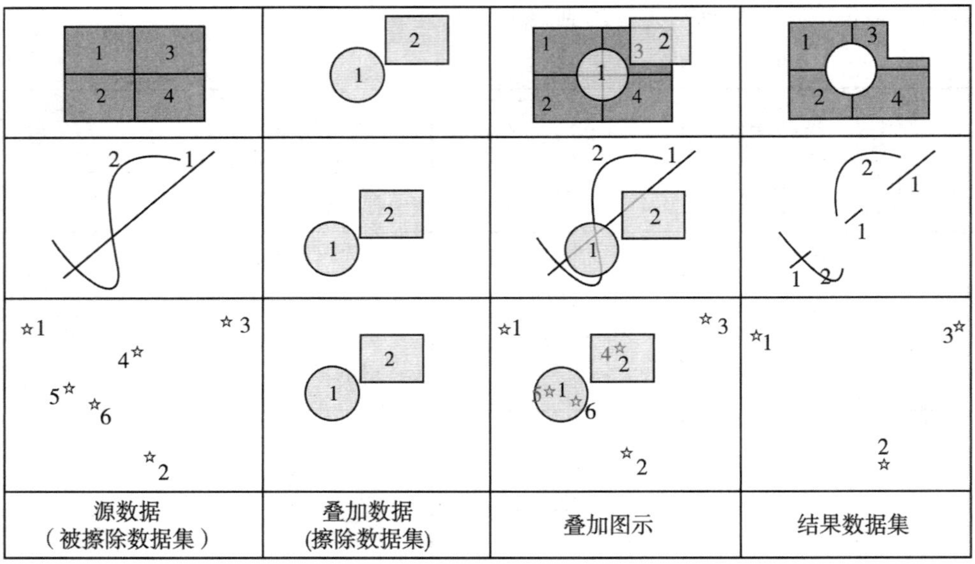

图 9-8　擦除运算

求交运算是求两个数据集的交集操作。在图形运算时，源数据（待求交数据集）的特征对象在与叠加数据（交数据集）中的多边形相交处被分割（点对象除外）（见图 9-9）。

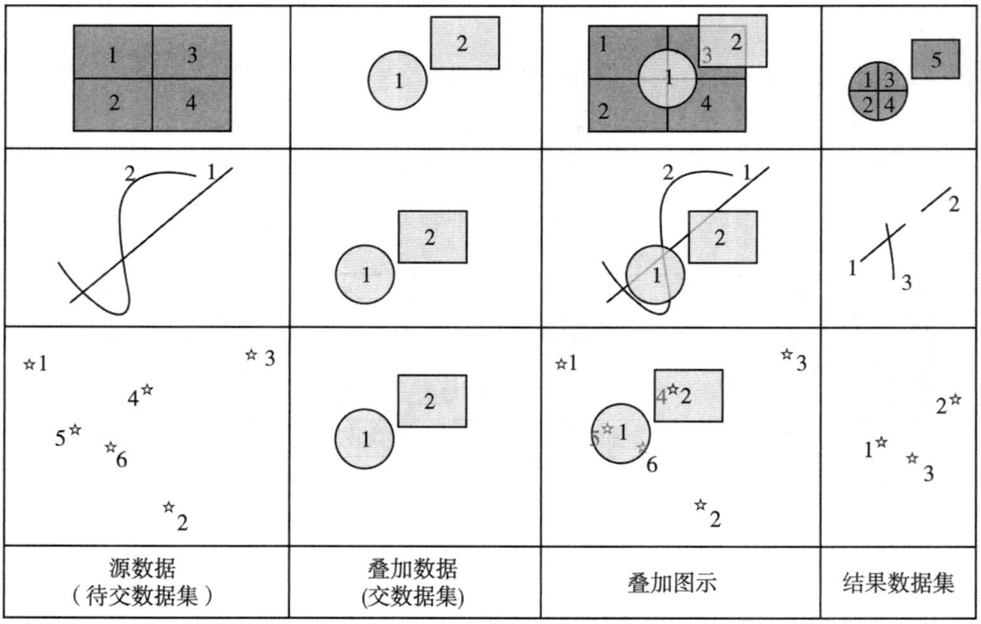

图 9-9　求交运算

5）标识（同一）

标识（同一）运算结果图层范围与源数据集图层的范围相同。在图形运算上，标识（同一）运算就是源数据集与叠加数据集先求交，然后求交结果再与源数据集求并的一个运算。

如果第一个数据集为面数据集，则结果数据集保留以源数据集为控制边界之内的所有多边形，并且把与第二个数据集相交的对象在相交的地方分割成多个对象（说明：当叠加数据存在面重叠时，结果生成多个对象）。如果第一个数据集为线数据集，则新生成的数据集中保留第一个数据集的所有对象，但是把与第二个数据集相交的对象在相交的地方打断。如果第一个数据集为点数集，则新生成的数据集中保留第一个数据集的所有对象（见图 9-10）。

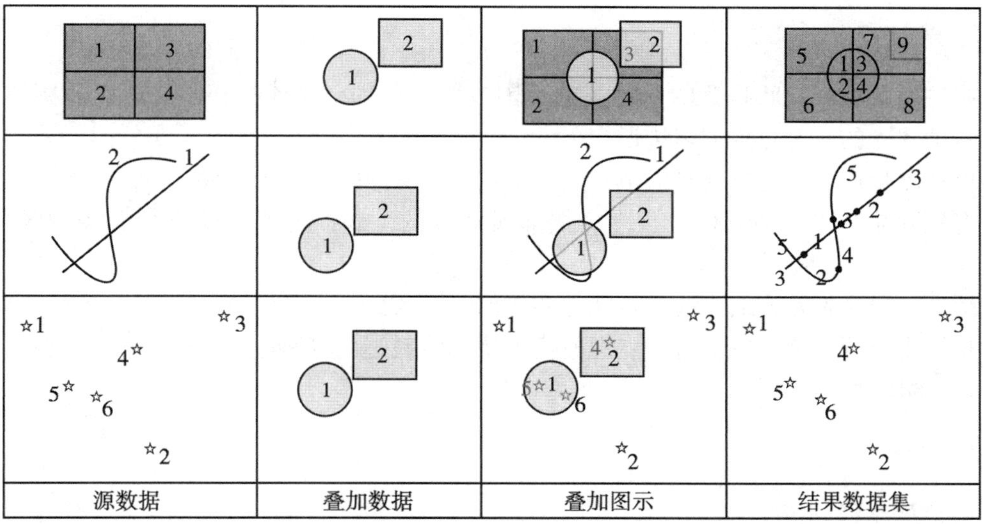

图 9-10　标识运算

6）对称差（交集取反）

对称差运算是两个数据集的异或运算。在图形运算时，其操作的结果是，对于每一个面对象，去掉其与另一个数据集中的几何对象相交的部分，而保留剩下的部分（见图 9-11）。

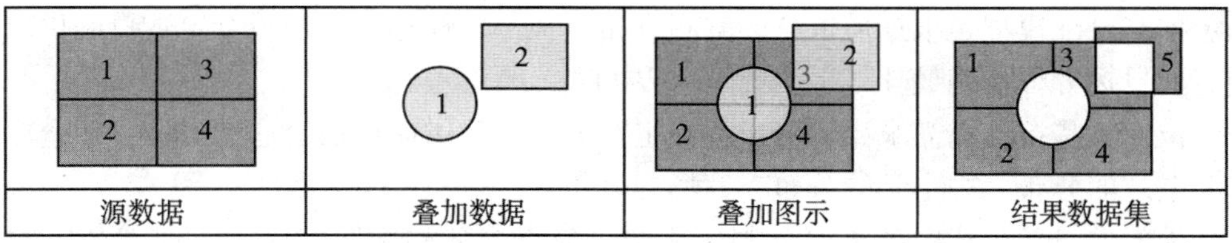

图 9-11　对称差运算

7）更新

更新运算是用叠加数据替换与源数据重合的部分，是一个先擦除后粘贴的过程。在图形运算上，结果数据集中保留了更新数据集的几何形状和属性信息（见图 9-12）。

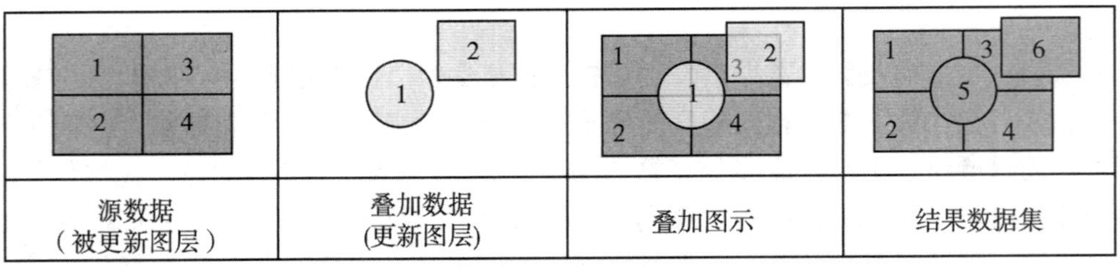

图 9-12　更新运算

2. 缓冲区分析

缓冲区是地理空间目标的一种影响范围或服务范围，具体指在点、线、面实体的周围，自动建立的一定宽度的多边形。

如道路噪声影响范围就是沿道路建一定宽度的缓冲区，车流量决定缓冲区半径。如某地区有危险品仓库，要分析一旦仓库爆炸所涉及的范围，这就需要进行点缓冲区分析，等等。

缓冲区模型就是将面、线、点状地物，如经济区交通线、城镇等分布图变换为这些地物的扩展距离图，结果图上每一点的值代表该点距最近的某种地物(如交通线、城镇或商业网点)的距离。

3. 网络分析

1)最佳路径分析

在网络中从起点经一系列特定的节点至终点的资源运移的最佳路线，即阻力最小的路径。求两点间的权数最小路径，常用的算法是 Dijkstra。

2)连通分析

类似在 n 个城市间建立通信线路这样的连通分析问题。图的顶点表示城市，边表示两城市间的线路，边上所赋的权值表示代价。对 n 个顶点的图可以建立许多生成树，每一棵树可以是一个通信网。若要使通信网的造价最低，就需要构造图的最小生成树。

3)资源分配——定位与分配问题

定位与分配模型是根据需求点的空间分布，在一些候选点中选择给定数量的供应点以使预定的目标方程达到最佳结果(最佳分配中心，最优配置)。

定位问题是指已知需求源的分布，确定在哪里布设供应点最合适的问题，如仓库的分布、变电站的分布、中小学的分布、商场的分布。

分配问题是确定这些需求源分别受哪个供应点服务的问题，如受灾地与救灾物资供应点。

4)流分析

按照某种优化标准(时间最少、费用最低、路程最短或运送量最大等)设计资源的运送方案。例如，把节点分为发货中心和收货中心，分别代表资源运送的起始点和目标点。

4. DEM 分析

1) 基于 DEM 的信息提取

(1) 坡度：定义为地表单元的法向与 Z 轴的夹角，即切平面与水平面的夹角。在计算出各地表单元的坡度后，可对不同的坡度设定不同的灰度级，即可得到坡度图。

(2) 坡向：坡向是地表单元的法向量在水平面上的投影与 X 轴之间的夹角。在计算出每个地表单元的坡向后，可制作坡向图，通常把坡向分为东、南、西、北、东北、西北、东南、西南 8 类，再加上平地，共 9 类，用不同的色彩显示，即可得到坡向图。

(3) 地表粗糙度(破碎度)：是反映地表的起伏变化和侵蚀程度的指标，一般定义为地表单元的曲面面积与其水平面上的投影面积之比。

2) 通视分析

通视分析是指以某一点为观察点，研究某一区域通视情况的地形分析。通视分析可以帮助设定观察哨，也可以帮助旅游景区设定观景台(亭)。

(1) 以 O 为观察点，对格网 DEM 或三角网 DEM 上的每个点判断通视与否，通视赋值为 1，不通视赋值为 0。由此可形成属性值为 0 和 1 的格网或三角网，即得到以 O 为观察点的通视图。

(2) 以观察点 O 为轴，以一定的方位角间隔算出 $0° \sim 360°$ 的所有方位线上的通视情况。对于每条方位线，在通视的地方绘线，不通视的地方断开。这样可得出射线状的通视图。

5. 空间统计分析

空间统计分析主要用于空间数据的分类与综合评价，主要有相关分析、回归分析、预测分析、聚类分析。

第七节　地理信息系统开发与集成

一、系统开发的准备工作

1) 明确 GIS 需求

明确了专业应用领域的需求，开发的系统才能较好地反映业务流程。

2) 明确 GIS 应用项目类型

GIS 应用项目可以划分为两大类：面向工程的 GIS 应用和面向业务的 GIS 应用。面向工程的 GIS 应用，强调的是一次性输出以 GIS 方式表达的数据或分析成果；面向业务的 GIS 应用，强调的是 GIS 技术在某一专业领域业务流程中全过程中的应用。还可以根据应用项目的目标将 GIS 应用项目划分为档案型 GIS 应用项目和决策支持型 GIS 应用项目。档案型 GIS 应用突出的是对数据的管理和可视化表现。决策支持型 GIS 应用突出的是对空间数据、专题属性数据以及二者关联信息的分析，利用现有信息分析计算得出新的时空信息。

3) 明确 GIS 软件系统在应用项目中的角色

明确 GIS 软件系统是应用项目的主体系统还是应用项目子系统。

4) 分析 GIS 软件功能

根据应用项目需要实现的功能，考虑 GIS 软件系统的选型。

二、软硬件平台选择

GIS 软硬件选型时应主要考虑如下两点：

(1) GIS 硬件选型方面，包括计算机、扫描仪、绘图仪、磁带机、磁盘阵列或数据中心、打印机、光笔等其他计算机外围辅助设备，主要从以下几个方面考虑：硬件性能指标、与其他硬件的兼容性、与软件的兼容性、硬件接口、网络化能力等。

(2) GIS 软件选型方面，需要考虑的问题主要是 GIS 软件的综合指标，包括软件的适应性与完备性、所选软件对用户目标的适用能力，以及对不同用户的通用能力和针对性。具体内容有：与硬件的兼容性；与其他软件的接口能力；模型化能力，指地理信息系统软件所具有的对现实世界和用户需求建立数学模型的方式和方法，以及描述某些因素特征、解释某些现象性态、预测将来发展趋势、方案优化和辅助决策的能力；二次开发能力；软件界面的友好性等。

三、系统开发的技术要求

GIS 工程应用涉及的开发主要有两个层次：完全自主式开发和软件系统依赖式开发。前者难度大，技术要求高；后者是开发工具类产品，可利用普通的高级语言完成。

四、系统开发的质量要求

质量不仅是指产品的质量，也可以是某项活动或过程的工作质量，还可以是质量管理体系运行的质量。质量具有动态性和相对性。质量管理在质量方面指挥和控制组织的协调的活动，包括制定质量方针和质量目标以及质量策划、质量控制、质量保证和质量改进。

作为计算机软硬件集成的产物，GIS 的系统开发注重工程质量的要求，体现在软件的质量要求、软硬件集成成果的质量要求、GIS 工程的质量要求等。

五、系统开发与集成

1. 传统 GIS 的功能构成

传统 GIS 的基本功能有：数据采集与输入、数据编辑、空间数据管理、空间分析、地形分析、数据显示与输出等。其核心是对数据，主要是空间数据的操作。GIS 所管理的数据主要是二维或三维的空间数据，包括地理实体的空间位置、拓扑关系和属性等。GIS 对这些数据的管理是按图层方式进行的。

2. 程序编制的一般要求

程序编制可以采用结构化程序设计方法，使每一程序都具有较强的可读性和可修改性，当然也可以采用面向对象的程序设计方法。每一个程序都应有详细的程序说明书，包括程序流程图、源程序、调试记录以及要求的数据输入格式和产生的输出形式。

3. 开发语言的特征与选择

在 GIS 工程开发中，程序语言的选择应作如下考虑：考虑编程的效率及代码的可读性；考虑要符合详细设计的思想，一般应选择结构化的语言，如 C++和 Java；程序设计语言应是一种通用语言，GIS 软件既包括数据、图形处理及分析，还包括对各种软硬件的控制等，考虑到程序的执行效率以及对某些特殊硬件的控制和操作要求，可以针对特定的模块采用混合编程，达到程序的特别目的；考虑编码和维护成本；根据不同的开发平台和使用平台，选择不同的语言；系统的兼容性、移植性等。

4. 程序设计风格

程序设计风格是指开发人员编制程序时所表现出来的特点和习惯性逻辑思路。

5. ComGIS 与 WebGIS

ComGIS 的基本思想是把 GIS 的各大功能模块划分成几个控件。WebGIS 一般由多个主机、多个数据库和多个客户端以分布式连在互联网上而组成。

六、系统测试

1. 系统测试目的与要求

一般来说，应当由系统分析员提供测试标准，制订测试计划，确定测试方法，然后和用户、系统设计员、程序设计员共同对系统进行测试。

测试方法可采用如下流程实施：设计一组测试用例，用各个测试用例的输入数据实际运行被测程序，检测实际输出结果与预期的输出结果是否一致。这里供测试用的数据具有非常重要的作用，为了测试不同的功能，测试数据应满足多方面的要求，含有一定的错误数据，数据之间的关系应符合程序要求。

2. 系统测试的过程

系统测试的过程包括单元测试、集成测试和确认测试。

(1)单元测试的对象是软件设计的最小单位，即模块。单元测试多采用白盒测试技术。

(2)集成测试(也称组装测试、联合测试)是单元测试的逻辑扩展。

(3)确认测试又称有效性测试。有效性测试是在模拟的环境下，运用黑盒测试的方法，验证被测软件是否满足需求规格说明书列出的需求。确认测试主要内容包括：安装测试、功能测试、可靠性测试、安全性测试、时间及空间性能测试、易用性测试、可移植性测试、可维护性测试、文档测试等。

3. 软件测试的方法

软件测试的过程主要包括文档审查、模拟运行测试和模拟开发测试。文档审查是利用系统开发过程中所使用的一切文档资料来确定系统的开发依据、方法技巧、系统的功能特征以及可能达到的性能，总体概括地了解系统能够提供什么功能，是测试系统功能是否被有效实施的依据。模拟运行测试分为专项功能和系统综合测试。

软件测试的技术方法主要有黑盒测试、白盒测试、ALAC(act-like-a-customer)测试。

黑盒测试也称功能测试或数据驱动测试，是在已知产品所应具有的功能，通过测试来检测每个功能是否都能正常使用。黑盒测试方法主要有等价类划分、边值分析、因果图、错误推测等，主要用于软件确认测试。黑盒法着眼于程序外部结构，不考虑内部逻辑结构、针对软件界面和软件功能进行测试。黑盒法是穷举输入测试，只有把所有可能的输入都作为测试情况使用，才能以这种方法查出程序中所有的错误。实际上测试情况有无穷多个，人们不仅要测试所有合法的输入，而且还要对那些不合法但是可能的输入进行测试。

白盒测试也称结构测试或逻辑驱动测试，它是指导产品内部工作过程，可通过测试来检测产品内部动作是否按照规格说明书的规定正常进行，按照程序内部的结构测试程序，检验程序中的每条通路是否都有能按预定要求正确工作，而不顾及它的功能。白盒测试的主要方法有逻辑驱动、基路测试等，主要用于软件验证。白盒法全面了解程序内部逻辑结构、对所有逻辑路径进行测试。白盒法是穷举路径测试。

ALAC 测试是一种基于客户使用产品的知识开发出来的测试方法，ALAC 测试是基于复杂的软件产品有许多错误的现实，最大的受益者是用户，缺陷查找和改正将针对那些客户最容易遇到的错误。

4. 自动化测试的设计

自动化测试其过程主要包括：制订系统测试计划，系统测试小组各成员协商测试计划；测试组长按照指定的模板起草“系统测试计划”；设计系统测试用例，系统测试小组各成员依据“系统测试计划”和指定的模板，设计“系统测试用例”；测试组长邀请开发人员和同行专家，对“系统测试用例”进行技术评审；执行系统测试，系统测试小组各成员依据“系统测试计划”和“系统测试用例”执行系统测试，并将测试结果记录在“系统测试报告”中，用“缺陷管理工具”来管理所发现的缺陷，并及时通报给开发人员；缺陷管理与改错，任何人发现软件系统中的缺陷时都必须使用指定的“缺陷管理工具”，该工具将记录所有缺陷的状态信息，并可以自动产生“缺陷管理报告”；开发人员及时消除已经发现的缺陷，开发人员消除缺陷之后应当马上进行回归测试，以确保不会引入新的缺陷。

七、系统调试

1. 系统调试的目的

系统调试的目的是进一步诊断、改正系统中的错误。

2. 系统调试的步骤

系统调试主要有四个步骤：①在指定的系统运行环境下进行系统安装；②选取足够的测试数据对系统进行试验，记录发生的错误；③定位系统中错误的位置，即确定是哪个模块内部发生了错误或模块间调用的错误；④通过研究系统模块，找出故障原因，并改正错误。

3. 系统调试的方法

系统调试的方法主要有硬性排错、归纳法排错、演绎法排错、跟踪法排错等。

1) 硬性排错

采用试验的方法，如设置临时变量、增加调试语句、设置断点、单步执行等。

2) 归纳法排错

准备几组有代表性的输入数据，反复执行，对得出的错误结果进行整理、分析、归纳，提出错误原因及位置假想，再用一组新的测试数据去验证这些假想。

3) 演绎法排错

针对各组测试数据所得出的结果，列举出所有可能引起出错的原因，然后逐一排除不可能发生的原因与假设，将余下的原因作为主攻方向，最终确定错误位置。

4) 跟踪法排错

在错误征兆附近进行跟踪找错，错误诊断出来以后，马上进行修改，修改完后，应立即利用先前的测试用例，重复先前的测试过程，进一步验证排错的正确性。

八、系统试运行

一般从以下四方面考量系统试运行的结果：系统运行环境、软硬件体系支撑结构、系统各项功能指标、系统综合性能指标。

第八节　GIS 运行维护

一、GIS 运行与管理

1. 系统部署

GIS 经调试以后，应进行试安装。系统安装包括广义的和狭义的两个概念，狭义的系统安装就是指 GIS 系统被安装到计算机的硬盘上。而广义的系统安装称为系统部署，主要内容有：系统硬件的安装、系统硬件的调试、系统软件的安装、系统软件的测试、系统的综合调试。

2. 系统验收与交付

验收根据合同中规定的准则和方式对产品进行验收，以确认提供的产品及相关服务是否达到了合同的要求，是否满足上线运行的要求。验收的依据是项目合同文件、项目需求说明书及其变更材料以及相关标准规范等。

交付包括培训和成果移交。前者应教会用户使用和维护系统，后者包括安装介质交付、文档交付、源代码交付和数据成果交付等。

3. 系统运行与管理

在 GIS 的维护管理中，要加强日常的维护管理。按照系统的结构以及操作用户类型，一个庞大的系统可分为客户端系统和中心服务器系统两部分。大型 GIS 还包括复杂的网络设备等。GIS 日常维护管理包括微机资源管理、机房管理以及安全管理。

4. 系统安全管理

系统安全管理包括数据安全和系统安全两个方面的内容。

1)数据安全

地理信息数据作为涉密数据，与安全相关的问题更加重要。为了保证数据安全，不仅要考虑运行系统与外网物理隔离、不允许登录因特网，而且还要考虑意外发生时及时抢救手段和在不得已的灾难中减少损失的方案，这些构成了系统的容灾计划。容灾计划主要由磁盘存储数据异地备份和数据库的安全机制实现。

2)系统安全

在系统安全方面，通常保障系统安全的方法有三大类：以防火墙技术为代表的被动防卫型和建立在数据加密、用户授权确认机制上的开放型密码技术，以及常规的防病毒软件。

二、系统维护

1. 系统维护内容

GIS 系统的维护主要包括以下几个方面的内容：①纠错；②数据更新；③完善和适应性维护；④硬件设备的维护，包括机器设备的日常管理和维护工作。

2. 系统的可维护性评价

GIS 系统的可维护性评价一般从以下四个方面考虑：系统运行环境、软硬件体系支撑结构、系统各项功能指标、系统综合性能指标。在实际评价过程中，主要是有选择性和侧重性地对这些内容进行测试和评价。

3. 维护更新

维护更新的三个方面内容：①数据维护与更新；②应用系统维护与更新；③网络维护与安全管理等。

第九节　GIS 质量控制与成果检验

一、GIS 标准化

GIS 的标准化从如下两方面影响着 GIS 的发展及其应用：促进空间数据的使用及交换，促进地理信息共享。

GIS 标准化主要包括如下四个方面的内容：①GIS 数据模型；②地理信息的分类与编码；③地理信息的记录格式与转换；④地理信息规范及标准的制定。

二、GIS 软件工程标准

从软件工程目前发展的情况和水平来看，在近几年内，软件工程标准化的重点仍将是文件编制以及围绕软件生存期各阶段的方法和工具的标准化，如用户要求规范、设计方法和工具、软件质量保证方案和技术、测试技术等。

软件工程标准的类型主要有四类：过程标准、产品标准、专业标准和记法标准。

GIS 标准的主要内容分为硬件设备的标准、软件方面的标准、数据和格式的标准、数据集标准。

三、GIS 工程质量认证与评价

1. ISO 9000 质量认证体系

世界上第一个质量管理和质量保证系列国际标准。

2. CMM 模型

CMM 是指能力成熟度模型，其英文全称为 capability maturity model for software，英文缩写为 SW-CMM，简称 CMM。它是对于软件组织在定义、实施、度量、控制和改善其软件过程的实践中各个发展阶段的描述。CMM 的核心是把软件开发视为一个过程，并根据这一原则对软件开发和维护进行过程监控和研究，以使其更加科学化、标准化，使企业能够更好地实现商业目标。

3. GIS软件工程的评价

GIS评价是在GIS测试的基础上，通过对技术因子和经济因子进行评价，得出对系统整体水平以及系统实施所能取得的效益的认识和评价。软件的评价分为技术评价和经济评价。

1)技术评价

系统技术评价指标及内容见表9-1。

表9-1　系统技术评价指标及内容

序号	评价指标	具体内容
1	可靠性 安全性	系统在正常环境下能够稳定运行而不发生故障，或者即使发生故障也可以通过系统具备的功能将数据恢复过来，减少系统故障造成损失的能力
2	可扩展性	为满足新的功能需求而对系统进行修改、扩充的能力，对于商品化GIS产品是进一步完善产品的功能，提供更佳的和更通用的用户开发接口和平台的能力
3	可移植性	系统在多种计算机硬件平台上正常工作的能力以及与其他软件系统进行数据共享、交换的能力
4	系统效率	包括系统运行的速度和运算处理精度两方面的要求

2)经济评价

系统经济评价指标及内容见表9-2。

表9-2　系统经济评价指标及内容

序号	评价指标	具体内容
1	系统产生的效益	系统应用对国民经济与生产实践所起的作用，以及GIS信息产品商品化能实现的价值
2	软件商品化程度	指用户的认可程度，体现在软件安装程序的易用性、产品的包装、技术手册、用户手册以及界面的友好性和易用性等方面
3	技术服务支持能力	对用户进行的工作进行跟踪服务和技术指导，有时还可能需要对用户进行集中的技术培训
4	软件维护与运行管理	软件的易维护和便于管理的能力

四、GIS数据质量保证

1. 地理数据质量标准

数据标准的统一是实现信息共享的前提条件。只有统一的数据标准，才能保证数据的系统性和规范性，有利于数据的维护、分析、更新和利用。不同尺度、不同区域的基础地理数据应遵从统一的技术标准，包括数据模型、投影、表达方式等；不同尺度的基础地理数据对于同一地理对象的描述要有连贯性和一致性；保证数据在水平方向、垂直方向和时态三个维度的有机集成。

原国家测绘地理信息局组织制定的《基础地理信息标准数据基本规定》，适用于基础地理信息标准数据的生产、认定和使用。

2. 空间数据质量控制

1)数据质量控制内容

(1)空间位置精度：主要是数学基础、平面精度和高程精度。

(2)属性数据的质量控制：主要是描述空间数据的属性项定义(包括名称、类型、长度等)必须正确，属性表中各数据项的属性取值及其单位不得有异常；标识码是区分和标志空间实体的依据，必须唯一有效、不重复；空间数据与描述它的属性数据之间一一对应的关系必须正确，也即空间数据与属性数据必须具有正确的相关性，具有一个以上属性表时，各属性表之间的相关性和映射关系应当正确描述和建立。

(3)空间关系的质量控制：空间实体点、线、面之间的组合表达了实体间拓扑关系的相邻性、连续性、闭合性、包含性、一致性等关系，是基础地理数据处理分析的依据。

2)质量控制技术方法

质量控制技术可分为两类：一是设法减少和消除误差及错误的实用技术与步骤；二是提交成果(数据入库)之前对所完成工作的检查，以进一步发现和改正错误。由此可以看出，数据质量控制分为过程控制和结果控制。

3) 基于拓扑关系规则的数据检查

拓扑关系规则是新增加的一类，可作用于同一要素数据集中的不同要素类或者同一要素类中的不同要素。用户可以指定空间数据必须满足的拓扑关系约束，例如，要素之间的相邻关系、连接关系、覆盖关系、相交关系、重叠关系等。

3. 数据质量检验与监理

检验与监理是鉴定和验收数据质量的依据，其内容主要包括：数据的分类系统；数据类型(或项目)的名称和定义；数据获取方法的评价；数据获取所使用的仪器设备及其精度的规定；数据获取时的环境背景和测试条件的规定；数据的计量单位(量纲)和数据精度分级的规定；数据的编码或代表符号的规定；数据的更新周期的规定；数据的密级和使用数据的规定。

4. 数据质量检查内容

检查内容基本包括图形数据、属性数据、数据的接边情况等检查工作，具体内容如下：

(1)图形检查。图形数据检查包括的方面比较多，但总的来说可以分为面状要素的检查、线状要素的检查、点状要素的检查、图形一致性(拓扑)检查。

(2)属性检查。属性数据的规范检查主要包括字段非空检查、字段唯一性检查、图形属性一致性检查和数据整理检查四大方面。

五、GIS 软件的质量保证

1. 软件质量的度量模型

在软件质量度量中，同样需要建立一条性能基线，作为软件产品的质量、软件测试性能评估的起点，并作为对系统评估是否通过的标准。缺陷评测的基线是对某一类或某一组织的结果的一种度量，这种结果可能是常见的或典型的。

软件质量模型包括三层，即高层：软件质量需求评价准则；中层：软件质量设计评价准则；低层：软件质量度量评价准则。

2. 软件质量评价与评审

为了定量地评价软件质量，必须对软件质量特性进行度量，以测定软件具有要求质量特性的程度。

对软件工程过程来说，软件评审是一个“过滤器”，在软件开发的各个阶段都要采用评审的方法，以暴露软件中的缺陷，然后加以改正。

通常，把“质量”理解为“用户满意程度”。为使得用户满意，有两个必要条件：①设计的规格说明书要符合用户的要求；②程序要按照设计规格说明所规定的情况正确执行。

第十节　实景三维构建技术与方法

一、实景三维的基本概念

在 2021 年自然资源部发布的《新型基础测绘与实景三维中国建设技术文件-1》中，首次对实景三维进行了定义，实景三维是对一定范围内人类生产、生活和生态空间进行真实、立体、时序化反映和表达的数字空间，是新型基础测绘的标准化产品，是国家重要的新型基础设施，为经济和社会发展和各部门信息化提供统一的空间定位框架和基础，是数字政府、数字经济重要的战略性数据资源和生产要素。实景三维是新型基础测绘标准化产品的主要形式，是新型基础测绘的数据成果之一。

自自然资源部发布《实景三维中国建设技术大纲(2021 版)》以来，实景三维中国建设已经成为全社会关注的焦点之一。新型基础测绘是实景三维数据生产的能力基础，前期启动试点建设的上海、武汉、青岛等城市已经取得了初步成果。

二、实景三维相关技术

1. 三维地理信息系统(3DGIS)

实景三维来源于三维地理信息系统，早在20世纪80年代，国内外学者围绕三维自动化建模、海量数据管理、可视化、共享和互操作等开展了大量的研究工作。自1998年美国提出“数字地球”概念以来，3DGIS的发展驶入快车道。特别是2005年Google Earth的发布，在全球范围掀起了一股前所未有的三维虚拟地球热潮，三维虚拟地球软件在测绘、规划、气象、水利、电力、城市管理、灾害应急等领域得到广泛应用。

2. 建筑信息模型(BIM)

BIM是一种应用于工程设计、建造、管理的数据化工具。以三维实体形式表达的建筑模型是BIM的基础、核心和工作对象。实景三维通过接入BIM等数据，到实现室内微观细节表达，高精度的BIM数据推动了三维GIS从宏观走向微观、从室外走向室内，BIM也是部件级实景三维建设的主要数据来源。

3. 物联网(IoT)

物联网是指通过信息传感设备，按约定的协议，将任何物体与网络相连接，物体通过信息传播媒介进行信息交换和通信，以实现智能化识别、定位、跟踪、监管等功能。物联感知数据的接入与融合能力建设是实景三维中国建设的重要内容之一，物联感知数据主要包括传感器数据、空间位置服务数据、互联网数据、社会经济数据等类型。物联感知数据接入与融合能力建设构成了实景三维对现实世界的在线感知的现实基础。

4. 城市信息模型(CIM)

CIM是以城市信息数据为基础，以BIM、GIS等技术为基础，整合城市地上-地下、室内-室外、历史-现状-未来等多维多尺度信息模型数据和城市感知数据，构建起来的三维数字空间的城市信息有机综合体。对比城市信息模型，实景三维更强调为数字化映射提供通用的、标准化的三维数据产品，是时空信息底座。CIM更强调对建筑或城市的全生命周期管理，通过融合多源数据实现多维空间信息整合、空间数据分析与应用、数据融合共享、综合集成管理等。由此可见，实景三维可以作为CIM的重要数据源。

5. 数字孪生(DT)

数字孪生是充分利用物理模型、传感器更新、运行历史等数据，集成多学科、多物理量、多尺度、多概率的仿真过程，在虚拟空间中完成映射，从而反映相对应的实体装备的全生命周期过程。数字孪生城市通过物理城市与数字孪生城市的精准映射、虚实融合、软件定义、智能反馈，促进城市生产更加高效安全、生活服务更加便捷、生态环境更加低碳可持续。实景三维是数字孪生城市的基础核心，基于实景三维数据底座，可以连接人口、房屋、住户水电燃气信息、安防警务数据、交通信息、旅游资源信息、公共医疗等众多城市公共系统的信息资源，实现跨系统应用集成、跨部门信息共享，支撑数字孪生城市决策分析。

三、实景三维的特点

实景三维是对人类生产、生活和生态空间进行真实、立体、时序化反映和表达的数字虚拟空间，相较于现有测绘地理信息产品，实景三维有以下特点：

(1)从抽象到真实：传统地理信息产品主要利用制图符号、注记等方式对被测对象进行抽象，而实景三维则利用真实的形状和色彩对被测对象进行真实描述，更易于非专业人员理解。

(2)从平面到立体：二维平面形式应用于多层建筑、地上地下空间一体的描述分析等的限制越来越明显，实景三维则采用立体的方式，在三维空间中记录和表达现实世界。

(3)从静态到时序：随着物联网、互联网等数据获取及相关分析提取技术的发展，实景三维不仅能反映现实世界某一时点当前状态，还可反映多个连续时点状态，时序化、动态化地展示现实世界的发展与变化，以满足各行业对时序分析及实时状态信息的需求。

(4)从按要素、分尺度到按实体、分精度：按要素分图层，按比例尺分精度和分辨率是传统地理信息产品的基本原则，实景三维通过按实体为粒度描述地物对象，根据不同的实体表达内容分级进行空间精度设计。

(5)从人理解到人机兼容理解：实景三维的目的就是既让人理解，又要让机器易懂，即对实体框架进行统一设计，用统一的实体编码对实体进行描述，对实体赋予面向行业应用的语义信息，为大数据时代下的地理信息产品应用奠定坚实的基础。

(6)从陆地表层到全空间：实景三维技术实现了传统地理信息产品由陆地向海洋、地下、水下延伸，以适合自然资源更广的内涵表达，最终将完成地上地下一体化、室内室外一体化和陆地水系一体化的一体化。

综上，实景三维是客观真实反映现实世界的三维模型，具有单体化、实体化、结构化、语义化的特点，通过融合模型三维、倾斜三维、全景三维，形成可空间量算和综合分析的模型，是一种泛三维，集多种模型优点于一体的三维数据成果。

四、实景三维构建技术方法

随着“数字中国”建设的不断推进，全社会数字化转型升级对更加精细更高精度的基础地理信息需求在加速增长，对高精度、高分辨率、多模态的数字高程模型和三维地理空间实体模型数据及其智能分析应用的需求日益迫切，从分散的4D产品到融为一体的实景三维模型势在必行。2023年8月，国家出台了《实景三维中国建设总体设计方案》，明确了实景三维中国是对我国国土空间进行实体化、立体化、自动化动态描述和表达的新型时空信息基础设施，是新一代国家基础地理信息系统。

实景三维模型是一种通过对实体进行三维数据采集、数据处理、数据建模、轻量化处理、三维信息集成渲染、纹理映射步骤来构建三维模型。

1. 三维数据采集

实景三维建设具备数据种类多、体量庞大的特点。

(1)倾斜航空摄影数据：倾斜航空摄影数据以精度高、效率优、保真度佳等特点，成为实景三维的关键数据来源。但模型的形变较大，尤其是低层建筑，且模型中各种地物相连，缺少语义信息。

(2)激光扫描数据：相较于倾斜摄影数据，激光雷达的稳定性与点云质量更好，但是成本也比倾斜摄影更高。激光雷达通过揭示地面细微的高程变化来展示地貌。优势在于高速采样，激光雷达每秒从空中向地面发出数十万甚至上百万个脉冲，正是这种密集的点云使我们能够获取真实地貌。

(3)高分辨率遥感影像数据：利用大重叠度遥感影像数字表面模型（digital surface model，DSM)密集匹配，以及 DOM 、数字真正射影像图(true digital ortho map，TDOM)叠加 DEM 技术建成地表覆盖的地形级地理场景。

(4)水下地形数据：大型水库、大江大河、大湖泊 DEM、近海浅水 DEM。

(5)部件级实景三维数据：BIM 模型，地下管线模型，矿山模型，地下模型，地灯、井盖、音乐喷泉灯等。

(6)地理实体数据：自然地理实体：山体、水系、冰雪、海洋、农林用地与土质。

人文地理实体：水利、院落、交通、管线、建筑物及场地设施，地名地址、行政区划单元、国土空间规划单元、其他管理单元。

(7)自然资源一张图数据：土地资源数据、海洋资源数据、草地资源数据，自然保护地数据、三区三线划定数据、控制红线数据、地质矿产数据、野生动植物数据、不动产登记数据、行政许可数据等。

(8)政务专题数据：行政区划、交通、水利、教育、医疗卫生、文化遗产、旅游景区、生态环境、地质环境、开发区、重大规划等。

(9)物联感知数据：固定摄像头数据、卫星过境火情数据、无人机实时轨迹和视频、北斗导航基准站位置服务信息、互联网舆情数据等。

2. 多源异构数据处理

实景三维数据种类多样，空间基准不统一，语义描述不统一。且各地按照分阶段、分批次等模式开展数据的采集建设工作，数据成果由多家厂商生产，数据分散、来源多样、时序多样、格式不一、精度不一。

这些数据具有坐标不一致、格式不统一、体量大、时效性高更新快的特征，导致实景三维建设中数据管理、存储、一体化应用难以开展，因此，利用空间数据坐标转换，统一转换至同一坐标系，例如 2000 国家大地坐标系。地图投影不一致也要转换为同一地图投影。

以房屋功能为例，不动产登记数据和多测合一数据均有房屋功能，但分类的标准不一致，且不同时期的房屋功能同样存在差异性，因此需对所收集数据从空间基准、数据格式、语义描述三个方面进行一致性处理。

3. 实景三维建模技术

由于数据获取手段多样、数据存储格式和表达方式众多、数据具有多时空性和尺寸性等特点，使得三维可视化技术在多源异构数据管理方面面临巨大挑战。

1)基于多源三维数据的地理场景构建

针对传统的倾斜摄影建模建筑物摄影盲区存在扭曲、破洞，以及细小的道路部件设施建模不完整、道路植被漂浮等问题，采用全空间数据立体获取与融合建模技术，基于特征点的ICP点云配准算法实现了多源点云数据精准融合，利用点云与多视影像融合建模方法实现了多源数据融合建模。该方法显著提升了建模效果，有效改善了复杂结构的表现，优化了模型的完整性，并且充分利用车载和背包数据捕捉地面近景的优势，使道路部件建模的完整性得到显著提升。

基于航空影像构建地理场景首先利用航空摄影平台搭载倾斜数字航摄仪获取倾斜影像，完成对原始航空影像及POS数据的预处理后，对影像进行预处理(色彩增强)，经特征提取、同名点匹配、自由网光束法平差、GPS辅助的刚性变换、刺点、带有控制点约束的光束法平差、影像畸变纠正、密集匹配、点云合并与去噪、2.5D三角网构建、纹理映射及模型修补，生成实景三维模型。

基于倾斜影像构建地理场景需要利用航空摄影平台搭载倾斜数字航摄仪获取倾斜影像，完成对原始航空影像及POS数据的预处理后，再对倾斜影像进行预处理(色彩增强)、特征提取、同名点匹配、自由网光束法平差、GPS辅助的刚性变换、刺点、带有控制点约束的光束法平差、影像畸变纠正、密集匹配、点云合并与去噪、三维三角网构建、纹理映射及模型修补等操作，最后生成实景三维模型。

基于机载激光雷达与多角度影像地理场景的构建，首先是利用航空摄影平台搭载激光扫描仪获取点云及影像数据，经点云解算、航带拼接和系统误差改正后完成数据预处理；然后对预处理后的点云数据进行噪声点剔除、三维三角网构建、纹理映射及模型修补，最后生成实景三维模型。

单(多)波束水下的场景构建要利用单(多)波束水深测量方法获取海底地形数据。首先进行近岸控制测量，然后经验潮站布设、验潮站高程控制、验潮站观测、测线布设、声速测量、外业施测等完成定位数据与水深数据测量。在数据处理过程中，首先需要对潮位数据进行粗差剔除、大气压改正、偏移改正等；然后对测量数据进行换能器吃水改正、声速改正、潮位改正；其次根据修正后的水位文件及断面数据文件，求解各测点的海底高程，并通过内插实现水下地形制作，最终完成近海水下实景三维场景构建。

2)基于GPA的数据建模处理

实景三维数据规模庞大、处理效率低，使得数据更新与维护困难，尤其是不同数据源间的边缘缝隙、重叠和拓扑不一致，导致处理成本大幅增加。GPA具有低代码、工具多、可拓展、高性能的特点，能有效解决多种空间分析与处理算子串联使用、共用内存的问题。因此，利用基于实景三维数据GPA技术，实现了多模态实景三维数据从数据接入、数据处理、服务发布到多端应用的实景三维数据快速流转和高效响应，提高数据处理效率。

围绕DEM、DOM、倾斜摄影模型、激光点云、BIM等实景三维数据的处理及分析需求，通过建立统一的建模框架，将数据入库、轻量化处理、单体化处理、数据裁剪等功能分别封装成处理算子；对算子进行封装，提供一个统一的入口，利用可视化算子组合工具，即可按需构建实景三维数据处理与分析工作流程，实现流程化建模；利用一次输入输出，实现流程化数据入库、处理、发布工作。同时，还为多种场景提供预定义模型，简化工作流程，提高任务效率，实现实景三维数据处理与分析流程的自动化。基于 GPA 按需编排任务，实现原始倾斜摄影数据从入库、数据处理（如合并根节点、纹理压缩、单体化、裁剪、修改中心点等）、生成配置文件到服务发布全流程自动化处理，提升了实景三维数据处理性能和效率。

3）以地理实体码为纽带一码互联的数据图谱

由于数据来源多样、形式不一、规模庞大，如何有序高效地集成管理各类多源异构数据成为实景三维数据管理面临的一个巨大挑战。知识图谱的构建有助于实现地理实体数据的表达与可视化、实体浏览查询和信息管理融合，满足城市治理的需求。以地理实体码为纽带，分析地理实体编码与业务专题数据之间的关键关系，通过知识提取、数据血缘、图谱管理等功能，构建一码互联的知识图谱，形成以地理实体为核心的信息体，实现与业务的深度融合。以地理实体编码为链条，利用知识图谱建立实体关系，通过交互式的知识图谱编辑工具将业务关系快速导入知识图谱中，串联业务环节，满足业务应用中的数据组织、处理分析和决策管理的需求。

对包括矢量数据、三维模型、数字正射影像、倾斜摄影的实景三维数据所进行的预处理，具体包括格式转换、坐标转换、图幅接边和质量控制等过程。以实体分类、空间位置、几何形态、时间为基础地理实体赋唯一编码，需要对数字正射影像数据和倾斜摄影数据进行网格剖分和编码。矢量和三维模型数据编码为空间位置码+分类码+时间码。倾斜摄影数据和数字正射影像数据编码是将两类数据根据各层级空间的网格剖分规则进行数据切片，26 位空间位置码设为切片文件名称，只记录数据的空间位置信息。利用数据索引方法，通过查询或选择的方式选中特定实体，获取实体编码。构建以地理实体码为管理单元，融合实景三维中多形态、多时态、多类型的数据，实现地理实体与矢量数据、倾斜摄影数据、数字正射影像数据等的关联，基于空间位置、业务关联，融合业务数据、业务指标及业务规则，形成实景三维一码互联的数据图谱。

4. 实景三维信息轻量化处理

首先，针对倾斜摄影数据分块标准各异、加载效率低等问题，采用精细层重构技术结合人机交互选择最佳数据层级，将相邻空间范围内更高清高效的 Tile 文件作为根节点入库，提升图层加载效率与视觉效果。然后，设计统一的三维数据组织模型，将多源异构数据转换为统一的数据组织层级。运用空间索引优化技术批量重建索引并压缩存储，提高单位索引数据的包含量和处理效率，节省数据库空间。其次，引入 S3M 格式，统一三维地理数据逻辑结构，支持海量多源数据传输、交换及高性能可视化，满足不同终端需求且节省存储空间。最后，完成空间数据格式转换，通过融合轻量化处理多源异构的实景三维数据，提升大体量数据的下载加载性能，实现实景三维成果在多端的应用。

5. 实景三维信息集成渲染

基于浏览器-服务器(browser/server，B/S)架构，通过服务器端的数据集中化管理和客户端轻量化插件部署，实现多源空间信息的整合与共享。建立二维/三维空间信息浏览器共享机制，促进信息资源的优化配置，增强了跨部门间的数据协同能力，缓解了数据孤岛与资源冗余的困难。具体步骤如下：

1)二维数据标准化发布流程

利用网络要素服务(web feature service，WFS)与网络地图服务(web map service，WMS)标准，对位于服务器端的二维空间数据进行规范化处理与发布。借助 Windows 集成信息服务(integrated information service，IIS)平台，使这些数据安全且高效地向浏览器用户分发。

2)三维场景构建

首先，采用先进的数据融合技术，将影像数据与高程数据集成，构建高度精确的三维地形模型。其次，通过精确的坐标配准，将二维数据与三维地形模型整合，同时确保三维模型的地理位置精确无误，形成了丰富的三维场景。

3)三维场景插件化集成

利用二次开发工具将步骤 2)中的三维场景封装为 ActiveX 插件，无缝集成至浏览器环境，同样通过 IIS 发布机制送达客户端，确保用户无须复杂配置即可体验。

4)二维/三维信息协同展示

通过精细的坐标匹配算法，实现步骤 1)发布的二维数据与步骤 3)集成的三维场景在同一浏览器界面下的实时同步显示。从系统设计层面采用分布式分层架构，其中，服务器集群作为数据处理与管理中心，各部门通过网络接口接入。这不仅巩固了数据管理的集中性，还为跨地域的数据共享提供了便利。尤其在二维数据处理模块，WFS 与 WMS 标准的采用，提升了数据格式的通用性与互操作性。

6. 建筑物模型纹理自动映射技术

建筑物模型纹理自动映射的流程主要是：在目标几何模型面片分解的基础上，进行自动纹理映射、多视纹理融合及匀光匀色处理。

(1)几何模型面片分解。对目标几何模型进行面模型、体模型、混合模型等面片分解，得到模型分解面片。

(2)对建筑物模型进行最优纹理选择。对建筑物模型纹理进行基于位置的筛选、基于面积的筛选和基于角度的筛选，选择到最优纹理。

(3)多视纹理融合。首先展开面片 UV 图，然后对多视纹理进行拼接查找，最后对多视纹理多波段进行混合融合。

对建筑物模型进行最优纹理选择后，再对多视纹理进行纠正与融合，最后做纹理贴图。

五、实景三维的应用前景

三维实景是综合利用遥感测绘、大数据、云计算、智能感知等新技术，真实表达地形地貌、地表覆盖、建(构)筑物等物理世界的数字重建。三维实景模型作为数字化改革和数字城市推进实施的一项重要新型空间信息基础设施，其具有直观、精度高、可量测、信息丰富、沉浸感强等特点。利用三维实景建模技术能构建出一座在云端的立体城，不论是楼房、道路还是山川河流的风貌都能被生动表达。

实景三维模型是具有统一空间基准框架的地理要素及其相关联的全空间、全要素、具备实景纹理的实体化三维模型，它能真实地反映地理实体的几何形态、空间位置、纹理及自然、社会、经济属性信息，涵盖居民地、工矿建(构)筑物及其他设施、交通及其附属设施、水系及其附属设施、地貌、植被与土质等要素模型，达成对现实世界的真实还原，以满足精细化的城市治理体系建设以及自然资源管理对空间地理信息数据的需求。

实景三维建设集生态整合、场景打造、应用落地和技术创新于一体，通过构建一系列应用场景，支撑自然资源管理，让自然资源“家底”更清楚，管理更精细，努力使实景三维建设走向“实用”“好用”，让高质量发展“看得见”。

全民所有自然资源资产三维可视化为解决自然资源资产底数不清的问题，服务自然资源资产清查工作，基于实景三维平台，建设全民所有自然资源资产三维数据库，研发自然资源资产三维可视化系统，构建可追溯、可核查、可追责的全民所有自然资源资产三维立体“一张图”，实现了自然资源资产的三维可视化管理，为自然资源资产评估提供参考，辅助自然资源资产平衡表编制。

自然资源立体动态监测以区县为基本单元，全面掌握全域自然资源现状和变化情况。通过与人工智能的深度贯通，提供“天、空、地、图、数、智”立体融合的监测监管支撑服务，一方面实现了按周计算高频次遥感影像数据的准实时接入，进一步打通了实景三维与传统二维地理信息技术成果间的壁垒，实现了从二维到三维的无感切换；另一方面实时接入了遥感影像智能解译、AI 自动分析接口，实现了实景三维技术与智能分析技术的有机整合。

自然资源所有者权益服务自然资源所有者权益方面，开展了建设用地使用权配置三维表达研究，以“点-线-面-体”的方式，从多视角三维展示、多类型信息标注、直观化限高表达、标准化空间赋色等多个维度对建设用地三维要素进行表达，创新实现建设用地使用权配置相关要素由二维到三维、由纸质到电子的跨越，为深入推进强化国有土地资产管理、切实落实统一行使全民所有自然资源资产所有者职责提供有力支撑。

国土空间规划围绕自然资源空间发展格局，构建了全视角管理的区域数字孪生系统，打造了以多样化场景为基础的可视、可管、可交互的孪生平台，为国土空间城市设计提供可视化辅助决策支撑，为推进数字规划建设做探路先锋。基于三维场景，兼顾总体规划、详细规划和专项规划，在一张图上实现了各级规划的战略安排、指导协调和细化落实，创新了国土空间规划一图总览和统管的应用模式。

在加快建设新时代鱼米之乡的新农村发展要求下，利用高精度三维实景技术为特色乡村、乡村治理工作提供技术支撑，梳理乡村规划、乡村旅游、生态价值产品、环境保护等多源信息，融合到高精度三维场景中，可提供多样化服务，满足乡村振兴应用需求。

实景三维能够支撑自然资源管理、重大战略实施、防灾减灾救灾等领域的决策与服务，提升规划与管理工作的效率及服务水平。

实景三维对于辅助政府科学决策和城市精细化管理、提高政府效能、提升市域治理现代化水平等具有重要作用。实景三维在城市综合治理、自然资源管理、国土空间规划、公安应急管理、疫情精密智控等诸多场景应用，为政府科学决策、社会经济发展及城市治理提供数字化支撑。

加快构建全空间全要素实景三维数据库，夯实数字孪生空间基础，并围绕数字政府建设、“一网统管”治理的需求，实现业务空间数据深度融合，强化时空大数据挖掘分析能力，不断深化实景三维数字孪生应用，实现城市全要素数字化、城市运行实时泛在感知和城市管理决策智慧化。

实景三维具备三维立体表达、精细精准测量、地理空间统计分析等众多特点，必将对生产方式、生活方式和治理方式的深刻改革提供推动力量。未来要强化实景三维数据供给，在新一代测绘基准体系上，建设“地上下、陆海域、二三维”一体化的空间地理数据资源体系，不断提升覆盖度、精细度、新鲜度、丰富度，并激发应用需求，构建多维数字化应用场景，支撑数字经济、低空经济、自动驾驶等产业发展。

通过地理信息公共服务平台从宏观、中观、微观多个维度，为国土空间规划、防灾减灾、城市风貌管控、城市精细化管理、道路养护等各类应用提供地图服务、数据服务及业务应用服务，有效地支撑了时空信息资源共建共享，避免了重复建设，具有广泛的经济社会服务前景。

第九章考点试题及答案

第十章　导航电子地图制作

第一节　导航与导航电子地图

一、导航系统的构成

导航系统一般采用 GNSS 与航位推算法(传感器+电子陀螺仪)的组合方式实现定位，通过触摸显示屏或者遥控器进行交互操作，能够实现实时定位、目的地检索、路线规划、画面和语音引导等功能，帮助驾驶者准确、快捷地到达目的地。导航系统一般由定位系统、硬件系统、软件系统和导航电子地图四部分构成。

1. 定位系统

目前主要的定位系统是以航天技术为基础，以高速运动的卫星瞬间位置作为已知数据，采用空间距离后方交会的方法，计算待测点位置的系统。通常由空间部分、控制部分和客户端三部分组成。除美国的全球定位系统(GPS)外，世界上的卫星导航定位系统还有苏联的格洛纳斯(GLONASS)、欧盟的伽利略(Galileo)以及我国的北斗(BDS)。

2. 硬件系统

导航硬件平台包括车载主机、显示器、定位系统和其他控制模块。车载主机是整个 GNSS 车载导航系统的心脏，车载主机由若干个电子控制单元(ECU)构成。这些模块中最重要的是由 GNSS 接收机、航位推算(DR)微处理器、车速传感器、陀螺传感器构成的定位模块。GNSS 系统和 DR 系统组合构成的定位导航模块可很好地解决短时间内丢失 GNSS 卫星信号的问题，又可以避免 DR 系统的误差随时间积累。普通民用 GNSS 和 DR 组合定位设备(GNSS 惯性设备)可以达到 1 000m 无 GNSS 信号的情况下的航向精度和 10m 的距离精度。

3. 软件系统

软件系统由系统软件和导航应用软件组成。系统软件包括操作系统和设备驱动两部分。操作系统一般采用嵌入式的实时操作系统(RTOS)，如国外的 VX-work、QNX、PALOMOS、Windows CE 和国内的 HOPENOS 等。这种操作系统体积小、结构紧凑、实时性强。

导航应用软件是专门针对车载导航应用需求开发的软件系统，运行在车载主机中。基本功能包括：定位与显示、地图浏览与信息查询、智能路线规划、语音引导等。

4. 导航电子地图

导航电子地图是在电子地图的基础上增加了很多与车辆、行人相关的信息，导航电子地图是导航的核心组成部分，是否有高质量的导航电子地图直接影响到整个导航的应用。数据信息丰富、信息内容准确、数据现势性高是高质量电子地图数据的三个关键因素。

导航电子地图具有以下特点：

(1)能够查询目的地信息。

(2)存有大量能够用于引导的交通信息。

(3)需要不断进行实地信息更新和扩大采集。

二、导航电子地图的内容

导航电子地图数据主要包括道路数据、兴趣点(POI)数据、背景数据、行政境界数据、图形文件、语音文件等。

1. 道路数据

导航电子地图的道路数据一般包含的内容见表 10-1。

表 10-1　**导航电子地图道路数据**

要　　素	类　　别	要素类型	功　　能
道路 Link	高速公路	线类	路径计算
	城市高速	线类	路径计算
	国道	线类	路径计算
	省道	线类	路径计算
	县道	线类	路径计算
	乡镇公路	线类	路径计算
	内部道路	线类	路径计算
	轮渡(车渡)	线类	路径计算
节点	道路交叉点	点类	拓扑描述
	图廓点	点类	拓扑描述

2. 兴趣点(POI)数据

导航电子地图的兴趣点数据一般包含的内容见表 10-2。

表 10-2　　导航电子地图兴趣点数据

要　　素	类　　别	要素类型	功　　能
POI	一般兴趣点	点类	检索
	道路名	点类	检索
	交叉点	点类	检索
	邮编检索	点类	检索
	地址检索	点类	检索

3. 行政境界数据

导航电子地图的行政境界数据一般包含的内容见表 10-3。

表 10-3　　导航电子地图行政境界数据

要　　素	类　　别	要素类型	功　　能
行政区界	国界	面状要素	显示行政管理区域范围
	省级界	面状要素	显示行政管理区域范围
	地市级界	面状要素	显示行政管理区域范围
	区县级界	面状要素	显示行政管理区域范围
	乡镇级界	面状要素	显示行政管理区域范围

4. 背景数据

导航电子地图的背景数据一般包含的内容见表 10-4。

表 10-4　　导航电子地图背景数据

要　　素	类　　别	要素类型	功　　能
建筑层	街区	面状要素	显示城市道路布局结构
	房屋建筑	面状要素	显示建筑物轮廓
	围墙	线状要素	显示建筑物之间的相互关系和连接状况
铁路数据	干线铁路	线状要素	显示干线铁路的基本走向
	地铁	线状要素	显示地铁的基本走向
	城市轻轨	线状要素	显示城市轻轨的基本走向
水系	江	面状要素	背景显示
	河	面状要素	背景显示
	湖	面状要素	背景显示

续表

要　　素	类　　别	要素类型	功　　能
水系	水库	面状要素	背景显示
	池塘	面状要素	背景显示
	海	面状要素	背景显示
	游泳池	面状要素	背景显示
	水渠	线状要素	背景显示
	水沟	线状要素	背景显示
植被	树林	面状要素	背景显示
	绿化带	面状要素	背景显示
	草地	面状要素	背景显示
	公园	面状要素	背景显示
	经济植物	面状要素	背景显示

5. 图形文件

导航电子地图的图形文件一般包含的内容见表 10-5。

表 10-5　　**导航电子地图图形文件**

要　　素	类　　别	要素类型	功　　能
图形	高速分支模式图	图片	显示增强
	3D 分支模式图	图片	显示增强
	普通道路分支模式图	图片	显示增强
	高速出入口实景图	图片	显示增强
	普通路口实景图	图片	显示增强
	POI 分类示意图	图片	显示增强
	3D 图	模型、图片	显示增强
	标志性建筑物图片	图片	显示增强
	道路方向看板	图片	显示增强

6. 语音文件

导航电子地图的语音文件一般包含的内容见表 10-6。

表 10-6　　导航电子地图语音

要　素	类　别	要素类型	功　能
语音	泛用语音	声音文件	导航辅助
	方面名称语音	声音文件	导航辅助
	道路名语音	声音文件	导航辅助

三、导航电子地图制作过程

1. 产品设计

(1)需求分析。将同类需求进行合并，调查分析需求的范围、类型、资源消耗、实现可行性等，并根据分析结果区分其等级。

(2)需求评审。组织相关的设计、研发、生产、转换、发布等各个部门，依据需求分析的结果展开讨论，根据需求重要程度和涉及资源情况判定其实现可行性、资源配置和实现周期，需求评审将决定此需求是否在产品中体现以及如何体现。

(3)产品设计。设计内容包括产品计划、产品范围、产品实现方式、成本预算、资源配置、发布格式、品质要求、风险控制以及产品相关的子产品和产品线设计。

(4)规格设计。根据产品设计的结果进行数据采集、录入、存储、转换的规格设计以及工艺流程设计，同时进行风险评估和预防，并进行测试方案设计。

(5)工具开发。根据产品设计和规格设计的要求以及产品开发计划组织研发部门进行数据采集、录入、存储、转换、验证等工具开发。

(6)工具测试。根据产品设计要求、工具设计需求，以及产品开发计划，安排工具测试。在测试中要根据工具适用要求进行一定规模的样品生产测试，以验证其实用性及可靠性，从而降低风险。

(7)样品制作。按照产品设计及规格设计制作能够反映数据特性的一定区域的样品数据，以供数据分析及测试。

(8)产品开发任务编制。根据需求评审的最终结果，编制产品设计书，主要规定新产品、新要素、新规格、新内容的开发计划、开发范围、数量目标和质量目标等内容。

2. 产品生产

(1)生产计划编制。主要根据产品设计的要求，编制产品新功能的开发范围、开发计划、验证计划以及产品更新的情报收集、现场采集、数据库制作、数据库检查、数据库转换等环节的日程计划。

(2)公共情报信息收集。公共情报信息收集主要有两条途径：一是从国家权威部门获取，二是从市场收集。此类公共情报信息作为导航电子地图数据库开发、更新过程中的参考信息，并不直接成为公司开发的导航电子地图数据库的组成部分。

(3)情报信息初步处理。经过对收集的公共情报信息进行整理，形成导航电子地图实地采集确认的参考信息。

(4)实地采集信息。通过外业专业人员利用专业设备，对导航的相关信息(如新增道路的形状、变化道路的形状、道路网络连接方式、道路属性、兴趣点等)进行实地采集，制作产品图稿和电子信息库，反馈回室内进行加工处理。

(5)数据库制作。数据库制作主要是根据现场采集成果(产品图稿和电子信息库等)，进行相应的加工处理，制作成导航电子地图数据库。

(6)逻辑检查。根据导航数据库的模型设计和标准规则，进行分区域、分要素以及要素之间、全国范围的逻辑检查和拓扑一致性检查。

(7)产品检测。形成导航电子地图数据库后，经过相关的编译转换，进行室内检测和现场实地检测，根据检测的结果进行必要的调整和修改，确保制作出的导航电子地图产品的内容全面、位置精确、信息准确。

(8)保密处理。根据国家的相关规定，进行空间位置技术处理和敏感信息处理等，确保符合保密要求。

(9)数据审查。根据国家的相关规定，将检测后的数据库提交到国家指定的地图审查机构，进行必要的审查，取得审图号。

(10)数据转换和编译。根据不同客户的需求，进行数据格式转换或物理格式的编译，形成最终的导航电子地图格式。

(11)产品发布。地图审查后的导航地图，须报送国家指定的出版部门，经过相关的审查，取得出版号后，就可以作为最终产品进行市场销售。

四、导航电子地图的应用领域

导航电子地图应用领域非常广泛，几乎所有汽车及消费电子设备都可以成为导航地图的载体。

第二节　导航电子地图产品设计

一、导航电子地图产品设计书编写

1. 导航电子地图产品设计书编写步骤

导航电子地图产品设计书的编写，需要经过以下步骤：

(1)对导航电子地图产品的需求进行整理、分析，分析为满足需求所需要的成本、生产时间、质量要求，并将分析结果进行汇总、整理。

(2)根据分析结果进行产品开发范围、产品开发路线、产品关键节点的设计。

(3)进行产品规格设计。

(4)进行产品实现的工艺路线设计。

(5)进行产品实现过程中的采集、编辑、转换、检查工具设计。
(6)进行产品测试、验证的相关设计。
(7)进行产品生产过程中的品质过程设计。
(8)进行产品设计与实现过程中的风险控制过程设计。
(9)进行产品发布过程设计。

对以上设计过程的结果进行汇总、整理，组织相关人员进行评审、判定，最终形成导航电子地图产品的产品设计书。

2. 设计目标

导航电子地图的产品设计目标主要需满足以下几个方面要求：
(1)能够满足导航电子地图应用的客户需求和市场应用需求。
(2)满足导航电子地图应用的具体硬件、软件、行业应用以及环境需求。
(3)通过设计对数据采集、加工编辑和转换发布过程进行说明定义。
(4)使导航电子地图产品满足国家相关政策法律要求。
(5)使导航电子地图产品满足行业相关标准。

3. 设计内容

导航电子地图产品的设计内容至少包含以下内容：①导航电子地图产品的需求及需求对应方案；②导航电子地图产品的开发范围定义；③导航电子地图的产品规模定义；④导航电子地图产品的开发路线；⑤导航电子地图产品开发的工艺要求和流程；⑥导航电子地图产品应用的环境要求；⑦导航电子地图产品的数据采集、加工编辑和转换方案；⑧导航电子地图产品开发关键节点；⑨导航电子地图产品的地图表达要求。

二、产品标准定义

1. 导航电子地图制作标准

导航电子地图的制作标准包括数据采集标准和数据制作标准。

2. 导航电子地图制作标准的特点

(1)准确性。标准的描述语言力求准确，能针对不同情况的制作规格进行明确的区分。
(2)适用性。现场情况多种多样且变化较快，因此不同数据版本可能会对应不同的制作标准，标准会根据现场变化或需求变化不断更新。
(3)权威性。标准一旦评审通过并发布，则具有权威性，无论是数据制作还是检查都需要以此为基准。

3. 导航电子地图标准说明

1)数据库规格设计内容

(1)要素定义：准确地描述设计对象的性质和内涵，并与现实世界建立明确的对应关系。

(2)功能设计：明确要素在导航系统中所起的作用和用途，功能设计是要素模型设计和制作标准的基础。

(3)模型设计：构建要素的存储结构，设置与其他要素之间的逻辑关系，保证导航功能的实现。

(4)采集制作标准：地图要素是现实世界的反映，合理、科学地表达要素类和要素与要素之间的拓扑关系是导航功能实现的关键，采集制作标准要科学合理地表达要素类别和拓扑模型。

举例：车道信息

定义：车道信息是指交叉路口处或专用调头口前，用于指示驾驶者行驶的地面或空中悬挂标牌上的箭头信息。车道信息由车道数、各车道行驶方向的引导箭头构成，按类型分主车道信息和附加车道信息。

模型：车道信息在数据库中记录为一组关系信息，按“线—点—线”的模型记录和存储。“线—点—线”模型是将车道信息记录在路口主点上，通过记录“进入 Link”和“退出 Link”表示具体的车道信息。

功能设计：导航系统能够根据车道信息数据，提前预告前方路口或分歧处的车道行驶规则，驾驶者可以根据导航系统的提示，提前做好变道或转向准备，为驾驶安全和交通畅通带来辅助作用。

采集和制作标准：在导航数据库中，道路要素和属性是核心，道路网络的拓扑建立是导航数据最基本也是最重要的内容。

道路要素包括以下基本属性：道路种别(等级)、道路方向、道路名称、道路功能等级。

(1)道路通行方向：在道路 Link 上通过记录不同的通行方向代码来区分道路的方向信息，分为单方向道路和双方向道路。

(2)道路名：道路 Link 上制作的道路名称。道路名分为普通道路名与编号型道路名。普通道路名分为官方名称、别名、曾用名和立交桥名。

(3)道路功能等级：是对路网中道路综合通行能力的一种等级划分，国际上通用的标准分为 5 个级别。

2)POI 设计内容

POI 即兴趣点，是一种客户进行目的地设施检索，并可通过检索结果配合道路数据进行引导的索引数据。

POI 设计内容包括：①模型；②功能设计：通过名称、拼音、分类菜单等方式检索具体 POI 对象，根据 POI 不同分类显示不同的类别检签图；③相关属性：行政区划数据中的行政区划代码，任何 POI 都属于某一个行政主体；关联的道路 Link，任何 POI 都属于某一条道路；类别检签图图形，任何 POI 都有一个分类，属于某一个分类，给定一个显示类别的特征图片。

三、产品制作工艺设计

1. 工艺设计概述

工艺设计应说明制作项目的主要生产过程和这些过程之间的输入、输出的接口关系。一般地，应用流程图或其他形式清晰、准确地规定出生产作业的主要过程和接口关系。

2. 工艺设计的类型

按照工艺设计针对的对象来分，可分为：①新产品小范围样品试做工艺；②老产品改进工艺；③量产生产工艺。

按照工艺涵盖的范围来分，可分为：整体工艺设计和详细工艺设计。

3. 工艺设计的要求

(1)制作过程清晰明了，有明确的输入输出过程以及相关文件或数据等；

(2)在工艺流程图标中能清晰显示各数据制作环节的责任团体；

(3)在生产工艺设计中需要体现品质控制节点；

(4)必要时除流程图以外，还需制作对应各个制作环节的工程表，说明制作方法、所需工具、输入输出、检查方法、责任人等内容。

四、制作工具开发

工具软件有两种，即通用软件和专用软件。

1. 需求设计

1)需求分析

需求分析的成果是需求设计文件，该文件需要包括导航功能描述、数据表达内容、数据规格和操作界面说明等内容。具体阐述如下：

(1)导航功能描述用于阐述该项需求需要实现的功能。

(2)数据表达内容用于阐述该项需求具体实现的内容，如每个字段的值域等。

(3)数据规格用于阐述该项需求通过何种形式来实现，点、线、面或一组关系。

(4)操作界面说明描述功能的操作过程，明确人机交互流程和输入、输出数据格式等。

2)可行性分析

需要与开发人员、用户进行可行性分析，包括时间和资源上的限制、数据源调查与评估、技术可行性评估、系统的支持状况等。

3)需求规格说明书

需求规格说明书描述了工具的需求，是联系需求分析与系统分析的重要桥梁。需求规格说明书一般包括引言、任务概述、数据描述、功能需求、性能需求、运行需求、履历。

2. 工具开发

工具开发主要分四个阶段，即软件概要设计、详细设计、Alpha 测试和 Beta 测试。

概要设计包括系统的基本处理流程、系统的组织结构、模块划分、功能分配、结构设计、运行设计、数据结构设计和出错处理设计等。

在详细设计中，描述实现具体模块所涉及的主要算法、数据结构、类的层次结构及调用关系。详细设计应当足够详细，能够根据详细设计报告进行编码。

3. 工具测试

工具测试的目的主要包括两个方面：避免错误的发生，确保工具能够正常高效地运行；通过好的测试实例发现至今未发生的错误。

工具测试分为 Alpha 测试和 Beta 测试。

(1) Alpha 测试：Alpha 测试由研发测试人员在开发环境下模拟实际操作进行的测试，其目的是评价软件产品的功能、局域化、可使用性、可靠性、性能和支持。

(2) Beta 测试：Beta 测试是一种验收测试。验收测试是软件产品完成了功能测试和系统测试之后，在产品发布之前所进行的软件测试活动。

Beta 测试由多个软件使用者来承担，使用者通过不同的测试用例来测试软件各项功能。通过 Beta 测试之后，软件才能正常投入使用。

第三节　产品开发

一、编制作业任务书

1. 概述

说明本次作业任务对应的产品版本、任务目标、任务量、整体完成期限等相关内容。

2. 任务分解

(1) 根据作业任务中所涉及的作业类型、性质、所处地理位置将整体的作业任务分解为若干个子任务。

(2) 对于分解后的子任务分别明确作业区域、任务量、任务开始时间及截止时间。

3. 作业成果主要技术指标和规格

明确作业成果的种类及形式、坐标系统、投影方法、比例尺、数据基本内容、数据格式、数据精度以及其他技术指标等。

4. 设计方案

(1) 规定作业所需的主要装备、工具、程序软件和其他设施。

(2)规定作业的主要过程、各工序作业方法和精度质量要求。

5. 质量保证措施和要求

(1)明确采集、作业各环节的成果数据的质量要求。

(2)规定对于数据质量的详细保证措施。明确数据的抽样检查比率;明确重点区域的重点对象;明确自查、小组内互查、实地抽样检查、品质监察等各环节的详细要求。

6. 资源分配

明确各子任务所配备的车辆、人员、经费等资源状况。

二、现场采集数据

1. 出工前的准备

1)资源准备

(1)基础参考数据:将加密后的基础参考数据分发到各作业队。

(2)设备:领取或购买生产所需的相关设备,并确保设备状态良好可用。

(3)人员:为所有作业人员办理测绘作业证,确保作业所需人员到岗并可按时出作业。

2)技术准备

组织全体作业人员学习作业任务书中相关的设计方案,并进行考核。

3)安全保密教育

①对于车辆驾驶员重点强调安全驾驶的相关法律法规;②组织作业人员学习《公开地图内容表示规范》,避免作业过程中发生涉军涉密的情况。

4)特殊采集区域

①对于进入高原、高寒地区作业的人员,要提前进行气候适应训练,掌握高原基本知识;②对于进入少数民族区作业的人员,要提前了解当地的风俗民情、社会治安和气候、环境特点,制定具体的安全防范措施。

2. 实地生产作业

1)道路要素生产作业

(1)通过 GNSS 设备测绘作业区域内的所有可通行车辆的道路形状。

(2)现场采集道路的其他附属属性。

(3)按照生产任务书中的要求,对于指定的现场情况较复杂的道路路口进行全方位的拍照,以便录入作业时制作路口实景图要素。

2)POI 要素生产作业

(1)通过 GPS 设备参照道路要素的形状,现场采集所有 POI 的位置坐标。

(2)现场采集 POI 要素的其他附属属性。

(3)对于星级宾馆、4A、5A 级的景点等用户关心的 POI,要保证现场采集完整。

(4)对采集区域内的主要商业区、CBD 等区域内部的 POI 要保证现场采集完整。

3）特殊情况

现场遇到作业任务书中的技术方案未能明确的情况时，需将现场情况反馈给负责标准规格的设计部门，由设计部门组织解决。

4）作业结果检查

（1）通过 GPS 轨迹确认作业区域内的所有道路数据是否都已经进行了调查采集。

（2）检查所有新采集的道路及道路形状修改处与其周边的 POI 的逻辑关系是否正确。

（3）对于多个作业区域的相邻接边处，检查确认道路数据的形状、属性接边是否正确，POI 数据是否存在采集重复的情况。

（4）确认生产任务书中要求拍照的复杂路口的照片是否拍摄完整，照片是否清晰可用。

3. 作业成果提交

将作业成果按类型、区域进行汇总，并统计出详细的成果履历。

三、数据录入制作

需要录入的数据：道路数据、POI 数据、注记、背景数据、行政境界、图形数据、语音数据。

1. 道路数据

（1）参照 GPS 结果人工描绘道路形状。

（2）录入道路数据的其他相关属性。

（3）对于大区域范围的路网连通性进行调整，保证高等级道路之间道路的连通性。

（4）在复杂道路路口处记录路口实景图的编号。

2. POI 数据

（1）接收到录入作业完成以后的道路数据，参照道路数据调整 POI 的相对位置。

（2）调整相邻 POI 之间的相对位置关系。

（3）对 POI 的名称、地址、电话、类别等信息进行标准化处理。

（4）通过人工翻译等方式制作 POI 的英文名称。

3. 注记

（1）参照国家 1∶5 万地名数据库选取作业区域内主要地名、自然地物名等对象制作为注记要素。

（2）参照录入作业完成以后的 POI 数据，选取区域内有代表性的 POI 制作为注记要素。

（3）参照录入作业完成以后的道路数据，选取高速、国道的道路名按一定的密度要求均匀分布的制作为注记要素。

（4）按功能性质为制作的注记要素赋类别代码，如学校类、地物类、大厦类等。

（5）按注记的重要程度为制作的注记要素赋显示等级，以控制该注记要素的可表达的比例尺。

(6)确保注记名称的表达符合国家规定。

4. 背景数据

(1)参考卫星影像、城市旅游图等基础数据，描绘出湖泊、河流的形状。
(2)参照公园、景区的规划示意图，描绘出公园、景区的形状。
(3)参照城市旅游图及其他相关基础数据为背景数据赋中、英文名称。
(4)按照国家对湖泊、河流定义的等级及湖泊的面积，为背景要素赋显示等级，用以控制不同湖泊、河流的可表达的比例尺。
(5)确保重要岛屿及界河中岛屿的表达符合国家规定。

5. 行政境界

(1)参考国家 1∶400 万的基础数据制作行政境界的形状。
(2)参考《中华人民共和国行政区划代码》，制作行政境界的名称及行政区划代码。
(3)确保国界、未定国界、南海诸岛范围界等重要境界线的表达符合国家规定。

6. 图形数据

(1)按外业现场拍摄的复杂路口照片制作路口实景图，并为路口实景图进行编号。
(2)制作 POI、注记要素不同类别所对应的类别检签图标。
(3)制作不同城市的标志性建筑物的三维模型。

7. 语音数据

录制重要的道路名称、POI 名称的普通话语音。

四、检查验收

1. 逻辑检查

逻辑检查所发现的问题有两种类型：绝对性错误和可能性错误。

(1)绝对性错误即逻辑检查所发现的问题一定是错误的，必须进行修正。例如：相同的位置有多个同名称同类型的 POI、一个城市的路网与其他周围的城市不连通等。

(2)可能性错误即逻辑检查所发现的问题有很大的可能性是数据制作错误，需要进行重点确认。例如：道路形状叠加在海洋、河流的背景数据上，有可能是跨海、跨江大桥，也有可能是背景数据制作时形状不准确。

2. 实地验证

对于录入检查完成的数据进行现场验证评价。
(1)道路要素的形状与现场的一致性。
(2)道路要素中名称等属性与现场比较是否正确。
(3)路口实景图中表达的内容与现场情况是否一致。

(4) POI 数据的位置、名称等属性与现场比较是否正确。

(5) 确认重要区域的重点 POI 的完整性。

3. 主管部门审图

自然资源部地图审核中心审图要审查的内容为：①中国境界的表达是否完整、正确；②注记名称表达是否正确；③我国的重要岛屿及界河中岛屿的表达是否完整、正确；④保密问题，是指在地图中是否表示了涉密内容，如军事单位，等等。

第四节　保 密 处 理

一、坐标脱密处理

导航电子地图必须经过地图坐标脱密处理，目前行政主管部门指定的技术处理单位为中国测绘科学研究院。

二、敏感信息处理

1. 不得采集的内容

导航电子地图编制过程中，不得采用各种测量手段获取以下地理空间信息：①重力数据、测量控制点；②高程点、等高线及数字高程模型；③高压电线、通信线及管道；④植被和土地覆盖信息；⑤国界和国内各级行政区划界线；⑥国家法律法规、部门规章禁止采集的其他信息。

2. 不得表达的内容

导航电子地图表达与导航定位相关的路线信息和社会公众关注的兴趣点信息时，下列内容不得在导航电子地图上出现：

(1) 直接服务于军事目的的各种军事设施。

(2) 军事禁区、军事管理区及其内部的所有单位与设施。

(3) 与公共安全相关的单位及设施。

(4) 涉及国家经济命脉，对人民生产、生活有重大影响的民用设施，如大型水利设施、电力设施、通信设施、石油与燃气(天然气、煤气)设施。

(5) 专用铁路及站内火车线路、铁路编组站，专用公路。

(6) 桥梁的限高、限宽、净空、载重量和坡度属性，隧道的高度和宽度属性，公路的路面铺设材料属性。

(7) 江河的通航能力、水深、流速、底质和岸质属性，水库的库容属性，拦水坝的高度属性，水源的性质属性，沼泽的水深和泥深属性及其边界轮廓范围。

(8)公开机场的内部结构及其运输能力属性。
(9)高压电线、通信线及管道。
(10)参考椭球体及其参数、经纬网和方里网及其注记数据。
(11)重力数据、测量控制点。
(12)显式的高程信息。国家正式公布的重要地理信息除外。
(13)显式的空间位置坐标数值。国家正式公布的空间位置坐标数据除外。
(14)国家法律法规、部门规章禁止公开的其他信息。

三、境界审查和修改

导航电子地图在公开出版、展示和使用前，必须取得相应的审图号。经审核批准的导航电子地图，编制出版单位应当严格按照地图审核批准的样图出版、展示和使用。改变地图内容的(包括地图数据格式转换、地图覆盖范围变化、地图表示内容更新等)，应当按照规定程序重新送审。

1. 国务院自然资源主管部门审核的地图

(1)世界性和全国性地图(含历史地图)；
(2)台湾省、香港特别行政区、澳门特别行政区的地图；
(3)涉及国界线的省区地图；
(4)涉及两个以上省级行政区域的地图；
(5)全国性和省、自治区、直辖市地方性中小学教学地图；
(6)省、自治区、直辖市历史地图；
(7)引进的境外地图；
(8)世界性和全国性示意地图。

2. 国务院自然资源主管部门审查的地图内容

(1)保密审查。
(2)国界线、省、自治区、直辖市行政区域界线(包括中国历史疆界)和特别行政区界线。
(3)重要地理要素及名称等内容。
(4)国务院自然资源主管部门规定需要审查的其他地图内容。

第五节　导航电子地图编译测试

一、编译转换

导航电子地图产品的编辑转换，是将经过编辑、检验的成功数据，在一定的环境下进行数据格式转换，转换成各种物理或应用格式，以满足不同客户、不同环境平台的装载使用要求。导航电子地图产品转换成的成果格式有：日系车厂应用的 KIWI 格式、欧美系车厂应用的 NDS 格式、欧美系交换格式 GDF、便于互联网并发应用的瓦片格式等。

二、产品测试验证

1. 导航仪准备

导航电子地图产品的测试验证，必须将产品装载在所应用的导航仪中进行，所以，需进行相关导航仪准备。

2. 导航软件准备

为导航仪装载导航软件与导航电子地图数据，并检查软件与地图版本是否正确。

3. 现场测试

现场测试时，基本方法是将现场实际情况与导航仪中显示的数据情况进行对比，对于出现问题的情况进行记录。不同导航仪之间的对比测试，可以分别记录各自的现实状况以进行对比分析，改进产品质量。测试结束后，需要对测试结果进行统计、分析，得出测试报告，以供导航电子地图的设计部门与开发部门进行改进。

4. 出品判定

出品判定是导航电子地图生产的最后一个步骤，是控制导航电子地图质量的最终关口。出品判定的过程如下：

(1) 在导航电子地图生产结束后、提交出版之前，由品质保证部门组织各个相关生产部门召开出品判定会议。

(2) 各相关部门准备会议材料，如产品设计材料、生产工艺流程材料、产品生产履历及修改记录、工具开发过程及测试记录、产品理论检查日志及修改记录、产品编译记录、产品实地测试报告及问题修改记录等。

(3) 召开出品判定会议，对照各项材料逐一审查、讨论，对问题点进行记录。

(4) 根据记录情况以及产品设计结论，判定最终产品是否能够满足设计和质量要求。

(5) 满足要求的产品通过判定予以发布。

(6) 不满足要求的产品返回修改，并准备下一轮判定。

第十章考点试题及答案

第十一章　网络地理信息服务

第一节　概　　述

一、网络地理信息服务基本概念

网络地理信息服务是指利用现代网络和计算机技术，发布地理空间信息，提供信息查找、交换、分发以及加工、处理和其他增值服务。互联网地理信息服务特指互联网环境中的网络地理信息服务。网络地理信息服务类似于一个由信息用户、信息生产者、信息营销者共同组成的网络化地理信息“超级市场”。

二、网络地理信息服务的构成

当前的网络地理信息服务大多基于面向服务的架构(SOA)，由分布式节点组成。各节点按照统一的技术体系与标准规范，提供本节点的地理信息服务资源，通过服务聚合的方式实现整体协同服务，并基于统一访问控制体系对所有服务进行注册管理，实现对服务的发现、状态监测、质量评价、访问量统计、服务代理等，各节点由在线地理信息数据、在线地理信息服务系统和运行支持系统组成。

当前的网络地理信息服务大多以门户网站、服务接口两种方式向各类用户提供地理信息在线服务。门户网站是普通用户使用各类服务的入口，向用户提供地图浏览、地名查找、地址定位、空间查询、地名标绘、在线制图、元数据查询、数据下载等服务，以及使用帮助信息，如各类服务的接口规范、应用程序编程接口(API)文本以及开发模板、代码片段和相关技术文档资料。服务接口是各类服务的开放式访问接口，面向各类应用开发人员，供他们利用接口调用各类服务资源与基本功能，实现增值开发，满足多样化的应用需求。

三、网络地理信息服务的特点

(1)网络地理信息服务是国家空间数据基础设施不可或缺的一部分。网络地理信息服务是“获取、处理、访问、分发以及有效利用地理空间信息”的技术平台。

(2)网络地理信息服务离不开国家相关政策法规以及专业标准的支持。

(3)网络地理信息服务的建设普遍遵循“统一设计、分步实施、逐渐完善”的模式。

(4)充分利用网络技术的便利开展组织实施。

(5)采用各类数据源，提供形式多样的服务。

四、网络地理信息服务的对象

网络地理信息服务的对象按地理信息使用权限可分为非注册用户和注册用户。

(1)非注册用户：可以进行一般性地理信息访问与应用；

(2)注册用户：可以进行授权地理信息访问与应用。

按使用方式可分为普通用户和开发用户。

(1)普通用户：通过门户网站进行信息浏览、查询、应用；

(2)开发用户：通过服务接口、应用程序编程接口(API)调用网络地理信息服务资源，开发各类专业应用。

五、网络地理信息服务内容

1. 电子地图

电子地图是针对网络地理信息应用需求，对各类地理空间数据(如矢量数据、影像数据、高程数据等)进行内容选取组合、符号化表达后形成的重点突出、色彩协调、图面美观的屏幕显示地图。从形式上，可分为二维电子地图、三维电子地图、实拍街景图等。

2. 地理空间信息数据

地理空间信息数据包括基础地理数据、遥感影像数据、各种与空间位置相关的专题信息数据(如人口、民族、地区经济、自然灾害、生态、环境、教育等)。

3. 专题地理信息产品

一种是以地理空间数据为基础，集成各种与位置相关的专题信息，利用相应的软硬件进行包装后形成的直接面向用户的消费性商品。另一种是通过网络可供用户下载打印的不同幅面、不同主题的专题地图(如行政区划图、交通旅游图等)。

4. 地球科学的科普知识

向社会提供多种形式的地理信息科学知识，为学校提供多种精心组织的教学素材等。提高大众的地理信息科学素养，有效地推动网络地理信息服务行业的发展。

六、网络地理信息服务的形式

网络地理信息主要提供以下几种形式的服务：

(1)地理信息浏览查询：提供地理信息浏览、兴趣点查找定位、空间查询、用户信息标绘、相关帮助信息及技术文档资源浏览等服务。

(2)地理空间信息分析处理：提供空间分析功能，如空间量算、信息叠加、路径分析、区域分析、空间统计等。

(3)服务接口与应用程序编程接口(API)：服务接口可以直接向用户提供在线地理数据访问；应用程序编程接口(API)通过预先定义的函数向开发人员提供基于在线服务资源的基本功能。

(4)地理空间信息元数据查询：提供地理空间信息元数据，让用户知道在什么地方可以找到他想要的数据。

(5)地理空间信息下载：直接下载地理空间数据，并提供关于下载数据的技术支持。

七、网络地理信息服务技术架构

1. 面向服务的架构

SOA 包括服务使用者、服务提供者和服务注册中心三类角色。SOA 中的每个服务都扮演着这三种角色中的某一种(或多种)。

(1)服务使用者：是一个应用程序、一个软件模块或需要一个服务的另一个服务，发起对注册中心中的服务的查询，通过传输绑定服务，并且执行服务功能，服务使用者根据接口来执行服务。

(2)服务提供者：是一个可通过网络寻址的服务，它接受和执行来自使用者的请求，它将自己的服务和接口发布到服务注册中心，以便服务使用者可以发现和访问该服务。

(3)服务注册中心：包含一个可用服务的存储库，并允许感兴趣的服务使用者查找服务提供者接口。

2. SOA 的操作

(1)发布：发布服务和服务描述，使服务使用者可以发现并访问调用服务。

(2)发现：服务请求者通过查询服务注册中心来找到满足其标准的服务。

(3)绑定和调用：服务使用者根据服务描述中的信息来调用服务。

SOA 具有可重用(一个服务创建后能用于多个应用和业务流程)，松耦合(服务请求者不需要知道服务提供者实现的技术细节，如程序语言、底层平台等)，标准接口，独立服务(不依赖于其他服务)，基于开放标准(基于公开的 W3C 及其他公认标准)等特点。

八、云计算

云计算是一种基于互联网的计算方式，是网格计算、分布式计算、并行计算、效用计算、网络存储、虚拟化、负载均衡等传统计算机和网络技术发展融合的产物，能够以按需配给的方式实现软硬件资源和信息的共享。

1. 云计算的服务层次

云计算包括四个层次的服务：①基础设施及服务；②平台及服务；③软件及服务；④数据及服务。

2. 云计算的基本特点

云计算的基本特点包括：
(1)应需自助服务，即根据用户需要自动配置计算能力。
(2)广泛的网络接入，即通过标准接口和机制由网络获取各类服务。
(3)资源池，在云环境中汇集分布式资源。
(4)快速灵活，可以快速、灵活地配置服务能力。
(5)可量测服务，能够自动控制和优化服务资源。

九、网络地理信息服务标准

网络地理信息服务主要涉及数据规范、服务规范、应用开发技术规范。

1. 数据规范

数据规范主要是规定公共地理信息的分类与编码、模型、表达，以及数据质量控制、数据应与维护更新规则与流程等。

2. 服务规范

服务规范主要包括服务接口规范，如国际开发地理空间联盟(OGC)的网络地图服务规范(WMS)、网络要素服务规范(WFS、WFS-G)、网络覆盖服务规范(WCS)、网络处理服务规范(WPS)、目录服务规范(CSW)等，还包括服务分类与命名、服务元数据内容与接口规范、服务质量规范、服务管理规范、用户管理规范等。

3. 应用开发技术规范

应用开发技术规范主要包括应用程序编程接口(API)相关规定与说明。

十、网络地理信息服务相关政策

我国网络地理信息服务政策主要涉及地理信息共享、保密、互联网地图服务资质，以及网络安全等几方面。相关政策有地理信息共享政策、地理信息保密政策、互联网地图服务资质政策、网络安全政策。

十一、国家地理信息公共服务平台

“国家地理信息公共服务平台”是“数字中国”的重要组成部分。根据运行网络环境的不同，国家地理信息公共服务平台分为公众版(运行于互联网环境)、政务版(运行于国家电子政务外网环境)、涉密版(运行于国家电子政务内网环境)。其中，公众版——“天地图”已于2010年10月21日开通，向全社会提供网络地理信息服务。

国家地理信息公共服务平台由分布在全国各地的国家级主节点、省级分节点和市级信息基地组成，分别依托国家、省、自治区、直辖市、市(县)地理信息服务机构和信息资源进行建设和运行，通过网络实现服务聚合，向用户提供协同服务。

第二节　在线地理信息数据

一、在线地理信息数据的构成

在线地理信息数据根据用途不同可分为地理实体数据与地名地址数据、电子地图数据、模型数据等，分别支持不同模式的服务。这些数据是利用来自测绘地理信息部门、专业部门、企业和社会团体、网络用户与志愿者的各类矢量地图数据、影像数据、各类表现模型、地理监测数据、实时传感数据等数据源，按照网络地理信息服务相关技术标准和规定进行加工制作而成的。

1. 源数据

在线地理信息数据的源数据包括矢量数据、影像数据、模型数据、地理监测数据、实时传感数据等。

(1)矢量数据：包括来自各级测绘部门的线划地形图数据、来自企业的导航电子地图数据、来自专业部门的专题数据(如邮政区、统计单元、医疗机构分布等)、来自用户与志愿者的标注数据等。

(2)影像数据：包括多平台地表遥感影像数据、建(构)筑物纹理、实拍街景等。

(3)模型数据：包括地表数字高程模型、三维建筑物模型、计算分析模型(如土方量计算、通视分析、汇水区分析、水系网络分析、淹没分析、光照分析)等。

(4)地理监测数据：反映各类资源、环境、生态、经济要素的空间分布及其变化量、变化频率、分布特征、地域差异、变化趋势等监测数据、地图图形和研究报告等。

(5)实时传感数据：来自手机、微博、监控终端等各类“传感器”的位置相关数据。

2. 在线地理信息数据的形式

以上述源数据为基础，经整合处理后，形成包括地理实体数据、地名地址数据、电子地图数据在内的在线地理信息数据。

1)地理实体数据

地理实体是指现实世界中独立存在、可以唯一性标识的自然或人工地物。地理实体数据是对地理实体的描述与表达，采用实体化数据模型，以地理要素为空间数据表达与分类分层组织的基本单元。每个要素均赋以唯一的要素标志、实体标志、分类标志与生命周期标志。通过这些标志信息实现地理要素与相关社会经济、自然资源信息的挂接，能够灵活进行内容分类分级与组合，并实现基于要素的增量更新。基本地理实体包括境界实体、政区实体、道路实体、铁路实体、河流实体、房屋实体、院落实体等。扩展地理实体可根据数据源情况进行自定义。基于面状、线状要素表达的地理监测及各类专题信息可附载在地理实体之上进行表达、查询和分析。

2)地名地址数据

地名是地理实体的专有名称。地址是具有地名的某一特定空间位置上自然或人文地理实体位置的结构化描述。地名地址数据是以地理位置标志点来表达地名与地址的数据，包含结构化地名地址描述、地名地址代码等信息。一般的兴趣点(POI)数据、点状专题数据(如医疗机构分布、教育机构分布等)均以地名地址数据结构来表达。基于点状要素表达的地理国情等信息，可附载在地名地址之上进行表达、查询、分析。

3)电子地图数据

针对在线浏览和标注的需求，以各类数据源为基础，经过内容选取组合、符号化表达、图面整饰后形成的各类视频显示地图。电子地图的表达内容一般需依据服务对象和信息负载量而设定，可采取不同维度的线划地图、影像地图、地形晕渲图等多种形式。

二、在线地理信息数据生产流程

大多数在线地理信息数据在进行网络发布之前均须经过内容提取、模型重构、规范化处理、一致性处理等过程，电子地图数据还需进行符号化表达、地图整饰、地图瓦片生产等处理。对于运行于互联网及国家电子政务外网环境中的数据，还需做必要的脱密处理。

电子地图数据处理基本要求：在电子地图数据生产过程中，需要特别注意的是地图分级、地图表达以及地图瓦片规格与命名等。

1. 地图分级

每级要素内容选取应遵循以下原则：

(1)每级地图的负载量与对应显示比例尺相适应前提下，尽可能完整保留数据源的信息。

(2)下一级别要素内容不应少于上一级别，即随着显示比例尺的不断增大，要素内容不断增多。

(3)要素选取时应保证跨级数据调用的平滑过渡，即相邻两级的地图负载量变化相对平缓。

2. 地图瓦片

地图瓦片就是为了加快地图的网络显示速度，按照一定的规则对一整地图切割成不同级别后系列图片。地图瓦片分块的起始点从西经 180°、北纬 90°开始，向东向南行列递增。瓦片分块大小为 256 像素×256 像素，采用 PNG 或 JPG 格式。地图瓦片文件数据按树状结构组织和命名。

3. 地图表达

不同显示比例下符号与注记的规格、颜色和样式，电子地图配图应按《电子地图规范》进行。生产中，如有《地理信息公共服务平台电子地图数据规范》(CH/Z 9011—2011)未涵盖的要素，可扩展符号或注记，但样式风格应协调一致。

三、地理实体数据处理基本要求

我国网络地理信息服务中地名地址实体数据遵循的技术标准主要是《地理信息公共服务平台地理实体与地名地址数据规范》(CH/Z 9010—2011)。该标准围绕公共地理信息公共服务平台，规定了地名地址数据的坐标系统、概念模型、数据组织、几何表达基本规则，适用于网络地理信息服务中地理实体数据及地名地址数据的制作、加工与处理。

在地名地址数据生产过程中，需要特别注意的是数据建模、数据组织和属性赋值等。

1. 地名地址数据建模

地名地址以地理位置标志点来表达。地理位置标志点的定义规则如下：

(1)区域实体地名的地理位置标志：包括行政区划的政治、经济、文化中心所在地的点位，行政区划内标志性建设物的点位，面状区域的重心点点位。

(2)线状实体地名的地理位置标志：包括线状实体中心点的点位，线状实体中心线系列点的点位，线状地物(河流、山脉等)的标志点。

(3)局部点的地理位置标志：包括门(楼)址标牌位置或建筑物任意内点的点位；标志物中心点的点位；兴趣点门面中心点或特征点的点位；自然地物的中心点或标志点。

2. 地名地址数据组织

地名地址数据以地名地址数据表来表达。

3. 地名地址数据基本属性

地名地址的基本属性项包括结构化地名地址描述、地名地址坐标、地名地址代码、地理实体名称、地名地址分类等，前二者为必填属性。

四、数据保密处理基本要求

基于不同的网络环境和用户群体，网络地理信息服务所使用的数据分为涉密版和公众版两类。其中，公众版网络地理信息服务数据运行于互联网或国家电子政务外网环境，数据需符合国家地理信息与地图公开表示的有关规定，包括数据内容与表示、影像分辨率、空间位置精度三个方面。在数据脱密处理时，首先按照相关要求，对矢量数据选取可公开要素及相关属性作为公众版数据内容，并按相应规则处理。

对矢量数据选取可公开要素及相关属性作为公众版数据内容。对高分辨率影像进行重采样，使其分辨率不优于0.5m；对等高线进行重采样，使其等高距不小于50m；对数字高程模型进行重采样，使其格网间距不小于100m。然后，对上述数据的平面位置进行纠正，使其平台精度大于50m。

五、数据更新基本要求

网络地理信息服务直接面向终端用户，对于地理信息的现势性、准确性、权威性要求非常高，必须保证数据的更新。一般有日常更新、应急更新两种模式。

1. 日常更新

依托于互联网地理信息服务的建设与管理机制，制订日常更新计划，积极收集获取最新的基础测绘成果、影像资源、志愿者及用户反馈信息，以及来自相关专业部门的专题信息，快速处理后及时发布。此时需注意与原来在线地理信息数据的一致性维护，以及相应的数据集乃至要素的版本管理。

2. 应急更新

在突发事件或应急情况下，采取多种技术手段与方式，快速获取事件发生地点或相关区域的航空航天影像数据、地面实测数据以及相关专题数据，提取变化信息并更新在线数据，及时向用户提供最新信息服务。

第三节　在线地理信息服务系统

一、在线地理信息服务系统的构成

在线地理信息服务系统主要包括数据生产与管理、在线服务、运维监控、应用四个层面，分别承担在线地理信息数据生产与维护管理、服务发布、服务管理与用户管理，以及应用系统开发等任务。

二、数据生产与管理软件基本功能

数据生产与管理软件是针对标准化在线数据处理与数据成果管理方面开发的专用工具，包括地理实体整合处理、地名地址整合处理、影像处理、三维建模、内容过滤、电子地图配置、地图瓦片生产、地图瓦片交换、数据格式转换、投影转换、质量检查以及成果数据集成管理系统等。

三、服务发布软件基本功能

(1)在线服务基础系统：具备正确响应通过网络发出的符合OGC相关互操作规范的调用

指令的能力，支持地理信息资源元数据、地理信息浏览、数据存取、数据分析等服务的实现。

(2)门户网站系统：门户网站一般应包括的栏目有地理信息浏览、搜索定位、空间要素查询分析、标绘与纠错、数据提取与下载、路线规划、实时信息显示以及个性地图定制、照片及视频上传等。此外，门户网站还需要为用户提供交流的渠道，如技术论坛、意见反馈、网上教程等。对于注册用户，门户网站须提供服务注册、服务查询、用户注册、用户登录、服务运行状态检测等访问界面。

(3)应用程序编程接口与控件库：提供调用各类服务的应用程序编程接口(API)与控件，实现对各类互联网地理信息服务资源和功能的调用。

(4)在线数据管理系统：实现在线服务数据入库、管理、发布、更新、备份功能。

四、运维监控系统基本功能

(1)服务管理系统：面向平台运行管理者、服务发布者、服务调用者三类用户，实现对用户的发现、状态监测、质量评价、运行情况统计、服务代理等功能。平台运维管理者利用服务管理系统对注册到网络地理信息服务平台中的各类服务进行综合管理，包括对服务注册信息的审核、服务授权、服务信息管理、服务状态监测、服务质量评价、服务代理、日志管理等，还可结合用户管理系统进行用户审核与授权、用户行为审计等。服务发布者利用服务管理系统进行服务注册、服务信息管理、服务授权、服务情况查询等。应用系统开发人员利用服务管理系统查询可用服务，获取开发许可。

(2)用户管理系统：存储并管理注册用户的信息，主要包括用户注册、单点登录、用户认证、用户授权、用户活动审计、用户活动日志及用户使用情况服务统计分析、使用计费等功能。

(3)计算机与网络设备运维管理：对服务器、网络、存储设备、数据库和安全等软硬件设备进行在线实时监控与管理。

(4)应用系统模板：基于所发布的服务资源与服务接口，提供面向政府、专业部分、企业、社会公众用户的开发框架模板，以及方便快捷地搭建各类应用系统。

第四节　网络地理信息服务运行支持系统

一、运行支持系统的构成

运行支持系统是网络信息地理信息服务的底层基础，主要包括网络接入系统、服务器系统、存储备份系统、安全保密系统等。

二、网络接入系统

网络地理信息服务的各节点通过网络接入路由器就近接入相应网络汇聚节点，实现节点间及节点与用户间的互联互通。互联网环境中须申请相应网络的域名，并可根据需要租用内容分发网络服务来提升用户访问速度。

每个节点内部规划三个网络分区：对外服务区、数据存储管理区和数据生产加工区。

三、服务器系统

在集群架构中，各节点需部署满足高可用性和负载均衡服务要求的 Web 应用服务器集群、数据库服务器集群，并部署支持并发工作方式、高可用及负载均衡集群、主流厂商计算机硬件的数据库管理软件。必要时可配置镜像服务器集群或热备系统，提供负载均衡和灾难情况下的服务快速迁移。

四、存储备份系统

各节点需构建存储区域网以实现海量地理信息的存储备份。主要包括光纤交换机、磁盘阵列、磁带库、管理服务器等设备，以及数据库管理和地理信息系统软件。必要时配置异地存储备份系统。

五、安全保密系统

对于涉密广域网环境中的网络地理信息服务，需从物理、网络、主机、存储介质、应用、数据六个层面建立安全保密防护系统，防护范围包括各节点广域网络接入部分和数据生产加工区。

涉密区域配置安防(门禁监控报警)消防设备，在广域网环境下配置 CA/RA 认证系统，在广域网接入链路安装国家指定的加密机设备，在安全域边界设置防火墙，在服务器和主机上部署病毒防护系统、主机监控与审计系统及漏洞扫描系统，针对关键网络和应用设置网络入侵检测系统。对外服务区域接入边界加装入侵防护设备，购置安全保密检查工具为网络节点内定期检查系统泄密隐患提供技术手段。

对于非涉密广域网环境中的网络地理信息服务，需按照公安部有关重要计算机信息系统等级保护的标准、规定和文件精神要求，部署适当的身份鉴别、访问授权、防火墙、网络行为审计、入侵防御、漏洞扫描、计算机病毒防治、安全管理等公安部验证通过的安全产品，能够抵御网络环境中的黑客攻击、网络病毒、各种安全漏洞以及内部非授权访问导致的安全威胁。

第十一章考点试题及答案

第二部分　试题解析

(一)2018年注册测绘师资格考试测绘综合能力仿真试卷与参考答案及解析

一、单项选择题(每题1分，每题的备选选项中，只有一项符合题意。)

1. 水准测量中，在连续各测站上安置水准仪的三脚架时，应使其中两脚与水准路线方向平行，而第三脚轮换至路线的左侧与右侧，可以减弱因(　　)引起的误差。

A. 竖轴不垂直　　B. 大气折光

C. i角　　D. 调焦镜运行

2. 已知某点大地坐标为(B, L)，天文坐标为(λ, φ)，高斯平面直角坐标为(x, y)，该点高斯投影坐标正算是指(　　)。

A. (B, L)转换为(x, y)　　B. (λ, φ)转换为(x, y)

C. (x, y)转换为(B, L)　　D. (x, y)转换为(λ, φ)

3. 通过水准测量方法所测得的高程是(　　)。

A. 正高　　B. 正常高

C. 大地高　　D. 力高

4. 国家水准原点的高程是72.260m，该值是指高出(　　)的高差。

A. 验潮井基点　　B. 验潮站工作零点

C. 理论最低潮面　　D. 黄海平均海面

5. 两个重力点的重力测量成果不包括(　　)。

A. 平面坐标值　　B. 垂线偏差值

C. 高程值　　D. 重力值

6. 用J2经纬仪观测某方向的垂直角，盘左读数为89°59′30″，盘右读数为270°00′18″，则该仪器的指标差为(　　)。

A. +24″　　B. −24″

C. +6″　　D. −6″

7. 省级GNSS区域基准站网目前不能提供的服务内容是(　　)。

A. 分米级位置服务　　B. 对流程模型参数

C. 0.01m的精密星历　　D. 地球自转参数

8. 现行规范规定，GNSS控制点选点埋石后应上交的资料不包括(　　)。

A. 点之记　　B. GNSS接收机检定证书

C. 技术设计书　　D. 测量标志委托保管书

9. 两台全站仪进行三角高程对向观测，主要目的是减弱或消除(　　)。

A. 仪器沉降影响　　B. 大气折光影响

C. 潮汐影响　　D. 磁场影响

10. 现行规范规定，四等水准环线周长最长为(　　)km。

A. 100　　B. 120

C. 140　　D. 160

11. 四等水准测量中，往返测照准标尺的顺序为(　　)。

A. 后—后—前—前　　B. 后—前—前—后

C. 前—后—后—前　　D. 前—前—后—后

12. 现行规范规定，单波束测深系统的改正不包括(　　)。

A. 吃水改正　　B. 姿态改正

C. 声速改正　　D. GNSS 仪器相位改正

13. 某三角网如图所示，其中 A、B 是已知点，C、D 是待定点，共观测了 9 个水平角。要确定 C、D 点坐标，需列出的条件方程数量是(　　)个。

A. 3　　B. 4

C. 5　　D. 6

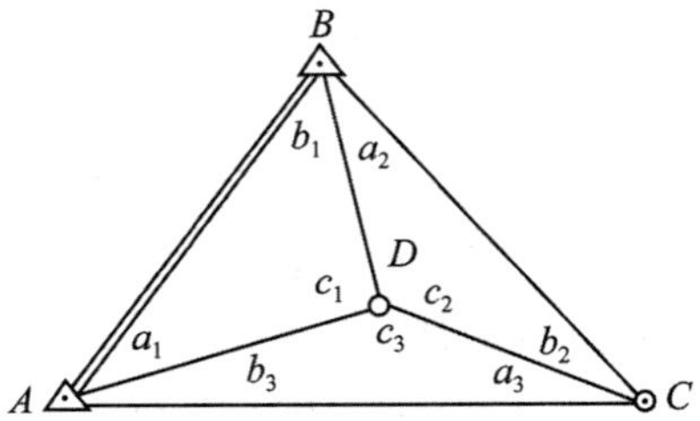

14. 下列计算方法中，不能用于海道测量水位改正的是(　　)。

A. 加权平均法　　B. 线性内插法

C. 单站水位改正法　　D. 水位分带法

15. 下列航海图中，主要用于航行的是(　　)。

A. 近海航行图　　B. 港池图

C. 港区图　　D. 海区总图

16. 现行规范规定，海洋测量出测前应对回声测深仪进行(　　)状态下工作状况试验。

A. 震动　　B. 航行

C. 抗干扰　　D. 深水

17. 1∶100 万地形图的图幅范围为(　　)。

A. 经差 4°、纬差 6°　　B. 经差 4°、纬差 4°

C. 经差 6°、纬差 4°　　D. 经差 6°、纬差 6°

18. 现行规范规定，城市大比例尺地形图上地物点的平面位置精度为地物点相对于(　　)的点位中误差。

A. 2000 国家大地坐标系原点　　B. 所在城市邻近图根点

C. 所在城市大地控制点　　D. 所在城市坐标系原点

19. 城市测量中，应采用的统一的高程基准为(　　)。

A. 2000 国家高程基准　　B. 1990 国家高程基准

C. 1985 国家高程基准　　D. 1956 国家高程基准

20. 已知 A、B 两点的坐标分别为 $A(100, 100)$，$B(50, 50)$，则 AB 的坐标方位角为(　　)。

A. 45°　　B. 135°

C. 225°　　D. 315°

21. 下列误差中，不属于偶然误差的是(　　)。

A. 经纬仪瞄准误差　　B. 经纬仪对中误差

C. 钢尺尺长误差　　D. 钢尺读数误差

22. 观测某五边形的 4 个内角，五边形中同精度观测了 4 个内角中误差均为 4″，则该五边形第 5 个内角的中误差为(　　)。

A. ±4″　　B. ±8″

C. ±12″　　D. ±16″

23. 某地形图的比例尺精度为 50cm，则其比例尺为(　　)。

A. 1∶500　　B. 1∶5 000

C. 1∶10 000　　D. 1∶50 000

24. 在等高线地形图中，山脊线也被称为(　　)。

A. 计曲线　　B. 间曲线

C. 汇水线　　D. 分水线

25. 下列变形监测方法中，测定建筑物的平面位置随时间变化的工作是(　　)。

A. 位移观测　　B. 沉降观测

C. 倾斜观测　　D. 挠度观测

26. 某电子全站仪的测距精度为 $\pm(3+2\times10^{-6}\times D)$mm，用其测量长度为 2km 的某条边，则该边的测距中误差为(　　)mm。

A. ±3.0　　B. ±5.0

C. ±7.0　　D. ±10.0

27. 罗盘指北针所指的方向为(　　)。

A. 高斯平面坐标系的 x 轴正方向　　B. 高斯平面坐标系的 y 轴正方向

C. 当地磁力线北方向　　D. 当地子午线北方向

28. 对某长度为 9km 的隧道采用相向施工法平面横向贯通限差最大值为(　　)mm。

A. 100　　B. 150

C. 200　　D. 300

29. 下列误差中，通过盘左、盘右观测取平均值的方法不能抵消的是(　　)。

A. 度盘偏心差　　B. 垂直轴误差

C. 横轴误差　　D. 视准轴误差

30. 根据《房产测量规范》，对房产面积的精度要求可分为(　　)级。

A. 五　　B. 四

C. 三　　D. 二

31. 房产测绘工作中，下列示意图中，所表示房屋属于同一幢的是(　　)。

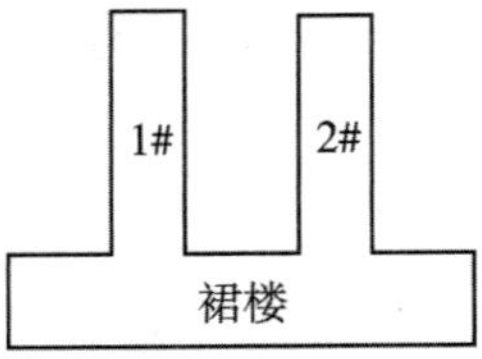

A. 按裙楼连接

B. 按管道连廊连接

C. 按天桥连接

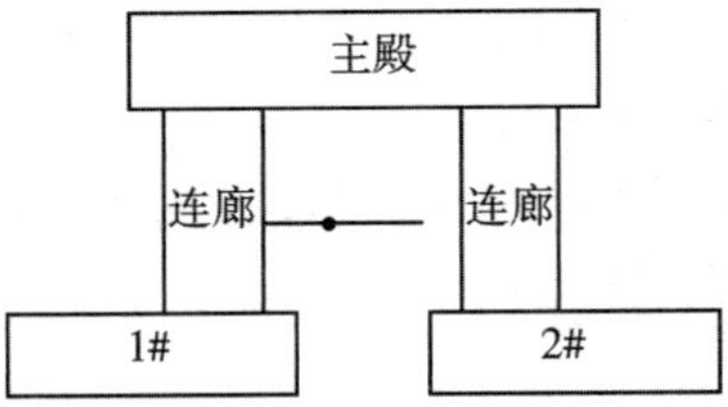

D. 按走廊连接

32. 某高层楼房地上顺序有商业 1 层，办公 3 层，住宅 22 层；住宅与办公之间有设备夹层 1 层，楼顶顺序有突出屋面楼电梯间 1 层，水箱间 1 层；地下顺序有车库 1 层，人防 1 层。该楼房的层数是(　　)层。

A. 26　　B. 27

C. 29　　D. 31

33. 套内使用面积为 $80m^2$，套内不封闭阳台水平投影建筑面积 $10m^2$，自有墙体水平投影建筑面积 $10m^2$，套与邻套、公共空间隔墙及外墙(包括山墙)水平投影建筑面积 $10m^2$，不考虑其他情况，则该套房屋套内建筑面积为(　　)m^2。

A. 95　　B. 100

C. 105　　D. 110

34. 下列工作中，不属于地籍测绘工作的是(　　)。

A. 调查土地界址点情况　　B. 布设地籍控制网

C. 量算宗地面积　　D. 量算房屋分层分户面积

35. 下列控制点，不可直接利用作为地籍首级平面控制网点的是(　　)。

A. 三级城市平面控制点　　B. 四等城市平面控制点

C. 国家 E 级 GPS 点　　D. 国家四等三角点

36. 现行规范规定，地籍图根支导线总长度最长为起算边的(　　)倍。

A. 4　　B. 3

C. 2　　D. 1

37. 1∶1 000 地籍图图幅规格大小一般应为(　　)。

A. 55cm×65cm　　B. 50cm×60cm

C. 45cm×55cm　　D. 40cm×50cm

38. 省级行政区域界线测量方位物最少应设(　　)个。

A. 4　　B. 3

C. 2　　D. 1

39. 现行规范规定，界线测绘的成果整理不包括(　　)。

A. 界桩登记表　　B. 边界点成果表

C. 边界协议书　　D. 边界走向说明

40. 现行规范规定，下列航摄数据，航摄因子计算表中不包含的是(　　)。

A. 航摄高度　　B. 摄区略图

C. 航线间隔　　D. 航摄焦距

41. 现行规范规定，通常情况下航线一般应按(　　)方向直线飞行。

A. 南北　　B. 东北-西南

C. 东西　　D. 东南-西北

42. 现行规范规定，下列航摄仪参数中，不属于规范要求的检定内容的是(　　)。

A. 像幅　　B. 主距

C. 镜头分辨率　　D. 快门速度

43. 现行技术规定，下列技术要求中，不属于航摄合同主要技术内容的是(　　)。

A. 航摄地区和面积　　B. 测图方法

C. 航摄季节　　D. 航摄安全高度

44. 航空摄影测量中，立体像对同名像点的纵坐标之差被称为(　　)。

A. 上下视差　　B. 左右视差

C. 投影差　　D. 像点位移

45. 摄影测量中，将相对定向建立的立体模型纳入地面测量坐标系时，需要解算(　　)个绝对定向参数。

A. 3　　B. 5

C. 7　　D. 9

46. 下列地形地物要素中，可作为中小比例尺航测像片平面控制点的是(　　)。

A. 尖山顶　　B. 圆山顶

C. 弧形地物　　D. 鞍部

47. 现行规范规定，空中三角测量作业过程中，数码航摄影像连接点上下视差允许的最大残差是(　　) 像素。

A. 1/6　　B. 1/3

C. 2/3　　D. 1.0

48. 下列传感器中，属于被动式成像的传感器是(　　)。

A. 激光雷达　　B. 合成孔径雷达

C. 微波高度计　　D. 高光谱扫描传感器

49. 数字化立体测图中，当双线道路与地面上的建筑物边线重合时，正确的处理方法是(　　)。

A. 用建筑物边线代替道路边线

B. 用道路边线代替建筑物边线

C. 建筑物边线与道路边线同时绘出

D. 建筑物边线与道路边线都不绘出

50. 下列工作中，不属于航测法数字线划图生产环节的是(　　)。

A. 立体模型创建　　B. 地物要素采集

C. 图形编辑　　D. 影像镶嵌

51. IMU/GPS 辅助航空摄影测量中，需要对检校场进行空中三角测量，解算(　　)。

A. 相对定向参数　　B. 绝对定向参数

C. 加密点坐标　　D. 偏心角及线元素偏移

52. 下列图像文件格式中，能存储地图投影信息的是(　　)。

A. JPG　　B. BMP

C. GeoTIFF　　D. PNG

53. 现行规范规定，数字正射影像图产品标记内容的顺序为(　　)。

A. 使用标准号、产品名称、比例尺、分类代码、地面分辨率、分幅编号、生产时间

B. 产品名称、使用标准号、比例尺、分类代码、分幅编号、地面分辨率、生产时间

C. 生产时间、产品名称、使用标准号、比例尺、分类代码、分幅编号、地面分辨率

D. 分类代码、分幅编号、使用标准号、比例尺、产品名称、地面分辨率、生产时间

54. 下列遥感卫星中，具备同轨获取立体像对能力的是(　　)。

A. 资源三号 02 星　　B. “风云”二号

C. Landsat-7　　D. “高分”一号

55. 下列关于侧视雷达成像的说法中，错误的是(　　)。

A. 采用斜距投影的方式成像

B. 侧视雷达图像在垂直飞行方向的比例尺有变化

C. 高差引起的投影差方向与中心投影投影差方向一致

D. 可构成立体像对

56. 下列遥感影像解译标志中，不属于直接解译标志的是(　　)。

A. 纹理　　B. 色调

C. 阴影　　D. 地物关系

57. 下列质量元素中，最能反映三维地理信息模型产品质量的是(　　)。

A. 位置精度　　B. 表达精细度

C. 时间精度　　D. 属性精度

58. 与数字城市相比，最具智慧城市特色的新一代技术是(　　)。

A. 数据库　　B. 三维可视化

C. 互联网　　D. 物联网

59. 电子地图数据生产完成后，若要在国家电子政务外网上运行，还需进行必要的操作是(　　)。

A. 地图整饰　　B. 脱密处理

C. 内容提取　　D. 模型重构

60. 下列图形所示的 GIS 数据拓扑关系表达正确的是(　　)。

A. 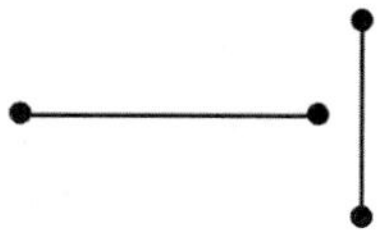

B. 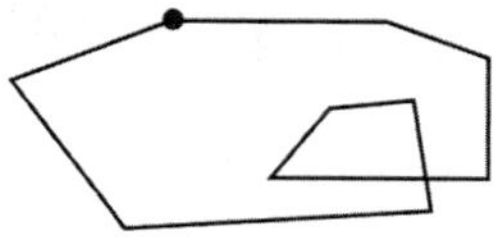

C. 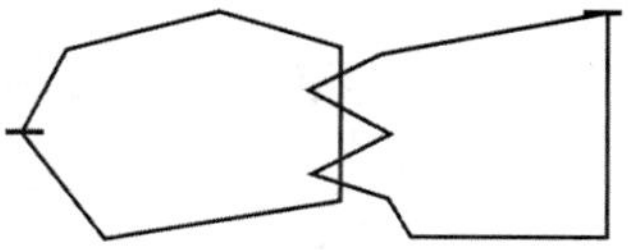

D. 

61. DEM 是由一组间隔均匀的(　　)数据组成的栅格数据模型。

A. 高程　　B. 坡度

C. 重力　　D. 坡向

62. 基础地理信息数据入库前，应根据数据库设计要求进行数据一致性转换处理。下列工作中，不属于该转换处理工作的是(　　)。

A. 代码转换　　B. 格式转换

C. 数据重采样　　D. 符号化处理

63. 在地图窗口上点击图形对象获取该对象的描述信息，这种查询方式被称为(　　)。

A. 条件查询　　B. 图形查属性

C. 属性查图形　　D. 间接查询

64. 描述拓扑关系的 9 交模型，一共可以表达(　　)种可能的空间关系。

A. 9　　B. 81

C. 256　　D. 512

65. 从空间数据引擎体系结构来分，ArcSDE 的体系结构是(　　)。

A. 服务器模式　　B. 内置模式

C. 中间件模式　　D. 客户端模式

66. 在无法对外通信的情况下，野外资源调查 GIS 系统宜采用的解决方案是(　　)。

A. 基于嵌入式的 GIS 解决方案　　B. 基于 B/S 模式的 GIS 解决方案

C. 基于 C/S 模式的 GIS 解决方案　　D. 基于 SOA 架构的 GIS 解决方案

67. 下列空间对象描述中，属于拓扑关系描述的是(　　)。

A. 两点间距离　　B. 一个面的面积

C. 一个面比另一个面大　　D. 两个面是相邻的

68. 计算太阳高度角对城市建筑日照的影响时，宜采用的地理信息数据是(　　)。

A. DOM　　B. DEM

C. DSM　　D. DTM

69. 下列地理信息数据检查项中，不属于入库前检查的是(　　)。

A. 数据编码检查　　B. 坐标精度检查

C. 坐标系检查　　D. 数据接边检查

70. 下列系统测试内容中，不属于确认测试的是(　　)。

A. 模块间接口测试　　B. 可靠性测试

C. 可移植性测试　　D. 安装测量

71. 现行规范规定，地理信息公共服务平台地图瓦片数据分块从起始点开始，(　　)行列递增。

A. 向东向南　　B. 向西向北

C. 向西向南　　D. 向东向北

72. 下列实现地理信息公共平台资源整合和互操作的技术标准中，主要用于解决数据在浏览器端显示问题的是(　　)。

A. SVG　　B. GML

C. WFS　　D. WCS

73. 在同一区域内，下列关于地图切片和缓存技术的说法，正确的是(　　)。

A. 切片方案原点一般选在方案格网的右上角

B. 地图切片和缓存技术适用于数据经常发生变化的业务(专题)图层

C. 每一个缓存地图对应一个切片方案

D. 地图比例尺越大，生成缓存所需时间也越短

74. 制图综合中，下列关于道路要素间冲突时的关系处理，错误的是(　　)。

A. 位于同一空间高度层的道路，等级高的压盖等级低的

B. 立体交叉道路视实际空间关系进行压盖处理

C. 道路与其他线状地物空间重叠时，其他地物可压盖道路

D. 位于同一垂直方向的多层平行高架道路错开显示

75. 现行规范规定，导航电子地图的道路相对位置精度最低为(　　)m。

A. 5　　B. 8

C. 10　　D. 15

76. 地图注记中，山脉注记的字符串排列方式主要采用(　　)。

A. 水平排列　　B. 垂直排列

C. 斜交排列　　D. 曲线排列

77. 下列关于公开版地图内容表示的说法中，错误的是(　　)。

A. 中国全图必须表示南海诸岛、钓鱼岛、赤尾屿等重要岛屿，采用相应的符号绘出南海诸岛归属范围线

B. 广东省地图必须包括东沙群岛

C. 在表示省级行政中心的地图上，香港特别行政区与省级行政中心等级相同

D. 在 1∶25 万的公开地图上可绘制经纬网

78. 用地图表示中国版图(南海诸岛作为附图)时，宜采用的投影方式是(　　)。

A. 斜轴方位投影　　B. 正轴割圆锥投影

C. 伪方位投影　　D. 横切椭圆柱投影

79. 现行规范规定，小于 1∶5 000 的基本比例尺地形图分幅方式应采用(　　)。

A. 自由分幅　　B. 矩形分幅

C. 拼接分幅　　D. 经纬线分幅

80. 某地图的图幅编号是“J50D010011”，其中“J”代表的是(　　)。

A. 其所在 1∶100 万地形图的纬度行号

B. 其所在 1∶100 万地形图的经度列号

C. 比例尺代码

D. 其所在图幅行号

二、多项选择题(每题2分。每题的备选选项中，有2项或2项以上符合题意，至少有1项是错项。错选，本题不得分；少选，所选的每个选项得0.5分。)

81. 二等水准测量外业计算的基本项目包括(　　)。

A. 外业手簿计算

B. 外业高差和概略高程表编算

C. 每千米水准测量偶然中误差计算

D. 附合路线与环线闭合差计算

E. 水准路线的固体潮改正计算

82. 用钢卷尺精确测量平面上两点间的距离，对测量结果有影响的因素有(　　)。

A. 方向　　B. 拉力

C. 气压　　D. 钢尺分划

E. 温度

83. 用全站仪观测水平角的主要误差来源有(　　)。

A. 仪器对中误差　　B. 目标偏心误差

C. 大气垂直折光误差　　D. 照准误差

E. 仪器乘常数

84. 海道测量技术设计过程中，属于项目设计工作内容的有(　　)。

A. 测深仪检验　　B. 划分图幅

C. 确定测量比例尺　　D. 绘制有关附图

E. 确定测区范围

85. 下列测量数据处理方法中，不可用于工程控制网优化设计的有(　　)。

A. 解析法　　B. 回归分析法

C. 时间序列分析法　　D. 等权替代法

E. 试验修正法

86. 1∶5万地形图应标绘“三北”方向线，“三北”是指(　　)。

A. 真子午线北方向　　B. 首子午线北方向

C. 磁子午线北方向　　D. 纵坐标轴北方向

E. 地心坐标系北方向

87. 下列测量方法中，可用于建筑物三维变形监测的有(　　)。

A. GNSS静态测量　　B. 雷达干涉测量

C. 三角高程测量　　D. 近景摄影测量

E. 地面三维激光扫描

88. 地下管线探测时，探测隐蔽管线点常用的方法有(　　)。

A. 属性调查法　　B. 巡视调查法

C. 开挖调查法　　D. 权属调查法

E. 物探调查法

89. 建设工程规划监督测量的内容包括(　　)。

A. 日照测量　　B. 放线测量

C. 验线测量　　D. 贯通测量

E. 验收测量

90. 在对某综合楼进行分摊计算的过程中，下列规定或要求中，可以作为分摊计算依据的有(　　)。

A. 物权法及其关于建筑物区分所有权的司法解释

B. 产权各方合法的权属分割文件或协议

C. “谁使用谁分摊”的基本原则

D. 房屋开发单位“成本-收益”财务要求

E. 房屋的规划、设计及使用用途

91. 地籍控制测量检查验收的内容不包括(　　)。

A. 坐标系统选择是否符合要求　　B. 地籍区、地籍子区划分是否正确

C. 宗地草图是否与实地相符　　D. 地籍图精度是否符合规定

E. 控制网点埋石是否符合要求

92. 下列关于边界地形图的说法中，正确的有(　　)。

A. 沿边界走向呈带状分布　　B. 作为边界协议书附图

C. 按一定经差、纬差自由分幅　　D. 必须经界线双方政府负责人签字认可

E. 表现方式有纸质或数字形式

93. 下列技术要求中，航摄分区划分时应考虑的有(　　)。

A. 安全高度控制要求

B. 分区界线尽量与行政界线保持一致

C. 分区界线应与测图的图廓线一致

D. 分区内地形高差要求

E. 分区内地物反差应尽量一致

94. 下列影像处理工作中，属于数字航空影像预处理内容的有(　　)。

A. 底片扫描分辨率的确定　　B. 扫描参数调整

C. 影像增强　　D. 匀光处理

E. 影像旋转

95. 下列工作实施前，必须进行影像几何配准的有(　　)。

A. 影像增强　　B. 影像融合

C. 影像辐射处理　　D. 影像分类

E. 影像镶嵌

96. 利用机载激光雷达技术生产数字表面模型时，其成果质量检查内容包括(　　)。

A. 点云密度　　B. 平面精度

C. 高程精度　　D. 属性精度

E. 完整性

97. 下列软件功能中，属于 GIS 系统特有功能的有(　　)。
A. 地形分析　　B. 网络分析
C. 数据库操作　　D. 空间查询
E. 用户管理

98. 进行商品配送 GIS 系统设计时，必须收集的地理信息数据包括(　　)。
A. DOM 数据　　B. 路网数据
C. DEM 数据　　D. 地址数据
E. POI 数据

99. 下列关于云计算特点的说法中，正确的是(　　)。
A. 用户可利用简单终端，通过“云”实现超级计算任务
B. “云”具有固定的规模数量
C. 同一个“云”可同时支撑不同的应用
D. “云”服务可按需购买
E. 在“云”端部署地理信息服务需要高额的成本

100. 在制作遥感影像地图时，一般要叠加的矢量要素包括(　　)。
A. 植被　　B. 交通网
C. 行政驻地名称　　D. 境界线
E. 房屋面

参考答案及解析

一、单项选择题

1. 【A】在连续各测站上安置水准仪的三脚架时，应使其中两脚与水准路线方向平行，而第三脚轮换至路线的左侧与右侧，这种方式可以减弱因竖轴不垂直引起的误差。
2. 【A】将一个点从大地坐标系经纬度(B，L)投影到高斯平面直角坐标系得到它的平面直角坐标(x，y)，就称之为大地坐标正算。
3. 【B】水准点的高程采用正常高系统，按照 1985 国家高程基准起算。青岛国家原点高程为 72. 260m。
4. 【D】用精密水准测量测定水准原点相对于黄海平均海面的高差，即水准原点的高程，定为全国高程控制网的起算高程。
5. 【B】由于重力值随着点位和高程的变化，所以重力点成果除了点的重力值外应附有经纬度(平面坐标)和高程。
6. 【D】指标差：$x=(L+R-360°)/2$，所以$(89°59'30''+270°00'18''-360°)/2=-6''$。
7. 【C】目前省级 GNSS 区域基准站网卫星轨道服务提供精度为 0. 2m 的预报精密星历和精度为 0. 05m 的事后精密星历，达不到 0. 01m 的精密星历要求。
8. 【B】GNSS 控制点选点埋石后不需要提交 GNSS 接收机检定证书。
9. 【B】三角高程对向观测，主要是要减小和抵消地球曲率及大气折光对三角高程的影响。

10. 【A】单独的四等水准附合路线，长度应不超过 80km；环线周长应不超过100km；同级网中节点间距离应不超过 30km；山地等特殊困难地区可适当放宽，但不宜大于上述指标的 1.5 倍。
11. 【A】三等水准测量往、返测每测站照准标尺分划顺序为：后视标尺、前视标尺、前视标尺、后视标尺；四等水准测量顺序为：后视标尺、后视标尺、前视标尺、前视标尺。
12. 【D】单波束测深系统的改正主要有吃水改正、姿态改正、声速改正、转速改正、换能器基线改正、潮汐改正等，而 GNSS 相位改正属于多波束测深系统改正之一。
13. 【C】必要观测 4 个，所以条件方程 $r=n-t=9-4=5$，其中三个图形条件和一个圆周条件，加上一个非线性的极条件。
14. 【A】加权平均法不能用于海道测量水位改正。
15. 【A】航行图是主要表示同舰船航行有关要素的航海图，分为远洋航行图、远海航行图、近海航行图、沿岸航行图、狭水道航行图和江河航行图。
16. 【B】出测前应对单波束回声测深仪进行：①停泊稳定性试验；②航行试验。
17. 【C】1∶100 万地形图的图幅范围是经差 6°、纬差 4°。
18. 【B】对于城市大比例尺地形图，地物点平面位置精度为地物点相对于邻近图根点的点位中误差在图上不得超过 0.5mm。
19. 【C】城市测量应采用的统一的高程基准为 1985 国家高程基准。
20. 【C】$\alpha_{BA}=45°$，$\alpha_{AB}=\alpha_{BA}+180°=225°$。
21. 【C】尺长和温度误差属于系统误差。
22. 【B】五边形内角和是定值为 $(5-2)\times180°=540°$，设内角分别为 A、B、C、D、E，$\angle E=540°-\angle A-\angle B-\angle C-\angle D$；$m\angle A=m\angle B=m\angle C=m\angle D=m=4''$，根据误差传播定律可知：$m\angle E^2=4m^2$，$m\angle E=2m=2\times(\pm4'')=\pm8''$。
23. 【B】地形图上 0.1mm 所能代表的实地水平距离称为比例尺精度。
24. 【D】等高线地形图中，山脊线称为分水线，山谷最低点的连线称为“山谷线”或“集水线”。
25. 【A】建筑物的移动观测：一是平面位置的移动观测，即位移观测；二是竖直方向的移动观测，即沉降观测。
26. 【C】测距仪出厂标称标准差表达式为：$m_d=a+bD$，测距精度为 $\pm(3+2\times10^{-6}\times D)$ mm，$D=2$km，计算得 $m_d=\pm7$mm。
27. 【C】罗盘(指北针)指北针尽量水平放置(不要离磁性物质太近)，磁针总是指向南北方向。等磁针静止后，标有 N 的一端所指的便是北方。
28. 【C】根据《工程测量规范》(GB 50026)8.6.2 规定，两开挖洞口间长度在 $8\text{km}\leqslant L<10\text{km}$，贯通误差最大不超过 200mm。
29. 【B】视准轴误差、横轴误差和度盘偏心差均可通过盘左、盘右观测取平均值消除，而竖轴误差不能用正、倒镜观测消除。
30. 【C】房产面积的精度要求可分为三级。
31. 【A】裙楼、塔楼：指高层建筑中，高楼层的平面布置和低楼层的平面布置相差超过三分之一时，低楼层部分为裙楼，高楼层部分为塔楼。
32. 【A】房屋层数是指房屋的自然层数，一般按室内地坪±0 以上计算；所以，该楼房的层数为商业 1 层+办公 3 层+住宅 22 层=26 层。

33. 【B】套内自有墙体按水平投影面积全部计入套内墙体面积；各套之间隔墙和套与公共建筑空间的分隔以及外墙均按水平投影面积一半计算；未封闭的阳台按一半计算。$80+10/2+10+10/2=100m^2$。

34. 【D】量算房屋分层分户面积属于房产测绘工作内容。

35. 【A】国家二、三、四等三角点和国家 B、C、D、E 级 GPS 点，以及三、四等城市平面控制点(含 GPS)和一、二级城市平面控制点(含 GPS)可直接作为地籍首级平面控制网点。

36. 【C】地籍图根支导线应在一级附合图根导线点以上的控制点上测设，总长度应小于起算边的 2 倍。

37. 【D】地籍图幅面规格采用 40cm×50cm 或 50cm×50cm 两种规格。

38. 【B】方位物一般不少于三个，确有困难时可适当减少。方位物应选择明显、固定、离界桩较近的地物。

39. 【C】界线测绘成果整理包括：界桩登记表、界桩成果表、边界点成果表、边界点位置和边界走向说明、边界协议书附图。

40. 【B】摄区略图属于航摄设计书的内容，但不在航摄因子计算表内。

41. 【C】通常情况下航线一般应按东西方向直线飞行。

42. 【A】需要检定的航摄仪参数有检定主距(焦距)、物镜径向畸变、主点与框标中心、框标坐标、物镜分解力、快门速度、暗箱压平等，像幅是航摄仪的基本性能要求。

43. 【D】航摄安全高度不属于航摄合同的主要技术内容。

44. 【A】立体像对同名像点的纵坐标之差称为上下视差。

45. 【C】将相对定向建立的立体模型纳入地面测量坐标系时，需要解算七个绝对定向参数。

46. 【A】平面控制点选点要求：一般选在线状地物的交点和地物拐角点；在地物稀少地区，可选在线状地物端点，尖山顶和影像小于 0.3mm 的点状地物中心。

47. 【C】数码航摄仪获取的影像连接点上下视差中误差为 1/3 像素，连接点上下视差最大残差是上下视差中误差的 2 倍，所以数码航摄仪获取的影像连接点上下视差最大残差为 2/3 像素。

48. 【D】被动式传感器：如可见、红外扫描辐射计，高光谱扫描传感器，微波辐射计。

49. 【A】双线道路与房屋、围墙等高出地面的建筑物边线重合时，可以建筑物边线代替道路边线，道路边线与建筑物的接头处，应间隔 0.2mm。

50. 【D】航测法数字线划图生产主要技术环节是底片扫描-空三加密-定向建模-立体采集-数据编辑-接边检查-上交数据。而影像镶嵌则是数字正射影像生产的主要技术环节之一。

51. 【D】对检校场进行空中三角测量，计算偏心角及线元素偏移值。线元素偏移值是指 GPS 天线相位中心与摄影机物镜中心的偏心值，而偏心角指 POS 坐标轴与摄影机坐标轴之间的夹角。

52. 【C】地图投影或核线投影通常以 NITF 格式或 GeoTIFF 格式存储。

53. 【B】成果标记应包含成果名称、所采用标准的标准号、成果分类代号、图幅分幅编号、地面分辨率、最新生产时间等内容，根据需要也可标识版本号。

54.【A】资源三号 02 星是太阳同步轨道，轨道高度为 505km，具有前视、垂直下视、后视三台相机，可沿同一轨道对地面点进行不同视角的拍摄，形成同轨立体像对。

55.【C】侧视雷达成像高差产生的投影差与中心投影影像投影差的方向相反，位移量也不同。

56.【D】地物关系不属于直接解译标志，而属于遥感影像间接解译标志。

57.【B】表达精细度最能反映三维地理信息模型产品质量的质量元素。

58.【D】物联网是利用局部网络或互联网等通信技术把传感器、控制器、机器、人员和物体等通过新的方式联在一起，形成人与物、物与物相连，实现信息化、远程管理控制和智能化的网络。

59.【B】电子地图数据生产完成后，若要在国家电子政务外网上运行，还需进行脱密处理。

60.【D】拓扑关系：①线段的端点才与其他的线段有关系；②有向线段，由首尾点来确定。

61.【A】数字高程模型 DEM 是由一组间隔均匀的高程数据组成的栅格数据模型，是地形制图和分析的主要数据源。

62.【D】符号化处理不属于基础地理信息数据入库前，应根据数据库设计要求进行数据一致性转换处理的工作内容。

63.【B】在地图窗口上点击图形对象获取该对象的描述信息，这种查询方式被称为图形查属性。

64.【D】9 种情况可产生 $2^9=512$ 中不同的空间关系情形，即一共可表达 512 种可能的空间关系。

65.【C】ArcSDE 充当了客户端和服务器端的中间件，供不同的客户端高效地共享和互操作。

66.【A】嵌入式采集系统是建立在移动计算环境与有限处理能力的移动终端条件下，提供移动的、分布式的、随遇性的地理信息服务 GIS。

67.【D】拓扑关系的描述有：①一个点在一个弧段的端点；②一个弧段是一个简单弧段；③一个点在一个区域的边界上；④一个面的连接性。

68.【C】数字表面模型（DSM）是指包含了地表建筑物、桥梁和树木等高度的地面高程模型。

69.【D】入库前应检查是否符合数据库设计要求，包括：数学基础、数据格式和数据表结构的正确性，数据项的完整性和命名的正确性，以及数据内容的完整性等。

70.【A】确认测试包括：安装测试、功能测试、可靠性测试、安全性测试、时间及空间性能测试、易用性测试、可移植性测试、可维护性测试、文档测试等。

71.【A】地图瓦片分块的起始点从西经 180°、北纬 90°开始，向东向南行列递增。

72.【A】SVG 是基于 XML 编写的，描述二维图形的文件格式，特别适合于地图表示。SVG 具备可缩放、可升级、交互性强，超强色彩控制，跨平台的特定，下载速度快，能加快浏览速度。

73.【C】地图缓存是一个包含了不同比例尺下整个地图范围的地图切片的目录，每一个缓存地图对应一个切片方案，切片方案包括缓存的比例级别、切片尺寸和切片原点。

74.【C】道路与其他现状地物空间重叠时，通常采用移位、舍弃等手段来处理要素间的关系。

75.【D】导航电子地图的道路相对位置精度最低为 15m，属于严重差错范畴。

76.【D】曲线排列，又叫屈曲字列，沿被说明物体的走向配置注记，常用于河流、山脉等注记。

77.【D】经纬网在 1∶25 万的公开地图上图内不完整绘出，只绘十字丝。

78.【B】设计中国全图时，若南海诸岛作为附图，地图投影宜选择正轴割圆锥投影。

79.【D】现行规范规定，小于 1∶5 000 的小比例尺地形图都采用经纬线分幅。

80.【A】1∶100 万比例尺地形图的分幅编号从赤道开始向南北两极每隔 4°分成一行，共 22 行，分别用 A，B，C，D，…，V 表示。

二、多项选择题

81.【ABCD】水准路线的固体潮改正计算不属于水准测量外业计算的项目。

82.【BDE】钢尺量距误差产生的主要原因有钢尺分划尺长误差、定线误差和倾斜误差、拉力变化误差、温度变化误差、对点和投点误差等。

83.【ABD】检验合格的全站仪水平角观测误差的来源主要有：仪器本身的误差(系统误差)；仪器对中误差对水平角精度的影响；目标偏心误差对水平角测角的影响。

84.【BCDE】项目设计的主要内容：①确定测区范围；②划分图幅及确定测量比例尺；③标定免测范围；④明确实施测量工作中的重要技术保证措施；⑤编写项目设计书和绘制有关附图。

85.【BC】工程控制网优化设计的方法有解析法(等权替代法、试验修正法)和模拟法两种。

86.【ACD】1∶5 万地形图应标绘“三北”方向线，“三北”方向分别是指真子午线北方向、磁子午线北方向和纵坐标轴北方向。

87.【ADE】GNSS 静态测量、近景摄影测量、地面三维激光扫描均可实时测量目标点的三维坐标。

88.【CE】隐蔽管线点应采用开挖调查或地球物理探查方法探查其位置及埋深。

89.【BCE】建设工程规划监督测量包括放线测量或灰线验线测量、±0 层验线测量和验收测量。

90.【ABCE】房屋开发单位“成本-收益”财务要求不能作为分摊计算依据。

91.【BCD】坐标系统选择和控制网点埋石是否符合要求，不是地籍控制测量检查验收的内容。

92.【ACE】边界协议书附图是以地图的形式反映边界线走向和具体位置，是描述边界线地理位置的法律图件；是经由界线双方政府负责人签字认可的重要界线测绘成果。

93.【ACDE】分区界线尽量与行政界线保持一致不是航摄分区划分时应考虑的。

94.【CDE】数字航空摄影所获取的影像各通道灰度直方图应接近正态分布，彩色影像不偏色，对于线阵扫描成像的影像(如 ADS80)，主要包括影像增强、降位处理、匀光处理、影像旋转等。

95.【BE】几何配准是遥感影像融合中关键的一步，影像融合的关键是融合前两幅图像的精确配准(一般在亚元像素范围内)和镶嵌前两幅图像的颜色平衡。

96.【BCE】数字表面模型(DSM)是指包含了地表建筑物、桥梁和树木等高度的地面高程模型。检查内容包括：位置精度(平面精度、高程精度)，完整性，逻辑一致性，接边精度等。

97.【ABD】数据库操作和用户管理不属于 GIS 特有功能。

98.【BDE】DOM 和 DEM 数据都不是设计商品配送 GIS 时，必须收集的地理信息数据。

99.【ACD】“云”具有固定的规模数量和在“云”端部署地理信息服务需要高额的成本都不是云计算的特点。

100.【CD】行政驻地名称和境界线是遥感影像上没有的地理要素。

(二)2019 年注册测绘师资格考试测绘综合能力 仿真试卷与参考答案及解析

一、单项选择题(每题 1 分，每题的备选选项中，只有 1 项符合题意。)

1. 与大地水准面处处垂直的线是(　　)。

A. 地球引力线　　B. 椭球面法线

C. 铅垂线　　D. 离心力方向线

2. 假设地球是一个标准质量均匀的椭球体，重力值最小的位置是(　　)。

A. 南北极　　B. 南北回归线

C. 南北纬 45°线　　D. 赤道

3. 大地测量项目设计更改的程序流程是(　　)。

A. 审批、验证、更改、评审　　B. 更改、审批、评审、验证

C. 验证、更改、评审、审批　　D. 更改、评审、验证、审批

4. 下列资料中，不属于 GNSS 选点资料的是(　　)。

A. GNSS 网点之记　　B. GNSS 网选点图

C. 选点工作总结　　D. 观测成果

5. 下列大地测量工作中，要精确测量仪器高度的是(　　)。

A. 水准　　B. 天文

C. 平面水平角　　D. 单边三角高程

6. GNSS 天线相位中心一致性检验的目的是(　　)。

A. 检验接收机内部噪声　　B. 检验天线电气中心与几何中心误差

C. 检验天线几何中心的位置　　D. 检验天线接收信号的稳定性

7. 某三角网如图所示，其中 A、B 是已知点，其他为待定点。a_i、b_i、c_i，($i=1$，2，3)为观测角，则该图形能列出的条件方程数量是(　　)个。

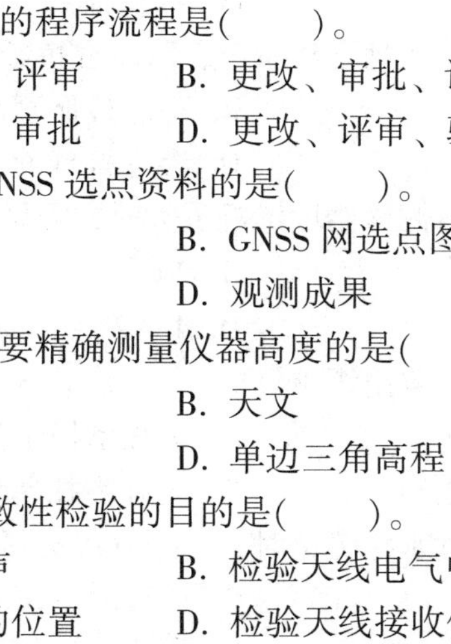

A. 5　　B. 6

C. 7　　D. 8

8. 数字水准仪电子 i 角是(　　)。

A. 光学视准线与水平面的夹角　B. 垂直轴与圆水准器轴在水平方向的夹角

C. CCD 视准线与水平面的夹角　D. 光学视准线与 CCD 视准线方向的夹角

9. 水准测量时，正午前后 2 小时内不应进行测量，这是为了避免(　　)影响。

A. 大气折光误差　B. 电离层

C. 呈像不稳定　D. 气象因素

10. 高斯平面直角坐标系中，为了横坐标不产生负数，一般在 y' 的基础上加一个固定值，现有 $y=21\ 681\ 370.3$，则 y' 等于(　　)。

A. 681 370. 3　B. 581 370. 3

C. 21 681 370. 3　D. 181 370. 3

11. 新布设二等水准点与旧点联测或接测时的最短时间为(　　)。

A. 半个月　B. 一个月

C. 两个月　D. 三个月

12. 经纬仪各轴系中，理论上与视准轴垂直的是(　　)。

A. 水平轴　B. 水准管轴

C. 圆水准器轴　D. 垂直轴

13. 规范规定，现行海洋工程地形测量中，跨航道桥梁的高程基准面为(　　)。

A. 平均大潮高潮面　B. 理论最低潮面

C. 似大地水准面　D. 参考椭球面

14. 现行规范规定，声速对测深精度影响最大时，需要改正的最小水深为(　　)m。

A. 10　B. 20

C. 30　D. 40

15. 海洋工程地形图成果验收组织单位是(　　)。

A. 工程承担作业部门　B. 工程承担单位质检部门

C. 工程承担单位档案部门　D. 工程委托单位

16. 下列情况中，海洋工程水深测量时，一经发现必须重测的是(　　)。

A. 定位中误差超限　B. 验潮时不符合要求

C. 测深间隔超过规定 1/2　D. 海底地貌探测不完善

17. 水准测量的外业基准面是(　　)。

A. 地球自然表面　B. 大地水准面

C. 参考椭球面　D. 地球椭球面

18. 四等三角网水平角观测方向垂直超过±3°时，宜在测回间重新置平，其目的是削弱仪器的(　　)。

A. $2C$ 互差　B. 指标差

C. 纵轴误差　D. 度盘误差

19. 水准仪在水准尺上的读数中误差为±0. 5mm，则采用“后—前—前—后”方式获得的高差中误差为(　　)mm。

A. ±0. 5　B. $\pm 0.5\sqrt{2}$

C. ±1　D. ±2

20. 下列测量方法中，能用于制作数字正射影像图的是(　　)。
A. 地面三维激光扫描法　　B. 全站仪野外测量法
C. 无人机摄影测量法　　D. GPS-RTK 测量法

21. 地面上两点由 GPS 测量所得到的基线长度是(　　)。
A. 椭球面长度　　B. 平均高程面长度
C. 高斯面上长度　　D. 两点空间长度

22. 下列测量内容中，不属于线路竣工测量工作的是(　　)。
A. 中线测量　　B. 带状地形图测量
C. 高程测量　　D. 横断面测量

23. 现行规范规定，水塔的沉降监测点最少应布设(　　)个。
A. 2　　B. 4
C. 6　　D. 8

24. 水准测量外业中，采用公式 $M_w=\pm\sqrt{[WW/L]/n}$ 计算中误差，其中 W 为附合或环线闭合差，L 为相应的路线长度，n 为附合路线或闭合环的总个数，则 M_w 为每千米水准测量的(　　)。
A. 附合或环闭合差的偶然中误差　B. 高差偶然中误差
C. 附合或环闭合差的全中误差　　D. 高差全中误差

25. 下列比例尺中，不属于国家基本地形图比例尺的是(　　)。
A. 1∶500　　B. 1∶1 000
C. 1∶2 500　　D. 1∶5 000

26. 地下管线点相对于邻近控制点的测量点位中误差最大为(　　)cm。
A. ±1　　B. ±3
C. ±5　　D. ±7

27. 规范规定，规模较小的工业建筑或多层民用建筑，最少应从(　　)处分别向上传递高程。
A. 1　　B. 2
C. 3　　D. 4

28. 当从建筑或单柱外部观测时，日照变形观测点应设置在(　　)。
A. 建(构)筑物阳面同一高度均匀分布
B. 建(构)筑物阳面和阴面同高度均匀分布
C. 建(构)筑物阳面不同高度均匀分布
D. 建(构)筑物阳面和阴面不同高度均匀分布

29. 桥梁施工测量中，布设跨河桥梁施工高程控制网时，每岸最少应布设(　　)个水准点。
A. 2　　B. 3
C. 4　　D. 5

30. 日常房产测量工作的核心内容是(　　)。
A. 房产控制测量　　B. 房产调查
C. 房产要素测量　　D. 房产面积测算

31. 在建筑稀疏区布设房产平面控制网时，平面控制点平均间距宜为(　　)m 左右。

A. 100　　B. 200

C. 300　　D. 400

32. 某套房屋内起居室等空间水平投影面积为 $60m^2$，套内各使用空间之间自有隔墙水平投影建筑面积为 $10m^2$，不在结构面积内的套内通风道、管井面积各 $5m^2$，套内阳台面积为 $15m^2$。不考虑其他因素，则该套房屋套内使用面积为(　　)m^2。

A. 85　　B. 80

C. 75　　D. 70

33. 下列关于建筑物专有部分和共有部分的说法中，错误的是(　　)。

A. 在一定的条件下，建筑物的共有部分可以转化为专有部分

B. 建筑物共用部分建筑面积只能按各专有部分面积比例分摊

C. 建筑物的专有部分应具有利用上的独立性，可排他使用

D. 建筑物共有部分的共有方式可由各专有部分权利人协商一致确定

34. 1∶1 000 地籍图图幅编号按照图图廓西南角坐标公里数进行编号，具体形式为(　　)。

A. X 坐标在前，Y 坐标在后　　B. Y 坐标在前，X 坐标在后

C. X 坐标在上，Y 坐标在下　　D. Y 坐标在上，X 坐标在下

35. 某宗地内有甲、乙两幢房屋，建筑面积分别为 $100m^2$、$200m^2$，建筑占地面积均为 $100m^2$。其中，甲房屋拥有独立使用院落面积 $100m^2$，乙房屋拥有分摊院落面积 $200m^2$，不考虑其他因素，该宗地面积为(　　)m^2。

A. 300　　B. 400

C. 500　　D. 600

36. 地籍图上，某土地使用权宗地内有分式注记，其分子为宗地号，分母为(　　)。

A. 地类代码　　B. 土地所有权人名称

C. 土地使用权人名称　　D. 宗地坐落

37. 下列信息中，不属于地籍图注记内容的是(　　)。

A. 行政区代码　　B. 街道办事处名称

C. 地类代码　　D. 土地权利人名称

38. 下列关于边界协议书中边界走向方位的说法中，正确的是(　　)。

A. 边界走向方位以真北方向为基准，采用 8 方位制

B. 边界走向方位以磁北方向为基准，采用 8 方位制

C. 边界走向方位以真北方向为基准，采用 16 方位制

D. 边界走向方位以磁北方向为基准，采用 16 方位制

39. 现行规范规定，行政区域界线测量中，界桩点的种类分为(　　)种。

A. 2　　B. 3

C. 4　　D. 5

40. 某航摄分区的航摄比例尺为 1∶6 000，所用航摄仪主距为 100mm，则分区内地形高差最大应不超过(　　)m。

A. 200　　B. 150

C. 100　　D. 50

41. 北方地区采用彩红外或真彩色航摄成图，其航摄季节应避开(　　)。

A. 春季　　B. 夏季

C. 秋季　　D. 冬季

42. 下列质量检查项中，属于航摄飞行质量检查项的是(　　)。

A. 像片倾斜角　　B. 像片反差

C. 像点位移误差　　D. 像片清晰度

43. 某地需快速完成一条开阔地带10km长的1∶1 000道路施工图测绘，宜采用的施测方法是(　　)。

A. 利用卫星立体影像进行测绘　　B. 利用无人机航摄方法测绘

C. 利用大飞机航摄方法测绘　　D. 人工实地测绘

44. 摄影测量共线方程是按照(　　)、像点和对应的地面点三点共线的几何条件构建的。

A. 摄影中心　　B. 像主点

C. 定向点　　D. 像底点

45. 下列数字高程模型质量检查内容中，不属于空间参考系检查项的是(　　)。

A. 大地基准　　B. 高程基准

C. 投影方式　　D. 高程精度

46. 下列关于航外控制点布设的说法中，错误的是(　　)。

A. 数字影像控制点到像片边缘的最小距离为0. 5cm

B. 像片控制点应选在旁向重叠中线附近

C. 图边控制点应布设在图廓线内

D. 高程控制点应选在高程变化不大的地方

47. 现行规范规定，山地基本等高距为2m的1∶2 000数字航摄立体成图项目、像控点高程中误差最大为(　　)m。

A. ±0. 1　　B. ±0. 2

C. ±0. 6　　D. ±1. 2

48. 摄影测量中，像片上地物投影差改正值的计算公式为$\delta_A = \frac{\Delta h}{H} \cdot R$，其中$R$是指像片上地物点到(　　)的向径。

A. 像主点　　B. 等角点

C. 像底点　　D. 定向点

49. 像片调绘中，当地类界与道路重合时，其符号的处理方式是(　　)。

A. 地类界符号省略不绘　　B. 地类界符号移位绘出

C. 地类界与道路符号重合绘出　　D. 地类界与道路符号交替表示

50. 下列工作中，不属于解析空中三角测量作业内容的是(　　)。

A. 相对定向　　B. 绝对定向

C. 区域网接边　　D. 特征点线采集

51. 遥感正射影像图通常采用（　　）格式存储。

A. JPG　　B. BMP

C. GeoTIFF　　D. PNG

52. 数字化立体测图中，当铁路与公路水平相交时，正确的处理方式是(　　)。

A. 铁路符号不中断，公路符号中断

B. 铁路符号中断，公路符号不中断

C. 铁路符号和公路符号同时绘出

D. 铁路符号和公路符号都中断

53. 数字高程模型接边工作中，当同名格网点高程较差小于 2 倍高程中误差时，该格网点最终高程的正确赋值方式是(　　)。

A. 取同名格网点的高程平均值　　B. 取同名格网点的高程最小值

C. 取同名格网点的高程最大值　　D. 赋高程值-9999

54. 在摄影测量与遥感领域，TDOM 指的是(　　)。

A. 数字线划图　　B. 真正射数字影像图

C. 数字高程模型　　D. 实景三维模型

55. 利用高精度检测方法对某一丘陵地区 1∶5 000 数字正射影像图的平面位置精度进行检测，当某检测点的较差最小超过(　　)m 时，将该点视为粗差点。

A. 1　　B. 2.5

C. 5　　D. 10

56. 某地区采用卫星遥感影像数据制作地面分辨率为 0.5m 的彩色正射影像图，下列数据中，可利用的是(　　)。

A. 资源三号全色和多光谱影像数据

B. QuickBird 全色和多光谱影像数据

C. WorldView-3 全色和多光谱影像数据

D. 高分二号全色和多光谱影像数据

57. 在“智慧城市”时空信息云平台数据建设中，倾斜摄影测量技术主要用于(　　)。

A. 影像解译　　B. 三维建模

C. 数据挖掘　　D. DLG 生产与更新

58. 下列关于黑盒测试的说法中，正确的是(　　)。

A. 不考虑程序内部结构和特征，检测每个功能是否能正常使用

B. 借助程序的内部逻辑和相关信息，检测产品内部动作是否运行正常

C. 既关注程序输入、输出的正确性，也关注程序内部的情况

D. 通过程序的一些表征性现象，事件或标志来判断内部的运行状态

59. 现行国家标准规定，基础地理信息要素分类代码采用(　　)位十进制码。

A. 10　　B. 8

C. 6　　D. 4

60. 如图所示的 GIS 叠置分析方式属于(　　)。

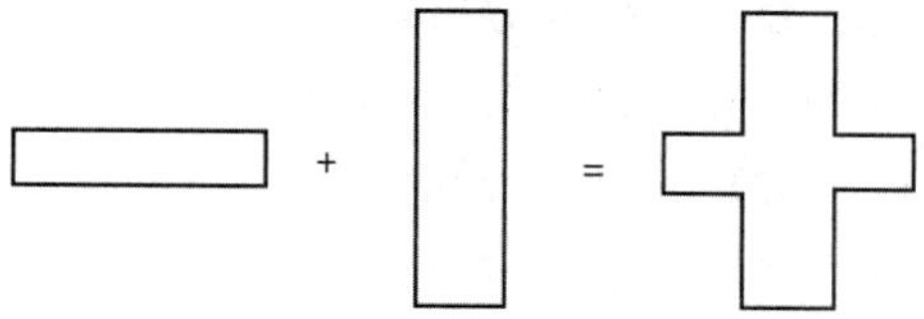

A. 相交(intersect)　　B. 联合(union)

C. 擦除(erase)　　D. 识别(identity)

61. 下列关于不规则三角网 TIN 的说法中，错误的是(　　)。

A. TIN 模型除了存储顶点坐标数据外，还存储了拓扑关系

B. TIN 的每个三角面都有一个恒定的倾斜度

C. 高程变化大的地区采用大三角形表示

D. TIN 把地表近似描绘成组互不重叠的三角面

62. 下列图形表示的坐标转换输入输出结果中，未使用仿射变换方式转换的是(　　)。

A. 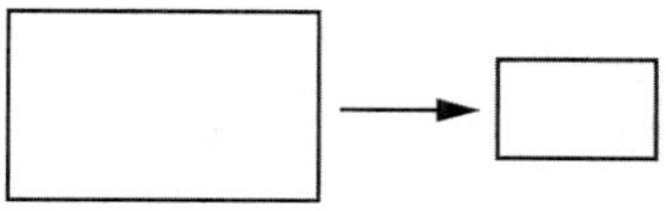

B. 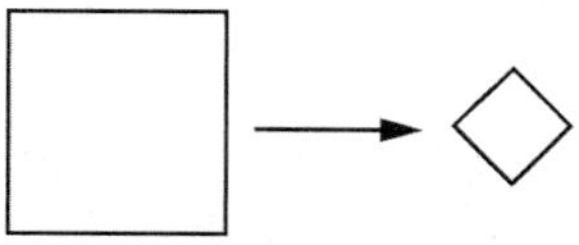

C. 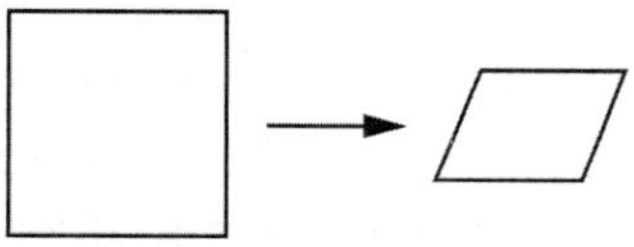

D. 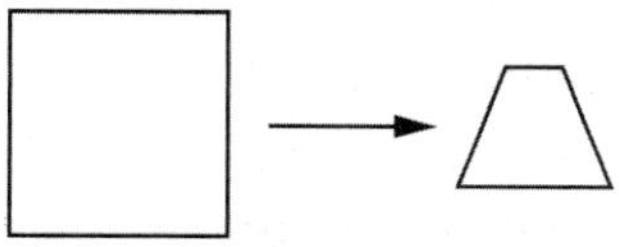

63. 下列地理信息系统工程工作阶段中，航空摄影测量工作属于(　　)。

A. 系统设计　　B. 数据获取

C. 数据建库　　D. 系统开发

64. 下列数据类型中，水系流域范围的计算宜使用的是(　　)。

A. DEM　　B. DOM

C. DLG　　D. DRG

65. 线段 MQO 与面对象 P 的空间关系如下图所示，二者的空间关系是(　　)。

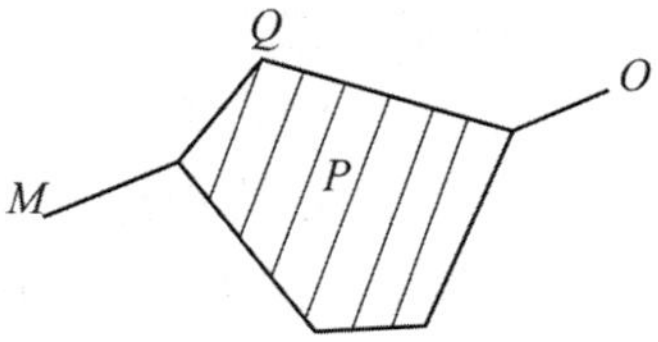

A. 相交关系　　B. 包含关系

C. 相接关系　　D. 相离关系

66. 在软件系统设计工作中，用户管理属于(　　)应考虑的内容。

A. 系统功能设计　　B. 系统结构设计

C. 软件结构设计　　D. 系统安全设计

67. 某地国土空间规划工作，要求确认某国道两边 500m 范围内 25°以上坡度区域是否被林地覆盖。下列数据和计算方法的组合中，适合用于解决上述问题的是(　　)。

A. DLG、DEM、坡度分析、缓冲分析
B. DLG、DOM、坡度分析、网络分析
C. DLG、DEM、缓冲分析、网络分析
D. DLG、DOM、缓冲分析、坡度分析

68. 下列关于拓扑关系的说法中，正确的是(　　)。
A. 拓扑关系随地图投影变化而变化
B. 拓扑关系反映了空间对象的属性变化
C. 拓扑关系是空间对象位置的表达
D. 拓扑关系不会随空间对象的压缩或拉伸而变化

69. 下列软件开发语言中，适合用于 WebGIS 前端开发的是(　　)。
A. JavaScript　　B. C#
C. Python　　D. VBA

70. 下列质量检查项中，不属于栅格数据质量检查内容的是(　　)。
A. 几何精度　　B. 逻辑一致性
C. 数据完整性　　D. 接边精度

71. 下列关于中国地图绘制方式的说法中，错误的是(　　)。
A. 专题要素不应压盖国界
B. 比例尺小于 1 : 1 亿时，可不表示南海诸岛及钓鱼岛、赤尾屿等岛屿岛礁
C. 中国示意图用轮廓线或色块表示中国疆域范围时，南海诸岛范围线可不表示
D. 中国示意图用实线表示中国疆域范围时，陆地界线和海岸线粗细有区别

72. 现行规范规定，印刷原图的数字栅格地图分辨率最小应为(　　)dpi。
A. 200　　B. 250
C. 300　　D. 350

73. 编制国土三调成果土地利用现状图，表示不同的用地类型所用到的专题地图表示方法是(　　)。
A. 质底法　　B. 范围法
C. 分级统计图法　　D. 等值线法

74. 现行规范规定，地面坡度为 15°的地形属于(　　)。
A. 平地　　B. 丘陵地
C. 山地　　D. 高山地

75. 下列关于地图集编制统一协调性的说法中，错误的是(　　)。
A. 对同类现象采用共同的表示方法及统一规定的指标
B. 采用统一和协调的制图综合原则
C. 采用统一和协调的地理底图
D. 采用统一的比例尺

76. 下列地理空间信息中，导航电子地图制作过程可以采集的内容是(　　)。
A. 植被和土地覆盖信息　　B. 高程点
C. 国内各级行政区域界线　　D. 门址数据

77. 下列测试工作中，不属于地图导航定位产品功能测试的是(　　)。

A. 地形分析功能检测　　B. 定位功能检测
C. 路径规划功能检测　　D. 查询功能检测

78. 电子地图的色彩设置宜采用的色彩模式是(　　)。
A. RGB　　B. CMYK
C. Lab　　D. HSB

79. 下列工作中，不属于GIS需求分析阶段工作的是(　　)。
A. 用户的数据内容　　B. 系统分析
C. 功能分析　　D. E-R图

80. 下列基于互联网信息服务特点中，不属于云计算特点的是(　　)。
A. 紧耦合　　B. 快速灵活
C. 按需自主服务　　D. 虚拟化

二、多项选择题(每题2分。每题的备选选项中，有2项或2项以上符合题意，至少有1项是错项。错选，本题不得分；少选，所选的每个选项得0.5分。)

81. 下列技术资料中，属于大地测量技术设计输入依据的有(　　)。
A. 作业方法　　B. 技术标准
C. 任务书或合同　　D. 已有的测绘成果资料
E. 适用的法规

82. 采用全站仪进行水平角观测时，其产生误差影响的主要来源有(　　)。
A. 对中　　B. 仪器沉降
C. 照准　　D. 电离层
E. 气象

83. 下列等级重力控制网中，属于国家等级重力控制网构成的有(　　)。
A. 四等网　　B. 三等网
C. 二等网　　D. 一等网
E. 国家重力基本网

84. 海洋工程测量中，确定扫海航线间隔的因素主要有(　　)。
A. 作业有效距离　　B. 脉冲宽度
C. 测船速度　　D. 定位精度
E. 重叠带宽度

85. 城市控制网定期更新维护的目的有(　　)。
A. 公开性　　B. 可靠性
C. 准确性　　D. 标准性
E. 现势性

86. 桥梁垂直位移监测中，变形监测点布设位置的说法正确的有(　　)。
A. 桥墩监测点应布设在桥梁墩面上
B. 梁部监测点位应布置在梁体顶板上

C. 吊索塔的监测位置是塔顶

D. 大型桥面监测点布置在桥面上两侧

E. 两岸边坡监测点成排布设

87. 城市似大地水准面建设，需要进行的外业工作是(　　)。

A. GNSS 测量　　B. 导线测量

C. 水准测量　　D. 三角测量

E. 重力测量

88. 线路测量中，道路中线应该设置桩位的有(　　)。

A. 转点桩　　B. 起、终点

C. 百米桩　　D. 平曲线控制桩

E. 导线点

89. 下列测量工作中，属于规划监督测量内容的有(　　)。

A. 放线测量　　B. 灰线测量

C. ±0 验线测量　　D. 定线测量

E. 验收测量

90. 房产测绘中，以下层高超过 2. 2m 的建筑部位需要按水平投影计算一半建筑面积的有(　　)。

A. 有上盖未封闭的阳台

B. 有上盖未封闭的室外楼梯

C. 有上盖未封闭的单排柱永久使用的车棚

D. 有上盖未封闭的独立凉亭

E. 有上盖未封闭的架空走廊

91. 日常地籍测量工作的主要内容有(　　)。

A. 布设首级控制　　B. 宗地面积计算

C. 界址放样测量　　D. 地形要素变更测量

E. 日常地籍测量报告编制

92. 下列资料中，属于界线测绘成果的有(　　)。

A. 界桩成果表　　B. 边界点成果表

C. 主张线图　　D. 边界走向说明

E. 边界协议书附图

93. 下列航摄仪检定项目中，属于胶片航摄仪检定内容的有(　　)。

A. 像元大小　　B. 像主点测定

C. 主距测定　　D. 框标间距测定

E. 畸变差

94. 数字空中三角测量中，下列关于影像内定向的说法正确的是(　　)。

A. 目的是恢复像点坐标　　B. 由影像框标进行量距

C. 数字影像均需要内定向　　D. 借助框标定位影像

E. 仿射变换计算框标坐标

95. 下列遥感卫星中，能同时获取同轨立体像对影像的有(　　)。

A. SPOT5　　B. 资源 3 号 02 星
C. “高分一号”　　D. ALOS
E. IRS-P5

96. 机载激光雷达 LiDAR 测量的特点有(　　)。
A. 非接触式被动测量　　B. 直接获取地表三维坐标
C. 能够穿透植被　　D. 不受太阳高度角影响
E. 减少野外工作量

97. 下列评价体系中，属于 GIS 工程技术评价指标的有(　　)。
A. 技术服务支持能力　　B. 安全可靠性
C. 可扩展性　　D. 商品化程度
E. 可移植性

98. 国际开放地理空间联盟(OGC)规范中，服务接口标准主要规定有(　　)。
A. WPS　　B. WMS
C. WFS　　D. KML
E. WCS

99. 下列专题图表示方法中，以图斑轮廓线反映空间地理现象分布的有(　　)。
A. 点值法　　B. 线符号法
C. 等值线法　　D. 范围法
E. 质底法

100. 下列要素中，属于 App 手机地图八大要素的有(　　)。
A. POI　　B. 背景
C. 空间定位　　D. 室内地图
E. 管线

参考答案及解析

一、单项选择题

1. 【C】大地水准面是一个处处与重力方向垂直的连续曲面，物体重心与地球重心的连线称为铅垂线，重力的方向即为铅垂线方向，所以铅垂线也是地球重力场中的重力方向线。
2. 【D】地球表面的重力由离心力和引力合成，在赤道处地球半径最大，离心力最大，重力最小，地球极点上的重力值最大，在赤道处重力值最小 $G=mg$，m 不随位置改变而改变；$g_{赤道}\approx 9.78$，$g_{北极}\approx 9.832$ ，所以赤道处重力值最小。
3. 【D】测绘技术设计活动应按照策划、设计输入、设计输出、评审、验证(必要时)、审批的程序进行。
4. 【D】GNSS 选点结束后应上交下列资料：①GNSS 网点点之记、环视图；②GNSS 网选点图；③选点工作总结。

5.【D】单边三角高程测量即在测站点上测定至照准点的高度角，量取测站点仪器高和照准点觇标高，计算另一点的高程。

6.【B】GNSS 天线相位中心改正包括相对于天线参考点的平均相位中心偏差(PCO)和随卫星高度角和方位角不断变化的相位中心变化(PCV)。

7.【C】每个多余观测量可以列出一个条件方程，多余观测量 $r=n-t$，其中 n 为总观测量，t 为必要观测量，本题中 $n=15$，$t=8$，得到 $r=7$。

8.【C】物镜中心到探测器 CCD 参考点的标尺条码影像线(虚拟线)与仪器水平轴线的夹角即是数字水准仪的电子 i 角。

9.【C】水准测量时，正午前后 2 小时，由于太阳强烈照射，使得空气对流剧烈，致使目标成像不稳定。

10.【D】在每一个投影带内，y 坐标值都有正有负，这对于计算和使用都不方便，为了使 y 坐标都为正值，故将纵坐标轴向西平移 500km，并在 y 坐标前加上投影带的带号。

11.【D】新设的水准路线与已测的水准点联测或接测时，若该水准点的前后观测时间超过三个月，应进行检测。

12.【A】视准轴是十字丝中央交点与物镜光心连线，用 CC 表示。水平轴是望远镜转动时的那条轴线，理论上两条线是相互垂直的。测量中要求视准轴与水平轴正交，与横轴垂直。

13.【A】跨过航道的架空电缆、桥梁，均应测定其至平均大潮高潮面的高度。似大地水准面是从地面点沿正常重力线量取正常高所得端点构成的封闭曲面。

14.【B】水深大于 20m，声速对测深精度影响较大时，应进行声速改正。

15.【D】海洋工程测量采用两级检查一级验收保证成果质量。验收是在测量成果在最终检查合格后，由上级测绘主管部门(或任务下达方)所进行的检验。验收采取抽样检查方式。

16.【A】海洋工程水深测量时，一旦发生必须重测的是：①主、检点位水深比对时重合深度点(图上距离 1.0mm 以内)的不符值限差超过规定要求，且超限的点数超过参加比对总点数的 20%时；②图幅拼接的点位水深比对超限时；③点位中误差超限时。

17.【B】野外测量的基准面为大地水准面，基准线为铅垂线；内业计算的基准面是参考椭球面，基准线为法线。

18.【C】仪器的纵轴误差，即垂直轴倾斜误差，是不能通过盘左、盘右观测取平均数来消除的，应通过测回间增加整平次数，及加读照准部水准器格值计算倾斜改正等方式来削弱。

19.【A】列出高差计算式：$H_{AB}=[(h_{后}-h_{前})+(h'_{前}-h'_{后})]/2$，据函数式和误差传播率得

$$m_{H_{AB}}=\frac{1}{2}\sqrt{0.5^2+0.5^2+0.5^2+0.5^2}=0.5\text{mm}。$$

20.【C】数字正射影像图是利用数字高程模型，对数字化航空影像或者遥感图像，经逐个像元进行投影差改正后，按照影像镶嵌，依据图幅范围裁剪而成的影像数据。

21.【A】基线边长则是长度特性的标量。GPS 基线边长是两标石中心在 WGS-84 椭球面之间的距离(斜距)，而基线向量主要采用空间直角坐标的坐标差的形式。

22.【B】线路竣工测量是检查路基施工质量是否符合设计要求，主要包括中线测量、高程

测量和横断面测量；带状地形图测量属于线路初测阶段内容，通常采用数字摄影测量方法测量。

23. 【B】电视塔、烟囱、水塔、油罐、炼油塔、高炉等高耸建筑物，沿周边在与基础轴线相交的对称位置上布点，点数不少于 4 个。

24. 【D】根据环线闭合差和相应环的水准路线周长而计算的中误差，也称水准测量每千米距离的高差中数的全中误差。

25. 【C】我国共规定了 11 种国家基本比例尺地形图，比例尺分别为 1 : 100 万、1 : 50 万、1 : 25 万、1 : 10 万、1 : 5 万、1 : 2. 5 万、1 : 1 万、1 : 5 000、1 : 2 000、1 : 1 000、1 : 500。

26. 【C】规范规定，地下管线点相对于邻近控制点的测量点位中误差最大为±5cm。

27. 【B】施工层标高的传递，规模较小的工业建筑或多层民用建筑，宜从 2 处分别向上传递，规模较大的工业建筑或高层民用建筑，宜从 3 处分别向上传递。

28. 【C】日照变形观测点选设要求：当利用建筑内部竖向通道观测时，应以通道底部中心位置作为测站点，以通道顶部正垂直对应于测站点的位置作为观测点。

29. 【B】桥梁施工高程控制网的建立，应两岸的水准路线，组成一个统一的水准网；每岸水准点不应少于 3 个。

30. 【D】日常房产测量指的是房产变更测量，包括权属变更测量和现状变更测量，其核心应是房产面积测算。

31. 【B】建筑密集区房产控制点平均间距应在 100m，稀疏地区在 200m 左右。

32. 【D】套内使用面积包含套内楼梯、不在结构面积内的套内井道、内墙面装饰厚度。故套内使用面积等于套内空间面积和不在结构内的管井面积之和，即 $60+5+5=70\text{m}^2$。

33. 【B】建筑物共有部分的共有方式可由各专有部分权利人协商一致确定，即协议分摊方式。

34. 【A】大于等于 1 : 2 000 地籍图的分幅规格为 40cm×50cm 或者 50cm×50cm，X(纵)坐标在前，Y(横)坐标在后，中间用短线连接，按图廓西南角坐标公里数编号。

35. 【D】分摊土地面积=[(宗地总面积-总基底面积)/宗地内总建筑面积]×权利人建筑面积，列出方程，设 x 为宗地大小，$(x-100-200)\times 200/300=200$，解之得：$x=600$。

36. 【A】对于土地使用权宗地，地号和地类号的注记以分式表示，分子表示宗地号，分母表示地类号。集体土地所有权只注记宗地号。

37. 【A】地籍图上不注记行政区代码和邮政编码。

38. 【C】边界走向说明方向采用以真北为基准的 16 方位制。

39. 【B】界桩按设立方式分单立、同号双立、同号三立。

40. 【C】大比例尺航摄时，分区内高差不大于相对航高的 1/6，所以，相对航高 $H=6\,000\times 100=600\,000\text{mm}=600\text{m}$。

41. 【D】需要晴天日数多，大气透明度好，光照充足，地表覆盖物影响最小。彩红外及真彩色摄影在北方地区要避开冬季，因为冬季的北方地面很有可能被大雪覆盖。

42. 【A】飞行质量检查内容：航摄过程中的倾斜角、旋偏角、弯曲度、航高保持，并要检查重叠度(旁向、航向)是否符合要求、摄区边界覆盖是否保证、图幅中心线和旁向图幅图廓敷设航线质量、构架航线质量、航摄漏洞补摄质量等，以及飞行记录。

43.【B】无人机有高效灵活、影像分辨率高以及运营成本低等特点，局部的带状大比例尺地形图测量采用无人机航摄最佳。

44.【A】共线方程是中心投影的构像方程，其含义为摄影中心、像点、地面点三点一线，是单像空间后方交会、多像空间前方交会、光束法平差、数字投影、数字微分纠正等工作的基本方程。

45.【D】空间参考系检查主要包括大地基准、高程基准、地图投影三个方面。

46.【C】位于自由图边、待成图边以及其他方法成图的图边控制点，一律布设在图廓线外4mm 以上。

47.【B】1∶500~1∶10 000 像控点高程精度要求为 1/10 相应地形图基本等高距，即2m的十分之一，等于 0. 2m。

48.【C】公式中 R 为地物相对于像底点的辐射距，像点在像平面上与像底点的距离。

49.【A】当地类界线与线状地物或境界线重合时，可省略不绘。

50.【D】航带法空三测量主要技术环节是资料收集和分析、内定向、相对定向、绝对定向、区域网平差、区域网接边、质量检查和评定、成果提交等。

51.【C】DOM 数据应使用带有坐标信息的非压缩 TIFF 格式存储，如 GeoTIFF、TIFF+TFW 等影像数据格式，分为全色(8bit)和彩色(24bit)两类。

52.【A】铁路与道路水平相交时，铁路符号不中断，将道路符号中断；不在同一水平相交时，道路的交叉处应绘以相应的桥梁符号。

53.【A】数字高程模型接边工作中，所有参与接边的同名格网点要参与计算，当匹配残差小于 2 倍高程中误差时，取平均高程作为格网点高程。

54.【B】真正射影像 TDOM 是以数字表面模型 DSM 来进行数字微分纠正，彻底消除了地表物的投影差影响的数字正射影像图。

55.【C】1∶5 000 数字正射影像图的平面位置精度丘陵地区不大于图上±0. 5mm，换算成实地为 0. 5×5 000=2. 5m，限差取中误差的两倍即 5m。

56.【C】WorldView-3 的全色影像数据分辨率为 0. 31m，可以制作地面分辨率小于0. 5m的彩色正射影像图。

57.【B】倾斜摄影是同时采集多视影像数据，一体化生成三维模型和 DOM 的技术。

58.【A】黑盒测试也称功能测试或者数据驱动测试，只检查程序功能是否按照需求规格说明书的规定正常使用，而不考虑软件内部结构，是穷举输入测试。

59.【C】基础地理信息要素代码结构为 6 位数组成。

60.【B】联合(union)分析保留输入地图和叠加地图全部要素；相交(intersect)分析仅仅保留那些落在输入地图和叠加地图共同范围的要素；擦除(erase)分析是在输入数据层中去除与擦除数据层的相交部分；识别(identity)分析是计算输入要素和标识要素的集合，输入要素与标识要素的重叠部分将获得标识要素的属性。

61.【C】不规则三角网 TIN 表示地形时，大三角形表示的地方高程变化小。

62.【D】仿射变换用于处理坐标在(x, y)上比例因子不一致的问题，通过平移、缩放、旋转，并在不同方向有不同的压缩和扩张；保持原来在一直线上几段线段之间的比例关系不变。

63.【B】航空摄影测量工作主要用来空间数据采集，帮助 GIS 进行空间数据实时更新。

64.【A】计算水系流域的范围必须要获取高程数据，通过坡度分析、坡向分析、地形分析，从而求取分水线(分水岭)，只有 DEM 含有高程和位置信息，适宜进行流域范围计算。

65.【C】相接关系：如果两个几何要素至少一个公共的边界点，且它们内部不相交，则称这两个几何要素之间的关系是邻接关系。图中，线段 MQO 与面对象 P，部分有相同的边界，而且线段 MQO 没有经过面对象 P 的内部，所以线段 MQO 与面对象是相接关系。

66.【D】系统安全设计包括网络安全与保密、应用系统安全措施、数据备份和恢复机制、用户管理的内容。

67.【A】为确认某国道两边 500m 范围内，需进行缓冲区分析；为确定 25°以上坡度区域，需进行坡度分析。以上分析，需用 DLG 数据提供道路、植被数据，以及 DEM 数据。

68.【D】根据拓扑关系，可以清楚反映出空间实体的逻辑结构关系，而不是表达空间对象的位置，而且拓扑关系比几何数据有更大的稳定性，即拓扑关系不随地图投影而变化。

69.【A】在 WebGIS 前端浏览器上，适合用来开发的语言是由 css(层叠样式表)、html(超文本标记语言)和 JavaScript 这三种组合而成的。JavaScript 作为前端开发语言，适合用来增加 HTML 网页动态的功能。

70.【C】栅格数据是一种特殊数据，只有行列，对应像元的值，属性明显，表达直观。但不具有连续性，数据之间有间隔，图形无法实现无级放大。所以，对数据完整性无法进行检查。

71.【D】中国示意图用实线表示中国疆域范围时，陆地界线和海岸线粗细没有区别。

72.【C】根据规范，印刷原图 1∶500~1∶2 000 比例尺 DRG 地图分辨率不低于 300dpi。

73.【A】质底法在各界线范围内涂以颜色或填绘晕线、花纹，以显示连续而布满全制图区域的现象的属性差别，如地质现象、土地利用状况、土壤类型、政区图等。

74.【C】根据工程测量规范，$10° \leqslant a < 25°$为山地。

75.【D】地图集编制统一协调包括：①总体设计原则；②表示方法和分类分级指标；③制图综合指标；④地理底图；⑤整饰方法。

76.【D】导航地图制作过程不得采集的内容有：①重力数据、测量控制点；②高程点、等高线及数字高程模型；③高压电线、通信线及管道；④植被和土地覆盖；⑤国界线。

77.【A】导航应用软件主要功能有定位与显示、地图浏览与信息查询、智能路线规划、语音引导等。

78.【A】色光三原色(RGB)指红、绿、蓝三色，是通过对红、绿、蓝三个颜色通道的变化以及它们相互之间的叠加来得到各式各样的颜色。

79. 【D】概念设计需要根据系统实体、实体属性、实体关系绘制空间 E-R 图概念模型。
80. 【A】云计算提供应需自助服务，有广泛的网络接入，是一个互联网资源池，提供快速灵活、可量测的网络计算服务，是一种松耦合架构。

二、多项选择题

81. 【BCDE】设计输入包括：①适用的法律法规要求；②适用的国际、国家或行业标准；③测绘合同或任务书、顾客的要求记录、市场需求或期望；④测区信息、测绘成果资料及踏勘报告等；⑤适用时，以往测绘技术设计、测绘技术总结提供的信息以及现有生产过程和成果的质量记录和有关数据。
82. 【ACE】水平角观测误差影响因素主要有：仪器误差、观测误差和外界条件带来的误差。仪器对中误差是仪器中心与测站中心不在同一铅垂线上而引起的，主要采用严格对中消除或削弱；照准误差由人眼通过望远镜瞄准目标引起的，应选择适宜的观测标志及有利的观测时间；由气候、松软的土质、温度的变化和大气折光引起的外界条件带来的误差，应选择有利的观测条件，尽量避免不利因素的影响。
83. 【CDE】我国的重力控制网分为国家重力基本网、国家一等重力网、国家二等重力点。国家二等重力点逐点联测也构成网。
84. 【ADE】测线间隔应根据有效作用距离、定位精度、重叠带宽度和导航仪精度等因素确定。
85. 【BCE】根据《城市测绘基本技术要求》，控制网应进行维护，保持其现势性、准确性、可靠性和适宜性。
86. 【ABDE】桥梁变形观测点的布设，应满足下列要求：①桥墩的垂直位移变形观测点，宜沿桥墩的纵、横轴线布设在外边缘，也可布设在墩面上；②梁体和构件的变形观测点，宜布设在其顶板上；③索塔垂直位移变形观测点，宜布设在索塔底部的四角；④大型桥梁，应沿桥面的两侧布点；⑤桥梁两岸边坡变形观测点，宜成排布设在边坡的顶部、中部和下部。
87. 【ACE】以高精度低分辨率 GNSS 水准确定的几何大地水准面和高分辨率低精度的重力大地水准面拟合来建立高程异常模型的方法。需要测量 GNSS 三维坐标并联测水准和加密重力。
88. 【ABCD】线路中线上，应设立线路起终点桩、千米桩、百米桩、平曲线控制桩、桥梁或隧道轴线控制桩、转点桩和断链桩，并应根据竖曲线的变化适当加桩。
89. 【ABCE】建筑规划监督测量包括规划放线测量、规划验线测量和规划验收测量。其中规划验线测量分为灰线验线测量和±0 验线测量。
90. 【ACE】有上盖的室外楼梯按外围水平投影计算全建筑面积，独立烟囱、亭、塔、罐、池，地下人防干、支线不计算建筑面积。
91. 【BCDE】日常地籍测量包括界址调查、界址放样与测量、地形要素变更测量、宗地面积计算和日常地籍测量报告编制等工作，而布设首级控制属于总地籍调查内容。
92. 【ABDE】界线测绘成果包括界桩登记表、界桩成果表、边界点成果表、边界点位置和边界走向说明、边界协议书附图等。

93.【BCDE】胶片航摄仪检定内方位元素、光学畸变差、最佳对称主点坐标、自动准直主点坐标、底片压平装置、框标间距及框标坐标系垂直性、物镜分辨率等。像元属于数字航摄仪检定项目。

94.【ABDE】影像内定向一般是针对胶片影像经扫描数字化后的影像而言，影像内定向的目的是实现扫描坐标到以像主点为原点的像片坐标的转换，即本题所谓的恢复像点坐标，其实质是确定像平面坐标；内定向需要通过对影像框标的量测来解决，扫描坐标到像片坐标的转换可采用放射变换进行。对于直接用数码相机获得的数字影像，可以不需要内定向。

95.【ABDE】SPOT5、资源3号02星、ALOS、IRS-P5均具有获取同轨立体像对的能力；而"高分一号"卫星虽具有高、中空间分辨率对地观测和大幅宽成像结合的特点，但不能获取同轨立体像对影像。

96.【BCDE】机载激光雷达LiDAR属于主动式测量，具有以下特点：①能够提供密集的点阵数据；②能够穿透植被的叶冠；③不需要或很少需要进入测量现场；④可同时测量地面和非地面层；⑤数据的绝对精度在0.30m以内；⑥24小时全天候工作；⑦具有迅速获取数据的能力。

97.【BCE】系统技术评价指标包括可靠性和安全性、可扩展性、可移植性、系统效率。

98.【ABCE】国际开放地理空间联盟(OGC)的网络地图服务规范WMS、网络要素服务规范WFS、网络覆盖服务规范WCS、网络处理服务规范WPS、目录服务规范CSW等。

99.【DE】质底法以图斑轮廓线或类型区界线表示连续而布满全制图区域的空间地理现象分布，范围法以图斑或图斑轮廓线反映间断而成片的空间地理现象分布。

100.【ABCD】手机地图八大要素为POI数据、路网数据、门址数据、公交数据、背景数据、实时交通数据、空间定位数据、室内地图数据。

(三)2020年注册测绘师资格考试测绘综合能力仿真试卷与参考答案及解析

一、单项选择题(每题1分，每题的备选选项中，只有1项符合题意。)

1. 高程异常是指(　　)至参考椭球面的垂直距离。

A. 大地水准面　　B. 似大地水准面

C. 地球自然表面　　D. 理论最低潮面

2. 在椭球面上两点间距离最短的线是(　　)。

A. 直线　　B. 大圆弧

C. 大地线　　D. 法截线

3. 已知某点在高斯投影六度带横轴坐标 $Y=19\ 123\ 456.789$，则该点实际坐标 y 是(　　)。

A. 19 123 456.789　　B. 123 456.789

C. −376 543.211　　D. −576 543.211

4. 普通水准测量中，要求测段的水准测站数为偶数的目的是减弱因(　　)引起的误差。

A. i 角　　B. 地面沉降

C. 大气折光　　D. 一对标尺零点不等差

5. 在1∶500比例尺的图上，量测中误差为±0.2mm，实地距离中误差为(　　)m。

A. ±0.1　　B. ±0.2

C. ±0.4　　D. ±2.0

6. 如图所示，用水准测量方法测量了 h_1、h_2、h_3、h_4、h_5 高差成果。按间平差法求 D 点高程，可列误差方程数是(　　)个。

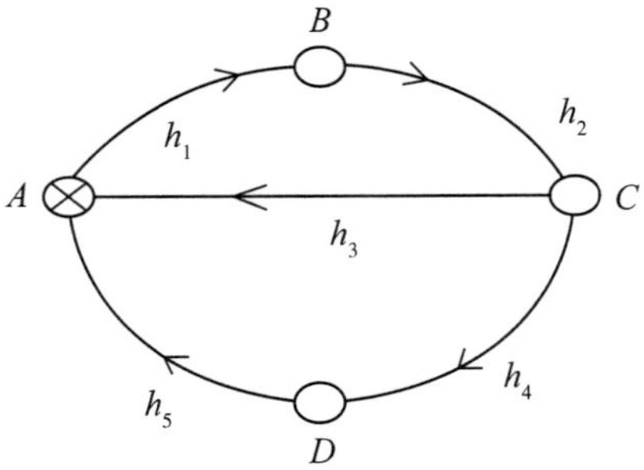

A. 2　　B. 3

C. 4　　D. 5

7. 现行规范规定，国家一、二等水准测量结果均须进行正常水准面不平行改正，与该改正数成函数关系的量是两个水准点间的(　　)。

A. 纬度差值　　B. 重力差值
C. 经度差值　　D. 高程异常差值

8. 任意测站上仪器整平后，与全站仪垂直轴正交的面是(　　)。(不考虑仪器本身误差)

A. 大地水准面　　B. 似大地水准面
C. 地球表面　　D. 参考椭球面

9. 某高精度 GNSS 动态定位项目，流动站与周围参考站间距为 30～50km 时可采用的技术是(　　)。

A. 单点定位技术　　B. RTK 技术
C. 虚拟参考站(VRS)技术　　D. 静态同步观测技术

10. 现行规范规定，一、二等水准测量中，日出后与日落前 30 分钟内不应进行观测，其目的主要是消除或减弱(　　)的影响。

A. i 角　　B. 地面沉降
C. 调焦误差　　D. 大气折光

11. 高斯-克吕格投影属于(　　)。

A. 椭圆柱投影　　B. 圆锥投影
C. 方位投影　　D. 任意投影

12. 我国 2005 年公布的珠穆朗玛峰高程是 8 844.43m，这个高程属于(　　)。

A. 大地高　　B. 正常高
C. 正高　　D. 力高

13. 现行规范规定，在锯齿形海岸地区，测深线的布设应与岸线总方向成(　　)角。

A. 0°　　B. 45°
C. 60°　　D. 90°

14. 下列因素中，不影响海水中声波传播速度的是(　　)。

A. 盐度　　B. 温度
C. 压力　　D. 潮汐

15. 下列测量工作中，不属于海洋工程地形测量作业范围的是(　　)。

A. 水位观测　　B. 海底地形测绘
C. 海洋重力测量　　D. 岛礁地形测绘

16. 海道工程测量中，验潮站的布设应满足的条件之一是相邻两验潮站之间最大潮时差为(　　)h。

A. 0.5　　B. 1
C. 1.5　　D. 2

17. 已知某导线中，AB 的方位角为 134°，测得 B 点水平角(左角) $\angle ABC = 89°$，则 CB 的象限角余角为(　　)。

A. 43°　　B. 44°
C. 46°　　D. 47°

18. 用 DJ2 全站仪进行竖直角观测，共观测 4 测回，则该竖直角的中误差是(　　)。

A. ±1.0″　　B. ±1.2″

C. ±1.4″　　D. ±1.6″

19. 下列测量方法中，测量碎部点时一般不用于土石方测量的是(　　)。

A. 极坐标法　　B. 网格测量法

C. 前方交会法　　D. RTK 测量法

20. 利用钢卷尺进行施工放样，测得斜距为 S'，下列改正中，该斜距为 S' 化成平距不需要加的是(　　)。

A. 拉力改正　　B. 尺长改正

C. 温度改正　　D. 高差改正

21. 下列测量方法中，桥梁施工控制网一般不采用的是(　　)。

A. 三角网测量　　B. 导线测量

C. GNSS 测量　　D. 后方交会测量

22. 城市首级高程控制网相对于起算点的最弱点高程中误差最大应不大于(　　)cm。

A. 1　　B. 2

C. 3　　D. 4

23. 长距离三角高程测量中，须加大气折射光差和地球曲率差对高差改正的符号分别是(　　)。

A. −，−　　B. −，+

C. +，−　　D. +，+

24. 测距仪乘常数的变化主要与(　　)变化相关。

A. 材质磨损　　B. 测程

C. 频率　　D. 电路延迟

25. 矿井定向工作中，下列误差不会影响一井定向方位传递的是(　　)。

A. 对中误差　　B. 仪器高测量误差

C. 量距误差　　D. 测角误差

26. 工程测量工作中，投影面选择高程抵偿面的目的是(　　)。

A. 抵消高差改正与高程投影改正

B. 抵消高程投影改正与高斯投影改正

C. 抵消高斯投影改正与高差改正

D. 抵消高差改正与地球曲率改正

27. 利用星间伪距单差观测方程可消除的影响是(　　)。

A. 卫星钟差　　B. 整周模糊度

C. 接收机钟差　　D. 周跳

28. 下列测量方法中，一般不用于测量建筑物水平位移的是(　　)。

A. 航空摄影测量　　B. 卫星导航定位测量

C. 全站仪测量　　D. 近景摄影测量

29. 为建立工程平面控制网与城市平面控制网的联系，应进行坐标转换，当有 3 个平面公共点时，则坐标转换的观测方程数是(　　)个。

A. 2　　B. 4

C. 6　　D. 9

30. 现行规范规定，房产变更测量分为两类，分别是(　　)。

A. 图纸变更测量和实地变更测量

B. 现状变更测量和权属变更测量

C. 房屋变更测量和用地变更测量

D. 内业变更测量和外业变更测量

31. 房产分丘图上优先顺序正确的排序是(　　)。

A. 房屋轮廓线、房屋权界线、丘界线

B. 房屋权界线、房屋轮廓线、丘界线

C. 丘界线、房屋轮廓线、房屋权界线

D. 丘界线、房屋权界线、房屋轮廓线

32. 下列房屋附属结构中，以底板水平投影为准进行测量的是(　　)。

A. 檐廊　　B. 柱廊

C. 阳台　　D. 室外楼梯

33. 甲乙两单位共建房屋，双方约定配电室面积 $20m^2$ 平均共有，其他共有面积 $50m^2$ 无特殊约定正常分摊。计算两单位房产建筑面积分别 $230m^2$、$340m^2$，则套内建筑面积分别为(　　)。

A. $200m^2$、$300m^2$　　B. $202m^2$、$298m^2$

C. $195m^2$、$305m^2$　　D. $210m^2$、$290m^2$

34. 现行规范规定，地籍控制测量中，乡镇政府所在地应埋设一级以上的地籍控制点的个数最少为(　　)。

A. 1　　B. 2

C. 3　　D. 4

35. 现行规范规定，下列符号样式中，用于表示地籍区界线的是(　　)。

A. 黑色，虚线　　B. 黑色，实线

C. 紫色，虚线　　D. 紫色，实线

36. 地籍测量检查验收工作中，地籍测量内业部分互检的检查比例为(　　)。

A. 0.3　　B. 0.5

C. 0.7　　D. 1

37. 某宗地代码中有字母 A，则该宗地相应的特征信息为(　　)。

A. 该宗地为其他土地使用权宗地

B. 该宗地为集体土地所有权宗地

C. 该宗地为使用权未确定土地

D. 该宗地为宅基地使用权宗地

38. 下列工作中，不属于边界测绘工作任务的是(　　)。

A. 拟定边界协议书　　B. 绘制边界协议书附图

C. 制作边界地形图　　D. 绘制边界主张线图

39. 界线测量过程中，需设立界桩的界河交叉口位置应设置的界桩类型是(　　)。

A. 异号双立界桩　　B. 同号双立界桩

C. 异号三立界桩　　D. 同号三立界桩

40. 下列任务中，不属于测绘航空摄影设计分析工作内容的是(　　)。

A. 资料收集　　B. 像控点布设

C. 飞行方案选择　　D. 确定主要设计因子

41. 某平坦测区采用航测法生产1∶1万地形图，如果航摄仪主距为200mm，航摄比例尺要求为1∶2万~1∶4万，地面高程为2 000m，则绝对航高范围是(　　)m。

A. 4 000~8 000　　B. 5 000~9 000

C. 6 000~10 000　　D. 7 000~11 000

42. 下列航摄质量检查项中，属于飞行质量检查的是(　　)。

A. 像片倾斜角　　B. 影像反差

C. 像点位移误差　　D. 影像清晰度

43. 下列数据类型中，免像控无人机航摄系统获取的影像目前无法自动生产的是(　　)。

A. DOM 数据　　B. 空三加密数据

C. 三维模型数据　　D. DLG 数据

44. 采用航测立体测图方法生产1∶2 000 DLG时，下列要素采集方法中，错误的是(　　)。

A. 公共边应各自采集　　B. 线状要素采集定位线

C. 面状要素采集外围轮廓线　　D. 点状要素采集定位点

45. 下列任务中，不属于航测外业调绘工作内容的是(　　)。

A. 测量像控点

B. 获取地物要素的属性

C. 获取内业无法获取的地理名称

D. 补测立体测图无法或不能准确采集的要素

46. 航测立体模型的测图范围最大不应超出该模型测图定向点连线外(　　)cm。

A. 0.1　　B. 0.2

C. 0.5　　D. 1.0

47. 下列数据模型中，能够相对更精确表达复杂地形表面的是(　　)。

A. 等值线模型　　B. 不规则三角网模型

C. 等值域模型　　D. 格网数据模型

48. 从卫星经某地上空开始计时，到再次回到该地上空所需要的时间称为(　　)。

A. 发射周期　　B. 生命周期

C. 运行周期　　D. 重复周期

49. 用二维矩阵表示数字航空影像时，下列参数中，其变化不会导致像点坐标变化的是(　　)。

A. 行列号　　B. 水平分辨率

C. 垂直分辨率　　D. 像素灰度值

50. 下列应用中，利用数字高程模型无法计算的是(　　)。

A. 地形坡度　　B. 楼房高度

C. 道路纵断面　　D. 挖填方量

51. 航测外业调绘的主要目的是为内业测绘 DLG 提供(　　)。

A. 地物的位置　　B. 像片控制点

C. 地物的属性　　D. 地貌的形状

52. 下列地物要素中，航测内业立体测图能够获取的是(　　)。

A. 房屋边线　　B. 地下管线

C. 行政界线　　D. 地理名称

53. 下列工序中，不属于航测法成图内业的是(　　)。

A. 绝对定向　　B. 像片调绘

C. 立体采集　　D. 像片坐标测量

54. 下列测绘产品中，不属于 4D 产品的是(　　)。

A. DEM　　B. DRG

C. DLG　　D. DSM

55. 下列关于机载激光雷达系统(LiDAR)特点的说法中，错误的是(　　)。

A. LiDAR 的外业工作量小

B. LiDAR 的激光脉冲信号能部分穿透植被的叶冠

C. LiDAR 是一种被动式测量方式

D. LiDAR 可以进行电力线检查

56. 下列遥感卫星中，全色波段影像空间分辨率最高的是(　　)。

A. WorldView-3　　B. 高分 1 号

C. IKONOS　　D. QuickBird

57. 与非量测相机相比，量测相机的特点是能够提供较为准确的(　　)。

A. 外方位元素　　B. 内方位元素

C. 目标影像　　D. 摄影姿态

58. 现行规范规定，地图印刷所用纸张全开大小为(　　)。

A. 787mm×1 092mm　　B. 850mm×1 168mm

C. 546mm×787mm　　D. 584mm×850mm

59. 按国家基本比例尺地图图式规范要求，下列道路注记标注方式中，错误的是(　　)。

A. 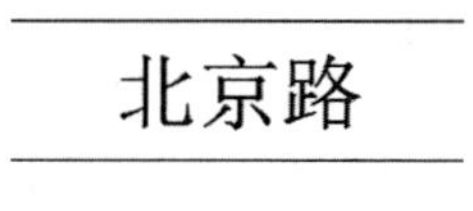

B. 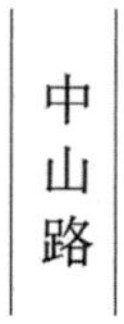

C. 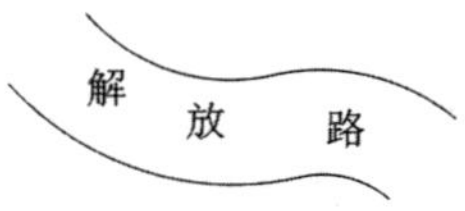

D. 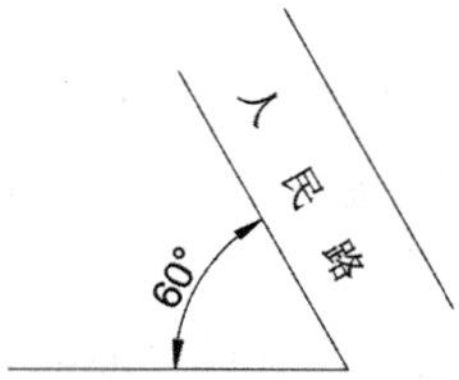

60. 下列关于专题地图表示方法应用说法中，错误的是(　　)。

A. 用金字塔图表法表示不同年龄段的人口统计专题

B. 用范围法表示行政区划

C. 用点数法表示人口分布密度

D. 用分区统计图法表示各区域的农作物种植面积

61. 采用高斯-克吕格投影进行地图编制时，若中央经线为114°，则下列地区长度投影变形最小的是( )。

A. 经度为114°30′的赤道地区

B. 经度为114°30′的中、高纬度地区

C. 经度为113°的赤道地区

D. 经度为113°的中、高纬度地区

62. 下列关于公共地图表示要求的说法中，不符合现行规范规定的是( )。

A. 国界上的山峰，其符号的顶部中心应绘在国界上

B. 香港特别行政区界线符号用长短虚线表示

C. 分区设色的地图上，相邻国家底色应区分表示

D. 同一地图内同级别的境界符号应一致

63. 下列数据特性中，属于地理信息数据专有的是( )。

A. 数据量庞大　　B. 数据结构复杂

C. 数据有动态性　　D. 数据有空间参考

64. 下列计算机语言中，人工智能和空间大数据领域使用频率最高的是( )。

A. Python　　B. JavaScript

C. Basic　　D. C++

65. 下列任务中，不属于地理信息工程详细设计阶段工作的是( )。

A. 搭建系统原型　　B. 选定功能模块算法

C. 绘制程序结构图　　D. 描述模块流程逻辑

66. GIS 辅助选址时，某项目周边不能有医院、商场等公共设施，较适合的空间分析方法是( )。

A. 网络分析　　B. 缓冲区分析

C. 聚类分析　　D. 坡度分析

67. 下列软件开发而考虑的因素中，基于 SOA 的应用端开发要重点关注的是( )。

A. 服务接口　　B. 数据库结构

C. 数据模型　　D. 服务器操作系统

68. 下列软件测试方法中，属于白盒测试的是( )。

A. 因果图法　　B. 边值分析法

C. 错误推测法　　D. 逻辑驱动法

69. 下列地理信息数据中，属于基础地理信息数据的是( )。

A. 地理国情普查数据　　B. 农村承包地数据

C. 三调数据　　D. 1∶500 地形图数据

70. 下列模型中，数据库概念设计阶段常用到的是( )。

A. 层次模型　　B. E-R 模型

C. 面向对象数据模型　　D. 网络模型

71. 已知某片区已有 100 个公共服务设施点，若按居民到设施点距离最短的要求划分设施点的服务范围，可以采用的空间分析方法是(　　)。

A. 泰森多边形法　　B. 视域分析法

C. 叠置分析　　D. 缓冲区分析法

72. 下列关于地理实体的说法中，错误的是(　　)。

A. 地理实体是现实世界中具有空间位置、独立的自然或人工地物

B. 地理实体的空间数据表达由唯一的图元组成

C. 地理实体的几何表达类型包括点实体、线实体、面实体和体实体

D. 地理实体的空间数据表由图元表和实体表构成

73. 下图所表示的图形 A 和 B 的拓扑关系是(　　)。

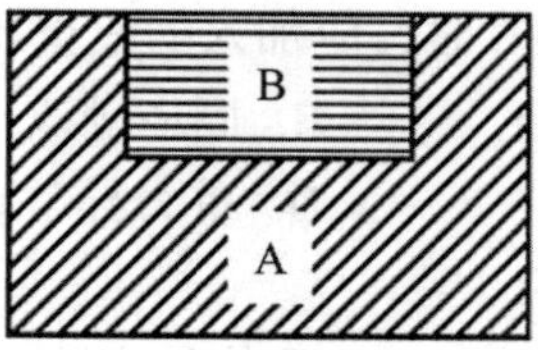

A. 包含　　B. 分离

C. 相接　　D. 等价

74. 下列工作步骤中，符合基础地理信息数据库设计顺序的是(　　)。

A. 需求调查分析—概念设计—物理设计—逻辑设计

B. 需求调查分析—概念设计—逻辑设计—物理设计

C. 需求调查分析—逻辑设计—物理设计—概念设计

D. 需求调查分析—逻辑设计—概念设计—物理设计

75. 下列栅格数据编码方式中，不属于压缩编码方式的是(　　)。

A. 链式编码　　B. 直接栅格编码

C. 四叉树编码　　D. 块状编码

76. 现行规范规定，下列空间要素中可以在导航电子地图上表示的是(　　)。

A. 雷达站　　B. 大型通信设施

C. 物流仓库　　D. 专用公路

77. 下列导航电子地图道路数据采集处理结果中，错误的是(　　)。

A. 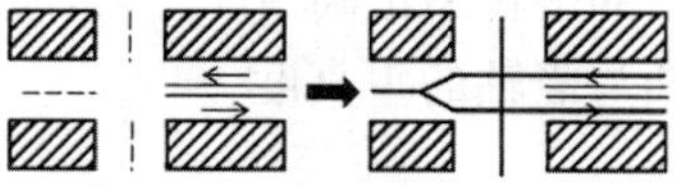

B. 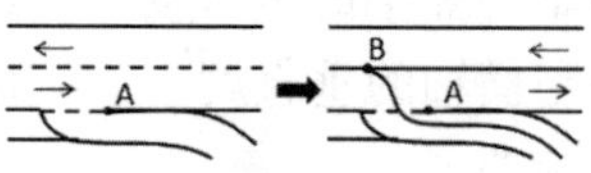

C. 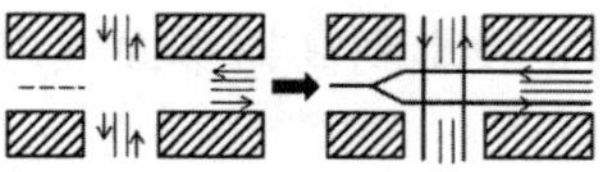

D. 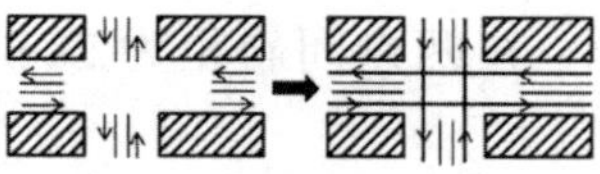

78. 下列关于地理信息服务平台的说法中，不符合现行规范规定的是(　　)。

A. 平台数据包括地理实体、影像地图和三维景观等数据

B. 天地图是地理信息公共服务平台的重要组成部分

C. 地理信息公共服务平台分为国家、省区和市(县)三级

D. 地理信息公共服务平台不可运行涉密地理信息成果数据

79. 在地理信息公共服务平台的构成体系中，应用程序接口属于(　　)。

A. 管理交换系统　　B. 在线服务系统
C. 数据集　　D. 支撑环境

80. 能在互联网电子地图上表示的数字高程模型的格网间距最小不得小于(　　)m。
A. 20　　B. 50
C. 100　　D. 200

二、多项选择题(每题 2 分。每题的备选选项中，有 2 项或 2 项以上符合题意，至少有 1 项是错项。错选，本题不得分；少选，所选的每个选项得 0.5 分。)

81. 四等水准测量概略高程编算时，应加入的改正有(　　)。
A. 水准标尺长度误差改正　　B. 固体潮改正
C. 路线闭合差改正　　D. 重力异常改正
E. 正常水准面不平行改正

82. 下列措施中，能有效减弱 GNSS 卫星信号多路径影响的方法有(　　)。
A. 选择测站时避开反射体　　B. 用扼流圈天线
C. 观测不同时段星座　　D. 用双频接收机
E. 多台仪器同步观测

83. 下列测量方法中，用于在建立国家天文大地控制网过程中使用的传统大地测量方法有(　　)。
A. 三角测量　　B. 天文大地测量
C. GNSS 测量　　D. 导线测量
E. 甚长基线干涉测量

84. 现行规范规定，海底地形图的基本比例尺包括(　　)。
A. 1∶1 万　　B. 1∶5 万
C. 1∶10 万　　D. 1∶25 万
E. 1∶100 万

85. 下列指标中，属于经纬仪使用前应进行检验校准的有(　　)。
A. 水准器轴与竖轴的垂直度　　B. 照准部旋转不正确性
C. 视准轴与横轴的垂直度　　D. 横轴与竖轴的垂直度
E. 竖盘指标差

86. 实地测量 A、B 两点间斜距为 2km，则该斜距投影到高斯平面上应进行的改正有(　　)。
A. 高差改正　　B. 水准面不平行改正
C. 投影到椭球面改正　　D. 投影到大地水准面改正
E. 投影到高斯平面改正

87. 下列误差中，属于水准测量系统误差的有(　　)。
A. 标尺名义长偏差　　B. 读数误差
C. i 角误差　　D. 立尺不垂直误差

E. 大气折射误差

88. 下列情形中，应增加建筑变形测量观测频率或观测内容的有(　　)。

A. 变形量出现异常　　B. 变形速率超出变形预警值

C. 变形观测人员受伤　　D. 开挖面出现塌陷

E. 变形观测设备受损

89. 不同方向观测法进行水平角观测，引起观测中某方向 $2C$ 超限的原因有(　　)。

A. 对中误差　　B. 整平误差

C. 瞄准误差　　D. 读数误差

E. 温度变化

90. 下列房产图符号类型中，定位点在图形几何中心的有(　　)。

A. 圆形符号　　B. 正方形符号

C. 下方无底的符号　　D. 等边三角形符号

E. 长方形符号

91. 根据现行土地利用分类标准，下列用地类型中，属于公共管理与公共服务用地的有(　　)。

A. 机关团体用地　　B. 军事设施用地

C. 科研用地　　D. 体育用地

E. 医疗卫生用地

92. 下列信息中，界桩成果表不包括的是(　　)。

A. 界桩类型　　B. 界桩材质

C. 界桩编号　　D. 方位物位置

E. 界桩位置略图

93. 下列情况中，航摄前应组织试飞或试摄的有(　　)。

A. 航摄飞机为新近改装　　B. 新编成的航摄机组

C. 航摄仪每年正式作业前　　D. 航摄仪检定后

E. 新购航摄仪

94. 下列特征中，属于现代小卫星相对于大卫星优势的有(　　)。

A. 重量轻　　B. 体积小

C. 成本低　　D. 研制周期短

E. 寿命长

95. 下列因素中，会影响 DEM 精度的有(　　)。

A. 数据记录格式　　B. 获取特征点高程的方法

C. 格网间距　　D. 内插格网点高程的方法

E. 地物的投影误差

96. 下列关于立体像对相对定向的说法中，正确的有(　　)。

A. 需要地面控制点进行

B. 空间方位和比例尺是任意的

C. 消除左右视差可以完成相对定向

D. 解析模型点在像空间辅助坐标系中的坐标

E. 先进行绝对定向

97. 下列软件系统需求中，属于系统性能需求的有（　　）。

A. 故障处理　　B. 适应性

C. 时间特征　　D. 数据精度

E. 用户界面

98. 下列 GIS 应用中，适合采用 DEM 数据的有（　　）。

A. 流域范围提取　　B. 森林火灾监测点设置

C. 水库大坝选址　　D. 居民地拆迁分析

E. 物流配送路径分析

99. 现行规范规定，公开出版的纸质地图质量评定内容包括（　　）。

A. 内容质量　　B. 编校质量

C. 设计质量　　D. 资料质量

E. 印刷质量

100. 地理信息公共服务平台各省级节点的基本尺度包括（　　）。

A. 1∶5 万　　B. 1∶1 万

C. 1∶5 000　　D. 1∶2 000

E. 1∶1 000

参考答案及解析

一、单项选择题

1.【B】高程异常值是大地高与正常高的差值，而大地高是基于参考椭球面而言的，正常高是基于似大地水准面而言的。

2.【C】在椭球面上两测站间最短距离是一条空间曲线，是唯一的，位于正反法截线之间，称为大地线。

3.【C】高斯-克吕格投影平面上，为了不产生负值横坐标，坐标原点向西移动 500km，横轴坐标头两位为带号，所以该点实际坐标 y 为：123 456. 789−500 000 = −376 543. 211。

4.【D】一对水准标尺零点不等差，减弱措施：测段间保持偶数站数、相邻两测站前后水准标尺互换位置。

5.【A】由误差传播定律可知，$z=kx$，$m_z=|k|m_x$，所以 $m_{实}=500\times m_{图}$，即该两点实地距离中误差=图上量测中误差·比例尺分母=0. 2×500=100mm=0. 1m。

6.【D】间接平差以独立必要观测量 t 作为未知量，列出观测总量 n 条误差方程平差的方法。图中，$t=3$，$n=5$。

7.【A】由正常水准面不平行改正计算公式可知道与水准观测高差、各水准点的近似高程值、各水准点纬度、常系数 A 值有关。

8.【A】全站仪整平后，全站仪垂直轴就是铅垂线方向，它与大地水准面正交。与似大地水准面正交的是正常重力线，与参考椭球面正交的是法线。

9.【C】流动站作业时，先通过GPRS或CDMA无线通信网络向数据中心发出服务请求，并将流动站的概略位置回传给数据中心，数据中心利用与流动位置最接近的三个参考站的观测数据及误差模型，生成一个对应于流动站概略位置的虚拟参考站（VRS），然后将这个虚拟参考站的改正数信息发送给流动站，流动站再结合自身的观测数据实时解算出其所在位置的坐标。

10.【D】选择合适的观测时间，日出后（日落前）半小时内不进行观测，能有效避免大气折光误差的影响。

11.【A】高斯-克吕格投影，它是假设一个椭圆柱面与地球椭球体面横切于某一条经线上，按照等角条件将中央经线投影到椭圆柱面上，然后将椭圆柱面展开成平面而成的。

12.【C】正高是以大地水准面为基准面的高程，即地面点到大地水准面的铅垂距离，又称绝对高程或者海拔。珠峰高程属于海拔高，即正高。

13.【B】狭窄航道、锯齿形海岸，测深线应与水流成45°。

14.【D】海洋中声波的传播速度和海水介质的盐度、温度、压力有关，其中水温对声速影响最大。

15.【C】海洋工程地形测量的内容包括平面和高程控制测量、水位观测、海底地形测绘、海底微地貌测绘、海底表面障碍物探测、海岸和岛礁地形测绘。

16.【D】相邻两验潮站之间距离应满足最大潮高差不大于1m，最大潮时差不大于2h。

17.【D】*CB* 的象限角余角计算公式如下：$a=270°-[AB$ 方位角 $+B$ 点水平角（左角）$]=270°-(134°+89°)=47°$。

18.【A】用DJ2全站仪进行竖直角观测时，一测回水平方向标准偏差不大于1.0″，则当用DJ2全站仪进行竖直角观测，共观测四测回时，其中误差为±1.0″。

19.【C】土石方测量应根据需要确定其范围，并应在测量范围内采集高程数据和计算土石方量。高程数据可采用极坐标法和网格测量法进行采集，也可采用能满足精度要求的其他方法进行采集。

20.【D】采用悬挂钢尺代替水准尺的水准测量方法进行高程传递。钢尺应进行温度、尺长和拉力改正。多个投递点传递的标高较差符合规范要求时，取其平均值作为施工层的标高基准。

21.【D】桥梁施工平面控制测量一般采用三角形网、导线网、GNSS网。三角形网分为双三角形、大地四边形、双大地四边形等。

22.【B】城市首级高程控制网的等级不应低于三等，并应根据城市的面积大小、远景规划和路线的长短确定。各等高程控制网中相对于起算点的最弱点高程中误差不应大于0.02m。

23.【B】大气折射光差对高差改正符号为“-”，视线通过密度不同的大气层时发生连续折射，形成向下弯曲的曲线，实际照准的垂直角偏大，改正数“-”；地球曲率差对高差改正的符号为“+”，地球曲率差和距离有关，光路弯曲呈弧形，造成垂直角变小，故“+”。

24.【C】测距仪乘常数R指为了削弱电磁波频率与标准值的差值产生的比例误差所加的改正，主要来源于光电测距仪的频率偏离其标称值，故其变化主要与频率有关。

25.【B】一井定向方位传递的是平面坐标和方位角，和高程测量无关。仪器高测量误差对单重投点并没有影响，所以不会影响一井定向方位传递。

26.【B】抵偿高程面是指为使地面上边长的高斯投影长度改正与归算到基准面上的改正互相抵偿而确定的高程面。所以，选择抵偿高程面的目的是抵消高程投影改正与高斯投影改正。

27.【C】伪距星间求一次差，可以削弱和 GNSS 接收机有关的误差项，如接收机钟差。

28.【A】水平位移测量常用的观测方法有全站仪、GNSS、机械法、近景摄影测量、测斜仪、位移计、伸缩仪等方法。

29.【C】只需要知道两个公共点就可以通过四参数坐标转换模型求解四参数。三个平面公共点可以列出 $2\times3=6$ 条观测方程，通过最小二乘法求四参数。

30.【B】房产变更测量分为现状变更测量和权属变更测量。

31.【D】丘界线与房屋轮廓重合时表示丘界线，房屋轮廓线与权界线重合时表示权界线，权界线与丘界线重合时表示丘界线。

32.【C】阳台、挑廊、架空通廊的外围水平投影超过底板外沿的以底板水平投影为准。

33.【A】设两户的套内建筑面积分别为 x、y，套内建筑面积+分摊面积=建筑面积，列出方程 $x+20/2+50\times x/(x+y)=230$，$y+20/2+50\times y/(x+y)=340$，解得 $x=200$，$y=300$。

34.【B】地籍控制测量中，乡镇政府所在地应埋设一级以上的控制点的个数最少为 2 个。

35.【D】地籍区界线用紫色实线表示。

36.【D】地籍测量检查验收工作中，作业组之间应开展互相检查，内业检查率 100%。

37.【B】宗地编号代码共 5 层 19 位代码，权属类型代码第二位为宗地特征码，其中 A 表示集体土地所有权。

38.【A】拟定边界协议书不是边界测绘内容。

39.【D】两面型三立界桩设立在两省交界反映边界线走向具有重要意义的界河交叉口岸，该段边界线交叉口转折点即为边界点。

40.【B】像控点布设属于航外工作内容，和测绘航空摄影设计分析工作无关。

41.【C】相对航高=主距×航摄比例尺分母=0.2×20 000=4 000m，即相对航高在4 000m到8 000m 之间，绝对航高为 6 000~10 000m。

42.【A】飞行质量检查内容包括航摄过程中的倾斜角、旋偏角、弯曲度、航高保持，并要检查重叠度(旁向、航向)是否符合要求、摄区边界覆盖是否保证、图幅中心线和旁向图幅图廓敷设航线质量、构架航线质量、航摄漏洞补摄质量等，以及飞行记录。

43.【D】DLG 数据采集是采用人工作业为主的三维立体测图采集地形图要素。

44.【A】公共边宜以主要素为准采集一次，次要要素的公共边拷贝生成。

45.【A】航空摄影测量中，测量像控点工作和调绘工作分属不同的工作环节。

46.【D】立体模型的测图范围不应超出该模型测图定向点连线外 1.0cm(以像片比例尺计)，且离像片边缘不小于 1.5cm，自由图边的图上应测出图廓外 1.0cm。

47.【B】TIN 与 DEM(GRID)相比，其优点是能较好地顾及地貌特征点、线、面的表示，能够相对更精确地表示复杂地形表面。

48.【D】卫星运行周期是指卫星沿其轨道运行一周所需的时间；卫星重复周期是指卫星飞过地面同一位置所需时间；卫星的生命周期是指从升空到返回地球的时间。

49.【D】用二维矩阵表示数字航空影像时，像素灰度值是像元的属性值，与像元定位无关。

50. 【B】数字高程模型是通过规则格网点描述地面高程信息的数据集，用行列号表示格网点坐标，用格网属性表示高程。它只有地面地形的高程，没有地表物体的高程。
51. 【C】航摄影像成图时，影像上的地物要素原则上由内业定位、外业调绘定属性。
52. 【A】航测内业立体测图能够获取的地物必须在影像上有具像。
53. 【B】像片调绘属于航测外业工作。
54. 【D】DOM(数字正射影像图)、DEM(数字高程模型)、DRG(数字栅格地图)、DLG(数字线划图)简称4D产品。
55. 【C】主动式遥感指由遥感器向目标物发射一定频率的电磁辐射波，然后接收从目标物返回的辐射信息进行的遥感，如微波高度计、侧视雷达、激光雷达、干涉雷达等。
56. 【A】WorldView-3、高分1号、IKONOS、QuickBird全色波段影像空间分辨率分别是0.31m、2m、1m、0.61m。
57. 【B】量测相机能够提供内方位元素，而非量测型相机无法直接检校内方位元素。
58. 【A】地图印刷所用的纸张全开大小为787mm×1 092mm。
59. 【D】道路注记用雁行字列布置，当道路延伸方向与南图廓成45°和45°以下倾斜时，由左至右注记；成45°以上倾斜时，由上至下注记。
60. 【B】范围法用来表示间断分布的面状现象，行政区划要用质底法表示。
61. 【B】高斯-克吕格投影变形分布规律是在同一经线上，纬度越低变形越大；距离中央经线越远变形越大。
62. 【A】山峰等宽底符号的定位点在其底线中心。
63. 【D】地理信息数据是具有空间信息的数据。
64. 【A】Python是目前被广泛应用的编程语言之一，尤其在大数据和人工智能领域有广泛应用；JavaScript一种直译式脚本语言；C++语言多用于底层开发。
65. 【A】搭建系统原型不属于地理信息工程详细设计阶段的工作。
66. 【A】用网络分析中的资源分配(定位问题)，辅助选址。
67. 【A】SOA是一种软件系统松耦合，通过协议和标准接口把各独立功能实体进行网络业务集成。
68. 【D】白盒测试也称结构测试或逻辑驱动测试，只检查软件结构和逻辑是否符合要求，而不考虑功能，是穷举路径测试。
69. 【D】基础地理信息数据是作为统一的空间定位框架和空间分析基础的地理信息数据。地形图一般指国家基本比例尺全要素地图。
70. 【B】概念设计是对现实世界进行抽象，建立空间数据库系统模型和应用系统模型的过程，根据系统实体、实体属性、实体关系绘制空间E-R图概念模型。
71. 【A】泰森多边形特点是多边形内的任何位置离该多边形的样点(如居民点)的距离最近，离相邻多边形内样点的距离远，且每个多边形内含且仅包含一个样点。泰森多边形可用于定性分析、统计分析、邻近分析等。
72. 【B】地理实体空间数据以空间无缝、内容分层的方式组织，由图元表和实体表构成。
73. 【C】基本的空间关系有相离、相接、相交、重合、包含、覆盖，该图为相接关系。
74. 【B】数据库设计顺序：需求调查分析、概念设计、逻辑设计、物理设计。
75. 【B】无压缩的栅格数据按行列式编码，数据量大。

76.【C】雷达站，大型通信设施以及专用公路等都不能公开表示。
77.【C】C 项图中最右边路口下方双线道路通行箭头应表示。
78.【C】“天地图”地理信息公共服务平台分为国家、省区和市三级。
79.【B】地理信息公共服务平台的构成体系中，在线服务系统包括在线服务基础系统、门户网站系统、API(应用程序接口)与控件库(二次开发接口)三个层级的服务。
80.【C】公开地图位置精度不得高于 50m，等高距不得小于 50m，数字高程模型格网不得小于 100m。

二、多项选择题

81.【ACE】三、四等水准测量高差概略表编算时须加入标尺长度改正、正常水准面不平行改正、环闭合差改正。
82.【AB】减弱多路径影响的方法有：选择测站远离大面积水域、高层建筑和山坡等容易产生反射的地物设站、测站设在草地等吸收微波强的地方、设置抑径板扼流圈、延长观测时间等。
83.【ABD】三角测量是建立国家天文大地网的主要方法，在西藏等少数地区天文大地网的布设主要采用导线法。天文大地测量主要是指建立全国天文大地网即国家大地控制网一、二等控制网，由于加测了天文经纬度，所以称为天文大地网。
84.【BDE】海底地形图的基本比例尺为 1∶5 万、1∶25 万、1∶100 万，根据需要也可制作其他非基本比例尺的图幅。
85.【ACDE】《光学经纬仪检定规程》(JJG 414—2011)规定，照准部旋转不正确性属于刚购置经纬仪时需要检查的项目。
86.【ACE】地面两点间的斜距归算到高斯平面上，计算步骤为：计算两点平均高程面高程、斜距化为平均高程面的平距、将平距归算到椭球面、将椭球面距离归算到高斯平面。
87.【ACE】系统误差是由仪器的零点不准，仪器未调整好，外界环境(光线、温度、湿度、电磁场等)对测量仪器的影响等所产生的误差。读数误差和立尺不直误差都是偶然误差。
88.【ABD】建筑变形测量过程中发生下列情况之一时，应提高观测频率或增加观测内容：变形量或变形速率出现异常化；变形量或变形速率达到或超出变形预警值；开挖面或周边出现塌陷、滑坡；建筑本身其周边环境出现异常；由于地震、暴雨、冻融等自然灾害引起的其他变形异常情况。
89.【CDE】视准轴误差 C 指视准轴不正交于水平轴的误差，$2C$ 即 2 倍视准轴误差，一般指的是盘左盘右互差。瞄准误差、读数误差以及仪器误差都可能造成 $2C$ 超限。温度变化对仪器的三轴关系会带来影响，但单站一般不会有太大变化。
90.【ABDE】房产符号定位方式：圆形、矩形、三角形等几何图形符号，在其图形的中心。
91.【ACDE】军事设施用地属于特殊用地，其他都属于公共管理与公共服务用地。
92.【ABDE】界桩成果表内容有界桩点的平面坐标、高程、编号、备注。
93.【ABCE】新改装飞机、新编成机组，正式作业前应试飞试摄，每年正式作业前(包括新购进的、检修后的和油封后重新启用的航摄仪)应试摄。

94.【ABCD】现代小卫星具有很多优点，如成本低、重量轻、体积小、研制周期短、发射方式灵活。

95.【BCD】影响 DEM 精度的因素主要有特征点数据的精度、格网间距、内插计算方法等。

96.【BD】立体像对相对定向建立的立体几何模型空间方位和比例尺是任意的，不需要地面控制点进行绝对定向。相对定向通过消除标准点位上的同名像点的上下视差完成，其处理的坐标系为像空间辅助坐标系。

97.【BCD】需求调研报告中系统性能需求有数据精确性、时间特征、系统变化适应力等内容。

98.【ABC】DEM 数字地形分析，主要内容有是提取描述地形属性和特征因子和 DTM 可视化分析。

99.【ABCE】地图产品质量按内容质量、编校质量、设计质量、印刷装订质量进行评定。

100.【BC】省级地理信息公共服务平台数据 1∶5 000 和 1∶1 万。

(四)2021年注册测绘师资格考试测绘综合能力仿真试卷与参考答案及解析

一、单项选择题(每题1分，每题的备选选项中，只有一项符合题意。)

1. 下列坐标系中，所采用的地球椭球长半径为6 378 140m的是(　　)。

A. 1954北京坐标系　　B. 1980西安坐标系

C. WGS-84坐标系　　D. 2000国家大地坐标系

2. 下列性质中，属于高斯-克吕格投影特点的是(　　)。

A. 保持面积不变　　B. 保持长度不变

C. 保持角度不变　　D. 保持方位不变

3. 过地面一点的铅垂线和法线之间的夹角称为(　　)。

A. 子午线收敛角　　B. 垂线偏差

C. 磁偏角　　D. 大地方位角

4. 现行规范规定，编写测绘技术设计书时，下列依据中属于设计输入的是(　　)。

A. 作业方法　　B. 设计书附图

C. 生产进度安排　　D. 适用的国家技术标准

5. 在水准测量中，以下措施可以削弱水准仪i角误差影响的是(　　)。

A. 保持测段内测站数为偶数　　B. 保持前后视距基本相等

C. 采用前—后—后—前顺序观测　　D. 采用后—前—前—后顺序观测

6. 一、二等水准路线中进行重力测量的目的是(　　)。

A. 高程异常改正　　B. 重力水平梯度

C. 重力垂直梯度　　D. 重力异常改正

7. 为求定GPS点在某一参考坐标系中的平面坐标，应与该参考坐标系中的原有控制点联测，联测的点数不得少于(　　)个点。

A. 1　　B. 2

C. 3　　D. 4

8. 水平角观测中，应使各测回变换度盘位置，目的是减少(　　)的影响。

A. 度盘分划误差　　B. 照准误差

C. 调焦误差　　D. 垂直轴倾斜误差

9. 已知GPS测定某点的大地高中误差为±6mm，水准测定该点的高程误差为±8mm，则利用GPS水准计算该点的高程异常中误差为(　　)mm。

A. ±6　　B. ±8

C. ±10　　D. ±14

10. 某大地控制网如图所示，共G01、G02、G03、G04四个控制点，其中，G01、G02为已知点，其他为待定点，共观测6个测段，则该图形能列出的条件方程数量是

(　　)个。

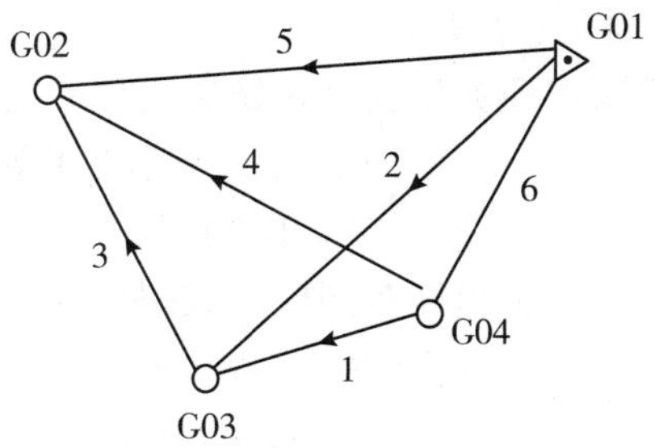

A. 3　　B. 4
C. 5　　D. 6

11. 使用数字水准仪进行二等水准测量，前后视距差不应大于(　　)m。
A. 0.5　　B. 1.5
C. 10　　D. 15

12. 下列检核方法中，能够检核 GNSS 大地控制网起算数据正确性的是(　　)。
A. 异步环检核　　B. 同步环检核
C. 无约束平差　　D. 约束平差

13. 下列图幅尺寸中，属于海道测量中水深测量标准图幅尺寸的是(　　)。
A. 40cm×50cm　　B. 50cm×50cm
C. 70cm×100cm　　D. 100cm×100cm

14. 现行规范规定，下列精度指标中，可以说明 GPS 网平差结果满足规范要求的是(　　)。
A. 同步环闭合差小于限差　　B. 异步环闭合差小于限差
C. 复测基线长度较差小于限差　　D. 最弱边相对中误差小于限差

15. 采用多波束系统水深测量时，进行多波束参数校正不需要(　　)。
A. 导航延迟校准　　B. 转速校准
C. 横摇校准　　D. 纵摇校准

16. 现行规范规定，短期验潮站一般应有(　　)天以上连续观测的水位资料。
A. 15　　B. 30
C. 45　　D. 60

17. 采用 DJ2 经纬仪对某方向进行观测，观测结果的精度要求为 1.0″，则观测(　　)测回可满足要求。
A. 2　　B. 4
C. 6　　D. 8

18. 下列因素中，建立城市独立平面坐标系不需考虑的是(　　)。
A. 中央子午线　　B. 城市坐标原点
C. 投影面高程　　D. 高程异常

19. 民用建筑工程竣工测量的内容不需要测量的是(　　)。
A. 测定建筑物各主要角点平面坐标
B. 测定建筑物各套房屋套内建筑面积

C. 测定零层高程和主体房顶高程

D. 测定建筑物各主要角点高程

20. 水准测量中每测段应采用偶数站，这种做法的目的是可以削弱(　　)。

A. 水准仪 i 角误差　　B. 对标尺零点不等差

C. 水准仪沉降　　D. 水准尺沉降

21. 下列质量元素中，不属于工程控制网成果数据质量检查项的是(　　)。

A. 设计方案　　B. 观测质量

C. 计算质量　　D. 数学精度

22. 从已知高程点，经过 4 个测站水准测量测定未知点高程，设已知点的高程中误差为 8mm，每测站高差测量中误差为 2mm，则未知点的高程中误差为(　　)mm(结果取至整数)。

A. ±9　　B. ±10

C. ±12　　D. ±16

23. 水准测量中，当构成水准网的水准环超过 20 个时，还需按环线闭合差计算(　　)。

A. 环线高差闭合差　　B. 往返较差闭合差

C. 每千米高差全中误差　　D. 每千米高差偶然中误差

24. 下列变形监测方法中，建筑物倾斜监测一般不采用的是(　　)。

A. 全站仪投点法　　B. 水平角观测法

C. 前方交会法　　D. 后方交会法

25. 在地面上测量两点间的水平距离为 1km，两点的平均高程为 64m，则该边长归算到椭球面上会(　　)。

A. 减少 2.0cm　　B. 减少 1.0cm

C. 增加 2.0cm　　D. 增加 1.0cm

26. 下列误差中，通过 GNSS 站间求差的方式可以削弱的是(　　)。

A. 卫星钟差　　B. 对中误差

C. 接收机钟差　　D. 多路径误差

27. 变形监测中，沉降基准点的布设与建筑物的(　　)有关。

A. 高度　　B. 地基深度

C. 长度　　D. 宽度

28. 理论上，不影响全站仪的水平视准误差($2C$)的轴线是(　　)。

A. 视准轴　　B. 水准管轴

C. 横轴　　D. 纵轴

29. 一、二等水准测量中，用于作为转点尺承的尺桩或尺台至少不能少于(　　)个。

A. 2　　B. 3

C. 4　　D. 5

30. 房屋调查与测绘的基本单元是(　　)。

A. 幢　　B. 层

C. 套　　D. 间

31. 下列关于房产图上门牌号和幢号的说法，正确的是(　　)。
A. 门牌号标注在房屋轮廓线内实际开门处
B. 门牌号标注在房屋轮廓线内中心位置
C. 幢号标注在房屋轮廓线内右下角
D. 幢号标注在房屋轮廓线内中心位置

32. 房产测量中，下列建筑附属物不计算建筑面积的是(　　)。
A. 楼房内管道井　　B. 楼顶露天泳池
C. 有顶未封闭阳台　　D. 无顶室外楼梯

33. 甲乙两单位共建房屋，双方约定配电室面积 $20m^2$ 平均共有，其他共有面积 $50m^2$ 无特殊约定正常分摊。计算两单位套内建筑面积分别 $200m^2$、$300m^2$，则房产建筑面积分别为(　　)。
A. $210m^2$、$310m^2$　　B. $240m^2$、$360m^2$
C. $248m^2$、$372m^2$　　D. $230m^2$、$340m^2$

34. 根据现行土地利用分类标准，下列土地类型中，第三次全国国土调查不调查的是(　　)。
A. 耕地　　B. 林地
C. 湖泊　　D. 各宅基地界线

35. 集体土地确权中，两个区没有明确归属的区域通常称为(　　)。
A. 流转地　　B. 破宗地
C. 插花地　　D. 共用宗地

36. 根据《第三次全国土地调查实施方案》，建设用地和设施农用地图斑最小调查上图面积是(　　)m^2。
A. 50　　B. 200
C. 600　　D. 800

37. 宗地代码采用五层 19 位层次码结构，其中第五层代表的是(　　)。
A. 宗地顺序号　　B. 土地权属类型
C. 地籍子区号　　D. 县级行政区划代码

38. 下列关于边界点的说法中，不正确的是(　　)。
A. 边界点在界线两侧　　B. 边界点有明确固定位置
C. 边界点是地物点　　D. 边界点可确定边界线走向

39. 省级行政区域界线测量工作中，同号三立界桩的类型码分别用(　　)。
A. A、B、C　　B. B、C、D
C. C、D、E　　D. D、E、F

40. 按航摄仪检定要求，下列情况中，航测仪无须检定的是(　　)。
A. 距前次检定时间超过 2 年　　B. 快门曝光次数超过 10 000 次
C. 航摄仪经过大修　　D. 航摄仪受到剧烈震动

41. 航摄实施前，应进行测绘航空摄影准备的工作是(　　)。
A. 航高保持　　B. 航摄系统设备工作状态检查
C. 航线布设　　D. 航摄漏洞补摄

42. 航空摄影中，在航摄仪成像面上的地物构像产生的影像位移 $\delta = \frac{W \cdot t}{m}$，最大容许像移值≤0.04mm 时，$m$ 指的是(　　)。

A. 最高地形点航摄比例尺分母　B. 平均地面高程航摄比例尺分母

C. 成图比例尺分母　D. 航摄高度

43. 下列遥感卫星影像中，可以满足 1∶1 万成图精度要求的是(　　)。

A. 高分 1 号　B. 高分 2 号

C. 高分 3 号　D. 高分 4 号

44. 地图编绘工作中，若注记和符号发生冲突，应该(　　)。

A. 移动符号　B. 移动注记

C. 缩小符号　D. 缩小注记

45. 下列地形地物要素中，可作为航测像片平面控制点的是(　　)。

A. 圆山顶　B. 弧形地物

C. 围墙拐点　D. 山区鞍部

46. 下列特征中，无法提高遥感影像解译分类精度的是(　　)。

A. 纹理特征　B. 坡度

C. 像素坐标　D. 坡向

47. 数字摄影测量不需要应用的技术是(　　)。

A. 影像相关　B. 像片扫描

C. 影像镶嵌　D. 影像匀色

48. 航测法生产地形图时，若采用全野外布点法，无须进行的作业步骤是(　　)。

A. 像控点测量　B. 立体测图

C. 外业调绘　D. 空中三角测量

49. 摄影测量工作中，下列外业控制点无法进行立体模型绝对定向的是(　　)。

A. 三个平高点　B. 两个平高点和一个高程点

C. 两个平面点和三个高程点　D. 四个平面点

50. 下列关于机载侧视雷达的特征说法中，错误的是(　　)。

A. 采用斜距投影的方式成像

B. 雷达影像色调与地物表面粗糙度有关

C. 侧视雷达成像是一种被动式测量方式

D. 雷达影像上会出现山体前倾重影现象

51. 下列技术环节中，不属于生产数字正射影像图工作内容的是(　　)。

A. DEM 采集　B. 数字微分纠正

C. 像片调绘　D. 影像镶嵌

52. 下列检查方法中，无法用于评定数字正射影像图 DOM 精度的是(　　)。

A. 野外测量检测　B. 与地形图套合

C. 与 DEM 套合　D. 与已有 DOM 套合

53. 全色波段的成像波段范围属于电磁波中的(　　)。

A. 远红外　　　　B. 可见光

C. 紫外　　　　D. 近红光

54. 下列影像数据格式中，数字正射影像图一般不选用的存储格式是(　　)。

A. ERDASIMG　　　　B. GeoTIFF

C. TIFF 与 TFW 的组合　　　　D. BMP

55. 下列检查内容中，不属于摄影测量内业成果质量检查项的是(　　)。

A. 像控点刺点精度　　　　B. 模型接边

C. 地形图接边　　　　D. 地物丢漏

56. 1∶500 地形图上，比高一般注记至(　　)m。

A. 0.001　　　　B. 0.01

C. 0.1　　　　D. 1

57. 遥感卫星“GeoEye-1”的波段数是(　　)。

A. 3　　　　B. 4

C. 5　　　　D. 7

58. 进行某地图集编绘时，一共设计 240 页，开本是 8 开，采用正度全开纸印刷，则一共需要(　　)个印张。

A. 60　　　　B. 30

C. 15　　　　D. 10

59. 在 1∶500 基本比例尺地形图中，用来表示棚房的是(　　)。

A. 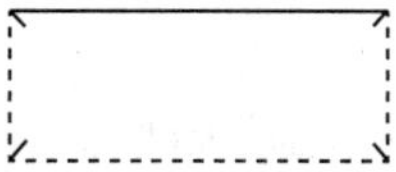

B. 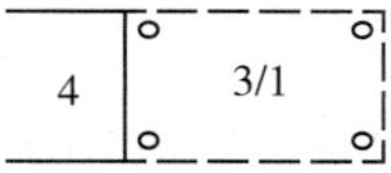

C. 

D. 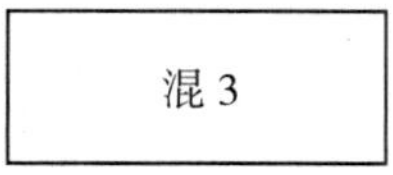

60. 下列关于地图拼接的方法中，错误的是(　　)。

A. 地图拼接包括图廓拼接和重叠拼接两种方式

B. 地图拼接一般采用上压下、左压右的方式

C. 地形图通常采用图廓拼接的设计方式

D. 重叠拼接方式不可用于经纬度分幅地图

61. 地图的基本特性之一“一览性”是指(　　)。

A. 地图具有地图投影、比例尺和定向等数学基础

B. 地图用符号通过一定的法则对地面物体进行抽象

C. 通过制图综合，用概括和选取的手段突出地理事物的分布规律

D. 实体形体小而又非常重要的目标可设置单独的符号表示

62. 一幅 1∶25 万比例尺地形图可以分成(　　)幅 1∶10 万比例尺地形图。

A. 4　　　　B. 9

C. 16　　　　D. 36

63. 下列功能中，不适合采用 DEM 数据在空间分析中应用的是(　　)。

A. 通视分析　　B. 流域范围提取
C. 缓冲区分析　　D. 地形坡度坡向计算

64. 下列检查项中，不属于入库数据检查内容的是(　　)。
A. 平面精度检查　　B. 标识码唯一性检查
C. 接边检查　　D. 字段定义一致性检查

65. 下列说法中，不属于实体对象所具有的拓扑描述的是(　　)。
A. 国界不能有悬挂点　　B. 等高线不能相交
C. 道路可用线性符号表示　　D. 标识点必须落在多边形内

66. 下列服务内容中，不属于智慧城市公共信息平台服务范畴的是(　　)。
A. 计算服务　　B. 知识服务
C. 接口服务　　D. 通信服务

67. 下列模型中，属于数据库逻辑结构设计阶段的是(　　)。
A. 关系模型　　B. E-R 模型
C. CMM 模型　　D. 瀑布模型

68. 下列功能中，不属于 GIS 系统基本功能的是(　　)。
A. 数据采集输入　　B. 数据编辑与更新
C. 空间查询与分析　　D. 决策指挥

69. 下列数据格式中，不属于三维模型数据格式的是(　　)。
A. OBJ　　B. OSGB
C. 3DS　　D. ShapeFile

70. 国际开发地理空间联盟(OGC)标准中，在网络上以“覆盖”栅格数据形式共享地理空间数据的规范是(　　)。
A. WMS　　B. WPS
C. WFS　　D. WCS

71. 面向对象数据库的索引技术中，能够快速高效进行数据查询的是(　　)。
A. 网格索引　　B. KDB 索引
C. R-tree 索引　　D. B-tree 索引

72. 下列文件资料中，不属于 GIS 工程项目验收依据的是(　　)。
A. 项目招投标文件　　B. 相关标准规范
C. 承接方内部测试文档　　D. 项目需求分析报告

73. 下列测试检查项，不属于 GIS 系统试运行测试内容的是(　　)。
A. 测试时间　　B. 测试数据
C. 测试的硬件环境　　D. 测试的软件环境

74. 与规则格网相比较，不规则三角网表达 DEM 的最显著特点是(　　)。
A. 平坦地区数据冗余小　　B. 数据结构简单
C. 可计算等高线　　D. 地形表达直观易读

75. 输入图形 A、B、C 如下图，进行合并叠加分析后输出的图形是(　　)。

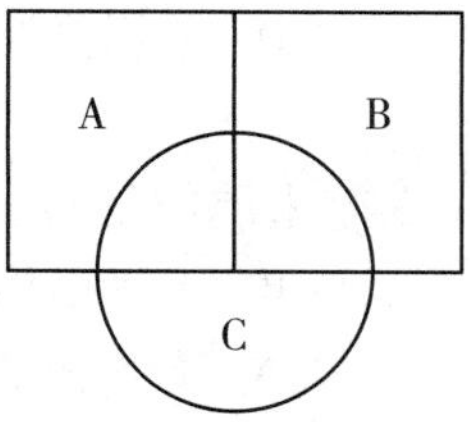

A. 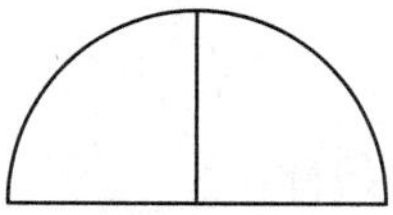

B. 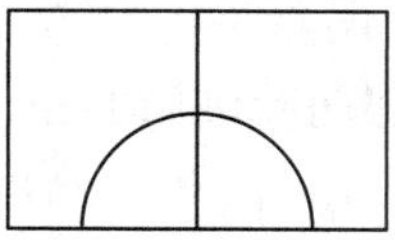

C. 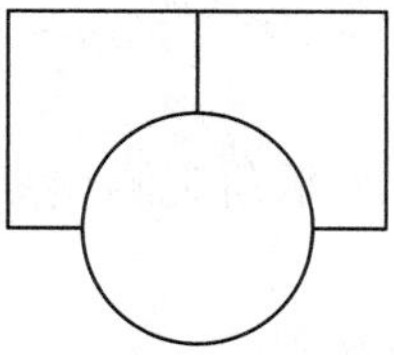

D. 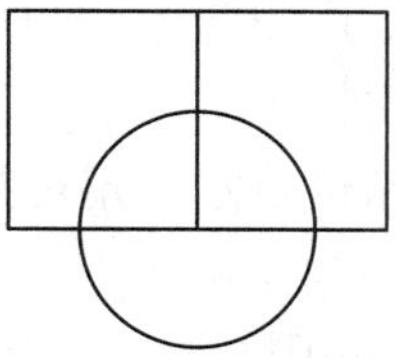

76. 下列识图标识中，不属于导航定位产品地图画面必须显示的是(　　)。

A. 有方位指向的位置光标　　B. 地图指北针

C. 地图图例　　D. 图解比例尺或滑动比例尺

77. 1∶5 000 比例尺导航电子地图注记符号的尺寸是(　　)。

A. 8×8 像素　　B. 16×16 像素

C. 32×32 像素　　D. 64×64 像素

78. 下列软件系统组成部分中，属于地理信息公共服务平台基础的是(　　)。

A. 数据集　　B. 管理交换系统

C. 在线服务系统　　D. 支撑环境

79. 下列应用需求中，应用程序编程接口(API)属于网络地理信息的(　　)功能。

A. 数据下载　　B. 二次开发

C. 地图浏览　　D. 信息查询

80. 地理信息公共服务平台电子地图第 20 级的显示比例尺是(　　)。

A. 1∶564.25　　B. 1∶1 128.50

C. 1∶500　　D. 1∶1 000

二、多项选择题(每题 2 分。每题的备选选项中，有 2 项或 2 项以上符合题意，至少有 1 项是错项。错选，本题不得分；少选，所选的每个选项得 0.5 分。)

81. 我国 2020 年珠峰高程测量运用到的测绘技术有(　　)。

A. GNSS 测量　　B. 水准测量

C. 重力测量　　D. 三角高程测量

E. 激光准直测量

82. 三角高程测量中，能有效提高观测精度的方法有(　　)。

A. 对向观测垂直角　　B. 采用微倾螺旋法

C. 提高观测视线高度　　D. 采用全圆观测法

E. 选择有利观测时间

83. 下列误差中，属于 GPS 测量误差来源的是(　　)。

A. 卫星钟差　　B. 大气传播误差

C. 接收天线定向误差　　D. 多路径效应产生的误差

E. 似大地水准面的误差

84. 现行规范规定，相邻两验潮站的布设应满足的要求有(　　)。

A. 最大潮差不大于 1m　　B. 满足 GNSS 观测条件

C. 最大潮时差不大于 2h　　D. 地质结构基本一致

E. 潮汐性质基本相同

85. 利用全站仪在某测站进行水平角观测，下列情况中，水平角观测误差超限时需要重测该测回的是(　　)。

A. 上半测回归零差超限　　B. 下半测回归零差超限

C. 零方向测回差超限　　D. 零方向 2C 较差超限

E. 重测方向数大于等于所测方向总数的 1/3

86. 下列操作中，数据解算时对 GNSS 短基线解算结果会产生影响的是(　　)。

A. 改变仪器高　　B. 选择不同对流层模型

C. 改变卫星截止高度角　　D. 采用不同时间长度计算

E. 删除某颗卫星数据

87. 下列资料中，属于建筑变形监测项目技术设计编写依据的是(　　)。

A. 项目委托方要求　　B. 规划审批文件

C. 建筑类型说明　　D. 岩土工程勘察报告

E. 地基基础和建筑结构设计文件

88. 工程控制测量测定距离时，下列因素中，与测距仪加常数有关的是(　　)。

A. 测距仪对中误差

B. 棱镜对中误差

C. 温度、气压变化

D. 测距仪距离起算中心与安置中心不一致

E. 棱镜有效反射面与安置中心不一致

89. 下列检查项中，属于精密光学水准仪作业前检查内容的是(　　)。

A. 圆水准器的检校　　B. 调焦透镜运行误差的测定

C. i 角检校　　D. 光学测微器隙动差和分化值的测定

E. 视距常数的测定

90. 下列情况房产测绘成果中，属于现状测绘质量有问题的是(　　)。

A. 成果总建筑面积与规划许可总建筑面积不符

B. 建筑物分摊后幢总建筑面积与分摊前幢总建筑面积不符

C. 成果图上建筑物外轮廓与建筑物自然状况不符

D. 成果中各分户面积较房屋预售面积普遍相差 3%以上

E. 房屋内未有权属界线分隔的部位在成果中按有分隔显示

91. 根据现行土地利用分类标准，下列用地类型中，属于商服用地的有(　　)。
A. 批发市场用地　　B. 餐饮用地
C. 旅馆用地　　D. 仓储用地
E. 娱乐用地

92. 下列测绘成果中，属于边界测绘成果的是(　　)。
A. 边界协议书附图　　B. 界桩位置略图
C. 边界地形图　　D. 边界情况图
E. 边界主张线图

93. 摄影测量时，需满足航摄技术的基本要求有(　　)。
A. 航摄比例尺的选择　　B. 航片控制点布设要求
C. 太阳高度角选择　　D. 摄区内地形高差要求
E. 影像增强要求

94. 下列因素中，会对地物波谱反射率造成影响的有(　　)。
A. 太阳高度角　　B. 季节
C. 地物所处地理位置　　D. 反射形式
E. 地物本身的变异

95. 国家基本比例尺地形图中地形类别包括(　　)。
A. 平地　　B. 坡地
C. 丘陵地　　D. 山地
E. 高山地

96. 解析空中三角测量，按平差中所采用的数学模型可分为(　　)。
A. 航带法　　B. 独立模型法
C. 光束法　　D. 数字微分法
E. 光学机械模拟法

97. GIS 详细设计时，软件用户界面设计原则包括(　　)。
A. 便于用户控制软件运行　　B. 减少用户记忆负担
C. 保持用户交互一致性　　D. 强调用户安全管理
E. 利于系统移植

98. 下列空间要素特性中，属于空间关系质量元素的有(　　)。
A. 面要素的闭合性
B. 点要素的精度
C. 乡镇权属界线与其所属村界的包含性
D. 空间要素标识码的唯一性
E. 主要河流与其支流的连通性

99. 下列地图表示方法中，可以用来表示海底地貌的是(　　)。
A. 水深注记法　　B. 等深线法
C. 运动线法　　D. 晕渲法
E. 分层设色法

100. 下列空间数据质量描述要素中，可用于评定数据质量的指标有(　　)。

A. 分辨率　　B. 比例尺
C. 误差椭圆　　D. 周期性
E. 空间投影

参考答案及解析

一、单项选择题

1.【B】常见坐标系采用的基本常数椭球长半轴如下表：

常见坐标系采用的基本常数椭球长半轴

椭球基本常数	2000 国家大地坐标系	1980 西安坐标系	WGS-84 坐标系	1954 北京坐标系
椭球长半轴 a	6 378 137m	6 378 140m	6 378 137m	6 378 245m

2.【C】高斯-克吕格投影是等角投影。
3.【B】垂线偏差是指同一测站点上铅垂线与椭球面法线之间的夹角，也是地面点的垂线方向同正常重力方向之间的夹角。
4.【D】适用的国家技术标准属于设计输入所包含的内容之一。
5.【B】削弱 i 角误差影响的方法：用前后视距等长或使用数字水准仪的自动改正。
6.【D】一、二等水准路线中进行重力测量的目的是为水准测量成果进行重力异常改正。
7.【B】求定 GPS 点在某一参考坐标系中的平面坐标，采用二维转换模式选取 2 个及 2 个以上的重合点即可实现转换。
8.【A】度盘分划误差的削弱措施：①对于分划偶然误差，只要在度盘的多个位置上进行观测就可减弱。②对于长周期误差，按其周期性的特点，将观测的各测回均匀地分布在一个周期内(即度盘的全周)，取各测回观测值的中数，即可减弱或消除其影响。
9.【C】由计算公式 $H_{大地}=H_{正}+N=h_{正常}+\delta$，后由误差传播定律计算。
10.【B】每个多余观测量可以列出一个条件方程，多余观测量 $r=n-t$，其中 n 为总观测量，t 为必要观测量，本题中 $n=6$，$t=2$，得到 $r=4$。
11.【B】使用数字水准仪进行二等水准测量，前后视距差不应大于 1. 5m。
12.【D】约束平差是设定已知点，将平差结果进行强制性符合，可检验约束条件的质量。
13.【C】水深测量标准图幅规格有 50cm×70cm、70cm×100cm、80cm×110cm 三种规格。
14.【D】各级 GPS 网采用中误差作为精度的技术指标，以 2 倍的中误差作为极限误差。GPS 网质量评定主要通过基线向量改正数、相邻点的中误差和相对中误差来体现。
15.【B】多波束参数校正通常有导航延迟、横摇、纵摇和艏偏校正。
16.【B】短期验潮站用于补充长期验潮站的不足，与长期验潮站共同推算确定测区的深度基准面，一般应有 30 天以上连续观测的水位资料。
17.【B】设观测 N 次可使观测精度为 1. 0″；则：$\bar{L}=\frac{1}{L_1}+\frac{1}{L_2}+\cdots+\frac{1}{L_N}$，每方向一测回观测

中误差 $\sigma = 2$，则 $\sigma_L = \frac{1}{\sqrt{N}}\sigma = 1$，解得：$N=4$。

18.【B】建立城市独立平面坐标系需使投影变形在 2.5cm/km 以内，主要与中央子午线、投影面、边长的高程归化、边长的高斯投影改化等有关系，与城市坐标原点的设立无直接关系。

19.【B】民用建筑工程竣工测量不需要测量建筑物各套房屋套内建筑面积。

20.【B】测站数设置成偶数个的目的是抵消对标尺零点差。如果两支水准尺数值不相等，偶数测站的水准测段能抵消，而在奇数测站的测段中就会引起零点误差。

21.【A】工程控制网成果质量检查项主要有数据质量、点位质量、资料质量。其中，数据质量包括数学精度、观测质量、计算质量。

22.【A】$m = \sqrt{8^2 + (\sqrt{4} \times 2)^2} = \sqrt{64 + 16} = \sqrt{80} = 8.94 \approx 9\text{mm}$。

23.【C】当构成水准网的水准环超过 20 个时，还需按环线闭合差计算每千米水准测量的全中误差。

24.【D】测量建筑物倾斜的方法主要有：投点法、测水平角法、前方交会法、激光铅直仪法、垂吊法、倾斜仪法和差异沉降法等方法。

25.【B】若以平均高程面作投影面，当范围不大，可以用球代替椭球；球半径采用地球平均半径。计算公式为：由：$S = D - \frac{1}{2}\frac{h^2}{D}$ 得：$\mathrm{d}h = -\frac{S}{h}\mathrm{d}S$，即减少 1.0cm。

26.【A】通过 GNSS 站间求差的方式可以削弱卫星钟差。

27.【B】沉降基准点应布设在变形影响区域外稳定可靠的位置，并且基点要定期与远离建筑物的高等级水准点联测，以检核其本身的稳定性。

28.【D】视准轴不垂直于横轴便产生视准误差 $2C$，主要影响水平方向观测值。

29.【C】一、二等水准测量中，用于作为转点尺承的尺桩或尺台至少不能少于 4 个，要求在观测前预先安置好尺桩或尺台。

30.【A】幢是房屋调查与测绘的基本单元。

31.【A】《房产图图式》规定，幢号标注在该幢房屋轮廓线内左下角，外加括号；房产权号、房产共有权号标注在幢号右侧与幢号并列；门牌号标注在房屋轮廓线内实际开门处。

32.【B】楼顶露天泳池不计算建筑面积。

33.【D】两户的套内建筑面积分别为 200、300，套内建筑面积+分摊面积=建筑面积，列出方程 200+20/2+50×200/(500)= 230，300+20/2+50×300/(500)= 340。

34.【D】各宅基地界线不在第三次全国国土调查土地利用分类中。

35.【C】插花地又称飞地、嵌地，两个区没有明确归属的区域。两个或两个以上单位因地界互相穿插或分割而形成的零星分布的土地。

36.【B】建设用地和设施农用地实地面积超过 200m^2 的需调查上图；农用地(不含设施农用地)实地面积超过 400m^2 的需调查上图；其他地类实地面积超过 600m^2 的需调查上图，荒漠地区可适当降低精度，但不得低于 $1\,500\text{m}^2$。

37.【A】宗地代码采用五层 19 位层次码结构，按层次分别表示县级行政区划、地籍区、地籍子区、土地权属类型和宗地顺序号。

38.【A】边界点：在界线上，实地选取一定数量能够确定边界线走向、有明确固定位置、可在地形图上准确判读的地物点（包括界桩点）。

39.【C】省级行政区域界线，同号三立界桩的类型码分别用 C、D、E 表示。

40.【B】凡有下列情况应进行检定：①距前次检定时间超过 2 年；②快门曝光次数超过 20 000次；③经过大修或是主要部件更换以后；④在使用或运输过程中产生剧烈震荡以后。

41.【B】航摄系统设备工作状态检查属于航摄准备工作，其他属于实施航摄过程中的工作。

42.【A】在同一像幅内，像移值不是常数，根据最大像移值，求得最大容许曝光时间，此时 m 指的是最高地形点航摄比例尺分母。

43.【B】高分二号卫星的空间分辨率优于 1m，同时还具有高辐射精度、高定位精度和快速姿态机动能力等特点，最大成图比例尺为 1∶1 万，高分 1 号最大成图比例尺为 1∶2.5 万。

44.【B】地图符号有定位精度，地图注记只要放置合适位置即可。

45.【C】平面控制点的刺点目标，应选在影像清晰，能够准确刺点的目标上，以保证平面位置的准确量测。一般选线状地物的交点和地物拐角上，弧形地物和阴影不能做刺点目标。

46.【C】遥感影像解译通常通过像片上所反映出来的目标的形状、大小、色调（或色彩）、阴影、纹形图案、位置布局及活动等来识别地物性质，而像素坐标与影像解译无关。

47.【B】数字摄影测量是利用数字（数字化）影像完成摄影测量作业，无须进行像片扫描。

48.【D】采用全野外布点法，无须在室内进行控制点加密，故不需要空中三角测量。

49.【D】绝对定向需要借助地面控制点来进行，需要两个平高点和一个高程点列出七个变换参数。

50.【C】侧视雷达成像是一种主动式测量方式。

51.【C】数字正射影像图是对航空航天像片进行数字微分纠正和镶嵌，按一定图幅范围裁剪生成的数字正射影像集，无须进行像片调绘。

52.【D】数字正射影像图（DOM）的精度检查采用以下几种方法：①野外检测；②与等高线图（DEM）或线划地图（DLG）套合后进行目视检查；③对每个立体像对分别由左影像和由右影像制作同一地区的两幅正射影像（DOM），然后量测两幅正射影像上同名点的视差进行检查。

53.【B】全色波段，是指 0.5μm 到 0.75μm 的单波段，即从绿色往后的可见光波段。

54.【D】数字正射影像图成果具有坐标信息，BMP 文件存储数据时，图像的扫描方式是按从左到右、从下到上的顺序，无坐标信息。

55.【D】地物丢漏属于像片调绘成果质量元素地理精度（主要检查地物、地貌调绘的全面性、正确性），为外业成果质量检查项。

56.【C】1∶500~1∶2 000 大比例尺地形图图式中 3.5.7 规定，符号旁的宽度、深度、比高等数字注记，一般标注至 0.1m。

57.【B】GeoEye-1 卫星 0.41m 全色分辨率和 1.65m 多谱段分辨率拍摄获取影像，共 4 个波段。

58.【B】印张=页码/开本=240/8=30 印张，故需要 30 个印张。

59.【A】1：500 基本比例尺地形图中，用来表示棚房的是图 A。

60.【D】重叠拼接方式可用于经纬度分幅地图。

61.【C】地图的一览性是指通过制图综合，用概括和选取的手段突出地理事物的分布规律。

62.【B】每幅 1：25 万地形图的分幅为经差 1°30′、纬差 1°，每幅 1：10 万地形图的分幅为经差 30′、纬差 20′。

63.【C】DEM 可以进行坡向、坡度、填挖方、山体阴影、曲率计算，进行流域范围提取，进行等值线、等值线序列、视域、视点等分析。

64.【A】入库数据检查主要是针对数据进行空间和属性的检查，包括图形数据、属性数据、数据接边情况检查。具体检查内容有①图形检查：点、线、面要素检查，图形一致性(拓扑)检查；②属性检查：字段非空、字段唯一检查，图形属性一致性检查和数据整理检查。

65.【C】拓扑描述的是地理对象的空间位置关系——相邻、重合、连通等，国界不能有悬挂点(点—线)、等高线不能相交(线—线)、标识点必须落在多边形内(点—面)等是拓扑描述。

66.【D】智慧城市公共信息平台不提供通信服务。

67.【A】逻辑设计阶段的任务是设计数据库的逻辑结构，将概念结构转换为某个 DBMS 所支持的数据模型(如关系模型)，并对其进行优化。

68.【D】决策指挥是 GIS 的空间分析能力提供的辅助支持服务，并非 GIS 系统的基本功能。

69.【D】三维模型数据格式有：OSGB(二进制存储的、带有嵌入式链接纹理数据)、OBJ(很适合用于 3D 软件模型之间的互导)、STL(STL 文件格式是一种为快速原型制造技术服务的三维图形文件格式)、3DS(3ds Max 建模软件的衍生文件格式)。

70.【D】WCS 是在网络上以“覆盖”栅格数据形式共享地理空间数据的规范，使用通用的栅格格式返回地理位置的值和属性。

71.【D】B-Tree 索引能够加快访问数据的速度，因为存储引擎不再需要进行全表扫描来获取需要的数据；B-Tree 对索引是顺序组织存储的，所以很适合查找范围数据；B-Tree 通常可以支持“只访问索引的查询”，即查询只需要访问索引，而无须访问数据行。

72.【C】验收主要依据的是项目合同文件、项目需求说明书及其变更材料及相关标准规范等。

73.【A】系统试运行是使硬件、软件、数据能协调地工作而进行的一种测试。

74.【D】不规则三角网(TIN)能灵活地随地形的复杂程度而改变格网单元大小，能按地形特征点线如山脊点、山谷线、地形变化线等表示地形特征。

75.【D】叠加分析方法“合并”输出图层为保留原来图层的所有图形。

76.【C】地图图例无须在导航定位产品地图画面上显示。

77.【A】注记符号分为两种尺度：8×8(像素)的符号在小于或等于1：5 000比例尺下显示，

16×16(像素)的符号在大于或等于1∶2 000比例尺下显示。

78.【A】公共服务平台由数据集、管理服务软件系统和支撑环境三部分构成。数据集是公共平台建设中的核心内容。

79.【B】应用程序编程接口(API)通过预先定义的函数向开发人员提供基于在线服务资源的基本功能。

80.【A】电子地图第 20 级的显示比例尺是 1∶564.25。数据源比例尺是 1∶500 或 1∶1 000。

二、多项选择题

81.【ABCD】珠峰高程测量综合运用 GNSS(全球导航卫星系统)卫星测量、水准测量、三角高程测量、雪深雷达测量，重力测量，天文测量，卫星遥感、似大地水准面精化和实景三维建模等多种传统和现代测绘技术。

82.【ACE】根据垂直折光的性质和折光系数变化规律，可采取选择有利观测时间、对向观测、提高观测视线高度和利用短边传算高程等措施，减弱大气垂直折光的影响，提高观测精度。

83.【ABCD】GPS 测量误差来源分类如下表：

GPS 测量误差的分类

误差来源	
卫星部分	星历误差、卫星钟的钟误差、地球自转影响、相对论效应
信号传播	电离层延迟、对流层延迟、多路径效应
信号接收	接收机钟差、接收机位置误差、天线相位中心变化
其他影响	地球潮汐、负荷潮

84.【ACE】相邻验潮站之间的距离应满足最大潮差不大于 1m、最大潮时差不大于 2h、潮汐性质基本相同。

85.【BDE】水平角观测误差超限时，应在原来度盘位置上重测，并应符合下列规定：①一测回内 2*C* 互差或同一方向值各测回较差超限时，应重测超限方向，并联测零方向；②下半测回归零差或零方向的 2*C* 互差超限时，应重测该测回；③若一测回中重测方向数超过总方向数的 1/3 时，应重测该测回。当重测的测回数超过总测回数的 1/3 时，应重测该站。

86.【BCDE】基线解算时通常采取剔除卫星、截时段、改变卫星截止高度角以及改变控制参数等措施，选择最佳的质量基线解算成果。

87.【ACDE】对建筑变形测量项目，应根据项目委托方要求、建筑类型、岩土工程勘察报告、地基基础和建筑结构设计资料、施工计划以及测区条件等编写技术设计。

88.【DE】加常数 *K* 产生的原因是仪器的发射面和接收面与仪器中心不一致，反光棱镜的等效反射面与反光棱镜的中心不一致，使得测距仪测出的距离值与实际距离值不一致。

89.【ACE】调焦透镜运行误差的测定、视距常数的测定为新购置仪器需检查的内容。

90.【BCE】“成果总建筑面积与规划许可总建筑面积不符”成果中，各分户面积较房屋预售面积普遍相差 3%以上可能是计算错误也可能是现状测绘错误。

91.【ABCE】根据《国土空间调查、规划、用途管制用地用海分类指南(试行)》，仓储用地属于大类 W 物流仓储用地，其他属于大类 B 商业服务业设施用地。

92.【AB】界线测绘成果包括界桩登记表、界桩成果表、边界点成果表、边界点位置和边界走向说明、边界协议书附图，界桩位置略图在界桩登记表内。

93.【AC】测绘航空摄影的基本要求包括：对像片倾角的要求、对像片重叠度的要求、对像片旋角的要求、对航线弯曲的要求、对摄影比例尺的要求、对航高保持的要求。从航摄季节和时间的确定方面看，对太阳高度角的选择也有要求。另外还有对航摄仪的选择、航摄分区的划分、航线敷设的方法等方面的要求。

94.【ABCE】引起地物波谱反射率变化的因素有：太阳位置、传感器位置、地理位置、地形、季节、气候变化、地面湿度变化、地物本身的变异、大气状况等。其中，太阳位置是指太阳高度角和方位角，如果太阳高度角和方位角不同，则地面物体入射照度也就发生变化。

95.【ACDE】地形类别根据地面倾角的大小确定，可分为平坦地、丘陵地、山地、高山地。

96.【ABC】按平差中所采用的数学模型解析空中三角测量可分为航带法、独立模型法、光束法；根据平差范围的大小，又可分为单模型法、单航带法和区域网法。

97.【ABC】用户界面设计三大原则：置界面于用户控制之下；减少用户记忆负担；保持界面一致性。

98.【ACDE】点要素的精度是空间精度质量元素。

99.【ABDE】海底地貌的表示方法有：水深注记法、等深线法、分层设色法、晕渲法等。

100.【AC】空间数据质量评定指标：①误差：反映数据与真值之间的差异；②数据的准确度：结果、计算值或估计值与真实值或大家公认的真值的接近程度；③数据的分辨率：两个可测量数值之间最小的可辨识差异；④不确定性：关于空间过程和特征不能被准确确定的程度，是空间现象自身固有的属性。

(五)2022年注册测绘师资格考试测绘综合能力仿真试卷与参考答案及解析

一、单项选择题(每题1分，每题的备选选项中，只有一项符合题意。)

1. 地球椭球的真子午线与中央子午线的差值，被称为(　　)。

A. 磁偏角　　B. 垂线偏差

C. 子午线收敛角　　D. 真北方位角

2. 观测水平角或竖直角时，不能通过盘左盘右取平均值的观测方法来消除的误差是(　　)。

A. 视准轴误差　　B. 对中误差

C. 度盘偏心差　　D. 指标差

3. 水准测量要求前后视距大致相等的目的在于削弱(　　)影响。

A. 圆水准器轴与竖轴不平行的误差

B. 十字横丝不垂直于竖轴的误差

C. 读数误差

D. 水准管轴与视准轴不平行的误差

4. 水准测量的高程是(　　)。

A. 正常高　　B. 正高

C. 大地高　　D. 椭球高

5. GPS网内符合精度应通过(　　)作业检验环节得到。

A. 约束平差　　B. 无约束平差

C. 联合平差　　D. 同步环闭合差

6. 平面控制的坐标系统，应满足测区内投影长度变形值不大于(　　)每公里。

A. ±2cm　　B. ±2.5cm

C. ±3cm　　D. ±3.5cm

7. 现行规范规定，下列时间段中，水平角观测的有利时间是(　　)。

A. 日出1小时和下午3小时

B. 日出1.5小时和下午3~4小时

C. 日出1~2小时或午后3~4小时至日落1小时，阴天不测

D. 日出1~2小时或午后3~4小时至日落1小时，阴天全天

8. 用于卫星精密定轨的GPS测量应采用的是(　　)等级精度。

A. A　　B. B

C. C　　D. D

9. GNSS外业观测数据质量检核中，重复观测基线较差不应超过(　　)。

A. $\sqrt{2}\sigma$　　B. $2\sqrt{2}\sigma$

C. $3\sqrt{2}\sigma$　　D. $\frac{\sqrt{3}}{5}\sigma$

10. 设有线性函数 $Z = K_1X_1 \pm K_2X_2 \pm \cdots \pm K_nX_n \pm K_0$，则其中误差计算式为(　　)。

A. $m_z^2 = k_1m_1 + k_2m_2 + \cdots + k_nm_n + k_0$

B. $m_z^2 = k_1^2m_1^2 + k_2^2m_2^2 + \cdots + k_n^2m_n^2$

C. $m_z^2 = k_1^2m_2^2 + k_2^2m_2^2 + \cdots + k_n^2m_n + k_0^2$

D. $m_z^2 = k_1m_1^2 + k_2m_2^2 + \cdots + k_nm_n^2$

11. 采用全站仪对某一目标进行垂直角观测，盘左读数为91°12′47″，盘右读数为268°47′03″，则垂直角为(　　)。

A. 1°12′52″　　B. －1°1′52″

C. 91°1′52″　　D. 88°47′08″

12. 钢尺丈量时，量得倾斜距离为123.456m，直线两端高差为1.987m，则换成平距要进行的倾斜改正为(　　)m。

A. −0.016　　B. 0.016

C. −0.032　　D. 1.987

13. 已知 AB 边方位角为45°，观测∠ABC 左角为200°，则 BC 边方位角为(　　)。

A. 45°　　B. 55°

C. 65°　　D. 75°

14. 使用4台GPS接收机进行同步观测所获取的GPS边中，独立的GPS边的数量是(　　)。

A. 1　　B. 2

C. 3　　D. 4

15. 某地图的图幅编号是“J50D010011”，表示比例尺的位于第(　　)位。

A. 1　　B. 4

C. 6　　D. 8

16. 已知某建筑物的东南角顶部和底部的三维坐标如下表所示，计算建筑物的倾斜度为(　　)。

点号	X	Y	Z
P1(顶部)	15 287.229	25 638.32	100.58
P2(底部)	15 287.341	25 638.43	3.15

A. 0.001 6　　B. 0.001 8

C. 0.001 9　　D. 0.002 1

17. 已知建(构)筑物层间传递误差为3mm，高度100m(层高3m)的工业建筑，按照现行《工程测量标准》，16层传递误差不得大于(　　)mm。

A. 10　　B. 15

C. 20　　D. 25

18. 平面直角坐标系中 A 点的坐标为(100，100)，B 点的坐标为(100，300)，C 点的坐标为(200，200)，求边长 S_{AC} 和 S_{BC} 的长度(　　)。

A. (100，100)　　B. (100，$100\sqrt{2}$)

C. (100，$200\sqrt{2}$)　　D. ($100\sqrt{2}$，$100\sqrt{2}$)

19. 下列关于经纬仪三轴关系的描述，错误的是(　　)。

A. 横轴垂直于纵轴　　B. 圆水准器轴垂直于纵轴

C. 视准轴垂直于横轴　　D. 水准管轴垂直于竖轴

20. 用水平面代替水准面，在 500m 的距离时引起的高程误差为(　　)mm。

A. 1　　B. 2

C. 3　　D. 4

21. 电磁波测距三角高程测量中，测得垂直角为 30°，斜距测量中误差为 5cm，则测距引起的高差中误差为(　　)cm。

A. ±2.5　　B. ±5

C. ±10　　D. ±20

22. 下列测量误差中，通过经纬仪正倒镜分中法不能削弱其影响的是(　　)。

A. 视准轴误差　　B. 横轴误差

C. 竖轴倾斜误差　　D. 度盘偏心差

23. 一对水准标尺零点不等差可以通过(　　)来削弱。

A. 前后视距相等　　B. 严格对中整平

C. 水准点之间偶数设站　　D. 盘左盘右观测

24. 现行规范规定，工程测量矩形的角度闭合差不超过测角中误差的(　　)倍。

A. 2　　B. 3

C. 4　　D. 5

25. 载波相位测量中，双差观测方程可以消除(　　)。

A. 整周未知数　　B. 多路径效应

C. 轨道误差　　D. 接收机钟差

26. 我国海洋测绘深度基准采用的是(　　)。

A. 大地水准面　　B. 似大地水准面

C. 理论最低潮面　　D. 平均海水面

27. 水深测量中，下列情况中不需要进行补测的是(　　)。

A. 测深线间隔为规定间隔的 1/3　　B. 验潮工作时间不符合要求

C. 不能正确勾勒等深线　　D. 海底地貌不完善

28. 房产测量的基本工作不包括(　　)。

A. 房产控制测量　　B. 房产调查

C. 房产图绘制　　D. 房产登记

29. 房产测量工作中，下列不计算建筑面积的是(　　)。

A. 无顶盖的室外楼梯　　B. 利用高架桥作为顶盖建造的房屋

C. 未封闭的阳台　　D. 可通屋内的有柱走廊

30. 某套房子的建筑面积为125m^2，自有墙体的水平投影面积为5m^2，套内阳台面积为10m^2，不在结构面积内的套内通风道、管井面积各5m^2，分摊系数是0.25，则套内房屋的使用面积是(　　)m^2。

A. 70　　B. 85

C. 90　　D. 100

31. 房产面积测算的精度分为(　　)个等级。

A. 1　　B. 2

C. 3　　D. 4

32. 地籍测量变更时，无论变更宗地界址是否发生变化，都应当重新绘制(　　)。

A. 宗地草图　　B. 地籍图

C. 宗地图　　D. 二底图

33. 下列关于国家基本比例尺地形图标准分幅的说法中，错误的是(　　)。

A. 1∶5 000地形图采用经差1′52.5″、纬差1′15″分幅

B. 1∶2 000地形图采用80cm×100cm分幅

C. 1∶500地形图采用50cm×50cm分幅

D. 1∶1 000地形图采用40cm×50cm分幅

34. 某宗地代码中包含“JC”，其中C的含义是(　　)。

A. 国家土地所有权　　B. 集体土地使用权

C. 建设用地使用权　　D. 宅基地使用权

35. 下列测量成果中，不属于地籍总调查成果的是(　　)。

A. 测量原始记录　　B. 宗地图

C. 不动产登记簿　　D. 文本数据

36. 界线测绘中，界桩点方位物的设立与选择错误的是(　　)。

A. 一般情况下界桩点应设立方位物

B. 方位物应利于判定界桩点的位置

C. 方位物必须明显、固定、不易损坏

D. 每个界桩的方位物不少于三个

37. 边界调查实地调查应核实的内容不包括(　　)。

A. 行政管辖线　　B. 法定边界线

C. 习惯边界线　　D. 流域范围线

38. 若三省边界线只存在唯一交会处，下列编号中，正确的是(　　)。

A. 3643440S　　B. 4336440S

C. 4336441S　　D. 3643441S

39. 航摄比例尺公式分母$M=H/f$，f为(　　)。

A. 相对航高　　B. 绝对航高

C. 航摄仪主距　　D. 航摄仪像幅尺寸

40. 标准假彩色遥感影像中，植被的颜色是(　　)。

A. 绿色　　B. 红色

C. 蓝色　　D. 紫色

41. 下列因素中，对成像雷达图像色调不产生影响的是(　　)。

A. 雷达的工作波长　　B. 太阳高度角

C. 雷达的照射俯角　　D. 地物表面粗糙度

42. 测绘航空摄影测量的工作内容不包括(　　)。

A. 像控点布设　　B. 航线敷设

C. 航高保持　　D. 划分航摄分区

43. 航空摄影的像片倾角是指偏离(　　)的角度。

A. 摄影基线　　B. 铅垂线

C. 方位线　　D. 主光轴线

44. 框幅式航空摄影投影属于(　　)。

A. 高斯投影　　B. 正射投影

C. 中心投影　　D. 圆锥投影

45. 定位定姿系统(POS)在航空摄影测量中获取的是(　　)。

A. 航摄仪的内方位元素　　B. 像片的外方位元素

C. 空三加密点的坐标　　D. 地面控制点的坐标

46. 下列特征中，不作为遥感影像直接解译标志的是(　　)。

A. 色调　　B. 阴影

C. 地物名称　　D. 形状

47. 下列要素中，立体测图可采集的是(　　)。

A. 行政界线　　B. 地理名称

C. 地下管线　　D. 道路边线

48. 丘陵地区 1∶2 000 数字正射影像图地物点平面位置中误差应不大于(　　)m。

A. ±0.5　　B. ±2.0

C. ±1.0　　D. ±1.2

49. 下列关于像控点布设的说法中，错误的是(　　)。

A. 平面控制点应选在影像清晰、能准确判定的位置上

B. 中小比例尺航测可选用尖山顶作为高程控制点

C. 高程控制点可选在线状地物的交点

D. 像片控制点应选在旁向重叠中线附近

50. 遥感影像融合的定量化融合指标中，可反映两幅图像信息量大小的是(　　)。

A. 均值　　B. 标准差

C. 联合熵　　D. 信息熵

51. 现行规范规定，同比例尺、同地形类别空三加密网接边工作中，接边差满足要求后，最终成果坐标的处理方法是(　　)。

A. 按接边处坐标平均数取值　　B. 按中误差比例配赋接边差

C. 按各自坐标取值　　D. 按高精度区域坐标取值

52. 数字化立体测图中，当房屋位于水涯线上方时，正确的处理方法是(　　)。

A. 房屋照常表示，间断水涯线　　B. 房屋间断，水涯线正常表示

C. 房屋移位，水涯线正常表示　　D. 房屋、水涯线都正常表示

53. 数字正射影像图应与相邻影像图接边，接边误差不应大于(　　)个像元。

A. 1　　B. 2

C. 3　　D. 4

54. 数字测绘产品 DSM 是(　　)。

A. 数字地面模型　　B. 数字高程模型

C. 数字表面模型　　D. 数字线划图

55. 按现行《基础地理信息数字成果 1∶500、1∶1 000、1∶2 000 数字高程模型》，DEM 产品标志内容的顺序为(　　)。

A. 成果分级代号、分幅编号、使用标准号、产品名称

B. 产品名称、使用标准号、成果分级代号、格网尺寸

C. 分幅编号、成果分级代号、使用标准号、产品名称

D. 使用标准号、产品名称、分幅编号、成果分级代号

56. 对于 POS 辅助的空中三角测量，联合平差解算的内容不包括(　　)。

A. 解算偏心分量　　B. IMU 姿态数据

C. 外方位元素　　D. 获取影像数据

57. 下列数据中，属于地理空间信息的是(　　)。

A. 人脸识别的照片　　B. 超市购物的记录

C. 道路数据的生产者　　D. 车辆运行的轨迹

58. 与其他信息系统相比，地理信息系统独有的功能是(　　)。

A. 图形处理功能　　B. 存储与管理

C. 空间分析　　D. 决策指挥

59. 地理信息空间数据库建立空间索引的目的不包括(　　)。

A. 提高系统的性能　　B. 提高数据存储效率

C. 提高存取速度　　D. 提高查询效率

60. 摄影测量 4D 产品中，可直接用于挖填方计算的是(　　)。

A. DRG　　B. DOM

C. DEM　　D. DLG

61. 在制定备份和恢复策略时，下列描述中，不属于其遵循的基本原则的是(　　)

A. 保证数据完整性　　B. 备份和恢复时间尽量短

C. 保证数据稳定性　　D. 保证系统运行安全

62. 下列空间关系描述中，不属于拓扑关系的是(　　)。

A. 等高线不能相交　　B. 村界与镇界邻接

C. 房屋和道路的占地面积　　D. 点在多边形内部

63. 下列地理信息数据检查项中，不属于入库前检查的是(　　)。

A. 数据编码检查　　B. 坐标精度检查

C. 坐标系检查　　D. 数据接边检查

64. 综合考量高铁修建的基础条件、空间利益格局、竞争优势等，修建高铁常用的空间分析方法是(　　)。

A. 叠置分析　　B. 缓冲区分析

C. 网络分析　　D. 空间统计分析

65. 下列数据文件格式中，属于二维矢量数据格式的是(　　)。

A. FBX　　B. OSGB

C. STL　　D. 3DS

66. 基础地理实体数据的元数据是(　　)。

A. 属性数据　　B. 图形数据

C. 栅格数据　　D. 地理实体的编码

67. 格网分析是专门针对栅格数据的，下列信息最不适合使用栅格数据的是(　　)。

A. 工程填挖方计算

B. 地形的任意断面图生成

C. 沿着交通线路分配点状供应设施的资源

D. 坡度信息

68. 下列压缩方法中，属于栅格数据无损压缩的是(　　)。

A. 游程编码　　B. 间隔取点法

C. 增大栅格单元面积　　D. 减少栅格总数

69. 要保证 GIS 中数据的现势性必须实时进行(　　)。

A. 数据编辑　　B. 数据变换

C. 数据更新　　D. 数据匹配

70. 在数据库设计中，将 E-R 模型向关系模型转换过程属于数据库的(　　)。

A. 概念设计阶段　　B. 逻辑设计阶段

C. 物理设计阶段　　D. 系统设计阶段

71. 下列工作中，不属于地图数据印前数据处理的工作的是(　　)。

A. 数据格式的转换　　B. 符号压印的透明化

C. 光栅化处理(RIP)　　D. 综合缩编

72. 下列图样中，属于高压输电线图式的是(　　)。

A. 　　B. 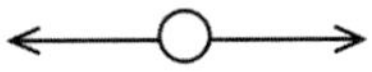

C. 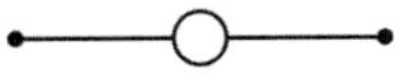　　D. 

73. 在等距投影图上，非投影中心点的长度变形为(　　)。

A. 因方向的不同而不同　　B. 变形与方向无关

C. 长度无变形　　D. 纬线无变形

74. 下列关于地图投影的说法正确的是(　　)。

A. 圆柱投影属于等距离投影　　B. 圆锥投影属于等面积投影

C. 墨卡托投影属于圆柱投影　　D. 高斯投影属于墨卡托投影

75. 在专题地图表达方法中，适合用于表示各省人口构成的是(　　)。

A. 分区统计图表法　　B. 定点符号法

C. 金字塔法　　D. 范围法

76. 关于导航电子地图的特点，下列说法中不正确的是(　　)。

A. 能够查询目的地信息　　B. 存有大量能够用于引导的交通信息

C. 能够对交通信息进行采集　　D. 需要不断进行实地信息更新和扩大采集

77. 下列导航电子地图的生产流程顺序中，正确的是(　　)。
A. 逻辑检查、数据库制作、保密技术处理、产品检测
B. 数据库制作、逻辑检查、产品检测、保密技术处理
C. 数据库制作、产品检测、逻辑检查、保密技术处理
D. 逻辑检查、保密技术处理、数据库制作、产品检测

78. 地理信息公共服务平台的电子地图瓦片级数是(　　)。
A. 15　　B. 20
C. 25　　D. 30

79. 下列环节中，不属于互联网电子地图生产工序的是(　　)。
A. 刻盘生产　　B. 激光照排
C. 地图设计　　D. 收集图源

80. 公众版网络地理信息服务数据的影像地面分辨率不得优于(　　)m。
A. 0.3　　B. 0.5
C. 1.0　　D. 2.0

二、多项选择题(每题2分。每题的备选选项中，有2项或2项以上符合题意，至少有1项是错项。错选，本题不得分；少选，所选的每个选项得0.5分。)

81. 国家2000大地坐标系转换至地方独立坐标系需要的参数有(　　)。
A. 坐标原点　　B. 椭球参数
C. 坐标系投影面高程　　D. 已知起算点
E. 中央子午线

82. GNSS外业观测数据质量检核内容包括(　　)。
A. 复测基线长度较差　　B. 基线向量改正数
C. 同步环闭合差　　D. 附合路线闭合差
E. 独立环闭合差

83. 下列检验项中，全站仪检验项目主要有(　　)。
A. 视准轴误差　　B. 竖盘指标差
C. 圆水准器　　D. 仪器竖轴
E. 十字丝

84. 地图上三北方向通常指的是(　　)北方向。
A. 真子午线　　B. 坐标横轴线
C. 坐标纵轴线　　D. 磁子午线
E. 投影标准线

85. 下列性质中，属于高斯投影特征的是(　　)。
A. 投影后长度不变　　B. 投影后角度不变
C. 投影后中央子午线长度不变　　D. 投影后赤道长度不变

E. 投影后方位角不变

86. 隧道工程贯通测量中，影响横向贯通误差的主要因素有(   )。

A. 隧道外水平控制测量误差　　B. 隧道内指导线

C. 竖井联系测量　　D. 高程误差

E. 纵向误差

87. 下列方法中，平面位置放样的基本方法有(   )。

A. 极坐标法　　B. 方格网法

C. 距离交会法　　D. 角度交会法

E. 视距法

88. 普通道路工程中，路线纵断面测量的任务是(   )。

A. 测定中线各里程桩的地面高程

B. 绘制路线纵断面图

C. 测定路线交点间的高差

D. 测定中线各里程两侧垂直于中线的地面高程

E. 根据纵坡设计计算设计高程

89. 下列关于航海图分幅的说法中正确的是(   )。

A. 在保证航行安全的前提下，尽量减少图幅数

B. 总图要保持制图区域的相对完整

C. 航行图采用自由分幅的方法

D. 同比例尺在全国范围内必须连续

E. 复杂航行区域不可重叠

90. 房产图主要的分类包括(   )。

A. 房产分层图　　B. 房产分丘图

C. 房产分区图　　D. 房产分幅图

E. 房产分户图

91. 根据《土地利用现状分类标准》，属于公共管理与公共服务用地的是(   )。

A. 电影院　　B. 福利院

C. 疾病预防控制中心　　D. 外国大使馆

E. 公园与绿地

92. 下列关于边界点与界桩点的说法中，正确的是(   )。

A. 边界点分为不设界桩和设置界桩的边界点

B. 界桩点以能控制边界的基本走向、尽量多设为原则

C. 省级行政区划的界桩均应书写“国务院”和界桩设置年代等文字

D. 走向明显且无道路通过的地段一般不设置界桩

E. 界河两岸设置同号三立界桩

93. 下列检定项目中，属于航摄仪检定必检参数的是(   )。

A. 主距　　B. 镜头分辨率

C. 快门速度　　D. 像元大小

E. 暗盒压平

94. 航测法生产数字高程模型的环节包括(　　)。

A. 特征点采集　　B. 影像定向

C. 影像解译　　D. 影像纠正

E. 接边镶嵌

95. 航测法成图外业的主要工作是(　　)。

A. 像片坐标量测　　B. 影像定向

C. 像片调绘　　D. 数据编辑

E. 像片控制测量

96. 航天遥感影像预处理的工作内容包括(　　)。

A. 影像解译　　B. 轨道参数提取

C. 波段选取　　D. 影像格式转换

E. 影像融合

97. 地图浏览模块设计的主要内容包括(　　)。

A. 输入　　B. 输出

C. 算法　　D. 更新

E. 删除

98. 在采取前后端分离架构的 WebGIS 系统中实现空间统计分析功能，下列事件中，通常是由前端浏览器实现的是(　　)

A. 绘制空间统计范围　　B. 鼠标事件的确定

C. 空间统计分析　　D. 属性数据存取

E. 空间叠置分析

99. 下列特性中，属于纸质地图基本特征的是(　　)。

A. 可任意缩放　　B. 一览性

C. 可量测性　　D. 公开性

E. 直观性

100. 网络地理信息服务运行支持系统包含(　　)。

A. 门户网站系统　　B. 服务器系统

C. 存储备份系统　　D. 安全保密系统

E. 网络接入系统

参考答案及解析

一、单项选择题

1.【C】子午线收敛角是地球椭球体面上一点的真子午线与位于此点所在的投影带的中央子午线之间的夹角。

2.【B】观测水平角与竖直角时，用盘左、盘右观测是为了消除视准轴误差、度盘偏心误差、指标差和横轴等误差的影响。

3.【D】水准管轴与视准轴不平行的误差可通过前后视距大致相等来削弱。

4.【A】我国法定的高程是正常高，通过水准测量获得的高程是正常高。

5.【B】无约束平差是在一个控制网中不引入外部基准，不产生控制网非观测引起的变形和改正，可检查是否存在粗差以及网平差的自身精度；约束平差是设定已知点，将平差结果进行强制性符合。

6.【B】城市平面控制测量坐标系的选择应以投影长度变形值不大于2.5cm/km为原则，并根据城市地理位置和平均高程而定。

7.【D】水平角观测有利时间段是日出后半小时至太阳中天前2h，和太阳中天后2h至日落前2h，一般在有微风的时候或在阴天进行观测，可以减弱部分水平折光的影响。下列情况下，不应进行观测：①日出后与日落前30min内；②太阳中天前后各2h内(可根据地区、季节和气象情况，适度增减，最短间歇时间不少于2h)；③标尺分划线的影像跳动剧烈时；④气温突变时；⑤风力过大而使标尺与仪器不能稳定时。

8.【A】用于卫星精密定轨的GPS测量应采用A等级精度。

9.【B】GNSS外业观测数据质量检核中，重复观测基线较差不应超过$2\sqrt{2}\sigma$。

10.【B】由误差传播定律可得知。

11.【B】根据垂直角计算公式可得。

12.【A】由倾斜改正计算公式可得。

13.【C】BC边方位角计算过程：$200°-(180°-45°)=65°$。

14.【C】独立基线数量为$N-1$，N：仪器台数。

15.【B】地图编号由10个代码组成，其中前3位是所在的1∶100万地图的行号(1位)和列号(2位)，第4位是比例尺代码。后面6位分为两段，前3位是图幅的行号数字码，后3位是图幅的列号数字码。

16.【A】$\tan\alpha=\sqrt{(\Delta X^2+\Delta Y^2)}/(H_2-H_1)=0.151\,5/97.43=0.001\,6$。

17.【A】$30<H$(高度)$\leqslant 60$，单位为m，第16层，$H=48$m，允许偏差为±10mm。

18.【D】由两点坐标计算两点距离公式得到。

19.【B】经纬仪照准部的水准管轴应垂直于竖轴；望远镜视准轴应垂直于望远镜水平轴；望远镜水平轴应垂直于仪器竖轴。三轴间不符合上述几何条件时的误差，简称三轴误差。

20.【D】根据地球曲率对高差的影响，当$S=100$m时，高差影响为0.78mm；故按公式推算水平距离为500m时引起的高差影响为3.9mm。

21.【A】根据电磁波测距三角高程公式，按误差传播定律计算可得。

22.【C】经纬仪盘左盘右能够消除仪器的视准轴误差、横轴误差、竖盘指标差、度盘偏心差的影响，但不可消除竖轴VV的倾斜误差。

23.【C】一对水准标尺零点不等差可以通过水准点之间偶数设站来削弱。

24.【C】矩形施工控制网角度闭合差不应大于测角中误差的4倍。

25.【D】在接收机和卫星间求二次差可以消除卫星钟差、接收机相对钟差。

26.【C】我国海洋测绘深度基准采用的是理论最低潮面。

27.【A】测深时，测深线偏离设定测线的距离不超过规定间隔的1/2，无须补测。

28.【D】房产登记不属于房产测量的基本工作。

29.【B】利用高架桥作为顶盖建造的房屋不计算建筑面积。

30.【B】设套内使用面积为 x，套内建筑面积为 S，套内建筑面积 S=套内使用面积+套内墙体面积+套内阳台面积，则 $S=x+15$；建筑面积=套内建筑面积+分摊面积，分摊面积=套内建筑面积×分摊系数=$(x+15)\times0.25$；建筑面积：$125=(x+15)+(x+15)\times0.25$，求得 $x=85\text{m}^2$。

31.【C】房产面积测算的精度分为一、二、三共 3 个等级。

32.【C】地籍测量变更时，无论变更宗地界址是否发生变化，都应当重新绘制宗地图。

33.【B】1∶2 000 地形图采用正方形分幅。

34.【D】宗地代码中第四层是土地权属类型，代码为 2 位。其中，C 代表的是宅基地使用权宗地。

35.【C】地籍总调查成果不包括不动产登记簿。

36.【A】一般情况下界桩点不应设立方位物。

37.【D】边界调查应核实法定边界线、习惯边界线、行政管辖线和与边界线有关的资源归属范围线等界线的实地位置，并调查边界争议的有关情况。

38.【A】按三省交汇点界桩编号规则可知。

39.【C】航摄比例尺分母 $M=H/f$，f 为航摄仪主距。

40.【B】根据标准假彩色的合成原理，绿波段被赋予蓝，红外波段被赋予红，绿色与红色相加为品红，但红多绿少，因此品红偏红，植被在影像中大致呈红色。

41.【B】雷达影像色调的深浅与成像雷达的工作波长、俯角和极化方式，地物本身的表面粗糙度、物理电学特性（介电常数等）和地物几何形态产生的角反射器效应等有关。另外，雷达属于主动传感器，可以全天候工作，与太阳高度角无关。

42.【A】像控点布设是航空摄影测量外业的基础工作。

43.【B】航空摄影的像片倾角是指摄影机主光轴偏离铅垂线的角度。

44.【C】航空摄影投影属于中心投影。

45.【B】定位定姿系统（POS）在航空摄影测量中获取的是像片的外方位元素粗值。

46.【C】解译要素由色调或颜色、阴影、形状、大小、纹理、图案、位置、组合等 8 个基本要素组成。

47.【D】道路边线为可采集的要素，其他为不能采集的地理要素。

48.【D】1∶2 000 数字正射影像图地物点平面位置中误差不应大于图上±0.6mm。0.6mm×2 000=1.2m。

49.【B】布设像控点（高程），太尖的山顶和变化急剧的斜坡不宜作为目标。

50.【C】对于单一图像的特征统计可用信息熵，熵值大小反映其包含信息量的多少，熵值越大融合效果越好。而联合熵是源图像和融合图像之间相关性的量度，反映源图像和融合图像之间的联合信息；两幅图像联合熵的值与源图像所包含的信息量的大小成正比关系。

51.【A】同比例尺、同地形类别像片、航线、区域网之间的公共点接边，平面和高程较差不大于规定，取中数作为最后使用值。

52.【A】数字化立体测图中，当房屋位于水涯线上方时，房屋照常表示，间断水涯线。

53.【B】数字正射影像图应与相邻影像图接边，接边误差不应大于 2 个像元。
54.【C】数字表面模型(Digital Surface Model，DSM)是指包含了地表建筑物、桥梁和树木等高度的地表面高程模型。
55.【B】成果标记用于成果外包装及成果标签等处。成果标记应包含成果名称、所采用标准的标准号、成果分级代号、图幅分幅编号、格网尺寸、最新生产时间等内容，根据需要也可标识版本号。
56.【D】POS 辅助的空中三角测量是根据摄影时所获取的定位与定姿初值、像片坐标、地面控制点坐标等信息确定像片的外方位元素(含姿态参数)及加密点坐标。其中的偏心矢量是指机载 GPS 相位中心与摄影中心的偏心值，需在联合平差中一并解算。而影像数据获取不属于联合平差的解算内容。
57.【D】空间信息是反映地理实体空间分布特征的信息。只有和属性信息、时间信息结合起来才能完整地描述地理实体。
58.【C】空间分析是 GIS 的核心和灵魂，是 GIS 区别于一般的信息系统、CAD 或者电子地图系统的主要标志之一。
59.【B】数据库中建立索引的目的是加快存取速度、提高系统的性能、提高查询效率。
60.【C】DEM 是通过有限的地形高程数据实现对地面地形的数字化模拟，它是用一组有序数值阵列形式表示地面高程的一种实体地面模型，可直接用于挖填方计算。
61.【C】制定一个合适的可操作的备份和恢复策略。其基本原则是保证数据丢失得尽量少或完全不丢失，且备份和恢复时间尽量短，保证系统最大的可用性。
62.【C】拓扑关系指满足拓扑几何学原理的各空间数据间的相互关系。即用节点、弧段、多边形和岛所表示的实体之间的邻接、关联、包含和连通关系。
63.【D】入库前检查数据主要包括：数学基础、数据格式和数据表结构的正确性，数据项的完整性和命名的正确性，以及数据内容的完整性等。数据接边为入库后检查内容。
64.【A】综合考量高铁修建的基础条件、空间利益格局、竞争优势等，应采用空间叠置分析方法。
65.【C】STL 用于表示三角形网格的一种文件格式。它的文件格式非常简单明码：solid。
66.【D】地理实体数据的编码指的地理实体中属性数据的编码，属性数据是描述实体数据的属性特征的数据。
67.【C】网络分析最适合用矢量数据。
68.【A】游程编码，又称“运行长度编码”或“行程编码”，是一种统计编码，该编码属于无损压缩编码，是栅格数据压缩的重要编码方法。
69.【C】要保证 GIS 中数据的现势性必须实时进行数据更新。
70.【B】逻辑结构设计的任务：确定并写出实体内部属性之间的数据关系表达式，它包括从 E-R 图向关系模式转换和逻辑模式规范化及调整、实现。
71.【D】地图数据进行印前处理主要包括：数据格式的转换，符号压印的透明化处理，拼版，组版，分色加网及出血线、成品线、套合线和印刷装订线等控制要素的添加，光栅化处理(RIP)，数码打样等。
72.【A】高压输电线的图式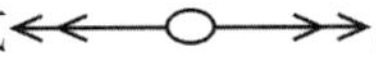。
73.【A】等距投影非投影中心点的长度变形因方向的不同而不同。

74.【C】墨卡托投影是正轴等角圆柱投影。

75.【A】分区统计图表法是在各分区单元(同样是以行政区划单元为主)内按统计数据制作成不同形式的统计图表，置于相应的区划单元内，以反映各区划单元内现象的总量、构成和变化。

76.【C】导航电子地图需要进行外业采集数据，本身不能对交通信息进行采集。

77.【B】正确的顺序是数据库制作、逻辑检查、产品检测、保密技术处理。

78.【B】地理信息公共服务平台的电子地图瓦片级数是 20 级。

79.【B】互联网电子地图生产无须进行激光照排。

80.【B】公众版网络地理信息服务数据空间位置精度不得高于 50m，影像地面分辨率不得优于 0.5m，不标注涉密信息，不处理建筑物、构筑物等固定设施。

二、多项选择题

81.【BCE】国家 2000 大地坐标系转换至地方独立坐标系需要的参数有椭球参数、坐标系投影面高程、中央子午线。

82.【ACDE】GNSS 外业观测数据质量检核内容主要有：复测基线质量、同步环闭合差、附合路线闭合差、独立环闭合差。

83.【ABC】全站仪检验项目主要有：①圆水准轴平行于仪器竖轴的检验校正；②十字丝横丝垂直于仪器竖轴的检验校正；③水准管轴平行于视准轴的检验校正。

84.【ACD】地图上三北方向是真子午线北方向、坐标纵线北方向、磁子午线北方向。

85.【BC】高斯投影没有角度变形。其长度变形的规律是：①中央经线上没有长度变形；②沿纬线方向，离中央经线越远变形越大；③沿经线方向，纬度越低变形越大。

86.【ABC】隧道工程施工测量中误差的来源主要有：地面控制测量、联系测量以及地下控制测量的误差。

87.【ABCD】平面位置放样的基本方法有：直角交会法、极坐标法、角度交会法、距离交会法，视距法属于高程放样的方法。

88.【AB】线路纵断面测量又称线路水准测量。它的任务是测定中线上各里程桩的地面高程，绘制中线纵断面图，作为设计线路坡度、计算中桩填挖尺寸的依据。

89.【ABC】航海图分幅的原则是在保证航行安全的前提下，尽量减少图幅数；总图要保持制图区域的相对完整。其中，航行图采用自由分幅。

90.【BDE】房产图分为：①房产分幅图：全面反映房屋及其用地的位置和权属等状况的基本图。②房产分丘图：以丘为单位绘制，房产分幅图的局部图，绘制房屋产权证附图的基本图。③房产分户图：以产权登记户为单位绘制，是在房产分丘图基础上绘制的细部图。

91.【BCE】公共管理与公共服务用地包括行政办公用地、文化设施用地、教育科研用地、体育用地、医疗卫生用地、社会福利设施用地、公用设施用地、公园与绿地。

92.【ACD】界桩点以能控制边界的基本走向、尽量少设为原则；界河两岸设置同号双立界桩。

93.【ABCE】航摄仪主要检定项目有：检定主距(焦距)、径向畸变、主点与框标中心、框标坐标、物镜分解力、快门速度、暗盒压平。

94.【ABE】数字高程模型的生产主要包括资料准备、定向、特征点线采集、构建 TIN 内插 DEM、DEM 数据编辑、DEM 数据接边、DEM 数据镶嵌和裁切、质量检查、成果整理与提交 9 个环节。

95.【AC】航测法成图的野外工作就是依据已知大地点、水准点借助外业仪器实地测定像片控制点的坐标并且正确标出像控点。前者工作就是像片控制测量，后者为像片调绘。

96.【BCD】航天遥感影像预处理的工作内容包括影像格式转换、轨道参数提取、影像增强，去除噪声、滤波；去薄云处理、降位处理、多光谱波段选取、匀色处理。

97.【ABC】地图浏览操作包括有：使用者移动鼠标(输入)；服务器(或浏览器)根据鼠标移动的位移量同步计算地图移动的范围，并获取相应范围内的地图信息(算法)；地图信息在屏幕上显示(输出)等。

98.【AB】在采取前后端分离架构的 WebGIS 中，主要分为前端浏览器和后端服务器两个部分。前端浏览器的主要作用是展示数据和信息，与用户进行操作交互。后端服务器主要进行空间分析、与数据库进行数据存取。

99.【BCE】地图的基本特征：①由特殊的数学法则产生的可量测性；②由使用地图语言表示事物所产生的直观性；③由实施制图综合产生的一览性。

100.【BCDE】网络地理信息服务运行支持系统包含服务器系统、存储备份系统、安全保密系统、网络接入系统。

(六)2024年注册测绘师资格考试测绘综合能力仿真试卷与参考答案及解析

一、单项选择题(每题1分，每题的备选选项中，只有一项符合题意。)

1. 2000国家大地坐标系采用的参考椭球长半轴是(　　)m。
   A. 6 378 140　　B. 6 378 137
   C. 6 378 135　　D. 6 378 245
2. 1985国家高程基准的起算面是(　　)。
   A. 似大地水准面　　B. 大地水准面
   C. 平均海水面　　D. 参考椭球面
3. GNSS测量按精度和用途分(　　)个等级。
   A. 3　　B. 4
   C. 5　　D. 6
4. 大地测量成果质量检查实行(　　)检查一级验收。
   A. 一级　　B. 二级
   C. 三级　　D. 四级
5. 某点经纬度121°19′，30°10′，采用6°分带，中央子午线的度数为(　　)。
   A. 120　　B. 121
   C. 122　　D. 123
6. 某控制网共需观测点数6个，4台接收机同步观测3时段，独立基线数为(　　)。
   A. 6　　B. 7
   C. 8　　D. 9
7. 下列地质条件，不宜作为GNSS控制点选址地的是(　　)。
   A. 土层　　B. 屋顶
   C. 沙地　　D. 基岩
8. 卫星定位基准站原始数据的观测时间所采用的时间系统是(　　)。
   A. UTC　　B. TAI
   C. BST　　D. BDT

9. 两个不同的二维平面直角坐标系之间采用二维四参数转换，不需要求解参数的是(　　)。
   A. 平移　　B. 旋转
   C. 尺度　　D. 椭球

10. 高斯平面坐标系中，(x, y)坐标为(50 000，-60 000)，当地地球曲率半径为5 000km，椭球面到高斯平面变形为(　　)。

A. 6cm/km　　B. 7.2cm/km

C. 10cm/km　　D. 12cm/km

11. 根据《测绘成果质量检查与验收》规定，水准测量中环线闭合差超限属于(　　)错误。

A. A 类　　B. B 类

C. C 类　　D. D 类

12. 利用全站仪在某测站进行水平角观测，当出现一测回 2C 互差超限或同一方向值各测回较差超限时，应该(　　)。

A. 重测该测回　　B. 重测超限方向

C. 重测超限方向并联测零方向　　D. 重测下半测回

13. 下列测量工作中，不属于城乡规划测量的是(　　)。

A. 定线测量　　B. 拨地测量

C. 日照测量　　D. 施工测量

14. 利用建筑方格网进行细部放样时，最高效的方法是(　　)。

A. 前方交会法　　B. 距离交会法

C. 极坐标法　　D. 直角坐标法

15. 下列测量方法中，在隧道洞口进行地形图测量，最快捷的方法是(　　)。

A. GPS 测量　　B. 水准测量

C. 经纬仪测量　　D. 地面三维激光测量

16. 某闭合导线环线全长 1 200m，闭合差 $X=6$cm，$Y=-8$cm，环线全长相对闭合差是(　　)。

A. 1/3 100　　B. 1/12 000

C. 1/2 000　　D. 1/6 000

17. 大比例尺地形测图时，图根点相对于邻近等级控制点的平面点位中误差最大为图上(　　)mm。

A. 0.1　　B. 0.5

C. 0.8　　D. 1.0

18. 如下图所示，采用小角法测量，测量角度中误差 6 秒，距离 61.8m，Δ 的测定精度为(　　)mm。

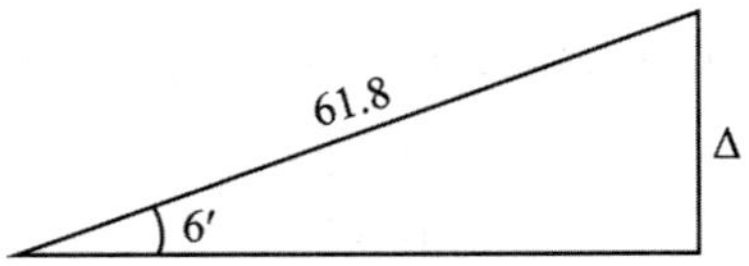

A. 1.8　　B. 1.2

C. 2.4　　D. 1.0

19. 建筑物沉降观测主要考虑(　　)。

A. 反映建筑物垂直位移特征　　B. 观测日照变形影响

C. 保证相邻点的通视　　D. 能同时测定水平位移

20. 若某三角形每个角的中误差为±5，则该三角形角度闭合差中误差为(　　)。

A. 5　　B. 10

C. $\pm5\sqrt{3}$　　D. $\pm10\sqrt{3}$

21. 自由设站法的交会角度为30°~120°，应对周边既有控制点进行检查校核，至少需要周边(　　)个控制点作为交会基准。

A. 2　　B. 3

C. 4　　D. 5

22. 工程控制网优化设计有"零~三类设计"，二类指的是(　　)。

A. 基础控制　　B. 网形设计

C. 精度设计　　D. 改进设计

23. 下列关于高斯投影特点的描述，错误的是(　　)。

A. 中央子午线长度不变　　B. 离中央经线越远变形越大

C. 纬度越低变化越大　　D. 赤道长度不变

24. 大坝变形测量中，视准线观测坝体的(　　)。

A. 垂直位移　　B. 水平位移

C. 倾斜　　D. 挠度

25. 下列地籍图要素中，不属于地籍要素的是(　　)。

A. 图斑界线　　B. 行政区界线

C. 宗地号　　D. 界址线

26. 下列关于等高线的说法中，错误的是(　　)。

A. 同一等高线上高程处处相等　　B. 等高线一般不能相交

C. 坡度越陡等高线越稀疏　　D. 等高线和山脊线、山谷线成正交

27. 海洋工程测量中，海岸线是以(　　)所形成的实际界限进行测绘。

A. 平均海平面　　B. 平均大潮低潮面

C. 平均大潮高潮面　　D. 理论最低海水面

28. 当采用海岸地形测图的方法测绘干出滩时，海岸地形测图与水下地形测量应相衔接，其高程较差不应大于(　　)m。

A. 0.3　　B. 0.4

C. 0.5　　D. 0.6

29. 房产测量采用的投影方法是(　　)。

A. 彭纳投影　　B. 高斯投影

C. UTM　　D. 兰伯特

30. 某房屋的建筑面积为168m^2，分摊系数0.2，则套内建筑面积是(　　)m^2。

A. 201.6　　B. 151.2

C. 140　　D. 130

31. 分丘图绘制中，房屋轮廓线与丘界线重合时处理方法(　　)。

A. 用轮廓线表示　　B. 用丘界线表示

C. 交替表示　　D. 错开表示

32. 某宗地代码110106001002JC00055表示的权属性质是(　　)。

A. 集体土地所有权　　B. 集体土地使用权

C. 国有土地使用权　　D. 国有土地所有权

33. 土地权属调查基本单元是(　　)。

A. 宗地　　B. 地籍子区

C. 地籍区　　D. 行政区

34. 采用图解法量测宗地面积，其中首级控制采用的是(　　)。

A. 图幅理论面积　　B. 地籍区

C. 地籍子区　　D. 县级行政区

35. 下列关于房屋套内建筑面积的说法中，正确的是(　　)。

A. 套内建筑面积=套内使用面积+套内阳台面积

B. 套内建筑面积=套内使用面积+套内墙体面积+套内阳台面积

C. 套内建筑面积=套内使用建筑面积+分摊得到的共有建筑面积

D. 套内建筑面积=套内使用面积+分摊得到的共有建筑面积+套内墙体面积

36. 下列地理要素在边界地形图调绘用色，正确的是(　　)。

A. 水系要素用绿色　　B. 植被要素用蓝色

C. 地貌要素用棕色　　D. 道路要素用灰色

37. 界线测绘中，修建界桩拍摄照片时，照片应反映的情况不包括(　　)。

A. 周边环境情况　　B. 界桩与方位参照物的相对关系

C. 周边地形情况　　D. 界桩局部大样

38. 边界协议书中的边界线走向涉及的方向采用(　　)描述。

A. 磁北 8 方位制　　B. 真北 8 方位制

C. 磁北 16 方位制　　D. 真北 16 方位制

39. 航摄比例尺公式是 $1/m=f/H$，其中 H 是(　　)。

A. 主距　　B. 相对航高

C. 绝对航高　　D. 像幅宽度

40. 下列测量设备中，采用免像控航空摄影技术测量地形时不可缺少的是(　　)。

A. POS　　B. 激光测距

C. 重力仪　　D. 经纬仪

41. 航摄成图比例尺为 1：2 000 时，航摄比例尺选择区间(　　)。

A. 1：2 000~1：3 500　　B. 1：3 500~1：7 000

C. 1：7 000~1：14 000　　D. 1：10 000~1：20 000

42. 某图像的像幅为 50mm×50mm，500×500 像素，航摄比例尺为 1：2 000，则地面分辨率为(　　)m。

A. 0. 1　　B. 0. 2

C. 0. 3　　D. 0. 4

43. 下列遥感技术中，适用于大范围地壳变形监测遥感数据的是(　　)。

A. 合成孔径雷达　　B. 可见光

C. 红外光　　D. 微波辐射计

44. 采用航测法生产 DLG，不需要开展的工作是(　　)。

A. 像对定向　　B. 立体采集

C. 外业调绘　　D. 影像镶嵌

45. 遥感解译被探测目标的直径为2m，空间分辨率最低为（　　）作为数据源。

A. 5　　B. 4

C. 2　　D. 1

46. 遥感图像物理特征的表现特征为（　　）分辨率。

A. 空间　　B. 光谱

C. 时间　　D. 扫描

47. 规范规定，已成图的航摄成果，对于新增地物，应该（　　）。

A. 补测补调　　B. 只测不调

C. 只调不测　　D. 不调不测

48. 下列参数中，不属于正射影像TFW文件内容的是（　　）。

A. 波段数　　B. 左上角 x

C. 左上角 Y　　D. 地面分辨率

49. 摄影测量共线方程是指（　　）与像点及其对应的地面点在一条直线上。

A. 影像中心　　B. 摄影中心

C. 像主点　　D. 像底点

50. 下列遥感影像数据中，不能用于DEM生产的是（　　）。

A. 机载LiDAR数据　　B. 航空立体影像

C. 单景遥感影像　　D. SAR数据

51. 下列地貌不宜作为空三高程控制点选点的是（　　）。

A. 斑马线　　B. 圆山顶

C. 道路交叉口　　D. 墙角点

52. 下列数据分类中，机载LiDAR制作DSM不需要的是（　　）。

A. 植被覆盖数据　　B. 移动地物数据

C. 建筑设施　　D. 地面点

53. 下列环节中，属于采用全数字摄影测量进行DOM生产制作流程的是（　　）。

A. 调绘　　B. 纠正

C. 立体测图　　D. 内插

54. 若要制作一幅全国政区图，常选用（　　）投影。

A. 等角　　B. 等面积

C. 等距　　D. 任意

55. 下列关于地图瓦片的说法，错误的是（　　）。

A. 地图级数越大，瓦片数量越少

B. 可以通过缓存提高访问速度

C. 地图瓦片大小通常为256×256像素

D. 在不同的缩放级别显示不同的细节

56. 陀螺经纬仪定向测定的方位角是（　　）。

A. 真北方位角　　B. 磁北方位角

C. 坐标北方位角　　D. 纵坐标方位角

57. 下列地理空间信息中，导航电子地图编制不得采集的是（　　）。

A. 土地覆盖信息　　B. 道路数据
C. 高等级公路　　D. 门址数据

58. 下列关于制图综合的说法中，错误的是(　　)。
A. 人工地物和自然地物冲突，移动人工地物
B. 道路从居民地经过，化简后保持和道路逻辑关系一致
C. 选取时，地物密度大的可以适量多舍弃
D. 以负向形态为主的，在制图综合时，删除谷地，合并山脊

59. 导航电子地图产品不需要注明的是(　　)。
A. 审图号　　B. 出版号
C. 制作单位　　D. 坐标系统

60. 如下图所示，地图注记的排列方式为(　　)。

A. 水平　　B. 垂直
C. 雁行　　D. 屈曲

61. 在 1∶5 万普通地图上表示高速公路，应选用(　　)符号。
A. 依比例尺　　B. 不依比例尺
C. 半依比例尺　　D. 艺术

62. 专题地图表示方法中，常用来表示不同年龄段人口数量分布的方法是(　　)。
A. 金字塔图表　　B. 玫瑰花图表
C. 质底法　　D. 点值法

63. GIS 与 CAD 相比，GIS 特有的功能是(　　)。
A. 图形处理功能　　B. 输入输出
C. 存储与管理　　D. 空间分析

64. 要在 5 公里范围内选出 7 层以上的建筑，需要用到的空间分析方法是(　　)。
A. 缓冲区分析，按属性选择　　B. 量取距离，邻近分析
C. 叠加分析，按坡度选择　　D. 网络分析，按空间选择

65. 下列方法中，解析空中三角测量加密不适合的方法是(　　)。
A. 航带法　　B. 独立模型法
C. 光束法　　D. 模拟法

66. 下列数据格式中，可用于表达 DOM 格式的是(　　)。
A. OSGB　　B. MAX
C. OBJ　　D. GeoTIFF

67. 数据库逻辑设计阶段的主要任务是(　　)。
A. E-R 模型到数据库　　B. 数据库的存储路径

C. 数据项，记录，关联　　D. 用 E-R 模型表达实体关系

68. 构建 R 树空间索引，一般用空间对象的(　　)作为索引对象。

A. 最小外包矩形　　B. 中心点

C. 质心点　　D. 最小外包圆形

69. 在 GIS 中，常见的数据可视化技术主要是符号化(　　)。

A. ID　　B. 名称

C. 地类编号　　D. 分类编码

70. 关于软件测试的说法，错误的是(　　)。

A. 单元测试对象是软件设计的最小单位

B. 黑盒测试是数据驱动测试

C. 白盒测试是逻辑驱动测试

D. 所有测试都需要回归测试

71. 根据用户需求，按顺序开发系统，调查、设计、生产、测试一次性完成，属于(　　)。

A. 瀑布模型　　B. 螺旋式模型

C. 快速原型　　D. 喷泉模型

72. 下列关于地理信息系统工程的质量检查说法中，属于 A 类错误的是(　　)。

A. 软件异常退出、崩溃　　B. 输入数据无检核和排错

C. 一般功能项遗漏　　D. 数据间的关联错误

73. 1∶2 000 DEM 的格网尺寸是(　　)m。

A. 0. 5　　B. 1. 0

C. 2. 0　　D. 5. 0

74. WMS 与 WMTS 相比，它的最显著特点是(　　)。

A. 瓦片地图　　B. 瓦片缓存

C. 动态地图　　D. 离线地图

75. 下列检查项中，属于数字测绘成果逻辑一致性检查的是(　　)。

A. 格网格式　　B. 拓扑关系

C. 存储地址　　D. 命名协调

76. WMTS 服务是根据地图瓦片的(　　)来高效响应用户的地图请求。

A. 左下角坐标　　B. 右下角坐标

C. 中心点坐标　　D. 行列号

77. 下列软件中，不属于影像处理系统的是(　　)。

A. Map Matrix　　B. AutoCAD

C. ARC/INFO　　D. Pixel Factory

78. 下列技术中，不属于数字孪生服务采用技术的是(　　)。

A. 三维建模　　B. AI 人工智能

C. 仿真映射　　D. 区块链

79. 现行规范规定，公共平台瓦片第 20 级数据源的比例尺是(　　)。

A. 1∶500~1∶1 000　　B. 1∶1 000~1∶2 000

C. 1∶5 000　　D. 1∶10 000

80. 如下图所示，属于空间分析叠加分析方式中的(　　)。

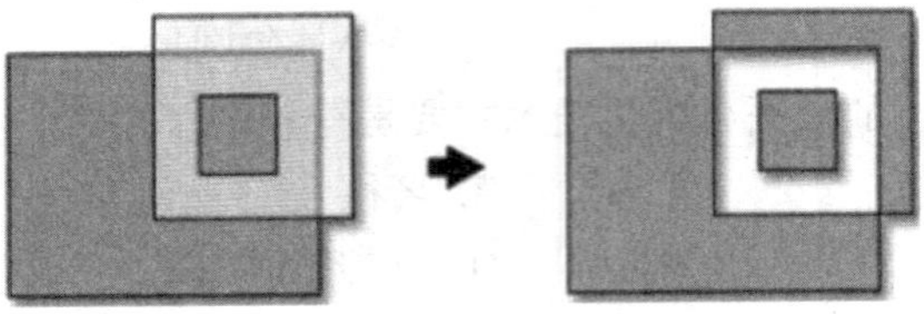

A. 对称差分　　B. 合并

C. 相交　　D. 识别

二、多项选择题(每题 2 分。每题的备选选项中，有 2 项或 2 项以上符合题意，至少有 1 项是错项。错选，本题不得分；少选，所选的每个选项得 0.5 分。)

81. GNSS 导航定位技术在测量中的主要特点有(　　)。

A. 定位精度高　　B. 自动化程度高

C. 可提供三维坐标　　D. 可全天候作业

E. 不受环境条件限制

82. 目前，北斗卫星导航系统使用的载波信号有(　　)。

A. B1l　　B. B2l

C. B3l　　D. L1

E. L2

83. 下列高差改正项中，三等水准测量计算水准点概略高程时，应进行的改正有(　　)。

A. 水准标尺长度改正　　B. 重力异常改正

C. 路线闭合差改正　　D. 正常水准面不平行的改正

E. 水准尺温度改正

84. 下列探测系统特性中，属于窄带多波束测深仪特性的有(　　)。

A. 波束数少　　B. 适合较浅水域水下地形测绘

C. 覆盖宽度小　　D. 张角小

E. 有多个换能器单元

85. 下列距离改正项中，高精度电磁波测距成果应进行的改正有(　　)。

A. 仪器固定误差改正　　B. 仪器加常数改正

C. 气象改正　　D. 仪器乘常数改正

E. 重力异常改正

86. 工程首级控制网等级选择应考虑的因素有(　　)。

A. 工程规模　　B. 气候条件

C. 控制网用途　　D. 经费预算

E. 精度要求

87. 下列测量方法中，图根平面控制测量可采用的有(　　)。

A. RTK 测量法　　B. 导线测量法

C. 极坐标法　　D. 边角交会法

E. 图解法

88. 下列测量方法中，可用于隧道工程平面控制竖井联系测量的有(　　)。

A. 悬挂钢尺法　　B. 陀螺仪定向法

C. 激光准直投点法　　D. 光学投点法

E. 联系三角形法

89. 平面曲线放样时需先测设曲线的主要点，下列特征点中，属于圆曲线主要点的有(　　)。

A. 圆心点　　B. 直圆点

C. 曲中点　　D. 直缓点

E. 圆直点

90. 下列房屋变化情形中，需要开展房产现状变更测量的有(　　)。

A. 房屋加层　　B. 房屋扩建

C. 房屋倒塌　　D. 门牌号的更改

E. 他项权利范围的变化

91. 下列宗地图要素中，属于宗地草图主要内容的有(　　)。

A. 宗地号　　B. 地类号

C. 界址点　　D. 相邻宗地号

E. 指北针

92. 下列边界协议书附图内容中，涉及边界走向说明的有(　　)。

A. 界桩与边界线的关系　　B. 边界线起讫点

C. 界线延伸长度　　D. 界线转折方向

E. 界线依附的地形

93. 下列信息获取装置中，可搭载在无人机上开展航摄任务的有(　　)。

A. 相机　　B. 红外扫描仪

C. 压力传感器　　D. 激光雷达

E. 气象传感器

94. 下列航测工作中，空中三角测量应开展的有(　　)。

A. 相对定向　　B. 绝对定向

C. 质量检查　　D. 影像镶嵌

E. 区域网平差

95. 与框幅式航摄仪相比，推扫式航摄仪获取的影像在数字正射影像图生产中的优势有(　　)。

A. 接边工作量小　　B. 布设像控点少

C. 影像色彩丰富　　D. 空中三角测量效率高

E. 数据精度高

96. 下列遥感卫星中，数据获取方式为被动式的有(　　)。

A. 北京二号 B. 高分二号
C. 高分三号 D. 天绘一号
E. 资源三号

97. 下列关于地图集设计的说法中，正确的有(　　)。
A. 地图集内容的设计取决于地图的类型和用途
B. 地理底图中的各地理要素要详细和突出绘制
C. 地图集中各分幅图的比例尺大小要保持一致
D. 普通地图集的编排设计，一般将总图安排在前，分幅图安排在后
E. 常见省、市地图集的开本大小一般包括 8 开和 16 开

98. 下列 GIS 项目工作内容中，属于运行管理和维护阶段的有(　　)。
A. 用户培训 B. 系统数据安全管理
C. 软硬件平台选型 D. 系统测试
E. 操作系统升级

99. 下列城市间关系中，属于拓扑关系的有(　　)。
A. 城市 A 在城市 B 的东北方向 B. 城市 A 的飞地在城市 B 内
C. 城市 A 与城市 B 边界相邻 D. 城市 A 距城市 B 十公里
E. 城市 A 与城市 B 边界不相邻

100. 下列关于云计算的说法中，正确的有(　　)。
A. 允许用户通过网络以按需、易扩展的方式获得所需资源和服务
B. Saas 模式允许用户通过互联网直接使用软件
C. 等同于传统的服务器托管服务
D. 通过资源池在云环境中汇聚分布式资源
E. 可以完全替代传统的 IT 架构

参考答案及解析

一、单项选择题

1.【B】2000 国家大地坐标系采用的参考椭球长半轴是 6 378 137 m。
2.【A】1985 国家高程基准的起算面是黄海平均海面，即似大地水准面。
3.【B】GNSS 测量按精度和用途分为四个等级。
4.【B】大地测量成果质量检查实行二级检查一级验收。
5.【D】根据公式：$n=\text{int}(L/6°)+1$，$L=121°19'$，求出 $n=21$，再利用公式 $L_0=6°\times n-3°$，代入求出 $L_0=123°$。
6.【D】GPS 测量独立基线数计算公式为：独立基线数 $=(N-1)\times C$，C 为时段数，N 为机器台数。
7.【C】GNSS 控制点选址应考虑地质构造和动态车流人流，避开断层和动态震动、流动等不稳定地区。

8.【A】卫星定位基准站原始数据的观测时间通常采用UTC时间系统。在卫星定位技术中，UTC时间系统被广泛应用于时间同步和时间标记。

9.【D】四参数是两个平面坐标系的转换参数，有两个平移值(Δx，Δy)和一个旋转值(R)以及一个尺度系数(m)。

10.【B】椭球面长度投影至高斯平面所发生的单位长度变形公式为：$\Delta S=\frac{1}{2}\left(\frac{Y_m}{R}\right)^2$，其中：$Y_m$ 为横坐标平均值，R 为曲率半径。$Y_m=60\times10^3$(m)，$R=5\ 000\times10^3$m，计算得每公里变形量为：$\Delta S=7.2$cm/km。

11.【A】环线闭合差超限属于A类错误。

12.【C】水平角观测误差超限时，在原来度盘位置上重测，应符合下列规定：一测回内 $2C$ 互差或同一方向值各测回较差超限时，应重测超限方向，并联测零方向；下半测回归零差或零方向的 $2C$ 互差超限时，应重测该测回；若一测回中重测方向数超过总方向数的1/3时，应重测该测回。当重测的测回数超过总测回数的1/3时，应重测该站。

13.【D】城乡规划测量工作主要内容包括：定线测量、拨地测量、日照测量以及规划监督测量等。

14.【D】直角坐标法是利用点位之间的坐标增量及直角关系进行点位放样的，该法计算简单、操作方便。当建筑场地的施工控制网为相互垂直的主轴线或建筑方格网时，采用直角坐标法进行细部放样最高效。

15.【D】地面三维激光测量技术是最快捷的方法，它可以通过激光传感器和控制软件对地面进行高精度的三维测量，以获取地面的形状、高度和坐标等信息。

16.【B】导线全长相对闭合差的计算公式为：$K=F_d/D$。K 代表导线全长相对闭合差，F_d 代表导线全长闭合差，D 代表导线全长。

17.【A】图根点的精度，相对于邻近等级控制点的平面点位中误差，不应大于图上0.1mm，高程中误差不应大于测图基本等高距的1/10。

18.【A】根据小角法，水平位移 $d=s\times\tan\beta\approx s\times\beta$(当 β 很小时)，其中 $S=61.8$m。由误差传播定律可得：$m_d=s\times m_\beta=61.8\times6''\times\frac{1}{3\ 600}\times\frac{\pi}{180}\approx0.001\ 8=1.8$mm。

19.【A】建筑物沉降观测主要考虑反映建筑物垂直位移特征 。

20.【C】根据菲列罗公式，代入数值计算可得。

21.【B】自由设站法通过观测两个或两个以上已知点(单纯方向后方交会时至少需要三个已知点)，可以采用平差计算来提高测量精度。

22.【C】二类设计(权设计)。二类设计是在控制网的网形和控制网成果要求精度已定的情况下，设计各观测值的精度(权)，使观测工作量最佳分配。

23.【D】中央子午线投影后是直线，长度不变，为 X 轴(竖轴)。赤道投影后是直线，长度变长，为 Y 轴(横轴)。

24.【B】水平位移测量用来测定形体在水平方向上的移动。用于水平位移测量的技术和方法有视准线、激光准直线法等。

25.【B】地籍要素包括地籍区界线、地籍子区界线、土地权属界址线、界址点、图斑界线、地籍区号、地籍子区号、宗地号、地类代码、土地权利人名称、坐落地址等。

26.【C】坡度越陡等高线越密，坡度越缓等高线越稀疏。
27.【C】海岸线是以平均大潮高潮面所形成的实际界限进行测绘。
28.【B】海岸地形测图与水下地形测量应相衔接，其高程较差不应大于0.4m。
29.【B】房产测量采用的投影方法是高斯投影。在房产测量中，高斯投影能够提供较为精确的地籍图和房产图，满足法律和交易的需求。
30.【C】公摊系数=公摊面积/套内建筑面积。建筑面积=套内建筑面积+公摊面积。由公式可计算出，套内建筑面积为140m^2，分摊面积为28m^2。
31.【B】房屋权界线或房屋轮廓线与丘界线重合时，表示丘界线；房屋轮廓线与房屋权界线重合时，表示房屋权界线。
32.【B】JC为宅基地，属于集体土地使用权。
33.【A】土地权属调查的基本单元是宗地，即被权属界址线封闭的地块。
34.【A】图解法量算宗地面积时，面积量算采用两级控制，其中用于首级控制的面积是图幅理论面积。
35.【B】套内建筑面积，指的是套内房屋使用空间的面积，以水平投影面积计算。其是由套内房屋使用面积、套内墙体面积、套内阳台建筑面积三部分组成。
36.【C】植被要素用绿色，地貌要素用棕色，水系要素用蓝色，其他要素用黑色。
37.【D】界桩埋设后，应对界桩所处位置的全貌和周围的环境拍摄像片，使其能表述界桩设置地的环境和地形特征以及界桩与相关地物的关系。
38.【D】边界协议书中的边界线走向涉及的方向采用真北16方位制描述。
39.【B】航摄比例尺公式是$1/m=f/H$，其中H是相对航高，m代表航摄比例尺的分母，f是摄像机的主距(焦距)。
40.【A】免像控航空摄影技术最核心的是需要POS精确确定航测过程中航拍照片的精确地内外方位元素，特别是外方位元素。
41.【C】根据航摄成图比例尺与航摄比例尺关系所得。
42.【B】地面分辨率 = 0.000 1m ×2 000 = 0.2m。
43.【A】合成孔径雷达干涉测量(InSAR)技术是目前广泛应用于大范围地壳变形监测的遥感技术。该技术通过比较不同时间点的雷达数据，分析出地表微小形变。
44.【D】航测法生产DLG不涉及影像镶嵌。
45.【D】遥感器系统空间分辨率的选择，一般应选择小于被探测目标最小直径的1/2。
46.【B】遥感图像特征可归为几何特征、物理特征和时间特征，这三个方面的表现特征即为空间分辨率、光谱分辨率和时间分辨率。
47.【A】已成图的航摄成果，对于新增地物，应该补测补调。
48.【A】正射影像TFW文件内容包括6个参数：X方向上的像素分辨率；旋转系数；旋转系统；Y方向上的像素分辨率的负值；像素1，1(左上方)的X地坐标；像素1，1(左上方)的Y地坐标。
49.【B】共线方程就是指中心投影的构像方程，即在摄影成像过程中，摄影中心、像点及其对应的地面点三点位于一条直线上。
50.【C】单景遥感影像不能用于生成数字高程模型(DEM)的原因在于，单景影像只能提供二维的平面信息，而无法提供三维的空间信息，特别是高程信息。

51.【C】繁忙的道路交叉口、露天矿场等都不适宜作为控制点。

52.【B】机载 LiDAR 制作 DSM 不需要移动地物数据 。

53.【B】采用全数字摄影测量进行 DOM 生产需要数字微分纠正。

54.【B】根据地图使用目的，用于准确表示各行政区面积大小关系等对面积精度要求较高的情况，应选择等面积投影。

55.【A】地图瓦片按照金字塔结构组织，地图级数越大，瓦片数量越多。

56.【A】陀螺经纬仪是一种将陀螺仪和经纬仪集成在一起的测量仪器。它利用陀螺仪本身的物理特性及地球自转的影响，实现自动寻找真北方向，从而测定任意测站上任意方向的大地方位角。

57.【A】导航电子地图编制不得采集的数据有：重力数据、测量控制点，高程点、等高线及数字高程模型，高压电线、通信线及管道，植被和土地覆盖等信息。

58.【D】制图综合时，以负向形态为主的地貌，扩大负向形态，减少正向形态。

59.【D】导航电子地图产品不需要注明坐标系统。

60.【C】湖泊注记一般会采用雁行字列。

61.【C】在 1∶5 万比例尺的普通地图上，高速公路用半依比例三线公路符号表示。

62.【A】人口的年龄结构，常用“金字塔”的图形来表示。“金字塔”图表能够直观地展示各个年龄段人口数量的分布情况和性别对比，帮助人们了解人口结构的特点和发展趋势。

63.【D】GIS 与 CAD 相比，特有的是空间分析功能。

64.【A】需要使用空间查询与量算和缓冲区分析这两种空间分析方法。空间查询用于根据建筑的属性（层数）进行筛选，而缓冲区分析则用于限制分析的范围。

65.【D】解析空中三角测量常用的方法主要有：航带网法、独立模型区域法和光束法。

66.【D】Geo TIFF 可用于表达 DOM。

67.【A】数据库逻辑设计阶段的主要任务是将概念结构设计阶段形成的 E-R 图转换为与选定数据库管理系统（DBMS）支持的数据模型相匹配的逻辑结构。

68.【A】*R* 树空间索引采用“最小边界矩形”，从叶子结点开始用矩形将空间框起来，结点越往上，框住的空间就越大，以此对空间进行分割。

69.【D】在 GIS（地理信息系统）中，符号化分类编码是一种常见的数据可视化技术，它通过不同的符号和颜色来表示不同的地理特征或属性。

70.【D】在软件的初次开发阶段，或者在进行性能测试、安全性测试等专项测试时，并不需要进行回归测试。回归测试的主要目的是验证软件修改的正确性和对原有功能的影响，因此它更多地应用于软件维护和迭代开发的过程中。

71.【A】根据用户的需求，按顺序开发系统，调查、设计、生产、测试一次性完成，这属于瀑布模型的开发方式。

72.【A】软件异常退出、崩溃属于地图质量 A 类错误。

73.【C】1∶2 000 DEM 的格网尺寸是 2.0 m。

74.【C】WMS 以其动态定制地图的能力著称，适合需要个性化地图服务的场景；而 WMTS 则以其预定义图块提升性能和缓存机制，适合需要高效处理和广泛访问的场景。

75.【B】拓扑关系是数字测绘成果逻辑一致性检查的主要内容之一。

76.【D】WMTS 服务通过瓦片化的方式组织地图数据，并通过精确计算瓦片的行列号来高效地响应用户的地图请求。

77.【B】AutoCAD 是一种利用计算机及其图形设备帮助设计人员进行设计工作的软件。

78.【D】数字孪生是指充分利用物理模型、传感器、运行历史等数据，集成多学科、多尺度的仿真过程，它作为虚拟空间中对实体产品的镜像，反映了相对应物理实体产品的全生命周期过程。

79.【A】切 20 级瓦片对应的比例尺是 1：500 或 1：1 000。

80.【A】对称差分又称为交集取反，是两个数据集的异或运算。图像操作的结果是，对于每一个面对象，去掉其与另一个数据集中的几何对象相交的部分，而保留剩下的部分。

二、多项选择题

81.【ABCD】GNSS 导航定位技术在测量中的主要特点包括但不限于全天候监测、高精度、操作简便、自动化程度高、无需通视、提供三维位移信息以及适用于复杂地形等。

82.【ABC】北斗卫星导航系统使用的载波信号包括 B1I 、B2I 、B3I 、B1C、B2a、B2b，调制方式均为 BPSK。

83.【ACD】在国家三、四等水准测量外业高差和概略高程表编算时，所用的高差只加入水准标尺长度改正、正常水准面不平行改正、路(环)线闭合差改正。

84.【CDE】窄带多波束测深仪波束数多，张角小，有多个换能器单元，具有较大的测量范围和深度范围，且具有高精度、高分辨率、大测量范围、高效数据处理能力和广泛的适用性。

85.【BCD】高精度电磁波测距成果应进行的改正包括气象改正、仪器加常数改正、仪器乘常数改正。

86.【ACE】在选择工程首级控制网等级时，需要综合考虑工程规模、控制网的用途、精度要求以及地形条件等因素。

87.【ABCD】只有图解法满足不了精度要求。

88.【BCDE】悬挂钢尺法主要用于深基坑沉降观测、城市地铁建设中的高程联系测量、水电机组检修过程中的精密测量、高层建筑地下室高程放样及地下坑道高程放样。

89.【BCE】圆曲线的主点包括直圆点(ZY)、曲中点(QZ)和圆直点(YZ)。

90.【ABCD】房产现状变更测量内容包括：房屋的新建、拆迁、改建、扩建；房屋的损坏与灭失；围墙、栅栏、篱笆、铁丝网等维护物以及房屋附属设施的变化；道路、广场、河流的拓宽、改造，河、湖、沟渠、水塘等边界的变化；地名、门牌号的更改；房屋及其用地分类面积增减变化。

91.【ACDE】宗地草图的内容包括宗地号、权利人名称、界址点、界址点号及界址线，相邻宗地的宗地号、权利人名称或相邻地物，界址边长、宗地内必要的建筑物，指北针、测绘日期、调查员及审核员签字。

92.【BCDE】界桩与边界线的关系不属于边界走向说明的内容。

93.【ABD】无人机平台载荷不足，搭载传感器的重量和数量有限，且无人机机载传感器无法完全适应复杂的外部环境，压力传感器和气象传感器尽量不搭载。

94.【ABCE】空中三角测量是在立体摄影测量中，根据少量的野外控制点，在室内进行控制点加密，求得加密点的高程和平面位置的测量方法，无须进行影像镶嵌。

95.【ABDE】框幅式数字航摄仪，一次摄影可同时获取黑白、彩色和彩红外影像。

96.【ABDE】高分三号遥感卫星为主动式获取数据。

97.【ADE】地理底图中各地理要素按情况尽量精简表示，并放置在视觉平面的最底层。各分幅图的比例尺大小可不同，但应尽量保持成倍数关系。

98.【BE】系统数据安全管理，操作系统升级属于运行管理和维护阶段的工作内容。

99.【BCE】拓扑关系主要有邻接关系、关联关系、包含关系及连通关系三种类型。

100.【ABD】云计算不等同于传统的服务器托管服务，也不可以完全替代传统的 IT 架构。

参考文献

[1] 陈述彭，鲁学军，周成虎. 地理信息系统导论[M]. 北京：科学出版社，1998.

[2] 何宗宜，宋鹰，李连营. 地图学[M]. 2 版. 武汉：武汉大学出版社，2023.

[3] 何宗宜，宋鹰. 普通地图编制[M]. 武汉：武汉大学出版社，2015.

[4] 胡鹏，黄杏元，华一新. 地理信息系统教程[M]. 武汉：武汉大学出版社，2002.

[5] 黄仁涛，庞小平，马晨燕. 专题地图编制[M]. 武汉：武汉大学出版社，2003.

[6] 黄声亨，尹晖，蒋征. 变形监测数据处理[M]. 武汉：武汉大学出版社，2010.

[7] 侯方国，时东玉，王建设. 房产测绘[M]. 郑州：黄河水利出版社，2007.

[8] 郭际明，史俊波，孔祥元，等. 大地测量学基础[M]. 3 版. 武汉：武汉大学出版社，2021.

[9] 蓝悦明，康雄华. 不动产测量与管理[M]. 武汉：武汉大学出版社，2008.

[10] 李德仁，王树根，周月琴. 摄影测量与遥感概论[M]. 北京：测绘出版社，2008.

[11] 刘大杰，施一民，过静珺. 全球定位系统(GPS)的原理与数据处理[M]. 上海：同济大学出版社，1995.

[12] 刘权. 房地产测量[M]. 2 版. 武汉：武汉大学出版社，2019.

[13] 吕永江. 房产测量规范与房地产测绘技术[M]. 北京：中国标准出版社，2001.

[14] 宁津生，陈俊勇，李德仁，等. 测绘学概论[M]. 3 版. 武汉：武汉大学出版社，2016.

[15] 邹进贵，冯永玖，王健，等. 数字地形测量学[M]. 3 版. 武汉：武汉大学出版社，2024.

[16] 乔瑞亭，孙和利，李欣. 摄影与空中摄影学[M]. 武汉：武汉大学出版社，2008.

[17] 方圣辉，龚龑，孙家抦，等. 遥感原理与应用[M]. 4 版. 武汉：武汉大学出版社，2024.

[18] 王树根. 摄影测量原理与应用[M]. 武汉：武汉大学出版社，2009.

[19] 邬伦，刘瑜，张晶，等. 地理信息系统原理、方法和应用[M]. 北京：科学出版社，2001.

[20] 徐绍铨，张华海，杨志强，等. GPS 测量原理及应用[M]. 武汉：武汉大学出版社，2002.

[21] 姚鹤岭. GISWeb 服务研究[M]. 郑州：黄河水利出版社，2007.

[22] 张成才，秦昆，卢艳，等. GIS 空间分析理论与方法[M]. 武汉：武汉大学出版社，2004.

[23] 张正禄. 工程测量学[M]. 3 版. 武汉：武汉大学出版社，2020.

[24] 詹长根. 地籍调查学[M]. 4 版. 武汉：武汉大学出版社，2024.

[25] 赵建虎. 现代海洋测绘[M]. 2 版. 武汉：武汉大学出版社，2023.
[26] 郑春燕，邱国锋，张正栋，等. 地理信息系统原理、应用与工程[M]. 武汉：武汉大学出版社，2011.
[27] 祝国瑞，何宗宜，等. 地图学[M]. 武汉：武汉大学出版社，2004.
[28] 周学鸣，刘学军. 数字地形分析[M]. 北京：科学出版社，2006.
[29] 国家测绘地理信息局职业技能鉴定指导中心. 测绘综合能力[M]. 北京：测绘出版社，2015.